# 河北衡水湖国家级自然保护区综合科学考察报告

主　编　石建斌
副主编　刘全儒　张巍巍　王　静
　　　　徐　菲　刘广宁　刘振杰
　　　　杜国华　张余广　郭冬生

中国林业出版社

图书在版编目（CIP）数据

河北衡水湖国家级自然保护区综合科学考察报告 /
石建斌主编 . —北京：中国林业出版社，2024.12
ISBN 978-7-5219-1930-1

Ⅰ . ①河… Ⅱ . ①石… Ⅲ . ①自然保护区—科学考察—
考察报告—衡水Ⅳ . ① S759.992.23

中国版本图书馆 CIP 数据核字（2022）第 192542 号

责任编辑：马吉萍 杜 娟

出版发行：中国林业出版社
　　　　　（100009，北京市西城区刘海胡同 7 号，电话 83223120）
电子邮箱：cfphzbs@163.com
网　　址：https：//www.cfph.net
印　　刷：河北鑫汇壹印刷有限公司
版　　次：2024 年 12 月第 1 版
印　　次：2024 年 12 月第 1 次印刷
开　　本：787mm×1092mm 1/16
印　　张：18.25
字　　数：350 千字
定　　价：268.00 元

# 编 委 会

科学考察团队部分成员于衡水湖小湖隔堤合影

衡水湖夕阳

　　湿地是地球上具有多种重要服务功能的生态系统，是自然界最富生物多样性的生态景观和人类最重要的生存环境之一，具有"地球之肾""物种基因库"的美誉。衡水湖湿地是我国重要湿地之一，是华北平原上一处难得的植物茂盛、鱼虾成群的湿地生态系统，吸引了 300 多种鸟类来此觅食、栖息、越冬或繁殖，为这片土地带来了勃勃生机。

　　河北省人民政府于 2000 年批准建立河北省衡水湖湿地和鸟类省级自然保护区，2003 年 6 月，经国务院批准其晋升为国家级自然保护区，以国家重点保护鸟类及内陆淡水湿地生态系统为主要保护对象，属淡水湿地生态系统类型的自然保护区。衡水湖自然保护区内生物多样性丰富，是华北平原唯一一个保持沼泽、水域、滩涂、草甸和森林等完整生态系统的自然保护区，在持续干旱的华北地区极具典型性、稀缺性和代表性。

　　衡水湖自然保护区自建立以来，与国内外科研机构、自然保护组织等合作，开展了一系列动植物监测、科学考察等活动，取得了丰富的成果。早在 21 世纪初，衡水湖自然保护区便开始了第一次比较全面的科学考察，形成了《河北衡水湖自然保护区科学考察报告》（2002）。最近一次较为全面的生物多样性资源调查是在 2007 年开始，由中国科学院动物研究所和河北衡水湖国家级自然保护区管理委员会等多家机构合作完成的"衡水湖生物多样性调查"。期间和之后还开展了一些其他调查，如水生植物、昆虫、鱼类、水鸟、浮游生物、青头潜鸭（*Aythya baeri*）等的调查。所有这些科学考察和生物多样性资源调查收集了大量有关保护区内动植物物种种类、数量和分布等方面的本底数据，为衡水湖自然保护区的分区、规划、管理和持续发展提供了基础数据保障。

　　但是，衡水湖自然保护区以往的大多数监测和调查活动是针对专门类群（或物种）的专项监测和调查，而最近的"衡水湖生物多样性调查"也已经过去了 10 多年的时间。在这期间，受人为活动（如土地利用类型变化）和气候变化的双重影响，衡水湖自然保护区与全球其他许多地方一样，也经历了生物物种组成、分布、结构和数量的变化。并且，近 10 年来，国内的自然保护形势和保护区管理政策发生了很大的变化，衡水湖自然保护区的各项事业发展很快，保护区的自然资源和社会经济状况也发生了很大的变化，原有的科学考察调查成果和调查监测成果恐难以反映目前的自然资源现状，亦难以满足当前形势下的自然保护区建设和保护管理的需求。

衡水湖自然保护区自 2000 年建立以来开展了大量的保护管理工作，区内的生物多样性资源因此得到了有效保护和维持。但是，由于保护区坐落在市区边缘，近年来不断加快的城镇化进程和快速的人类经济社会建设，使得保护和可持续发展的矛盾愈加突显，不仅增加了保护区的保护管理压力，也制约了当地经济社会发展和生态文明建设的发展空间。为了制订科学合理的保护措施，提高保护管理水平，以满足国家及京津冀新战略、新形势和新常态下的保护要求，协调保护和可持续发展，有必要对衡水湖自然保护区的自然资源和社会经济现状进行全面深入的调查。

新时代的发展也对衡水湖自然保护区的保护管理工作提出了新的、更高的要求。2019 年，中共中央办公厅和国务院办公厅联合下发了《关于建立以国家公园为主体的自然保护地体系的指导意见》，对中国的自然保护区建设和管理指明了新的方向、提出了新的要求。该指导意见明确自然保护区功能分区将由以前通行的"三区"变为"二区"。衡水湖自然保护区亟须通过一次全面、深入的综合科学考察，准确掌握并综合评价其生物资源现状及社区经济发展现状，为正在进行的自然保护区功能分区的重新划分提供基础数据和科学依据。

鉴于此，河北衡水湖国家级自然保护区管理委员会于 2020 年 4 月启动了"衡水湖自然保护区综合科考调查"项目，其目标是在以往科学考察、调查和监测的基础上，更新保护区生物资源本底数据，为保护区的科学研究与保护管理提供基础资料。为此，北京师范大学、北京生态环境保护科学研究院、重庆野趣科技有限公司、北京林业大学和河北衡水湖国家级自然保护区管理委员会等单位和机构共同组成了科学考察调查队，并于 2020 年 4 月至 2022 年 4 月期间，克服新冠肺炎疫情带来的困难和诸多不便，合理安排时间和适时调整进度，先后在保护区开展了多次生物资源和社会经济状况的本底调查和监测，收集了大量有关保护区生物资源和社会经济状况的第一手资料。在此基础上，结合衡水湖自然保护区原有的调查资料，形成了《河北衡水湖国家级自然保护区综合科学考察报告》，旨在为衡水湖自然保护区管理、湿地可持续发展及自然资源可持续利用提供基础数据。本书分章阐述了衡水湖自然保护区内的植物、昆虫、浮游生物、底栖无脊椎动物、鱼类、两栖爬行类、鸟类和哺乳类动物的种类组成和区系，以及自然环境和旅游资源等，并参考近年来最新的物种分类系统，全面修订和更新了衡水湖自然保护区各个生物类群的物种名称和数目，厘清了衡水湖自然保护区重要生物类群物种的分布情况，并为保护区主要生物类群的保护和管理提出了可行性建议。

中国科学院动物研究所张春光老师和中国科学院成都生物研究所赵天老师帮助审阅了部分章节的书稿；曹彧嫣然协助整理了部分物种记录数据，在此一并表示衷心感谢。

本次综合科学考察项目的顺利实施得到了河北衡水湖国家级自然保护区管理委员会及衡水湖国家级自然保护区资源保护局从领导到巡护人员的大力支持，对此表示衷心的感谢！也衷心感谢在过去两年多时间里为本次综合科学考察作出贡献和提供任何形式帮助和支持的个人及机构！

由于编者水平有限，本书的不足之处在所难免，敬请专家和同仁批评斧正，以资在今后的工作中逐步完善，不胜感激。

《河北衡水湖国家级自然保护区综合科学考察报告》编委会

二〇二二年十一月五日

# 目录

# 第1章　衡水湖自然保护区概论

　　衡水湖是典型的内陆淡水湿地，生物多样性丰富，是华北平原保存较完整的、湖面单体面积最大的内陆淡水湿地，是东亚—澳大利西亚候鸟迁飞区（EAAF）的重要中转站和越冬地，享有"燕赵最美的湿地""京津冀最美湿地""京南第一湖""华北绿明珠""东亚蓝宝石"等美誉。2000年7月，经河北省人民政府批准建立河北省衡水湖湿地和鸟类省级自然保护区；2003年6月，经国务院批准晋升为衡水湖国家级自然保护区（以下简称"衡水湖自然保护区"）。

　　衡水湖自然保护区是集生物多样性保护、水源涵养、科研监测、公众教育、自然资源可持续发展于一体的内陆湿地和水域生态系统类型的自然保护区，以典型完整的湖泊湿地生态系统和国家重点保护鸟类及其栖息地为主要保护对象。

## 1.1　位置与范围 ●●●●●

　　衡水湖自然保护区位于河北省衡水市境内，地跨桃城、冀州两区，距衡水市约5 km，北距雄安新区120 km，是"引黄济淀"的必经之地。该保护区北倚衡水市区，南靠冀州区，京开路（106国道）沿衡水湖边铺设。衡水湖是华北地区单体面积最大的淡水湖泊，保护区总面积163.65 km²，其中核心区58.16 km²、缓冲区46.04 km²、实验区59.45 km²。保护区管理边界范围东至五开河村，西至大寨村，南至堤里王村，北接滏阳河，地理坐标范围为115°28′27″~115°41′54″E，37°31′39″~37°41′16″N。

## 1.2　地　质 ●●●●●

　　衡水湖自然保护区属第四纪冲积平原，位于华北平原凹陷区，地处新华夏系衡邢隆起东侧的威县—武邑断裂带的附近，而衡水湖湖区北部为石家庄—巨鹿—衡水纬向断裂。从Ⅲ级构造而言，衡水湖自然保护区地处南宫断凹的边缘，属南宫断凹与明化断凸的边界断裂，为冀中台陷、沧县隆起、临清台陷的交界部，也是Ⅳ级构造单元南宫凹陷北端与新河凸起的交汇处。

　　衡水湖自然保护区内的地层，自上而下分别为新生界、古生界和元古界。

　　（1）新生界地层

　　第四系：第四纪形成的地层，为松散的多层结构的泥砂质堆积物。地层呈振荡性的不均匀下降状态，凹陷区与隆起区沉积物厚度由于下降幅度的不同而存在差异。保护区主要位于沧县隆起区，厚度约460 m。其中全新世地层主要由褐色黏土、亚黏土、轻亚黏土、黄色粉砂及细砂组成，多为互层状分布，埋深约20 m。

第三系：第三纪形成的地层，各凹陷区与隆起区地层埋深存在较大差异，冀中凹陷平均深度 4000~5000 m，最深凹陷部位可达 8000 m；沧县隆起一般在 1000~1500 m；新河凸起深度为 1000~1200 m；南宫凹陷为 3000 m。

（2）古生界地层

古生界地层在保护区内的分布为奥陶系。上部为峰峰组和马家沟组，属灰白色、深灰色厚层灰岩岩性；下部为亮甲山组，含燧石白云质灰岩夹薄层花斑状灰岩及灰岩；再下为冶里组，岩性以灰色灰岩为主夹薄层灰色泥灰岩，底部为棕红色泥岩。岩层厚度 0~120 m。

（3）元古界地层

元古界地层在保护区内分布有蓟县系和长城系高于庄组。蓟县系上部为白云岩和页岩，中部为灰色或灰白色厚层白云岩，含燧石结核和燧石条带，存在黄铁矿晶体，厚度可达 3300 m，下部为紫红色粉砂质白云岩、泥质白云岩含燧石团块及条带，底部为砾岩及砂岩。长城系高于庄组是以碳酸盐岩为绝对优势的地层，顶部含钙质和沥青质白云岩，上部含各类形态结核或沥青质角砾白云岩，中部含锰白云岩、锰粉砂质白云岩及碎屑细晶白云岩，下部含石英状砂岩、陆屑燧石白云岩、泥质岩白云岩、夹白云质砂岩和白云质粉砂岩。

由于常年经受河流侧蚀与堆积、湖面扩展与萎缩堆积过程、湖水深浅变化的相互作用，本区的河流相与湖泊相沉积交替出现，互为透镜体分布。在早全新世地层中，虽以河流相沉积为主，但在本区中部地区已出现了湖相沉积；中全新世期间，虽然湖相地层广布，但其中仍夹有河流相沉积；晚全新世期间，主要为河流相沉积，只在湖区腹部地区有湖相淤泥质层状沉积。

## 1.3 地　貌 ●●●●●

衡水湖自然保护区西部紧邻滹沱河冲积扇前缘，东侧为古黄河，西侧为古漳河的古河道高地，湖盆为一长条形浅碟状洼地，湖底海拔高度约 18 m，低于周围平地 4~5 m。湖岸平地高程西岸为 23 m，东岸为 22.5 m，呈轻微倾斜。人工堤将衡水湖区分为东湖（包括冀州小湖）和西湖两部分。东湖平均高程为 18 m，西湖 19 m。东湖湖底存在 3 条低地带，一条从冀州南关至大赵闸，大赵闸附近为最低高程 15 m 处；另两条位于冀州小湖中西部，呈南北向排列，中部低地带高程为 17.1~17.6 m，西部低地带高程为 15.5~16 m。西湖湖底则较为平缓。人工隔堤两侧共有 19 个台丘和 5 个小岛，台丘面积为 4~18 hm² 不等，台面高程为 22~22.5 m，湖区各个村庄就坐落于这些台丘之上。

衡水湖自然保护区地貌的成因存在争议，一般认为是因明化镇断裂控制和新生代以来差异升降而形成的构造洼地积水而成。新生代第四纪新构造运动强烈，受其影响山地抬升，侵蚀作用增强，平原区沉降，堆积作用加剧，发源于燕山和太行山区的诸河流如滹阳河、漳河及黄河等，携带大量泥沙出山并均汇流于两大湖盆区，最终沉淀于湖中。沉积物源源不断堆积，湖盆区范围逐渐萎缩变小，逐步分割成数片小湖区，湖盆深度逐渐变浅退化为沼泽，甚至干枯成洼地，沉积环境逐渐被冲洪积相所代替。经过漫长的历史演化，现如今衡水湖自然保护区呈现为河流、湖泊相堆积地貌，保护区内河流相与湖泊相沉积交替出现，互为透镜体分布。

衡水湖北临滏东排河和滏阳新河。滏东排河底宽 70 m，底面高程为 14.7 m；滏阳新河位于滏东排河以北，堤顶高程 27m。湖东部有南北走向的盐河故道，河道曲折，宽窄悬殊，宽处超过 300 m，窄处仅 60 m 左右。河底高程王口闸附近为 17.5 m，北部北干渠口附近为 16 m，冀码渠位于衡水湖南边。

## 1.4　气　候 ●●●●

衡水湖自然保护区所在地属温带大陆性季风气候，四季分明，冷暖干湿差异较大。冬夏长，春秋短。冬季干寒少雪，春季干燥多风，夏季高温、高湿，降水集中，秋季气温下降，多晴朗天气。

### 1.4.1　气　温

衡水市常年平均气温13.1℃。1996—2020年，最高气温年际变化为37~42.8℃，最低气温年际变化为–19.5~11.8℃。冬季（12月至次年2月）全市平均气温为–1.2℃，春季（3—5月）为14.2℃，夏季（6—8月）为26.1℃，秋季（9—11月）为13.7℃。

衡水市1996—2020年年平均气温变化情况如图1-1所示，大多数年份的平均气温均超过常年平均气温。年际气温变化总体呈上升趋势，变化率为0.02。

图 1-1　衡水市 1996—2020 年年平均气温变化

### 1.4.2　降　水

衡水市常年平均降水量约500 mm，多年平均降水量为250~1000 mm，属半湿润半干旱区（多年平均降水量500~1000 mm，属半湿润区；多年平均降水量250~500 mm，属半干旱区）。

降水量时空分布不均。年度降水多集中在夏季（6—8月），夏季全市多年平均降水量为335~397 mm，占全年总降水量的68%。冬季（12月至次年2月）全市平均降水量为19.3 mm，春季（3—5月）全市平均降水量为68.6 mm，秋季（9—11月）全市平均降水量为80.2 mm。

衡水市1996—2020年平均降水量变化情况如图1-2所示，降水量年际变化大，降水量变幅波动明显。年平均降水量总体呈上升趋势，变化率为1.889。

### 1.4.3　日　照

衡水市常年平均日照数2479 h。按季节分，冬季（12月至次年2月）的平均日照数为500 h，春季（3—5月）为716 h，夏季（6—8月）为671 h，秋季（9—11月）为584 h。日照时数多集中在农作物生长期的4—9月，有利于农作物的生长发育。

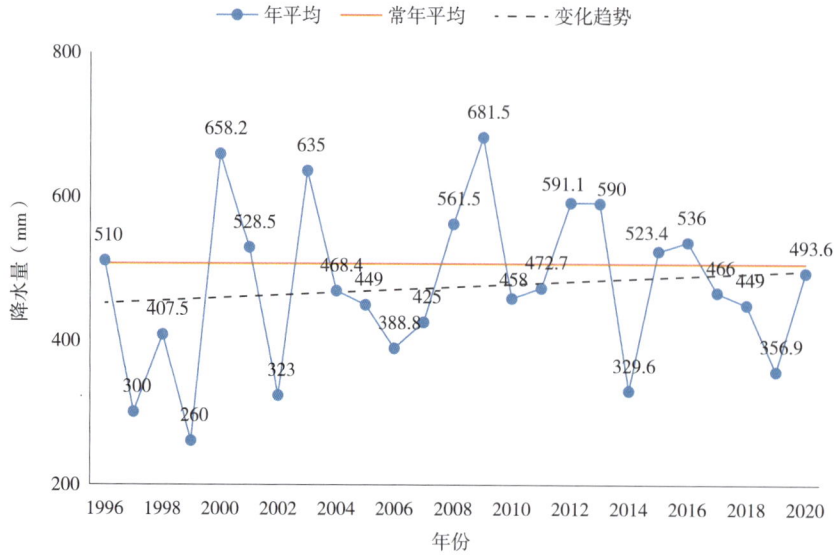

图 1-2　衡水市 1996—2020 年年降水量变化

衡水市 1999—2020 年日照时数变化情况如图 1-3 所示，年均日照时数呈现出一定幅度的波动。年日照数总体呈下降趋势，变化率为 −4.92。

图 1-3　衡水市 1999—2020 年日照时数变化

## 1.4.4　风力风向

衡水市 2011—2022 年主导风向为东北风（953 天），每年 3—6 月为多风时期，大多数时间（1270 天）风力小于 3 级，风速低于 3.4 m/s。衡水市近年记录到的最大风速为 28 m/s。全市常年平均大风日数为 6 天，常年平均出现大风 66.2 次。

全市常年平均沙尘日数 7.7 天，常年平均出现沙尘 84.4 次。全市平均干热风日数 4 天，常年平均出现干热风 64.2 次。

## 1.5 水 文 ●●●●

衡水湖自然保护区的水系由地表水和地下水两部分组成，而地表水主要有衡水湖及其周边的河流。

### 1.5.1 地表水

#### 1.衡水湖

衡水湖为保护区主要水体，蓄水面积为 75 km²，约占总面积的 46%。设计水位 21 m，最大蓄水量达 1.88 亿 m³。衡水湖被人工隔堤分隔为东湖和西湖，其中东湖（含冀州小湖）面积为 42.5 km²，西湖面积为 32.5 km²。此外，还有一些因古河道改道或洪水泛滥而留存下来的小型分散水体。由于多年来保护区所在地降水量远低于蒸发量，目前湖区需依赖人工调水蓄水。西湖尚未蓄水，仅东湖常年蓄水。

#### 2.河流水系

衡水湖自然保护区及周边河流属海河水系黑龙港流域，滏阳河、滏阳新河和滏东排河 3 条主要河流大体平行，自西南向东北流经保护区北侧，通过闸涵与衡水湖相通。保护区东侧和南侧则有冀码渠、冀南渠和卫千渠等人工河渠及盐河改道后遗留的盐河故道。其中，滏阳河、滏阳新河属子牙河系。

滏阳河属海河水系，是子牙河两大支流之一。长 364 km，流域面积 20058 km²。滏阳河有二源：北源自邯郸峰峰矿区釜山南麓；南源为矿区神麑山龙洞泉，两支汇于邯郸市临水镇。桃城区和滨湖新区界线河段长 7.38 km。两岸均有堤防，堤顶宽 3~6 m，右堤堤顶高程 25.9~25 m，左堤堤顶高程 22~21.8 m，堤距在 80~150 m。河道设计流量为 250 m³/s，河底纵坡为 1/12000，行洪水位 20.5 m，河底高程 13.13~15.78 m。

滏阳新河位于滏阳河右侧，是为治理滏阳河泛滥而人工开挖的大型行洪排涝河道，上口分别与宁晋北围堤、东围堤相接，自艾辛庄枢纽以下与滏阳河平行，于献县枢纽以上先后与滏阳河、滹沱河汇合，河道总长 132 km（艾辛庄枢纽—献县枢纽），流域面积 14877 km²。衡水市境内河道总长 89 km（冀州南故城—武强县后庄）。

滏东排河属南排河系，是为改善老漳河排水出路，并配合滏阳新河南堤修筑取土而开挖的排水骨干河道。滏东排河上接老漳河、小漳河排水，沿途接纳老盐河故道及区间沥水，长 113.3 km，集水面积 4409 km²。河道沿滏阳新河右侧，经新河、冀州、武邑，至交河县冯庄与连接渠衔接，并通过冯庄闸与北排河沟通，其间建有沟通滏东排河和衡水湖的冀码渠引水闸。

#### 3.衡水湖水文特征

（1）衡水湖水源

衡水湖流域多年平均径流量为 0.045 亿 m³，汇集冀州、枣强、南宫、新河、广宗、威县等多地的降水。衡水湖控制流域面积 1654 km²，与冀吕渠、冀午渠、冀枣渠、冀南渠、西沙河共 5 条汇流河（渠）连通。滏阳河、滏阳新河上游来水及滏东排河沥水经汇流渠进入衡水湖。

衡水湖自然保护区年降水量远远低于年蒸发量，气候干旱，自然降水严重不足，因此衡水湖的水源主要依靠人工补水。除自然降水能给予一定水源补充外，黄河水是目前衡水湖的主要补给水源，分东、西两条引水线，东线自山东聊城通过清凉江油故闸以西的卫千渠，经王口闸入衡水湖。西线自河南濮阳经邯郸、邢台进滏东排河由冀码渠入衡水湖。岳城水库来水东线经大运河进入清凉江油故闸以西的卫千渠入衡水湖，西线经邯郸、邢台进滏东排河由冀码渠入衡水湖。岗南、黄壁庄水库来水经石津总干渠、军齐干渠、骑河王排干引水至滏阳河，再由侯庄连接渠自大赵闸入衡水湖。

南水北调引江工程建设完成后，每年可为衡水湖供水 3.14 亿 $m^3$。

（2）水文监测

滏阳河衡水水文站始建于 1920 年，位于河北省衡水市河东街道办事处大西野营村，为滏阳河中下游控制站，集水面积 17700 $km^2$，采用海南基面高程。监测站类别为基本站，监测站级别为国家重要监测站。

衡水湖站 1998—2019 年平均水位年际变化如图 1-4 所示，总体呈上升趋势，变化率为 0.025。衡水湖站 1998—2019 年常年平均水位为 20 m，多年最高水位平均值为 20.7 m，多年最低水位平均值为 19.3 m。

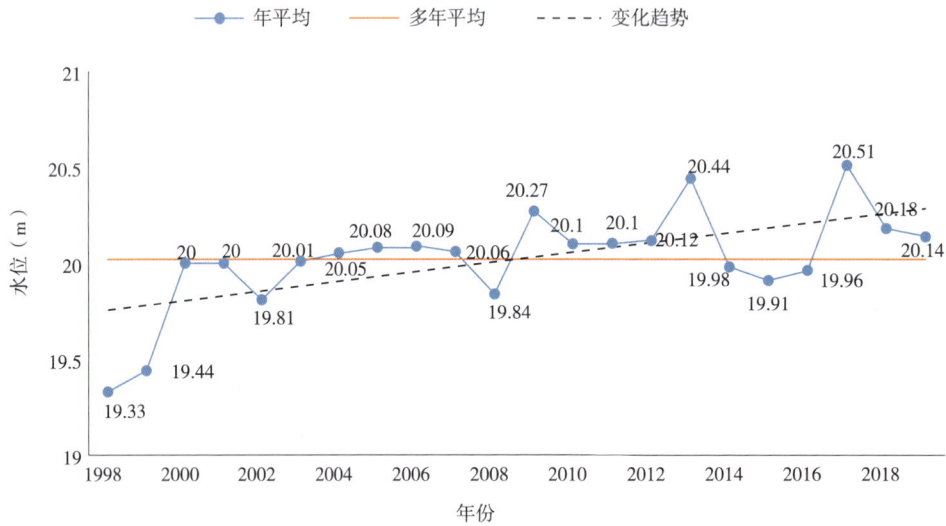

图 1-4　衡水湖站 1998—2019 年平均水位

## 1.5.2　地下水

根据衡水湖自然保护区所在地第四系沉积物成因类型、岩性特征等，可自上而下划分为 4 个含水组。

第一含水组（相当于全新统地层 Q4）：为河流冲积和沼泽洼地沉积，是砂泥质松散物质，总厚度 50~70 m。含水层岩性以细粉砂为主。咸水体仅零星分布，其上部分布有条带状浅层淡水，地下水水力类型为潜水。

第二含水组（相当于上更新统地层 Q3）：以河流冲积物为主。底界埋深 170~250 m，含水层厚度 120~180 m。含水层岩性以细粉砂为主，地下水为淡水，矿化度小于 1 g/L，具承压性质。

第三含水组（相当于中更新统地层 Q2）：以河流冲积洪积物沉积为主，局部为湖泊沉积，为泥砂质松散沉积物。底界埋深 350~450 m，含水层厚度 180~200 m。含水层以中细砂为主，间有中粗砂。地下水属承压水，矿化度小于 1 g/L。

第四含水组（相当于下更新统地层 Q1）：以河流相沉积为主。底界埋深 450~600 m，含水层厚度 100~140 m。含水层以中细砂为主，间有中粗砂。地下水属承压水，矿化度小于 1 g/L。

全市地下水资源总量 6.18 亿 m³，可采利用量 4.91 亿 m³。由于衡水市是水资源严重匮乏地区，地下水是多年来支撑衡水市社会经济发展的主要水资源。据 2006—2010 年统计资料，衡水市浅层地下水属亏损状态，全淡水浅层水亏损 30456.6 万 m³，年水位平均下降 1.1 m。深层地下水亏损水量 129571.2 万 m³，水位下降 4.15 m，年平均水位下降 0.83 m。由于超量开采深层地下水，造成地下水水位降落漏斗，呈逐年扩大延伸趋势，目前正在实施地下水超采综合治理工程。

## 1.6　土　壤　●●●●

衡水湖自然保护区成土母质为河流沉积物。保护区内土壤剖面可划分为 4 层，自上而下依次为：耕层（表土层、熟化层），犁底层（亚表土层），心土层和底土层。其中土壤上部耕作部分为淹育层（即表土层），其下是犁底层与潴育层（即心土层），地下水位较高处存在潜育层。保护区内土壤有机质含量基本为 II 类（0.7%~1.0%），少部分区域有机质含量为 IV 类（＜0.6%）。

保护区内土壤按土壤质地可分为砂土、壤土和黏土。湖区东部以亚黏土和黏土为主，中隔堤及湖区西部以亚黏土及砂土为主，湖区围堤以亚黏土为主。

依照土壤发生类型分类，可划分为潮土、盐土等。潮土为衡水湖自然保护区主要土类。湖东岸以中壤质潮土和轻壤质潮土为主，有少量盐化潮土。湖西岸以沙壤质潮土为主，有部分沙壤质轻盐化潮土。湖区内潮土母质主要由黄河携带的泥沙沉积而成，土壤颜色以棕色为主，沉积层理清楚明显。地下水直接参与成土过程。保护区所在地旱雨季分明，地下水位升降明显，雨季地下水位可达距地表 1 m 处，旱季下降至地表 2 m 以下，土壤内部交替出现氧化还原过程。土壤耕层有机质含量为 0.5%~1.2%，全氮含量约 0.05%，速效磷含量为 3~6 mg/kg，全磷含量为 0.04%~1.20%，速效钾含量为 120~150 mg/kg，pH 值为 7~8.5。

盐土为保护区第二种土类，其剖面特征表现为通体壤质，耕层含盐量>1%，仅可供盐生植被生长。将壤土质地进行细分，地表以下 60 cm 范围内的土壤为轻壤，60~90 cm 范围的土壤为胶泥，90 cm 以下为中壤。土壤耕层有机质含量约 0.8%，全氮含量约 0.06%，碱解氮含量约 30 mg/kg，全磷含量约 0.135%，速效磷含量约 3.8 mg/kg，速效钾含量约 100 mg/kg，全盐含量约 2.4%，pH 值约 7.5。

衡水湖周围分布有周期性干湿交替的沼泽湿地，发育形成沼泽土。土体具泥炭层和潜育层，层间可发育铁锰斑纹潴育层。土壤有机质含量高，在 1.5%~2.5%。

## 1.7　历史变迁　●●●●

衡水湖由黄河、漳河、滹沱河、滏阳河 4 条古河道冲积产生，与冀中南平原相伴形成。第四纪全新世期间由于古黄河、古漳河、古滹沱河等都曾先后流经此地，河流的迁徙摆荡、湖面的扩展萎缩和湖水的深浅变化，本区河湖相沉积交替出现，互为透镜状分布。如在早全新世地层中，虽以河流相沉积为主，但在中部地区已出现了湖相沉积；中全新世期间，虽然湖相地层广布，但其中仍夹有河流相沉积；晚全新世期间，主要为河流相沉积，只在湖区腹部地区有湖相淤泥质层状沉积。

历史上，衡水湖是古代广阿泽的一部分，广阿泽包括任县的大陆泽和宁晋县的宁晋泊。经过多年沧桑变迁，衡水湖这片自然蓄水洼地的面积才稳定在 120 km² 左右。

历代均有人在衡水湖兴修水利。据文字记载，隋朝时冀州州官赵煚在冀州城东修建赵煚渠（盐河）。唐贞观十一年，冀州刺史李兴利用赵煚渠灌溉农田。清乾隆年间，直隶总督方敏恪"导（湖水）使入滏（阳河）""建石闸三孔，宣泄得利"。清光绪十年（1884年），冀州知府吴汝纶开吴公渠，"泄积水于滏、变沮洳斥卤之田为膏腴且十万亩"。

衡水湖历史上虽有过治理，但限于历史条件和生产力水平，其状况基本上是："岁久堤坏，水无所出，夏秋潦水交集，汪洋数十里，甚为民患。春涸，不生五谷，为产盐之区。"

1958年，衡水县（含现在冀州、枣强、衡水、武邑4区县）兴建衡水湖引蓄水枢纽工程（始称衡水湖），包括南起冀州北关，北至桃城吴杜村的19 km围堤和东起徐南田、西至后韩的5 km中隔堤以及冀（州）码（头李）引水渠。1965年，河北省兴建滏阳新河和滏东排河工程，两河自衡水湖北部穿过，将面积为120 km²的衡水湖切去了45 km²，余下南部75 km²。1972年，冀县在衡水湖东南部建围堤，修建了冀州小湖。1973—1978年，衡水湖区组织衡水、冀县、武邑3县扩建衡水湖及配套工程，填筑围堤、隔堤和东西两岸堵口以及村台、村路，开挖截渗排碱工程，疏浚东羡至冀县南关16.2 km²的冀码渠，兴建了东、西羡引水枢纽闸涵。1985年，衡水地区动员衡水、冀县、枣强、武邑、景县、故城6县，开挖了卫运河（故城建国镇）——衡水湖的"卫—千"渠，引黄河水入湖，为衡水湖蓄水提供了水源保障。

## 1.8　生物资源概况 ●●●●●

衡水湖自然保护区地处北温带，是我国的重要湿地，具有丰富的陆地和水生生境多样性以及丰富的动植物资源。

按照《中国植被》（中国植被编辑委员会，1980）区划，衡水湖自然保护区为温带落叶阔叶林区域，本区植物区系以温带成分为主。经调查和资料统计，衡水湖自然保护区内共有高等植物（含栽培种类）106科350属594种（含变种、变型等种下单位）。其中苔藓植物5科7属8种；蕨类植物3科3属5种；裸子植物4科5属8种，均为露地栽培；被子植物94科335属573种，包括露地栽培种类221种，隶属56科149属。在这594种高等植物中，有大型水生植物45种，包括大型藻类1种，即轮藻（*Chara* sp.）；大型水生高等植物44种，可以分为沉水植物（13种）、浮叶植物（10种）、漂浮植物（4种）和挺水植物（17种）。

衡水湖自然保护区的植被类型可分为落叶阔叶林植被、水生植被、盐生植被、沼生植被及灌草丛植被等。

衡水湖自然保护区内的动物类群有明显的古北界动物特征，东洋界动物成分向北渗透到本区。根据本次科学考察调查结果与文献资料统计、整理，本区共记录有昆虫类757种，隶属16目169科；鱼类45种，隶属6目15科37属；两栖类7种（含1种外来入侵物种），隶属1目4科6属；爬行类13种（含2种外来入侵物种），隶属2目7科11属；鸟类332种，隶属20目65科171属；兽类20种，隶属5目10科19属。此外，还记录到保护区内湖泊、河流和鱼塘等水体中的浮游植物8门12纲24目45科101属324种，浮游动物3门6纲12目27科41属75种（属），底栖无脊椎动物3门6纲15目40科60属95种（属、科）。

与蒋志刚（2009）的生物多样性调查结果及《河北衡水湖国家级自然保护区总体规划（2021—2030年）》（以下简称《总体规划》）中的数据相比，本次科学考察全面更新了衡水湖自然保护区的生物资源数据（表1-1）。

表 1-1　本次科学考察中调查统计到的物种数与以往文献数据的比较

| 生物类群 | 蒋志刚（2009） | 《总体规划》（2020） | 本次科考数据（2022） |
|---|---|---|---|
| 植物类群数 | | | |
| 苔藓植物 | 4 | 4 | 8 |
| 蕨类植物 | 5 | 5 | 5 |
| 裸子植物 | 1 | 8 | 8 |
| 被子植物 | 372 | 521 | 573 |
| 小计 | 382 | 538 | 594 |
| 动物类群数 | | | |
| 昆虫类 | 416 | 535 | 757 |
| 鱼类 | 34 | 34 | 45 |
| 两栖类 | 6 | 6 | 7 |
| 爬行类 | 11 | 11 | 13 |
| 鸟类 | 303 | 327 | 332 |
| 兽类 | 20 | 20 | 20 |
| 小计 | 790 | 933 | 1174 |

　　蒋志刚（2009）共记录到衡水湖自然保护区内有植物 75 科 235 属 382 种，其中苔藓植物 3 科 4 属 4 种、蕨类植物 3 科 3 属 5 种、裸子植物 1 科 1 属 1 种、被子植物 68 科 227 属 372 种；动物 790 种，其中昆虫类 416 种、鱼类 34 种、两栖类 6 种、爬行类 11 种、鸟类 303 种、兽类 20 种；此外，还记录有浮游植物 201 种、浮游动物 174 种、底栖动物 23 种。

　　截至 2020 年，《总体规划》记录到衡水湖自然保护区内共发现野生维管束植物 100 科 323 属 538 种，其中苔藓植物 3 科 4 属 4 种、蕨类植物 3 科 3 属 5 种、裸子植物 4 科 5 属 8 种、被子植物 93 科 315 属 521 种；动物 933 种，其中昆虫类 17 目 131 科 535 种、鱼类 8 目 14 科 31 属 34 种、两栖类 1 目 3 科 6 种、爬行动物 2 目 5 科 11 种、鸟类 17 目 51 科 327 种、兽类 6 目 10 科 20 种。

　　在衡水湖自然保护区记录的动植物物种中，有部分是国家重点保护野生物种。在植物物种中，仅有野大豆（*Glycine soja*）为国家Ⅱ级重点保护野生植物。在动物物种中，按照《国家重点保护野生动物名录》，保护区有不少国家Ⅰ、Ⅱ级重点保护野生动物，尤以鸟类保护物种的数量最为突出。属于国家Ⅰ级重点保护的野生动物有鸟类 20 种，它们是：鸭科（Anatidae）的青头潜鸭；鹬科（Scolopacidae）的大鸨（*Otis tarda*）；鹤科（Gruidae）的白鹤（*Grus leucogeranus*）、白枕鹤（*G. vipio*）、丹顶鹤（*G. japonensis*）；鸥科（Laridae）的遗鸥（*Ichthyaetus relictus*）；鹳科（Ciconiidae）的黑鹳（*Ciconia nigra*）、东方白鹳（*C. boyciana*）；鹮科（Threskiornithidae）的彩鹮（*Plegadis falcinellus*）；鹭科（Ardeidae）的黄嘴白鹭（*Egretta eulophotes*）；鹈鹕科（Pelecanidae）的斑嘴鹈鹕（*Pelecanus philippensis*）、卷羽鹈鹕（*P. crispus*）；鹰科（Accipitridae）的秃鹫（*Aegypius monachus*）、乌雕（*Clanga clanga*）、白肩雕（*Aquila heliaca*）、金雕（*A. chrysaetos*）、白尾海雕（*Haliaeetus albicilla*）；隼科（Falconidae）的猎隼（*Falco cherrug*）；鹀科（Emberizidae）的栗斑腹鹀（*Emberiza jankowskii*）和黄胸鹀（*E. aureola*）。属于国家Ⅱ级重点保护的野生动物有 64 种，包括 63 种鸟类，如红胸黑雁

（*Branta ruficollis*）、鸿雁（*Anser cygnoid*）、白额雁（*A. albifrons*）等和 1 种兽类，即黄喉貂（*Martes flavigula*）。

此外，在衡水湖记录到的 332 种鸟类中，有 48 种被列入《中华人民共和国政府和澳大利亚政府保护候鸟及其栖息环境协定》，占协定中 81 种保护鸟类的 59.3%；160 种被列入《中华人民共和国政府和日本国政府保护候鸟及其栖息环境协定》中，占协定中 227 种保护鸟类的 70.5%。

## 1.9　土地利用及湿地类型和面积变化　●●●●

衡水湖自然保护区现在面积为 163.65 km²。根据土地利用分类标准，以保护区现有范围为界，利用遥感影像分析了保护区在 2008 年、2017 年和 2022 年 9 月土地利用类型及其面积变化情况（表 1-2，图 1-5）。在这约 15 年的时间里，保护区的土地利用类型发生了较大的变化，主要表现在草地和耕地面积减少，草地面积减少主要是湖面和滏东排河北侧的芦苇（*Phragmites australis*）面积逐年减少引起的，而减少的耕地主要转变成了建设用地和水域；道路面积增加主要是因为东湖大道、中湖大道和冀新西路的修建导致的；林地面积增加主要来自滏东排河与各沟渠两侧的林带面积增加（表 1-3）。

表 1-2　衡水湖自然保护区土地利用结构现状

| 序号 | 土地利用类型 | 面积（km²） | | |
| --- | --- | --- | --- | --- |
| | | 2008年9月 | 2017年9月 | 2022年9月 |
| 1 | 草地 | 13.44 | 7.14 | 6.25 |
| 2 | 道路 | 2.22 | 2.26 | 2.52 |
| 3 | 耕地 | 92.62 | 91.36 | 87.38 |
| 4 | 建设用地 | 7.36 | 7.31 | 8.33 |
| 5 | 林地 | 4.69 | 4.62 | 5.03 |
| 6 | 水域及水利设施用地 | 43.21 | 50.35 | 53.80 |
| 7 | 其他土地 | 0.11 | 0.61 | 0.34 |
| | 总计 | 163.65 | 163.65 | 163.65 |

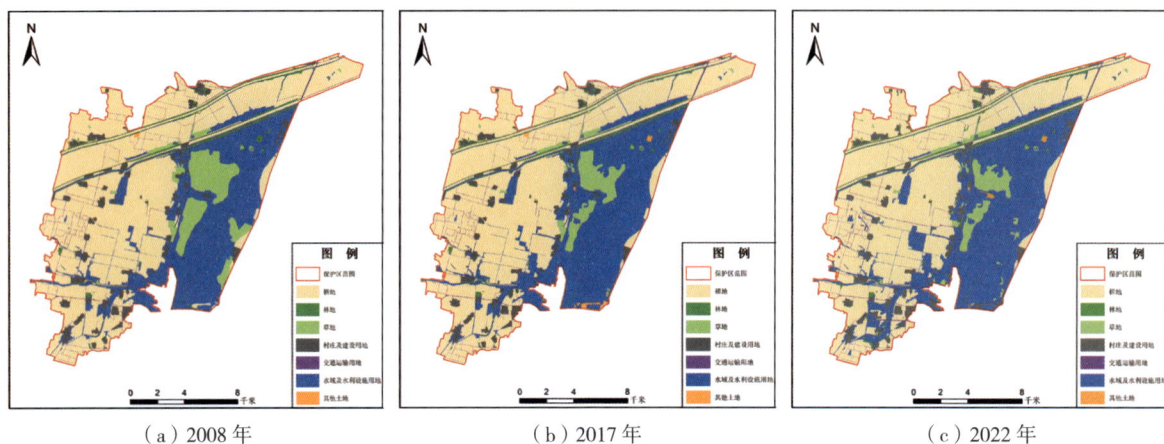

（a）2008 年　　　（b）2017 年　　　（c）2022 年

图 1-5　衡水湖自然保护区土地利用类型变化现状图

表 1-3　衡水湖自然保护区 2008—2022 年土地利用转移情况统计　　　　单位：km²

| 2008年 | 2022年 | | | | | | | |
|---|---|---|---|---|---|---|---|---|
| | 草地 | 道路 | 耕地 | 建设用地 | 林地 | 其他土地 | 水域 | 总计 |
| 草地 | 5.58 | 0.02 | 0.06 | 0 | 0 | 0 | 7.78 | 13.44 |
| 道路 | 0 | 2.22 | 0 | 0 | 0 | 0 | 0 | 2.22 |
| 耕地 | 0.33 | 0.28 | 86.92 | 0.75 | 0.54 | 0.03 | 3.78 | 92.63 |
| 建设用地 | 0 | 0 | 0.22 | 6.99 | 0.03 | 0.11 | 0.01 | 7.36 |
| 林地 | 0 | 0 | 0.08 | 0.13 | 4.38 | 0.10 | 0 | 4.69 |
| 其他土地 | 0 | 0 | 0.07 | 0 | 0 | 0.04 | 0 | 0.11 |
| 水域 | 0.34 | 0 | 0.04 | 0.46 | 0.08 | 0.06 | 42.23 | 43.21 |
| 总计 | 6.25 | 2.52 | 87.39 | 8.33 | 5.03 | 0.34 | 53.80 | 163.67 |

根据国家标准《湿地分类》（GB/T 24708—2009），利用高分二号卫星遥感解译和现地验证表明，保护区内有湿地 59.82 km²，其中自然湿地 47.00 km²，人工湿地 12.82 km²（表 1-4）。

表 1-4　衡水湖自然保护区各类型湿地面积统计

| Ⅰ级 | Ⅱ级 | Ⅲ级 | 面积（km²） |
|---|---|---|---|
| 自然湿地 | 河流湿地 | 永久性河流 | 0.10 |
| | 湖泊湿地 | 永久性淡水湖 | 35.85 |
| | 沼泽湿地 | 草本沼泽 | 11.05 |
| 人工湿地 | 运河、输水河 | | 3.47 |
| | 灌溉用沟、渠 | | 0.38 |
| | 池塘 | | 8.43 |
| | 人工景观和娱乐水面 | | 0.54 |
| 总计 | | | 59.82 |

衡水湖自然保护区湿地主要为湖泊、沼泽、池塘和人工运河、输水河（如滏东排河、冀码渠等）等。湖泊面积最大，为衡水湖湿地的主体；沼泽面积其次，是保护区生态功能最重要的湿地类型，主要包括芦苇沼泽、香蒲沼泽、苔草沼泽、莎草沼泽等类型。衡水湖东湖水域 33.09 km²，是保护区最主要的湿地区，主要依靠从黄河或上游水库人工引水来维持蓄水。

## 1.10　旅游资源 ●●●●●

衡水湖一年四季风光殊异，春夏秋冬的自然景观各有千秋。衡水湖自然保护区内壮美的湿地景观、种类繁多的鸟类和历史悠久的人文景观，为开展生态科普观光，提高周边社区居民生活水平创造了有利条件，也为开展科学研究、进行科普宣传提供了良好的天然条件。湿地自然景观是衡水湖自然保护区景观资源的核心部分。衡水湖具有生态旅游价值的湿地自然景观主要有鸟类、水域、芦苇荡、湖上日出日落、淡水沼泽生境、河滩湿地等。

滏阳新河右堤、中隔堤、衡水湖北堤这些区域鸟类活动频繁，是开展观鸟活动，由专业导游向人们讲解鸟类野外识别、生态学、环境保护等方面知识、开展自然教育的理想场所。衡水湖东西两岸交通方便，湿地景观多样，春夏季节植物繁茂，景色秀丽，是摄影、垂钓、休闲观光的理想场所，人们在欣赏大自然美景的同时，可感受到爱护大自然，保护生态环境的重要性。

自然保护区内还有灵秀山庄、兵法城、古城址、古墓等丰富的人文景观。

# 第**2**章　植物资源

　　湿地是珍贵的自然资源，也是重要的生态系统，具有不可替代的生态系统服务功能。衡水湖湿地面积大，具有丰富的陆地和水生生境多样性，使得该区域孕育出了在华北平原地区来说相对丰富的植物种类，植物区系地理成分也比较多样，还存在着水生植物与陆生植物交互演替的过程。对衡水湖自然保护区内的植物资源和植被进行调查和分析，可以揭示不同湿地植物群落的种类构成和区系组成，分析其生长和演替规律，摸清调查区域内的植物资源现状，对于保护和合理利用保护区内的湿地植物资源，更加充分地发挥湿地植物的生态和经济功能，构建具有衡水湖特色的植物生态与旅游景观均具有重要意义。

## 2.1　调查方法 ●●●●●

　　本书主要采用线路调查和定点样地调查相结合的方法调查植被和植物多样性。先进行线路调查以确定主要的植被类型及其分布，然后依据生境、位置以及类型的不同设置调查样地，在每一样地以样方法进行调查。在每个样地内的核心区域，根据植物群落的均质性程度设置1~2个10 m×10 m的乔木样方、1~2个灌木样方或1~5（少数到6或7）个1 m×1 m的样方（图2-1~图2-3），每个样方均以全球定位系统（Global Positioning System，GPS）定位，按样方调查表记录有关内容，主要包括样地地理坐标、样地与样方号、样方面积、调查地点、时间、群落类型，以及样方内植物的高度、盖度、多度等；乔木还记录胸径、冠径等信息；并对典型群落优势种的生物量进行了测量或估量。在样方调查过程中，同时进行样地50 m×50 m范围内植物标本的采集、观察和记录。线路调查主要根据行走的路线，定点或不定点地观察、记录和采集，所有调查到的不同植物均拍摄照片，并尽可能采集标本。

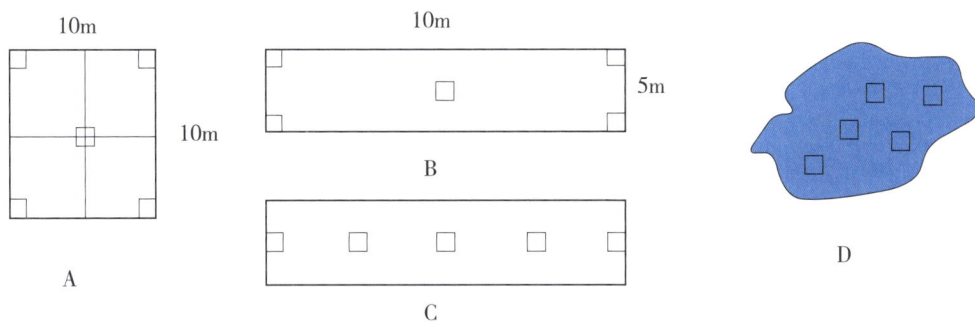

A~C规则样地　　　　　　　　　　　　　　D不规则样地

**图 2-1　植物调查样地中样方的设置方法**

图 2-2　乔灌木植物群落调查

图 2-3　草本植物群落调查

本次植物调查在整个保护区内共设置了 73 个样地，调查了 373 个样方，其中乔木样方 10 个，灌木样方 18 个，草本样方 245 个。样方分布如图 2-4。

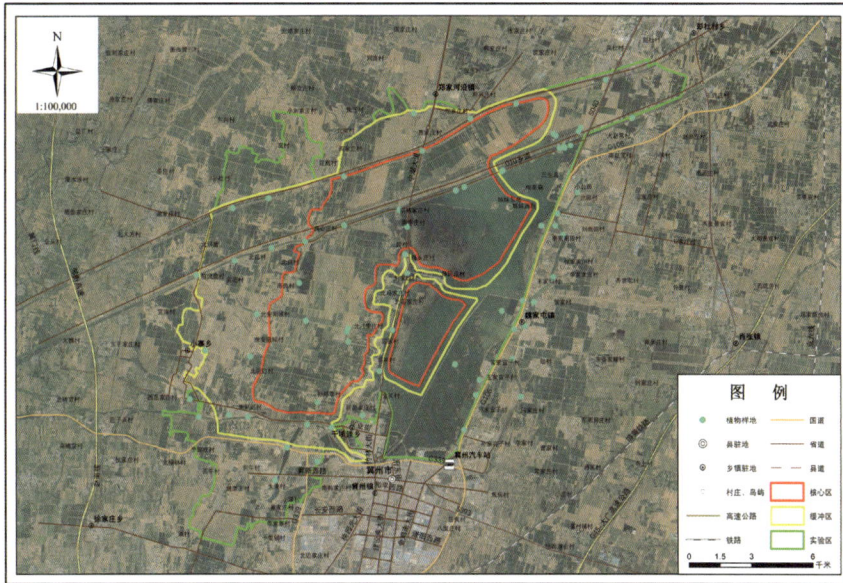

图 2-4　衡水湖自然保护区植被调查样方位置图

## 2.2　高等植物的种类组成 ●●●●

据实地调查，并结合历史资料的收集与考证，衡水湖自然保护区内共记录到高等植物（含栽培种类）106 科 350 属 594 种（含变种、变型等种下单位，被子植物分类依据恩格勒系统 1964 年版）（表 2-1，名录详见附录）。

表 2-1　衡水湖自然保护区高等植物科、属、种数统计

| | 科数 | 属数 | 种数 |
|---|---|---|---|
| 苔藓植物 | 5 | 7 | 8 |
| 蕨类植物 | 3 | 3 | 5 |
| 裸子植物 | 4 | 5 | 8 |
| 被子植物 | 94 | 335 | 573 |
| 高等植物 | 106 | 350 | 594 |

### 2.2.1　苔藓植物种类组成

苔藓植物 5 科 7 属 8 种，其中苔纲植物包括钱苔科（Ricciaceae）1 科、钱苔属（*Riccia*）1 属、叉钱苔（*Riccia fluitans*）1 种，以及地钱科（Marchantiaceae）1 科、地钱属（*Marchantia*）1 属、地钱（*Marchantia polymorpha*）1 种，均在世界广泛分布。藓纲植物包括 3 科 3 属 3 种，其中丛藓科的小墙藓属（*Weisiopsis*）多分布于亚洲及非洲的热带与亚热带地区，为丛集土生小型藓类；褶叶小墙藓（*Weisiopsis anomala*）分布于东亚地区；丛藓科（Pottiaceae）的泛生墙藓（*Tortula muralis*）

广布于南北半球的温带及亚热带地区，在高山寒地也有分布。葫芦藓科（Funariaceae）包括葫芦藓属（*Funaria*）和立碗藓属（*Physcomitrium*）2个属，葫芦藓（*Funaria hygrometrica*）和立碗藓（*Physcomitrium sphaericum*）也均在世界广泛分布。真藓科（Bryaceae）仅真藓属（*Bryum*），银叶真藓（*Bryum argenteum*）、丛生真藓（*Bryum caespiticium*）为常见的分布广泛的类群。

### 2.2.2 蕨类植物种类组成

蕨类植物3科3属5种，其中陆生蕨类为木贼科（Equisetaceae）的木贼属（*Equisetum*），该属在陆地除澳大利亚和南极洲外均有分布，在该地区包括问荆（*Equisetum arvense*）、节节草（*E. ramosissimum*）和木贼（*E. hyemale*），三者主要为北温带分布型；另2个科是苹科（Marsileaceae）和槐叶苹科（Salviniaceae），均为水生蕨类。

### 2.2.3 裸子植物种类组成

裸子植物4科5属8种，均为露地栽培种类，其中栽培的银杏（*Ginkgo biloba*）、水杉（*Metasequoia glyptostroboides*）在野生情况下为国家Ⅱ级重点保护野生植物。

### 2.2.4 被子植物种类组成

被子植物94科335属573种，其中露地栽培种类221种，隶属56科149属。

就科一级水平而言，研究区内被子植物科数占整个河北省被子植物总科数（145科）的64.8%。含50种以上的科有菊科（Compositae）（69种）和禾本科（Poaceae）（57种）；含30种以上的科有豆科（Leguminosae）（44种）和蔷薇科（Rosaeae）（31种）；含10~29种的科有杨柳科（Salicaeae）（14种）、藜科（Chenopodiaceae）（20种）、蓼科（Polygonaceae）（14种）、苋科（Amaranthaceae）（12种）、十字花科（Cruciferae）（27种）、锦葵科（Malvaceae）（10种）、木樨科（Oleaceae）（10种）、旋花科（Convolvulaceae）（11种）、唇形科（Labiatae）（12种）、茄科（Solanaceae）（14种）、葫芦科（Cucurbitaceae）（11种）、莎草科（Cyperaceae）（19种）、百合科（Liliaceae）（12种），共计17科。其余的科所含种数均少于10种。以上17科仅占本地区被子植物总科数的16.3%，但含198属、387种，分别占总属、种数的59.46%和67.66%，大科的优势十分明显，几个大科不但包括本地区大部分种类，而且包括本地区的一些重要的属，如蒿属（*Artemisia*）、蓼属（*Polygonum*）、藜属（*Chenopodium*）、苋属（*Amaranthus*）、杨属（*Populus*）、莎草属（*Cyperus*）、芸薹属（*Brassica*）、苹果属（*Malus*）等。含属较多的科有禾本科（43属）、菊科（33属）、豆科（24属）、十字花科（17属）、蔷薇科（13属）、唇形科（9属）、茄科（9属）、藜科（7属）、葫芦科（7属）、莎草科（7属）、锦葵科（7属）、百合科（6属）。含种较多的科有菊科（69种）、禾本科（57种）、豆科（44种）、蔷薇科（31种）、十字花科（27种）、藜科（20种）、莎草科（19种）、蓼科（14种）、茄科（14种）、杨柳科（14种）、苋科（12种）、唇形科（12种）、百合科（12种）、葫芦科（11种）、旋花科（11种）（表2-2）。

表2-2　衡水湖自然保护区被子植物属的统计

| 属的类别 | 属及包含的种数（种） |
| --- | --- |
| 6种以上属（11属） | 蒿属（11）、苋属（10）、蓼属（9）、藜属（9）、杨属（8）、莎草属（8）、柳属（6）、芸薹属（6）、苹果属（6）、鬼针草属（6）、眼子菜属（6） |

| 属的类别 | 属及包含的种数（种） |
|---|---|
| 3~5种的属（43属） | 酸模属（5）、蓴菜属（5）、桃属（5）、槐属（5）、豇豆属（5）、木槿属（5）、狗尾草属（5）、虫实属（4）、梨属（4）、大戟属（4）、女贞属（4）、茄属（4）、藨草属（4）、葱属（4）、榆属（3）、地肤属（3）、马齿苋属（3）、石竹属（3）、睡莲属（3）、毛茛属（3）、蔷薇属（3）、李属（3）、刺槐属（3）、卫矛属（3）、槭属（3）、甜瓜属（3）、白蜡树属（3）、鹅绒藤属（3）、番薯属（3）、牵牛属（3）、车前属（3）、紫菀属（3）、金鸡菊属（3）、白酒草属（3）、莴苣属（3）、鸦葱属（3）、蒲公英属（3）、香蒲属（3）、早熟禾属（3）、稗属（3）、画眉草属（3）、萱草属（3）、鸢尾属（3） |
| 2种的属（59属） | 碱蓬属、木兰属、独行菜属、景天属、委陵菜属、杏属、苜蓿属、草木樨属、米口袋属、甘草属、胡枝子属、鸡眼草属、大豆属、野豌豆属、黄耆属、车轴草属、枣属、酢浆草属、爬山虎属、臭椿属、黄栌属、堇菜属、狐尾藻属、胡萝卜属、柿属、打碗花属、菟丝子属、益母草属、鼠尾草属、薄荷属、曼陀罗属、枸杞属、通泉草属、泡桐属、婆婆纳属、马鞭草属、紫葳属、梓属、忍冬属、丝瓜属、南瓜属、旋覆花属、蓟属、苦荬菜属、秋英属、马兰属、苦苣菜属、菊属、向日葵属、苍耳属、茨藻属、马唐属、羊茅属、鹅观草属、臭草属、飘拂草属、天门冬属、苔草属、灯心草属 |
| 1种的属（222属） | 杜仲属、悬铃木属、葎草属、桑属、构属、柘属、无花果属、胡桃属、枫杨属、栎属、马兜铃属、滨藜属、菠菜属、猪毛菜属、虾钳菜属、青葙属、落葵属、商陆属、粟米草属、蝇子草属、拟漆姑属、王不留行属、繁缕属、鹅肠菜属、紫茉莉属、莲属、芡实属、小檗属、金鱼藻属、铁线莲属、水葫芦苗属、芥属、碎米荠属、播娘蒿属、香花芥属、涩芥属、盐芥属、离子芥属、糖芥属、花旗杆属、芝麻菜属、诸葛菜属、遏蓝菜属、萝卜属、罂粟属、紫堇属、角茴香属、八宝属、瓦松属、绣球属、山楂属、棣棠属、石楠属、木瓜属、枸子属、樱属、合欢属、皂荚属、决明属、紫荆属、紫穗槐属、紫藤属、豆薯属、落花生属、笔子梢属、菜豆属、扁豆属、老鹳草属、牻牛儿苗属、天竺葵属、蒺藜属、远志属、铁苋菜属、蓖麻属、花椒属、亚麻属、葡萄属、香椿属、楝属、盐肤木属、黄杨属、栾树属、文冠果属、秋葵属、蜀葵属、苘麻属、棉属、罂粟葵属、黄花稔属、梧桐属、山桃草属、柽柳属、粟麻属、胡颓子属、紫薇属、千屈菜属、安石榴属、菱属、蛇床属、芹属、芫荽属、茴香属、梾木属、点地梅属、补血草属、连翘属、素馨属、丁香属、罗布麻属、长春花属、夹竹桃属、萝藦属、杠柳属、斑种草属、鹤虱属、砂引草属、紫筒草属、附地菜属、旋花属、夏至草属、荆芥属、地笋属、黄芩属、水苏属、鞘蕊花属、烟草属、碧冬茄属、天仙子属、酸浆属、辣椒属、番茄属、柳穿鱼属、地黄属、脂麻属、茶菱属、狸藻属、莸属、角蒿属、锦带花属、蝟实属、接骨木属、列当属、拉拉藤属、茜草属、鸡矢藤属、葫芦属、栝楼属、西瓜属、冬瓜属、滨菊属、筒蒿属、万寿菊属、鳢肠属、黄顶菊属、泥胡菜属、蛇目菊属、百日菊属、梳黄菊属、金光菊属、天人菊属、风毛菊属、碱菀属、赛菊芋属、堆心菊属、矢车菊属、苦草属、水鳖属、黑藻属、角果藻属、浮萍属、紫萍属、鸭跖草属、梭鱼草属、獐毛属、三芒草属、孔颖草属、雀麦属、拂子茅属、虎尾草属、隐花草属、狗牙根属、双稃草属、隐子草属、蟋蟀草属、披碱草属、牛鞭草属、茅香属、白茅属、羊草属、毒麦属、荻属、狼尾草属、芦苇属、碱茅属、龙爪茅属、雀稗属、针茅属、虱子草属、结缕草属、小麦属、玉米属、高粱属、刚竹属、箬竹属、芦竹属、看麦娘属、莩草属、茭白属、水莎草属、扁莎草属、水蜈蚣属、沿阶草属、山麦冬属、丝兰属、薯蓣属、泽泻属、慈姑属、射干属 |

就属一级水平而言，研究区内被子植物属数占整个河北被子植物总属数（1005属）的33.33%。其中含种较多的属有蒿属（11种）、苋属（10种）、蓼属（9种）、藜属（9种）、杨属（8种）、莎草属（8种）。

就种一级水平而言，研究区内被子植物种数占整个河北省被子植物总种数（2884种）的19.87%。

## 2.3 种子植物的区系分析

### 2.3.1 种子植物区系的组成分析

就区系植物（自然野生植物）而言，衡水湖自然保护区共有种子植物74科209属352种（含种下分类单位），均为被子植物。将保护区植物科、属、种的区系组成总数与河北省及中国进行比较列于表2-3。

表 2-3　衡水湖自然保护区种子植物区系组成和在河北省和中国所占的比例

| 类群 | 保护区区系 科：属：种 | 河北区系 科：属：种 | 占河北 比例% | 中国区系 科：属：种 | 占中国 比例% |
|---|---|---|---|---|---|
| 裸子植物 | 0：0：0 | 3：8：17 | — | 10：34：193 | — |
| 被子植物 | 74：209：352 | 137：810：2514 | 54.0：25.8：14.0 | 263：3097：33932 | 28.1：6.7：1.0 |

由表 2-3 可知，保护区种子植物区系科、属、种的数量相对贫乏，符合华北平原湿地植物区系的特点。

对于种子植物而言，含属较多的科有禾本科（36 属）、菊科（19 属）、豆科（14 属）、十字花科（13 属）、莎草科（7 属）、唇形科（6 属）、藜科（6 属）、紫草科（Boraginaceae）（6 属）、玄参科（Scrophulariaceae）（5 属）、石竹科（Caryophyllaceae）（5 属）。含种较多的科有禾本科（49 种）、菊科（47 种）、豆科（22 种）、藜科（20 种）、莎草科（19 种）、十字花科（18 种）、蓼科（14 种）、苋科（11 种）、唇形科（8 种）、旋花科（8 种）、茄科（7 种）、玄参科（7 种）、眼子菜科（Potamogetonaceae）（7 种）、大戟科（Euphorbiaceae）（6 种）、紫草科（6 种）。含种较多的属有蒿属（11 种）、苋属（10 种）、蓼属（9 种）、藜属（9 种）、莎草属（8 种）、鬼针草属（Bidens）（6 种）、眼子菜属（Potamogeton）（6 种）、酸模属（Rumex）（5 种）、蔊菜属（Rorippa）（5 种）、虫实属（Corispermum）（4 种）、藨草属（Scirpus）（4 种）、野豌豆属（Vicia）（4 种）、大戟属（Euphorbia）（4 种）、狗尾草属（Setaria）（4 种）、柳属（Salix）（3 种）、鹅绒藤属（Cynanchum）（3 种）、车前属（Plantago）（3 种）、蒲公英属（Taraxacum）（3 种）、香蒲属（Typha）（3 种）、早熟禾属（Poa）（3 种）、鸦葱属（Scorzonera）（3 种）、地肤属（Kochia）（3 种）、毛茛属（Ranunculus）（3 种）、画眉草属（Eragristis）（3 种）、稗属（Echinochloa）（3 种）、牵牛属（Pharbitis）（3 种）。

## 2.3.2　生活型及生活型谱的分析

生活型是植物在其历史发展过程中，对于特定生境长期适应而在外貌上表现出来的类型，是植物的一种生态分类单位，凡是在外貌上具有相同或相似的适应特征的植物归为同一类生活型。在相同的生活条件下，不同亲缘关系的植物可以通过趋同适应产生相同的生活型。然而在不同的生活条件下，有些亲缘关系很近的植物也会出现不同的生活型。因而植物的生活型在一定程度上反映了植物与环境的统一性，是对一定自然地理条件的综合反映。生活型谱是某一地区植物区系中各类生活型的百分率组成。将计算统计的结果列表或制图，即构成一个地区的植物区系的生活型谱，能很好地反映该地区的气候特征。

根据丹麦植物生态学家克里斯登·劳恩凯尔（Christen C. Raunkiaer）建立的系统，按照越冬休眠芽的位置与适应特征，将植物分为高位芽植物、地上芽植物、地面芽植物、地下芽（隐芽）植物和一年生植物五大生活型类群。以此系统，保护区种子植物的生活型谱见表 2-4。

表 2-4　衡水湖自然保护区种子植物生活型谱（Raunkiaer 系统）

| 生活型 | 高位芽植物 | 地上芽植物 | 地面芽植物 | 地下芽植物 | 一年生植物 | 总计 |
|---|---|---|---|---|---|---|
| 种数 | 24 | 3 | 104 | 53 | 168 | 352 |
| 占总种数比（%） | 6.82 | 0.85 | 29.55 | 15.06 | 47.73 | 100 |

如果按照传统的生活型划分方式，一般可以把植物分为乔木、灌木、藤本、多年生草本，一年生或二年生草本等生活型。以此，保护区种子植物的生活型谱见表2-5。

**表2-5　衡水湖自然保护区种子植物生活型谱（传统划分）**

| 生活型 | 乔木 | 灌木 | 亚灌木 | 藤本 | 多年生草本 | 一年生或二年生草本 | 总计 |
|---|---|---|---|---|---|---|---|
| 种数 | 19 | 4 | 3 | 17 | 148 | 161 | 352 |
| 占总种数比（％） | 5.40 | 1.14 | 0.85 | 4.83 | 42.05 | 45.74 | 100 |

由表2-4、表2-5可以看出，本区种子植物的生活型组成反映出植物区系具有明显的北温带性质：①草本植物占绝对优势，共计309种，占总种数的87.79%；其中一年生或二年生草本植物最多，共计161种，占草本植物总数的52.1%；多年生草本植物共计148种，占草本植物总数的47.9%。多年生草本多为地面芽植物，而已有的研究表明温带地区就是地面芽植物占优势。一年生或二年生草本丰富，反映了原生植被破坏严重，受人类干扰较大。②木本植物较少，乔木仅19种，其中小叶杨（*Populus simonii*）、榆（*Ulmus pumila*）、构（*Broussonetia papyrifera*）等多为构成植物群落的建群种；灌木及亚灌木也相对偏少，主要为柽柳科（Tamaricaceae）、豆科的一些植物。③藤本植物较少，多为草质藤本或半木质化的藤本。

### 2.3.3　种子植物区系的成分分析

（1）科的区系成分分析

依据吴征镒（1991）关于植物区系的划分，衡水湖自然保护区内种子植物科的分布区类型，可归为6种类型3种亚型（表2-6）。

**表2-6　衡水湖自然保护区种子植物科的分布区类型**

| 分布区类型 | 保护区 | |
|---|---|---|
| | 科数 | 占总数百分比（％） |
| 1.世界广布 | 48 | 64 |
| 2.泛热带分布 | 15 | 20 |
| 2-2热带亚洲–热带非洲–热带美洲（南美洲）分布 | 1 | 1.33 |
| 2S.以南半球为主的泛热带分布 | 2 | 2.67 |
| 3.热带亚洲和热带美洲间断分布 | 1 | 1.33 |
| 4.旧世界热带分布 | 1 | 1.33 |
| 8.北温带分布 | 2 | 2.67 |
| 8-4北温带和南温带间断分布 | 4 | 5.34 |
| 10.旧世界温带分布 | 1 | 1.33 |
| 合计 | 75 | 100 |

世界广布科是指在世界各地普遍分布的科。该类型在本保护区共有48科，在本保护区植物区系中占有非常重要的地位。像菊科、禾本科、蔷薇科、毛茛科（Ranunculaceae）、豆科、莎草科等世界广泛分布的大科，在本区亦是常见。这些大科在本保护区出现的属多为温带分布型，如菊科在该研究区分布的19个属中，多数为温带分布型，蒿属、风毛菊属（*Saussurea*）、蒲公英属、紫菀属（*Aster*）等均为典型的北温带分布型。禾本科在热带、北温带及半干旱地区均有分布，在

本保护区分布的 36 个属中，绝大多数为温带分布型，典型的北温带分布型有赖草属（*Leymus*）、画眉草属、稗属、雀麦属（*Bromus*）等。其他主产于北温带地区的世界科包括十字花科、蓼科、伞形科（Umbelliferae）、石竹科等，其生活型主要为草本。

主产热带、亚热带地区的世界科包括景天科（Crassulaceae）、紫草科、堇菜科（Violaceae）、旋花科、兰科（Orchidaceae）等；这些科的少数属种分布在华北平原，但也多以温带分布型为主，如紫草科的紫草属（*Lithospermum*）和鹤虱属（*Lappula*）全为温带分布型；而旋花科的打碗花属（*Calystegia*）和菟丝子属（*Cuscuta*）为热带分布型。

在热带和温带同样重要的世界科有豆科、唇形科、龙胆科（Gentianaceae）、玄参科等，在本区分布的属中多以温带分布型为主，豆科的 14 属中除 3 属为世界分布外，其余绝大多数为温带分布型；唇形科亦是如此，6 属中除 2 属为世界分布外，其余 4 属均为温带分布型。

泛热带分布型在本保护区共有 15 科。这些科中重要的有大戟科、苦木科（Simaroubaceae）、楝科（Meliaceae）、锦葵科、夹竹桃科（Apocynaceae）、萝藦科（Asclepiadaceae）等，主要分布在热带，或以热带不同地区为中心，而其分布区的边缘一直延伸到亚热带和温带。萝藦科的广义鹅绒藤属为泛热带分布型，但本保护区分布的仅为狭义的鹅绒藤属，属于地中海区和喜马拉雅间断分布型，表明本植物区系与热带关系不大。热带分布中还有 2 个亚型：一为热带亚洲 – 热带非洲 – 热带美洲（南美洲）分布型，只有鸢尾科（Iridaceae）1 科；另一个为以南半球为主的泛热带分布型，有商陆科（Phytolaccae）和番杏科（Aizoaceae）2 科。

热带亚洲和热带美洲间断分布型和旧世界热带分布型在本区各包含 1 科，分别为紫茉莉科（Nyctaginaceae）和脂麻科（Pedaliaceae），前者为外来植物。

北温带分布型在本保护区只有 2 科：列当科（Orobanchaceae）和灯心草科（Juncaceae），前者为寄生植物。属于温带分布型的还有一个亚型，即北温带和南温带间断分布型，包含 4 个科，分别为胡桃科（Juglandaceae）、杨柳科、罂粟科（Papaveraceae）和胡颓子科（Elaeagnacea），其中杨柳科为华北平原地带落叶阔叶林的主要树种。

旧世界温带分布型只有 1 科，即柽柳科，该科植物主要为旱生植物。其中大多树种是防风、固沙造林和水土保持优良树种，对改造沙漠和改善气候条件具有重要的生态意义。

由以上科的分布型分析中可以总结出一些分布特征：世界分布科占很大的比例，而且其中大部分为主产于温带的世界分布科，加上温带分布科，其总数已达到总科数的 86.67%，充分显示了本保护区植物区系的温带性质。热带分布型也占有一定的比例，说明该地带植物在起源上与热带也有一定的亲缘关系。

（2）属的区系成分分析

依据吴征镒（1991）关于植物区系的划分，衡水湖自然保护区内种子植物属的分布区类型，可归为 14 种类型（表 2-7）。

表 2-7　衡水湖自然保护区种子植物属的分布区类型

| 分布区类型 | 保护区 | |
| --- | --- | --- |
| | 属数 | 占总数百分比（%） |
| 1.世界分布 | 52 | 24.07 |
| 2.泛热带分布 | 42 | 19.44 |

| 分布区类型 | 保护区 | |
|---|---|---|
| | 属数 | 占总数百分比（%） |
| 3.热带亚洲和热带美洲间断分布 | 1 | 0.46 |
| 4.旧世界热带分布 | 4 | 1.85 |
| 5.热带亚洲至热带大洋洲分布 | 3 | 1.39 |
| 6.热带亚洲至热带非洲分布 | 6 | 2.78 |
| 7.热带亚洲分布 | 2 | 0.93 |
| 8.北温带分布 | 51 | 23.61 |
| 9.东亚和北美洲间断分布 | 7 | 3.24 |
| 10.旧世界温带分布 | 20 | 9.26 |
| 11.温带亚洲分布 | 7 | 3.24 |
| 12.地中海区、西亚至中亚分布 | 7 | 3.24 |
| 13.中亚分布及其变型 | 5 | 2.31 |
| 14.东亚分布 | 9 | 4.17 |
| 15.中国特有分布 | 0 | 0 |
| 合计 | 216 | 100 |

其中，温带性质的属（分布区类型 8~15）共有 106 属，占保护区整体植物区系的 49.07%，构成植物区系的主体；而温带性质的属中，又以北温带分布（含变型）为主要部分，占全部区系的 23.61%。

此外，世界分布属占保护区整体植物区系的 24.07%，热带性质的属（2~7）占保护区整体植物区系的 26.85%，保护区的植物区系中缺乏中国特有属分布。

下面，将各分布区类型及其亚型包含植物属的情况进行论述。

①世界分布型：共有 52 属，占整个区系的 24.07%，分别是蓼属（Polygonum）、酸模属、藜属、滨藜属（Atriplex）、猪毛菜属（Salsola）、碱蓬属（Suaeda）、苋属、商陆属（Phytolacca）、拟漆姑属（Spergularia）、麦蓝菜属（Vaccaria）、金鱼藻属（Ceratophyllum）、铁线莲属（Clematis）、毛茛属、碎米荠属（Cardamine）、独行菜属（Lepidium）、薄菜属、槐属（Sophora）、黄耆属（Astragalus）、车轴草属（Trifolium）、老鹳草属（Geranium）、远志属（Polygala）、酢浆草属（Oxalis）、堇菜属（Viola）、狐尾藻属（Myriophyllum）、千屈菜属（Lythrum）、补血草属（Limonium）、旋花属（Convolvulus）、鼠尾草属（Salvia）、水苏属（Stachys）、酸浆属（Physalis）、茄属（Solanum）、狸藻属（Utricularia）、车前属、拉拉藤属（Galium）、鬼针草属、苍耳属（Xanthium）、香蒲属、眼子菜属、角果藻属（Zannichellia）、茨藻属（Najas）、浮萍属（Lemna）、紫萍属（Spirodela）、马唐属（Digitaria）、芦苇属（Phragmites）、早熟禾属、苔草属（Carex）、莎草属、水莎草属（Juncellus）、蔗草属、灯芯草属（Juncus）、飞蓬属（Erigeron）、中膝菊属（Galinsoga）。上述属中多数为世界广布的杂草，有些属如苋属、商陆属、车轴草属、苍耳属、鬼针草属、飞蓬属、牛膝菊属等极易造成生物入侵。

②泛热带分布型：共有 42 属，约占区系成分总数的 19.44%，分别为马兜铃属（Aristolochia）、

莲子草属（*Alternanthera*）、粟米草属（*Mollugo*）、马齿苋属（*Portulaca*）、决明属（*Cassia*）、豇豆属（*Vigna*）、蒺藜属（*Tribulus*）、大戟属、铁苋菜属（*Acalypha*）、枣属（*Ziziphus*）、木槿属（*Hibiscus*）、苘麻属（*Abutilon*）、黄花稔属（*Sida*）、柿属（*Diospyros*）、打碗花属、菟丝子属、牵牛属、曼陀罗属（*Datura*）、栝楼属（*Trichosanthes*）、白酒草属（*Conyza*）、鳢肠属（*Eclipta*）、苦草属（*Vallisneria*）、鸭跖草属（*Commelina*）、三芒草属（*Aristida*）、孔颖草属（*Bothriochloa*）、虎尾草属（*Chloris*）、狗牙根属（*Cynodon*）、双稃草属（*Diplachne*）、䅟属（*Eleusine*）、牛鞭草属（*Hemarthria*）、白茅属（*Imperata*）、狼尾草属（*Pennisetum*）、狗尾草属、龙爪茅属（*Dactyloctenium*）、雀稗属（*Paspalum*）、虱子草属（*Tragus*）、飘拂草草属（*Fimbristylis*）、扁莎属（*Pycreus*）、水蜈蚣属（*Kyllinga*）、薯蓣属（*Dioscorea*）等。泛热带植物占有一定的比例反映了该地区植物区系有一定的热带成分。

③热带亚洲和热带美洲间断分布型：仅1属，紫茉莉属（*Mirabilis*），为外来植物。

④旧世界热带分布型：有4属，分别为楝属（*Melia*）、黑藻属（*Hydrilla*）、水鳖属（*Hydrocharis*）、天门冬属（*Asparagus*）。黑藻属和水鳖属为沉水植物。

⑤热带亚洲至热带大洋洲分布型：有3属，分别为臭椿属（*Ailanthus*）、通泉草属（*Mazus*）、结缕草属（*Zoysia*）。

⑥热带亚洲至热带非洲分布型：有6属，分别为大豆属（*Glycine*）、蓖麻属（*Ricinus*）、杠柳属（*Periploca*）、甜瓜属（*Cucumis*）、芒属（*Miscanthus*）、荩草属（*Arthraxon*）。

⑦热带亚洲分布型（Tropical Asia）：有2属，为鸡矢藤属（*Paederia*）、苦荬菜属（*Ixeris*）。

⑧北温带分布型（North Temperate）：共有51属，约占区系成分总数的23.61%，分别是枫杨属（*Pterocarya*）、柳属、杨属、榆属（*Ulmus*）、葎草属（*Humulus*）、桑属（*Morus*）、构属（*Broussonetia*）、虫实属、地肤属、蝇子草属（*Silene*）、碱毛茛属（*Halerpestes*）、紫堇属（*Corydalis*）、荠属（*Capsella*）、播娘蒿属（*Descurainia*）、菥蓂属（*Thlaspi*）、委陵菜属（*Potentilla*）、野豌豆属、胡萝卜属（*Daucus*）、点地梅属（*Androsace*）、梣属（*Fraxinus*）、鹤虱属、紫草属、地笋属（*Lycopus*）、薄荷属（*Mentha*）、枸杞属（*Lycium*）、柳穿鱼属（*Linaria*）、婆婆纳属（*Veronica*）、列当属（*Orobanche*）、茜草属（*Rubia*）、蒿属、紫菀属、蓟属（*Cirsium*）、风毛菊属（*Saussure*）、苦苣菜属（*Sonchus*）、蒲公英属、碱菀属（*Tripolium*）、泽泻属（*Alisma*）、慈姑属（*Sagittaria*）、鸢尾属（*Iris*）、看麦娘属（*Alopecurus*）、雀麦属、拂子茅属（*Calamagrostis*）、稗属（*Echinochloa*）、披碱草属（*Elymus*）、画眉草属、茅香属（*Hierochloe*）、羊草属（*Aneurolepidium*）、臭草属（*Melica*）、针茅属（*Stipa*）、碱茅属（*Puccinellia*）、绶草属（*Spiranthes*）。这些植物中，杨属、柳属、枫杨属、榆属、构属、桑属等为温带地区常见的乔木类群；梣属为外来归化树木；其余多数为多年生草本。此外，本类型中的臭草属、碱茅属属于北温带和南温带间断分布亚型。北温带植物占有一定量的比例反映了该地区植物区系有一定的温带成分，与该地区所处于北温带地区有一定的关系。

⑨东亚和北美洲间断分布型：含7属，分别为莲属（*Nelumbo*）、罗布麻属（*Apocynum*）、刺槐属（*Robinia*）、胡枝子属（*Lespedeza*）、山桃草属（*Gaura*）、向日葵属（*Helianthus*）、菰属（*Zizania*）。莲属为古老的国产归化植物；刺槐属、山桃草属、向日葵属在该地区为外来归化植物，山桃草已成为较严重的入侵植物。

⑩旧世界温带分布型：共有20属，分别为鹅肠菜属（*Myosoton*）、梨属（*Pyrus*）、苜蓿属（*Medicago*）、草木樨属（*Melilotus*）、柽柳属（*Tamarix*）、胡颓子属（*Elaeagnus*）、菱属（*Trapa*）、蛇床属（*Cnidium*）、鹅绒藤属、益母草属（*Leonurus*）、夏至草属（*Lagopsis*）、天仙子属（*Hyoscyamus*）、旋覆花属（*Inula*）、莴苣属（*Lactuca*）、鸦葱属、隐子草属（*Cleistogenes*）、菊属（*Chrysanthemum*）、

隐花草属（*Crypsis*）、黑麦草属（*Lolium*）、鹅观草属（*Roegneria*）。

⑪ 温带亚洲分布型：有 7 属，分别为盐芥属（*Thellungiella*）、瓦松属（*Orostachys*）、米口袋属（*Gueldenstaedtia*）、筅子梢属（*Campylotropis*）、粟麻属（*Diarthron*）、附地菜属（*Trigonotis*）、马兰属（*Kalimeris*）。

⑫ 地中海区、西亚至中亚分布型：有 7 属，分别为角茴香属（*Hypecoum*）、糖芥属（*Erysimum*）、涩芥属（*Malcolmia*）、离子芥属（*Chorispora*）、甘草属（*Glycyrrhiza*）、牻牛儿苗属（*Erodium*）、獐毛属（*Aeluropus*）。獐毛属在本区分布非常广泛。

⑬ 中亚分布及其变型：有 5 属，分别为花旗杆属（*Dontostemon*）、诸葛菜属（*Orychophragmus*）、砂引草属（*Messerschmidia*）、紫筒草属（*Stenosolenium*）、角蒿属（*Incarvillea*）。

⑭ 东亚分布型：有 9 属，分别为芡属（*Euryale*）、鸡眼草属（*Kummerowia*）、栾属（*Koelreuteria*）、萝藦属（*Metaplexis*）、斑种草属（*Bothriospermum*）、地黄属（*Rehmannia*）、泡桐属（*Paulownia*）、泥胡菜属（*Hemisteptia*）、茶菱属（*Trapella*）。其中泡桐属属于东亚分布型的中国日本分布亚型。

本区植物缺乏中国特有分布的属。

## 2.4　植　被 ●●●○○

植被是由各种植物群落所组成的，而每一植物群落，是各种植物在外界环境条件的影响下，在一定地段上相互适应的有规律的组合。植被的分类就是根据一定的原则，对各种植物群落进行鉴别和区分，从而对植被有一个较为全面、系统的认识。各派学者基本上是按照植物群落本身的特征，或是以群落中心部位的群落特征为标准，力求客观反映群落的性质。然而各植物群落的界限很难截然分开，事实上，所有植被分类多少是具有人为性的。因此，建立植被自然分类系统比较复杂，而且衡水湖自然保护区所包含的区域涉及自然植被（包括旱生植被、湿生植被、水生植被）和人工植被等不同类型，有时常呈复域分布，造成群落之间相互影响，存在着复杂的演替关系。

根据刘濂（1996）对河北植被分区的划分观点，衡水湖自然保护区在河北省植被的分区中属于暖温带落叶阔叶林地带——河北平原农作物栽培植被区——冀南低平原棉粮作物栽培植被片区。本片区地势低平，由西南向东北微微倾斜，海拔 50m 以下。河流主要有滏阳河、滏阳新河、滏东排河及其一些小支流，由河流改道和风力搬运堆积形成许多砂荒，尤以南宫附近的砂荒面积最大。土壤主要为盐土、盐化潮土和褐土化潮土。本片区气候偏干旱，河北省干旱中心便在此地。在上述自然条件下，本区发育成的地带性植被类型为落叶阔叶林，但因开垦历史悠久，自然植被遭到破坏，目前几乎不存在天然森林，只有在洼淀及盐土上，才有自然生长的草本植物群落。衡水湖自然保护区的原生植被已多被破坏，现仅余斑块。

根据野外调查所获得的大量样地数据资料，依照《中国植被》（中国植被编辑委员会，1980）、《河北植被》（刘濂，1996），并借鉴《中国湿地植被》（郎惠卿，1999）的分类原则、依据和分类系统，适当考虑衡水湖自然保护区的实际情况，参照以往的研究工作（蒋志刚，2009；白丽荣，2013），衡水湖自然保护区的植被类型可以区分为落叶阔叶林植被、水生植被、盐生植被、沼生植被以及灌草丛植被等类型。

### 2.4.1　落叶阔叶林植被

该区的落叶阔叶林植被主要为人工林，主要有以下几种群落类型。

①刺槐林群落（Form. *Robinia pseudoacacia*）：刺槐林原为人工营植，由于年代久远，现已归化为自然林或半自然林。刺槐林在保护区分布较为广泛（图2-5）。群落垂直结构只有两层，即乔木层和草本层，灌木层不明显。见有苦楝（*Melia azedarach*）、臭椿（*Ailanthus altissima*）、榆、桑（*Morus alba*）等幼树；偶见柽柳（*Tamarix chinensis*）、酸枣（*Ziziphus jujuba* var.*spinosa*）等灌木植物；层间植物可见杠柳（*Periploca sepium*）、鹅绒藤（*Cynanchum chinense*）。

乔木层一般发育较好。刺槐树龄10年左右，树高10~12 m，胸径13~19 cm。乔木层除见群种刺槐外，还有加杨（*Populus × canadensis*）、旱柳（*Salix matsudana*）、榆等树种混生，层平均高12 cm，郁闭度0.55~0.6。林下草本多为杂草，常以狗尾草、细叶臭草（*Melica radula*）为优势种。其他种类有藜（*Chenopodium album*）、刺儿菜（*Cirsium segetum*）、葎草（*Humulus scandens*）、茜草（*Rubia cordifolia*）、牵牛（*Ipomoea nil*）、米口袋（*Gueldenstaedtia multiflora*）等，林缘常见有藜、荠菜（*Capsella bursa-pastoris*）、独行菜（*Lepidium apetalum*）、地梢瓜（*Cynanchum thesioides*）等散生。

刺槐属浅根性树种，侧根发达，萌蘖力强，常萌生较多的幼树，是保护区主要林种之一。本区刺槐林一般分布在河岸荒地、田地及村落附近，多具有防风、固沙功能。

②杨树林群落（Form. *Populus* spp.）：杨树是保护区西湖西岸万亩防风固沙林的主要人工栽培树种，此群落多为纯林，或与旱柳、刺槐（*Robinia pseudoacacia*）混生成混交林（图2-6）。群落垂直结构只有两层，即乔木层和草本层，无灌木层。乔木层一般发育较好，建群种主要为加杨，其次还有毛白杨（*Populus tomentosa*）、银白杨（*Populus alba*）等。树龄10年左右，树高8~10 m，胸径8~13 cm。杨树树干高大通直，林内透光性好，草本层发育良好，植物多为杂草，如狗尾草、虎尾草（*Chloris virgata*）、马唐（*Digitaria sanguinalis*）、艾蒿（*Artemisia argyi*）、茵陈蒿（*Artemisia capillaris*）、藜、地肤（*Kochia scoparia*）、中华苦荬菜（*Ixeris chinensis*）等。杨树林群落郁郁葱葱，生长茂盛，对防止水土流失、涵养水源、保护湿地生态环境起到重要作用，同时为许多鸟类提供了良好的栖息环境。

图2-5　刺槐林群落　　　　　　　　　　　　图2-6　杨树林群落

③柳树林群落（Form. *Salix matsudana*）：柳树林群落沿着衡水湖湖岸分布，非常常见，群落中旱柳为常见树种，适应性很强，喜光、喜湿润，常散生于湖岸滩地、低湿地或路旁，或集群栽植于河岸（图2-7），有时和桑、榆等混生（图2-8）；此外局部还可看到栽培的垂柳（*Salix babylonica*）（图2-9）。旱柳林主要分布在湖岸北堤，多为纯林，有时混有榆、洋白蜡（*Fraxinus pennsylvanica*）等。旱柳生根萌枝能力极强，树高多在8~12 m，胸径12~13 cm，冠层郁闭度0.55~0.8。林下生长的草

本植物种类随郁闭度差异较大，常见的草本植物有狗尾草、藜、葎草、茜草、牵牛等，林缘近水处还有芦苇、三叶鬼针草（*Bidens pilosa*）等。

旱柳喜水湿，但又耐旱，是深根性树种，根系发达，固土能力强，是固坡、护岸、护堤、防风的优良树种。同时，其木材又可作炊具、小农具和薪炭用材；枝条可编筐，树叶可作饲料、肥料；花期早而长，为早春蜜源植物。

④榆树林群落（Form. *Ulmus pumila*）：榆树林群落分布在衡水湖中隔堤两侧与村落附近，生长较稀疏。榆树林多为纯林，有时与刺槐、杨树、桑等混交（图2-10）。群落只有乔木层和草本层，乔木一般生长良好，胸径10~15 cm，树高6~12 m，冠层郁闭度0.6~0.95。草本层生长旺盛，多为杂草，常见如狗尾草、藜、蒿类、纤毛鹅观草（*Roegneria ciliaris*）、茜草、葎草等。

图2-7　旱柳林群落

图2-8　旱柳–桑林群落

图2-9　垂柳林群落

图2-10　榆树林群落

⑤洋白蜡林群落（Form. *Fraxinus pennsylvanica*）：洋白蜡林为典型的人工林，林下有明显的人工割灌痕迹，群落生长较稀疏。洋白蜡林多为纯林，有时与刺槐、榆、桑等混交（图2-11）。群落灌木层不明显，偶见有柽柳和桑的幼树。乔木一般生长良好，树龄不足10年，胸径6~13 cm，树高5.5~10 m，郁闭度0.6~0.7。草本层生长旺盛，多为杂草，常见如獐毛（*Aeluropus sinensis*）、藜、茵陈蒿、二色补血草（*Limonium bicolor*）、鲤肠（*Eclipta prostrata*）、蟋蟀草（*Eleusine indica*）、翅碱蓬（*Suaeda salsa*）、茜草、鹅绒藤等。

⑥臭椿林群落（Form. *Ailanthus altissima*）：臭椿生长迅速，树体高大，为保护区常见乔木之一。臭椿林群落为非人工栽培的落叶阔叶林，在该地区常常以疏林的形式存在。乔木层以臭椿为优势种，

图 2-11　洋白蜡林群落

偶与刺槐、榆伴生，因其繁殖容易，建群种生长良好，一般郁闭度不高，林下灌木偶见兴安胡枝子（*Lespedeza daurica*）等亚灌木植物，草本层发育不良，以禾草类、委陵菜（*Potentilla chinensis*）等旱中生种类为主。臭椿林主要分布于衡水湖北堤两侧。

⑦槐树林群落（Form. *Sophora japonica*）：槐树林群落分布在滏东排河南侧，为人工种植，生长较稀疏。槐树林为纯林，有时与洋白蜡等间隔栽植（图 2-12）。群落只有乔木层，无灌木层，草本层不发达。乔木生长良好，胸径 10~15 cm，树高 12~13 m，郁闭度可达 0.9。草本层多为杂草，常见狗尾草、藜、牵牛、茜草、葎草等。

⑧火炬树群落（Form. *Rhus typhina*）：火炬树适应性强，根系发达，萌蘖能力强，易繁殖，生长迅速，为防风固沙、水土保持、改良土壤及薪炭林优良树种。树叶秋季转红，果似火炬宿于枝顶，是保护区内的观赏树种。群落盖度 32%~80%，高度约 2 m，伴生的种类有榆、桑、刺槐等，草本植物有芦苇、葎草、三叶鬼针草等（图 2-13）。

图 2-12　槐树林群落

图 2-13　火炬树群落

### 2.4.2　水生植被

水生植被是生长于水体环境，由水生植物组成的植被类型。水体中生态条件比较一致，水体又具有流动性，因此，保护区的水生植被在区系成分、种类组成、群落特征等方面与我国北方平原地区，特别是华北平原地区，有着较大的相似性。根据水生植物的不同生态类群，将保护区水生植被分为沉水植物群落、浮水植物群落、挺水植物群落 3 个类型。

### 1.沉水植物群落

沉水植物的根扎在水底淤泥之中，在水体中垂直分布，有时伴生少量浮水植物。衡水湖沉水植物群落的建群种主要有眼子菜（*Potamogeton distinctus*）、金鱼藻（*Ceratophyllum demersum*）、黑藻（*Hydrilla verticillata*）、大茨藻（*Najas marina*）、菹草（*Potamogeton crispus*）等，沉水植物群落盖度在30%~80%。

根据沉水植物的生长特性与繁殖特征，可分为：

（1）全沉水植物群落

①金鱼藻群落（Form. *Ceratophyllum demersum*）：金鱼藻为金鱼藻科多年沉水草本植物，有时单独形成群落，有时与黑藻、菹草、狐尾藻（*Myriophyllum spicatum*）等一起构成群落，分布于衡水湖大部分水体中。群落一般生长在水深40~200 cm处，生长密集，繁殖很快，盖度为30%~100%，有时郁闭成背景化（图2-14）。除优势种外，还有角果藻（*Zannichellia palustris*）、苦草（*Vallisneria natans*）等伴生。此群落所在的水域水草繁茂，是食草性鱼类的天然食料库。

图 2-14  金鱼藻群落

②黑藻群落（Form. *Hydrilla verticillata*）：黑藻为水鳖科（Hydrocharitaceae）多年生沉水草本植物，有时单独构成群落，有时与金鱼藻、菹草等构成群落分布于衡水湖大部分水体中。群落位于水深0.3~1.2 m处，盖度在60%以上（图2-15）。

图 2-15  黑藻群落

③狐尾藻群落（Form. *Myriophyllum spicatum*）：狐尾藻属植物为小二仙草科（Haloragidaceae）多年生沉水草本，在衡水湖广泛分布有穗状狐尾藻（*Myriophyllum spicatum*），此外狐尾藻也有分布。狐尾藻群落发育的环境为水体深 1~1.7 m，透明度 90~110 cm。群落发育良好。建群种狐尾藻生长繁茂，盖度 30%~100%，结构简单，种类稀少，常成单优植物群落，有时伴生有菹草、龙须眼子菜（*Potamogeton pectinatus*）、篦齿眼子菜（*Stuckenia pectinata*）、茨藻、金鱼藻等。建群种繁殖快，经常拥塞水体，加速湖泊的淤积。狐尾藻的经济价值较高，可作为饲料及水生生物栖息的环境，应有计划地打捞，疏通水体（图 2-16）。

图 2-16　狐尾藻群落

④大茨藻群落（Form. *Najas marina*）：建群种主要为大茨藻，在衡水湖分布的有大茨藻和小茨藻（*Najas minor*）两种。该群落为一年生沉水植物，茎柔软多分枝，3 片轮生枝呈椭圆状条形，边缘有细齿。常形成单种群落，伴生植物少，有轮藻、菹草等。群落水深一般在 0.6~1.5 m，盖度为 60%~80%。在衡水湖自然保护区分布较少，只在浅水处零星分布，群落结构只有一层。在某些水较深的地方，群落结构可以分为两层，上层接近水面，盖度在 20% 左右，以茨藻为优势种，有时伴生有狐尾藻；下层距水面 0.5 m 以下，生长一些沉水植物，如菹草、金鱼藻等（图 2-17）。

⑤轮藻群落（Form. *Chara* spp.）：轮藻为藻类植物，属轮藻门轮藻属，藻体较大，长 10~60 cm，以假根固着于水底淤泥中。茎有节，节与节间明显，节的细胞短，反复分裂发展为轮藻的分枝，分枝细，呈丝状。轮藻的耐污染能力较弱，在衡水湖自然保护区 pH ≥ 8 以上的浅水中，分布较多；伴生有黑藻和龙须眼子菜；有时只有单一种轮藻（图 2-18）。

（2）露花沉水植物群落

①眼子菜群落（Form. *Potamogeton* spp.）：眼子菜属植物为多年生沉水草本植物，除个别叶片外，植物营养体沉没于水下，花序伸出水面。生长于静水或微动的水体中，水深0.2~1.5 m，透明度0.5~1.0 m。眼子菜属在衡水湖水体中以龙须眼子菜和菹草构成的群落最为常见（图2-19），这些群落以龙须眼子菜和菹草为优势种，生长良好，个体数量多，盖度常在60%~80%。伴生种有龙须眼子菜、茨藻、金鱼藻等。眼子菜群落所在的水域，是多种鱼类栖息、生活和繁殖产卵的场所。

②苦草群落（Form. *Vallisneria natans*）：苦草为水鳖科多年生沉水草本植物，根扎于淤泥中，苦草的佛焰花序苞因卷曲的花柄伸长而露出水面。这一群落集中分布在衡水湖较深的水域，建群种生长良好，有时和黑藻共同构成群落。苦草带状长线形叶片长度在0.5~1 m（图2-20）。群落盖度在60%~80%。群落上层水面常有浮水植物。

图 2-17　大茨藻群落

图 2-18　轮藻群落

图 2-19　菹草群落

## 2. 浮水植物群落

本区只有浮萍、紫萍群落（Form. *Lemna minor* + *Spirodela polyrrhiza*）。建群种浮萍（*Lemna minor*）、紫萍（*Spirodela polyrhiza*）为浮萍科（Lemnaceae）紫萍属植物（图2-21），浮水小草本，分布于滏阳新河、滏东排河等各处静止的水体中。两种植物多为无性芽裂繁殖，繁殖速度极快，能在短时间内繁殖让植物占据整个水面，盖度常在80%以上。由于植物浮生水面并可随水流或风吹而漂动，因此其群落组成状况和数量往往不稳定。群落的密度和盖度等指标，随时间变化很大。浮萍、紫萍可作猪饲料。紫萍全草还可以药用。

图 2-20　苦草

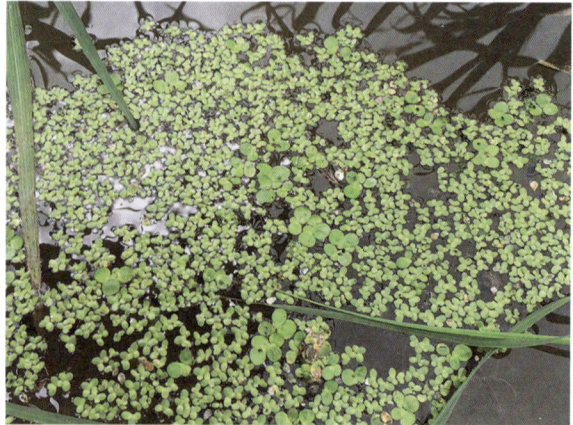

图 2-21　浮萍、紫萍植物群落

### 3. 挺水植物群落

这是以挺水植物为优势种组成的群落。主要有以下类型。

①莲群落（Form. *Nelumbo nucifera*）：莲群落由人工栽植而成，多年后逐渐成为自然状态。莲以观赏为主要栽植目的，分布于衡水湖各观赏景区。莲群落常生于 0.5~0.7 m 水深的淤泥质水体中（图 2-22）。群落上层可见睡莲（*Nymphaea tetragona*）、浮萍、紫萍混生，下层有零散生长的黑藻、菹草或狐尾藻等沉水植物。莲藕（*Nelumbo nucifera*）是当地重要的经济植物之一，种子可供食用，根茎可作蔬菜，并可入药，全草可作饲料或绿肥。

图 2-22　莲群落

②芦苇群落（Form. *Phragmites australis*）：本群落是衡水湖自然保护区分布最广、面积最大的植物群落之一，中隔堤两岸、滏阳新河右堤北侧有大面积芦苇生长，盖度 30%~100%，通常形成单优势种群落，有时与香蒲（*Typha angustifolia*）混生。该群落对水分的适应幅度很广，从地表过湿到常年积水，从水深不足 10 cm 到水深 1 m 以上，均能生活，但最适宜的积水深度为 30 cm 左右。芦苇的高度不等，1~3 m，个别可达 4 m，植株的生长发育受水文状况的影响不同，随着水的深度减少，植株变矮，在常年积水的地段生长较好，季节性积水地段植株较矮，湿生和中生的环境下也能生长，而且群落的伴生植物也有差异。

芦苇有发达的地下根茎，多形成单优势群落，或与长芒稗（*Echinochloa caudata*）、苣荬菜（*Sonchus brachyotus*）、香蒲、茵陈蒿等组成复合群落。在衡水湖自然保护区，常见的伴生种有：稗、藨草（*Scirpus triqueter*)、水蓼（*Polygonum hydropiper*）、两栖蓼（*Polygonum amphibium*）、茵陈蒿、香蒲、北美苍耳（*Xanthium chinense*）、达香蒲（*Typha davidiana*）、苣荬菜、扁秆蔗草（*Scirpus planiculmis*）等，还有水生植物槐叶苹（*Salvinia natans*）、狐尾藻等。群落结构只有草本层，按照草层的高度可以分为两层：上层以芦苇为优势种，高度在 100 cm 以上，盖度在 50% 左右；下层有狼把草（*Bidens tripartita*）、酸模叶蓼（*Polygonum lapathifolium*）、球穗莎草（*Cyperus glomeratus*）等，高度在 50 cm 左右，盖度在 30% 左右。在某些地段还有一些沉水植物如茨藻、金鱼藻等。

在衡水湖自然保护区的芦苇群系组可分为芦苇群落和芦苇＋杂类草群落 2 个类型（图 2-23）。

图 2-23　不同生境下的芦苇群落

③香蒲群落（Form. *Typha angustifolia*）：该群落主要分布在保护区东湖。群落地表常年有积水或持续时间较长的季节性积水，水深 10~30 cm。土壤为腐殖质，群落植物种类较多，但主要是香蒲科（Typhaceae）、禾本科和莎草科植物为绝对优势种。伴生有少量的豆科、菊科等植物。生活型以多年生和一年生草本植物为主，群落外貌整齐，植株高大茂密，高 3~4 m，盖度为 70%~100%。群落结构为单一草本层，草本层的高度可以大致分为两层：第一层的高度为 100~400 cm；第二层的高度在 50 cm 以下。香蒲为优势种，常常和荆三棱（*Scirpus yagara*）、芦苇、水葱（*Scirpus validus*）、球穗莎草、狼把草、长芒稗等相互伴生，尚有少量的酸模叶蓼、扁秆蔗草等。下层不能形成一个完整的植被层，常与芦苇等形成小群聚（图 2-24）。

④蔗草群落（Form. *Scirpus triqueter*）：该群落主要分布于沼泽和低洼湿地，土壤为典型沼泽土或草甸化沼泽土；群落生境中积有浅水或过度潮湿，群落植物呈小片状分布，以蔗草属（*Scirpus*）植物为优势种，常形成单优势群落。一般株高 0.5~2.5 m，盖度在 80%~90%，个体数量极多，常成背景化。伴生植物较多，有稗、两栖蓼、醴肠（*Eclipta prostvata*）、双稃草（*Diplachne fusca*）、狼

把草、香蒲、芦苇、球穗莎草等。群落结构为单一草本层，草本层的高度可以大致分为两层：第一层的高度为 70~90 cm；第二层的高度为 30~50 cm。衡水湖自然保护区的薹草群系组大致可分为4 个类型：薹草群落、扁秆薹草群落（图 2-25）、荆三棱群落、水葱群落（图 2-26）。

图 2-24　香蒲群落

图 2-25　扁秆薹草群落

图 2-26　水葱群落

### 2.3.3　盐生植被

盐生植被是由具有适盐、耐盐与抗盐特性的盐生植物组成的群落类型，具有隐域性植被的特点。主要分布在无积水的湿地环境中，土壤表现出不同程度的盐渍化，干旱季节土壤盐分上升，集聚地表，严重时可形成一层"白霜"盐渍土壤带。

主要有以下群落类型：

①柽柳灌丛群落（Form. *Tamarix chinensis*）：柽柳为柽柳科柽柳属植物，为泌盐性盐生灌木。一般生长在含盐量 0.5%~1.0% 的盐土上。柽柳灌丛群落是天然的湖岸灌丛，是在盐地碱蓬群落的基础上发展起来的植被类型，外貌呈鲜艳的紫红色，具有一定的观赏价值。柽柳灌丛外貌不是很整齐，盖度 20%~60%，土壤深度一般在 30 cm 以上。群落以柽柳为单优势种，一般生长良好，株高 1.5 m左右，有的高 2~3 m。伴生草本植物常见翅碱蓬、灰绿藜（*Chenopodium glaucum*）、猪毛菜（*Salsola collina*）、白茅（*Imperata cylindrica*）、铁苋菜（*Acalypha australis*）、茵陈蒿等。柽柳适生于盐渍土，也宜于沙地栽植，是改良盐渍土和固沙的优良树木（图 2-27）。

②碱蓬群落（Form. *Suaeda glauca*）：该类群落包含碱蓬（*Suaeda glauca*）和盐地碱蓬两种类型，有时各自形成单优群落，有时形成混合群落（图2-28）。盐地碱蓬又名翅碱蓬，是一年生多汁盐生植物，广泛分布于衡水湖盐碱地区，构成单优势群落或与其他耐盐种类构成群落。该群落是裸荒地的先锋植物群落。该群落的外貌有时候呈团、呈簇，有时候连成一大片，呈地毯状植披。群落生长发育旺盛，株高平均为30~40 cm，盖度在50%以上。在土壤盐分很高，其他植物不能生长时，盐地碱蓬可成为单优势种群落，伴生植物较少。盐地碱蓬幼苗可作蔬菜，种子含油量20%以上，可供食用或制作手工皂、油漆、油墨等，油渣为良好的饲料或肥料。

图2-27　柽柳灌丛群落

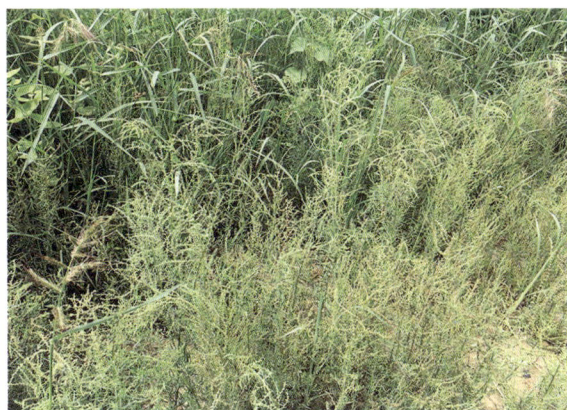

图2-28　碱蓬群落

③獐毛群落（Form. *Aeluropus sinensis*）：獐毛是根茎型多年生耐盐性低矮禾草，主要分布在碱蓬群落的外围、含盐量较低的土壤中。獐毛是泌盐植物，獐毛群落对于土壤含盐量及地下水含盐量的生态适应幅度广，在重盐度及低盐度的土壤中均能生长。该群落在平原地区是一种盐生指示植物群落。獐毛群落外貌整齐，盖度可达70%。群落种类成分稀少，结构简单，以獐毛为建群种，其具匍匐茎、地下茎，繁殖力强，且有很强的竞争能力。因此常形成单优势的群落，或有少数植物种类伴生。除建群种外，常见有二色补血草、芦苇、碱蓬等（图2-29）。

图2-29　獐毛群落

### 2.3.4　沼生植被

沼生植被是指在多水和过湿条件下形成的以沼生植物为优势的植被类型。衡水湖自然保护区受水位动态变化的影响，沼生植被的种类组成、建群种生长状况、群落特征均出现年内和年际变化。衡水湖自然保护区沼生植被区系组成较简单，多为世界性种类。在种类组成上，以芦苇、扁秆藨草、香蒲、蓼属、莎草属以及一些耐湿的禾草类为主，可大致分为莎草沼生群落、禾草沼生群落、杂类草沼生群落3个类型。

①莎草沼生群落（Form. *Cyperus* spp.）：此群落是以莎草科莎草属植物为优势种或建群种组成的群落，在衡水湖自然保护区主要分布在湖漫滩地和积水的小洼地。群落植物种类较少，主要为莎草科和禾本科植物，盖度为40%~80%，构成群落的优势种为球穗莎草（图2-30）、褐穗莎草

（*Cyperus fuscus*）等莎草属植物。伴生植物有狼把草、灰绿藜、荆三棱、香蒲、稗草（*Echinochloa crusgalli*）等。生活型谱以一年生植物为主，群落外貌相对整齐，高度一般为 20~70 cm。

②禾草沼生群落（Form. *Echinochloa* spp.+*Phragmites australis*）：此群落是以喜湿或短期内能在积水中生存的禾本科植物为优势种或建群种组成的群落，在衡水湖自然保护区也主要分布在湖漫滩地和积水的小洼地。此群落植物种类较少，主要为禾本科和莎草科植物，盖度在 70%~90%，构成群落的优势种为稗、荻、芦苇等禾本科植物（图 2-31）。伴生植物有狼把草、酸模叶蓼、荆三棱、香蒲、球穗莎草等。生活型谱以一年生植物为主，群落外貌相对整齐，高度一般为 70~150 cm。

图 2-30　球穗莎草

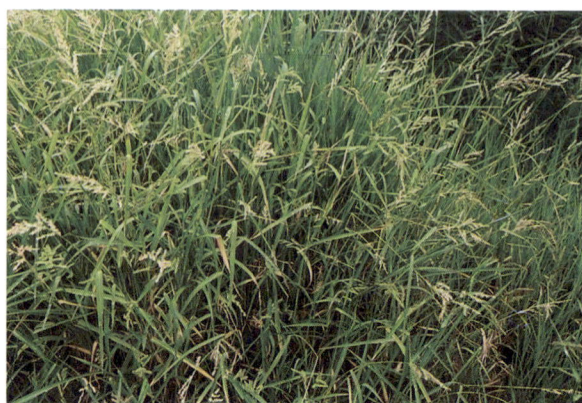

图 2-31　稗草群落

③杂类草沼生群落（Form. *Bidems* spp.+*Polygonum* spp.）：此群落是以喜湿或短期内能在积水中生存的非莎草科和禾本科植物为优势种或建群种组成的群落，在衡水湖自然保护区也

图 2-32　酸模叶蓼群落

主要分布在湖漫滩地和积水的小洼地。群落植物种类较多，主要为菊科、蓼科和唇形科等植物，盖度为 80%~90%，构成群落的优势种以鬼针草属、蓼属、薄荷属等植物为主。伴生植物有球穗莎草、扁秆藨草、荆三棱、狭叶香蒲（*Typha angustifolia*）等。生活型谱以一年生植物为主，群落外貌相对整齐，高度一般为 50~90 cm。在衡水湖自然保护区，常见的有鬼针草群落、酸模叶蓼群落（图 2-32）、薄荷（*Mentha haplocaly*）群落等。

### 2.4.5　灌草丛植被

衡水湖自然保护区内的灌草丛植被包括生长在旱生或中生环境下的灌丛群落和草丛群落。主要有以下几种群落类型。

①酸枣、茵陈蒿灌草丛群落（Form. *Ziziphus jujuba* var. *spinosa* + *Artemisia capillaris*）：该群落分布面积很小，仅分布于冀州古城的残余城墙上，为华北山地灌草丛残留的部分。土壤为山地褐土。群落结构简单，灌草丛盖度在 20%~50%，建群层片是茵陈蒿、虱子草（*Tragus berteronianus*）、白羊草（*Bothriochloa ischaemum*）等禾草类植物组成的草本层片，盖度在 30%~40%，建群种为茵陈蒿、虱子草，主要的伴生种类有白羊草、狗尾草、乳浆大戟（*Euphorbia esula*）、米口袋等；群落中的

灌木层盖度一般在 5% 左右，条件较好的小块地域盖度可达 10%，散生灌木为酸枣和枸杞（*Lycium chinense*），高度一般为 50~90 cm（图 2-33）。由于该群落能充分反映该地区自然灌草丛植被的特点，又位于冀州古城墙遗址上，建议加以保护，避免人为干扰破坏。

②白羊草草丛群落（Form. *Bothriochloa ischaemum*）：该群落主要分布于衡水湖自然保护区地势稍突出的阳坡、半阳坡的比较开敞地段，绝大多数群落在农田边的路边斜坡。生境较干旱；土壤主要为褐土，较干燥。群落外貌整齐，盖度在 30%~90%，变化较大。群落结构较简单，优势种为白羊草，高 40~60 cm。伴生植物以禾本科草类植物为主，如长芒草（*Stipa bungeana*）、蟋蟀草、虎尾草、狗尾草等（图 2-34）。

图 2-33　酸枣、茵陈蒿灌草丛群落

图 2-34　白羊草群落

③白茅草丛群落（Form. *Imperata cylindrica*）：该群落主要分布于衡水湖自然保护区地势稍平缓的且比较开敞地段，绝大多数分布在农田边的荒地上。生境或较干旱或较湿润，严格说应该属于中生生境；土壤主要为褐土，较干燥。群落外貌整齐，盖度在 70%~90%，变化不大。群落结构较简单，优势种为白茅，高 40~70 cm。伴生植物以各类草类植物为主，如阿尔泰紫菀（*Aster altaicus*）、狗尾草、反枝苋（*Amaranthus retroflexus*）、鹅绒藤等（图 2-35）。

图 2-35　白茅群落

④蒿群落（Form. *Artemisia* spp.）：该群落是以蒿属植物为优势种或建群种组成的群落类型，群落植物组成较丰富，盖度为 60% 左右，主要分布在河岸边的荒地上，常伴有狗尾草、虎尾草、菱叶藜（*Chenopodium bryoniifolium*）、稗草、米口袋等。该群落对于保护河岸具有重要的作用。蒿群落可分为以下几个类型：茵陈蒿群落（图 2-36）、红足蒿（*Artemisia rubripes*）群落、野艾蒿（*Artemisia lavandulaefolia*）群落、蒔萝蒿（*Artemisia anethoides*）群落等。

图 2-36　茵陈蒿群落

## 2.4.6　小　结

衡水湖自然保护区的植被类型可以大致分为落叶阔叶林植被、水生植被、盐生植被、沼生植被以及灌草丛植被等类型。在衡水湖自然保护区的陆相中，主要的植被类型为人工落叶阔叶林，此外还有农田、果园等人工植被，其中农田是面积最大的人工植被。沿着道路两侧突起的坡地具有一些旱生和中生的灌草丛植被。所调查地带的许多区域均被不同程度地开垦为农田或鱼塘，人为干扰仍较严重。湖泊和河网是衡水湖自然保护区植被中最为重要的部分，其自然植被主要为水生植被、盐生植被以及沼生植被。植物群落类型多样，由于构成种类的不同，水生植被又包含了挺水植物群落、浮水植物群落和沉水植物群落 3 个明显的群落类型，生长较为繁茂，生物量相对较大，但群落的季节变化较为明显。研究表明，影响衡水湖自然保护区植被分布最重要的生态因子是区域内水陆环境的分异。水位的变动、人为干扰也是影响植被及植物群落的重要因素。

## 2.5　大型水生植物　●●●●●

经调查统计，衡水湖自然保护区共有大型水生植物 45 种，其中大型藻类 1 种，即轮藻；大型水生高等植物 44 种，其中漂浮植物 4 种，分别为：槐叶苹（*Salvinia natans*）［图 2-37（a）］、浮萍、紫萍、水鳖（*Hydrocharis dubia*）［图 2-37（b）］；浮叶植物 10 种，分别为：苹（*Marsilea quadrifolia*）［图 2-37（c）］、两栖蓼［图 2-37（d）］、芡实（*Euryale ferox*）、莲（荷花）、红睡莲（*Nymphaea alba* var. *rubra*）、黄睡莲（*Nymphaea mexicana*）、睡莲、眼子菜、茶菱（*Trapella sinensis*）、欧菱（*Trapa natans*），其中红睡莲、黄睡莲、睡莲为栽培种类；沉水植物 13 种，分别为：菹草、穿叶眼子菜（*Potamogeton perfoliatus*）、龙须眼子菜、线叶眼子菜（*P. pusillus*）、马来眼子菜（*P. wrightii*）、角果藻［图 2-37（e）］、金鱼藻、黑藻、苦草、大茨藻、小茨藻、狐尾藻、

轮叶狐尾藻；挺水植物 17 种，分别为：水蓼、喜旱莲子草（*Alternanthera philoxeroides*）、豆瓣菜（*Nasturtium officinale*）、芦苇、香蒲、达香蒲、小香蒲（*Typha minima*）、东方泽泻（*Alisma orientale*）、慈姑（*Sagittaria trifolia* var. *sinensis*）[图 2-37（f）]、梭鱼草（*Pontederia cordata*）、黄菖蒲（*Iris pseudacorus*）、长芒稗、茭白、藨草、扁秆藨草、荆三棱和水葱，其中梭鱼草为栽培植物。在低水位时，挺水植物便成为沼泽植物。

（a）槐叶苹

（b）水鳖

（c）苹

（d）两栖蓼

（e）角果藻

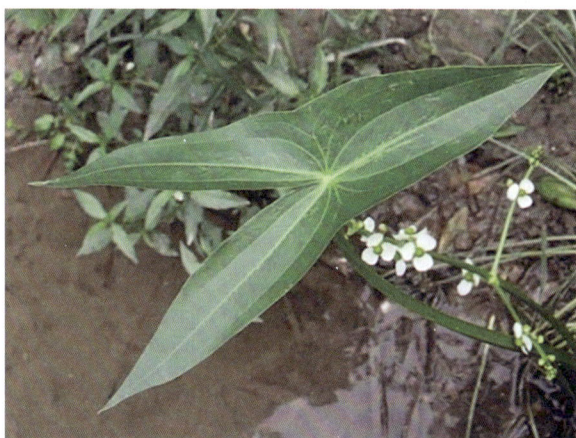

（f）慈姑

图 2-37　6 种大型水生植物

衡水湖自然保护区的大型水生植物种类较多，资源较为丰富，但这些植物的分布和数量因受到水位变化和水体污染状况的影响而发生明显变化。当湖泊的水深超过 2 m 并持续时间较长时，大型水生植物就会逐渐减少或死亡；水体污染严重时，一些耐污染植物如芦苇、狐尾藻等仍然可以生存下来，而眼子菜属、茨藻属植物会逐渐死亡。一些在衡水湖自然保护区有广泛分布的大型水生植物（如芦苇等），如加以合理利用，通过资源利用的方式从水体中转移出来，对降低水体中的富营养化成分会有一定的作用。

## 2.6 珍稀保护植物与古树名木 ● ● ● ●

### 2.6.1 珍稀保护植物

衡水湖自然保护区内被列入《国家重点保护野生植物名录》（2021 版）的植物只有野大豆 1 种，为国家二级重点保护野生植物（图 2-38）。

野大豆：豆科大豆属，一年生缠绕草本植物，长可达 4 m。茎、小枝纤细，托叶片呈卵状披针形，顶生小叶呈卵圆形或卵状披针形，两面均被绢状的糙伏毛，侧生小叶呈斜卵状披针形。总状花序通常短，花小，花梗密生黄色长硬毛；苞片呈披针形；花萼呈钟状，裂片呈三角状披针形，花冠为淡红紫色或白色，旗瓣近圆形，荚果呈长圆形，种子间稍缢缩，椭圆形，稍扁，7—8 月开花，8—10 月结果。除新疆、青海和海南外，遍布中国大部分地区。见于衡水湖自然保护区梅花岛、徐家南田至秦家南田、魏家屯镇、南李庄、刘家垙村、魏屯村等地。

图 2-38　野大豆

在衡水湖自然保护区有栽培，且列入《国家重点保护野生植物名录》（2021版）的植物有2种，分别是：银杏和水杉。

①银杏：银杏科银杏属，落叶乔木，高达40 m，胸径最大可达4 m。叶扇形，叉状叶脉，顶端常具波状缺刻或2裂。球花单性异株，生于短枝顶端的鳞片状叶的腋内，呈簇生状；雄球花葇荑花序状，下垂。种子具长梗，下垂。银杏为中生代孑遗的稀有树种，系中国特产，仅在浙江天目山有野生状态的树木。衡水湖自然保护区内有栽培。野生的银杏被列为国家一级重点保护野生植物。

②水杉：杉科水杉属，裸子植物，落叶乔木。叶线形，交互对生，假二列呈羽状复叶状。雌雄同株。球果下垂，有长柄；种鳞木质，盾形，每种鳞具5~9粒种子，种子扁平，周围具窄翅。水杉也为中生代孑遗的稀有树种，中国特产，仅在重庆万州和石柱县、湖北利川、湖南龙山和桑植发现有野生状态的树木。衡水湖自然保护区内有栽培。野生的水杉被列为国家一级重点保护野生植物。

列入《河北省重点保护野生植物名录》（第一批）的植物有野大豆、远志（*Polygala tenuifolia*）、文冠果（*Xanthoceras sorbifolium*）、狸藻（*Utricularia vulgaris*）、眼子菜、绶草（*Spiranthes spiralis*）（本次考察未见，根据别人拍摄的照片确认）6种，另有油松（*Pinus tabuliformis*）、玫瑰（*Rosa rugosa*）在保护区内有栽培。

在本保护区值得保护的稀有植物或重要环境保护植物有杜梨（*Pyrus betulifolia*）、苦参（*Sophora flavescens*）、白杜卫矛（*Euonymus maackii*）、沙枣（*Elaeagnus angustifolia*）、柽柳。

## 2.6.2 古树名木

衡水湖自然保护区内建议列为国家一级古树的有2种：圆柏（*Sabina chinensis*）和酸枣。

①圆柏（图2-39）：俗称桧、桧柏、柏树，柏科圆柏属（或并入刺柏属）。常绿乔木；有鳞形叶的小枝，圆形或近方形。叶在幼树上全为刺形，随着树龄的增长刺形叶逐渐被鳞形叶代替；刺形叶3叶轮生或交互对生，上面有两条白色气孔带；鳞形叶交互对生,排列紧密。雌雄异株。球果近圆形，有白粉，熟时褐色，内有1~4（多为2~3）粒种子。在庭园中用途极广。产于东北地区南部及华北等地，北自内蒙古及沈阳以南，南至两广北部，东自滨海各省，西至四川、云南均有分布。

该古树位于衡水湖东岸的彭杜村乡刘家南田村东，原泰山圣母行宫古庙院内（115.65°E，37.63°N）。树高12 m，主干底部最大直径1.2 m，树干有15条主枝，只有东南侧1枝生长茂盛。1960年特大洪水导致大庙被冲毁，经多日浸泡，该古柏几乎接近死亡，加之洪水过后，人们又紧贴着树干北侧建了房屋，也影响了树木的生长。后来虽采取了一些补救措施，但除东南侧1枝重

图2-39　圆柏古树

新发芽长出新枝外，其余分枝及北侧多半个主干均已枯死。树下的古残碑记载，古庙始建于唐代，原名原觉寺。1609年由大南天村民张谦、张仁舍等再次重建泰山奶奶庙，庙宇坐东朝西，南北各有3间配房。时有张荣任山东乐陵县知事，带回4棵树苗置于主殿前。但另外3棵不知死于何时，只有该树长得高大挺拔，当年繁盛时方圆几十里都能看到。该树树龄400余年，建议列为一级保护古木。

②酸枣：俗称棘、棘子、野枣、山枣；鼠李科枣属。为落叶灌木，很少为小乔木。枝、叶、花的形态与普通枣树相近，但小枝常弯曲呈"之"字形，枝条节间较短，托叶刺发达，一刺直，一刺弯曲，结果枝叶明显具托叶刺。叶小而密生，果小、多圆或椭圆形。果皮厚、光滑，紫红或紫褐色，果肉较薄、疏松，味大多很酸，核圆或椭圆形，核面较光滑，内含种子1~2枚，种仁饱满，可作中药。其适应性较普通枣强，花期很长，可作蜜源植物。

该古树位于徐家南田（115.64°E，37.63°N），有2株，一株的胸径为20 cm，另一株的胸径为17 cm，高度约为4 m。经咨询当地老人，得知该树树龄也有400多年，建议列为一级保护古木（图2-40）。

衡水湖自然保护区内建议列为国家二级古树的有2种：旱柳和柽柳。

①旱柳：俗称柳树，杨柳科柳属。落叶乔木，高达18 m，树冠广圆形，树皮纵裂，枝直立或斜展，褐黄绿色，后变褐色，无毛，幼枝有毛。叶披针形，无毛，边缘有细腺锯齿，幼叶有丝状柔毛。花序与叶同时开放；雌雄异株，雌雄花序均为圆柱形，雌花序稍短。花果期4—5月。我国各地多有分布，常生长在干旱地或水湿地。

该古树位于衡水湖东岸的彭杜村乡刘家南田村东，原泰山圣母行宫古庙院外（115.65°E，37.63°N）。该树种共有3株，树高12 m，最大一株主干胸径约有0.6 m，树龄不详，初步估计在100年以上，建议列为二级保护古木（图2-41）。

图2-40　酸枣古树　　　　　　　　　　　　　　图2-41　旱柳古树

②柽柳：别称红柳，柽柳科柽柳属。灌木或乔木，高可达8 m。老枝直立，幼枝稠密细弱，常开展而下垂，红紫色或暗紫红色。叶小形，鳞片状，鲜绿色。每年开花2~3次。花粉红色。花果期4—9月。柽柳枝条细柔，姿态婆娑，开花红色一片，颇为美观。常被栽种为庭园观赏植物。

柽柳在衡水湖自然保护区分布较为普遍，在冀州古城遗迹可看到2棵树干较粗大的柽柳，胸径约17 cm，初步估计它们的树龄在100年以上，建议列为二级保护古木（图2-42）。

图 2-42　柽柳古树

## 2.7　外来植物与生态安全评价 ●●●●

相对于本地植物（乡土植物）而言，外来植物指的是在一定区域内，历史上没有自然发生分布而被人类活动直接或间接引入的物种或种下等级分类群，包括这些物种能生存和繁殖的任何部分。当外来植物在入侵地建立了种群，威胁并改变该地域的生物多样性或造成社会经济损失时，就成为外来入侵植物。因此外来植物与入侵植物不能等同。外来植物要发展成入侵植物，自身一般具有以下特点：①生态适应能力强。许多外来入侵植物生存范围广泛，能以某种方式抵御干旱、低温、污染等逆境并做出调整，一旦条件适宜就开始大量繁殖。②繁殖能力强。入侵植物通常能产生大量的后代，或繁殖世代较短，特别是具有很强的克隆繁殖能力，可以通过根、芽、茎、孢芽或孢子等实现大量繁殖。③传播能力强。入侵植物有的种子非常小，或多具冠毛或钩刺，可通过附着、风吹或流水传播，也可通过鸟类或其他动物传播，有的植物易通过人类活动传播。除此之外，被入侵地域需具备以下条件：与原生境有相似的生态环境；在外来植物种群建立初期没有生态恶化；缺乏该外来植物的天敌和生态竞争者。港口、机场、牧场等地方以及受突发性的自然灾害干扰，如火灾、洪灾或旱灾等破坏后的地域通常是外来植物进入本地的入口，也是本地植物抵御入侵植物的薄弱环节。

近年来，受自然和人为等多种因素的影响，大量的外来植物进入衡水湖自然保护区，对本土植物种类和植物群落产生了一定的影响，局部地区的生态系统受到了一定的干扰和破坏，应引起足够的重视。

### 2.7.1 外来入侵植物种类组成

在文献调研的基础上，通过实地调查，共查明该区具有入侵性的外来植物 51 种，占衡水湖自然保护区种子植物区系总种数（352 种）的 14.5%，其中菊科最多，达 11 种；苋科次之，有 10 种。在这些外来植物中，最终成为入侵植物的有 32 种，占衡水湖自然保护区种子植物区系总种数的 9.09%（表 2-8）。

表 2-8　衡水湖自然保护区具入侵性外来植物

| 序号 | 植物名称 | 科名 | 原产地 | 入侵类型 | 传入途径 |
| --- | --- | --- | --- | --- | --- |
| 1 | 美洲商陆 Phytolacca americana | 商陆科 | 北美洲 | 入侵 | 无意引入，鸟类传播 |
| 2 | 紫茉莉 Mirabilis jalapa | 紫茉莉科 | 热带美洲 | 逸生 | 有意引入，引种栽培 |
| 3 | 土荆芥 Chenopodium ambrosioides | 藜科 | 热带美洲 | 入侵 | 无意引入，种子挟带 |
| 4 | 大叶藜 Chenopodium hybridum | 藜科 | 欧洲及西亚 | 入侵 | 无意引入，种子挟带 |
| 5 | 喜旱莲子草 Alternanthera philoxeroides | 苋科 | 巴西 | 入侵 | 无意引入，种子挟带 |
| 6 | 绿穗苋 Amaranthus hybridus | 苋科 | 美洲 | 入侵 | 无意引入，种子挟带 |
| 7 | 凹头苋 Amaranthus lividus | 苋科 | 地中海地区 | 入侵 | 无意引入，种子挟带 |
| 8 | 长芒苋 Amaranthus palmeri | 苋科 | 美国西部至墨西哥北部 | 入侵 | 无意引入，种子挟带 |
| 9 | 繁穗苋 Amaranthus paniculatus | 苋科 | 中美洲 | 入侵 | 无意引入，种子挟带 |
| 10 | 合被苋 Amaranthus polygonoides | 苋科 | 美国西南部和墨西哥 | 入侵 | 无意引入，种子挟带 |
| 11 | 反枝苋 Amaranthus retroflexus | 苋科 | 北美洲、中美洲 | 入侵 | 无意引入，种子挟带 |
| 12 | 刺苋 Amaranthus spinosus | 苋科 | 热带美洲 | 入侵 | 无意引入，种子挟带 |
| 13 | 苋菜 Amaranthus tricolor | 苋科 | 热带亚洲 | 入侵 | 有意引入，引种栽培 |
| 14 | 皱果苋 Amaranthus viridis | 苋科 | 南美洲 | 入侵 | 无意引入，种子挟带 |
| 15 | 欧亚薄菜 Rorippa sylvestris | 十字花科 | 中亚、西亚和欧洲，我国新疆 | 逸生 | 无意引入，种子挟带 |
| 16 | 紫花苜蓿 Medicago sativa | 豆科 | 美国 | 逸生 | 有意引入，引种栽培 |
| 17 | 红车轴草（红三叶）Trifolium pratense | 豆科 | 北非、中亚和欧洲 | 逸生 | 有意引入，引种栽培 |
| 18 | 白车轴草（白三叶）Trifolium repens | 豆科 | 北非、中亚、西亚和欧洲 | 逸生 | 有意引入，引种栽培 |
| 19 | 红花酢浆草 Oxalis corymbosa | 酢浆草科 | 热带美洲 | 逸生 | 有意引入，引种栽培 |
| 20 | 小叶大戟 Euphorbia makinoi | 大戟科 | 日本、菲律宾，中国华东和华南地区 | 逸生 | 无意引入，种子挟带 |
| 21 | 斑地锦 Euphorbia maculata | 大戟科 | 北美洲 | 入侵 | 无意引入，种子挟带 |
| 22 | 蓖麻 Ricinus communis | 大戟科 | 东非 | 逸生 | 有意引入，引种栽培 |
| 23 | 五叶地锦 Parthenocissus quinquefolia | 葡萄科 | 北美洲 | 逸生 | 有意引入，引种栽培 |

| 序号 | 植物名称 | 科名 | 原产地 | 入侵类型 | 传入途径 |
|---|---|---|---|---|---|
| 24 | 苘麻Abutilon theophrasti | 锦葵科 | 印度 | 入侵 | 有意引入，引种栽培 |
| 25 | 野西瓜苗Hibiscus trionum | 锦葵科 | 可能为非洲 | 入侵 | 无意引入，种子挟带 |
| 26 | 拔毒散Sida szechuensis | 锦葵科 | 四川、贵州、云南和广西 | 逸生 | 无意引入，种子挟带 |
| 27 | 小马泡Cucumis bisexualis | 葫芦科 | 非洲 | 逸生 | 无意引入，人或动物传播 |
| 28 | 小花山桃草Gaura parviflora | 柳叶菜科 | 北美洲中南部 | 入侵 | 无意引入，果实挟带 |
| 29 | 野胡萝卜Daucus carota | 伞形科 | 欧洲、亚洲西南部和北非 | 逸生 | 无意引入，果实挟带 |
| 30 | 洋白蜡树Fraxinus pennsylvanica | 木樨科 | 美洲 | 逸生 | 有意引入，引种栽培 |
| 31 | 裂叶牵牛Pharbitis hederacea | 旋花科 | 热带美洲 | 入侵 | 有意引入，引种栽培 |
| 32 | 牵牛Pharbitis nil | 旋花科 | 美洲 | 入侵 | 有意引入，引种栽培 |
| 33 | 圆叶牵牛Pharbitis purpurea | 旋花科 | 美洲 | 入侵 | 有意引入，引种栽培 |
| 34 | 鸡矢藤Paederia scandens | 茜草科 | 东南亚，中国南部 | 入侵 | 无意引入，种子挟带 |
| 35 | 曼陀罗Datura stramonium | 茄科 | 墨西哥 | 入侵 | 有意引入，引种栽培 |
| 36 | 毛曼陀罗Datura innoxia | 茄科 | 美洲 | 入侵 | 有意引入，引种栽培 |
| 37 | 酸浆（红姑娘）Physalis alkekengi | 茄科 | 中国 | 逸生 | 有意引入，引种栽培 |
| 38 | 婆婆纳Veronica didyma | 玄参科 | 西亚 | 入侵 | 无意引入，种子挟带 |
| 39 | 披针叶车前（长叶车前）Plantago lanceolata | 车前科 | 亚洲、北非、欧洲、北美洲，中国新疆 | 逸生 | 无意引入，种子挟带 |
| 40 | 钻叶紫菀Aster subulatus | 菊科 | 美洲 | 入侵 | 无意引入，果实挟带 |
| 41 | 婆婆针（鬼针草）Bidens bipinnata | 菊科 | 东亚和北美洲 | 入侵 | 无意引入，果实挟带 |
| 42 | 三叶鬼针草Bidens pilosa | 菊科 | 美洲 | 入侵 | 无意引入，果实挟带 |
| 43 | 大狼把草Bevils frondosa | 菊科 | 北美洲 | 入侵 | 无意引入，果实挟带 |
| 44 | 野塘蒿Conyza bonariensis | 菊科 | 南美洲 | 入侵 | 无意引入，果实扩散 |
| 45 | 小蓬草（小飞蓬、小白酒草）Conyza canadensis | 菊科 | 北美洲 | 入侵 | 无意引入，果实扩散 |
| 46 | 苏门白酒草Conyza sumatrensis | 菊科 | 南美洲 | 入侵 | 无意引入，果实扩散 |
| 47 | 黄顶菊Flaveria bidentis | 菊科 | 南美洲 | 入侵 | 无意引入，果实扩散 |
| 48 | 菊芋（洋姜、鬼子姜）Helianthus tuberosus | 菊科 | 北美洲 | 逸生 | 有意引入，引种栽培 |
| 49 | 药用蒲公英Taraxacum officinale | 菊科 | 欧洲 | 逸生 | 有意引入，引种栽培 |
| 50 | 北美苍耳Xanthium chinense | 菊科 | 北美洲 | 入侵 | 无意引入，果实扩散 |
| 51 | 双穗雀稗Paspalum paspaloides | 禾本科 | 世界广泛分布，中国长江以南 | 逸生 | 无意引入，果实扩散 |

根据外来植物在衡水湖自然保护区的入侵程度和造成的危害程度，可分为恶性杂草、普通杂草、具有潜在危害性物种 3 种类型，部分外来植物如图 2-43。

（a）美洲商陆

（b）合被苋

（c）黄顶菊

（d）长芒苋

（e）圆叶牵牛

（f）绿穗苋

图 2-43　部分危害严重的入侵植物

①恶性杂草：这类杂草在保护区分布广泛，种群密度高，已成为绿地、农田或其他人工或自然环境中的危害性杂草，如北美独行菜（*Lepidium virginicum*）、绿穗苋、反枝苋、苘麻、小花山桃草等衡水湖周边农田的主要杂草。圆叶牵牛、裂叶牵牛对绿篱产生严重危害。喜旱莲子草对湿地植被产生较大的危害，白车轴草是草坪上的常见杂草，可引起草坪的严重退化。衡水湖是黄顶菊在我国

最早的入侵地之一，因其具有适应能力强、生长速度快、根系发达、种子量巨大、分泌化感物质等特点，在短时间内取代了本土植物而建立单优群落。黄顶菊目前已经对衡水湖自然保护区局部地区生态系统的结构、功能和农业生产带来了一定的危害。

②普通杂草：这类杂草分布较为广泛，常分布在路旁、田边、荒野等地，也有一部分为国内其他地区的原产地有分布、近年来逸生而至保护区的种类。这一类外来植物对生态系统和人类的经济活动危害不严重，如野西瓜苗、曼陀罗、合被苋、大叶藜、土荆芥、小叶大戟、双穗雀稗、拔毒散等。有的已经完全适应当地的环境，形成单优种群，如鸡矢藤。

③具有潜在危害性物种：近年来，由于各种交通工具、人类的传播，一些新的外来物种不断地入侵，虽然目前其分布范围还有限（如偶见于公路、种植场等生境），但其潜在的危害性不可忽视。如美洲商陆、长芒苋、大狼把草等在我国多个省（自治区、直辖市）发现，危害严重，应引起足够的重视。此外，还有一些从栽培植物和种植园中逃逸出来而自生杂草的种类，这类植物由于归化时间较短，目前尚未发现其危害情况，如菊芋、紫茉莉、五叶地锦、洋白蜡等，但其中的一些植物种类在保护区有可能成为恶性杂草。

### 2.7.3　具入侵性外来植物的来源地分析

衡水湖自然保护区入侵性外来物种 51 种，来源地为美洲的有 32 种，占总种数的 62.7%；来源于欧洲的有 8 种，占总种数的 15.7%；来源于非洲的有 2 种，占总种数的 3.9%；来自亚洲及国内其他地区的有 9 种，占总种数的 17.6%（表 2-8）。

以上数据分析表明，起源于美洲的外来入侵物种占的比例最大，达到了一半以上，说明美洲的物种较能适应衡水湖自然保护区的生境，这和"美洲物种较能适应中国生境"的结果（徐海根 等，2004）相一致，来源于美洲的物种成为衡水湖自然保护区外来入侵物种的可能性最大。所以，在以后的外来入侵物种防治中，对来源于美洲的物种要严格检疫，衡水湖自然保护区要慎重引种。

在这 51 种入侵性外来物种中，属于有意引入的物种 18 种，占 35.3%；属于无意引入的物种 33 种，占 64.7%。

作为有意引入的外来入侵植物，根据其用途可分为：①作为观赏植物引进的有紫茉莉、圆叶牵牛、牵牛、裂叶牵牛、五叶地锦等；②作为草坪和地被植物引进的有白车轴草等；③作为蔬菜植物引进的有菊芋；④作为牧草或饲料引进的有紫花苜蓿等。

在无意引人的外来入侵植物中，不少种类是随着作物引种或进口粮食夹带而传入，如小花山桃草、皱果苋、刺苋、土荆芥等；入侵严重的黄顶菊远距离可能主要是通过调引黄河水而传播，近距离主要是靠风、农产品运输、车辆和人携带传播。有的物种可能不只通过一种途径传入，可能有 2 种或多种途径交叉传入。多途径、多次数的传入增加了外来植物定植和扩散的可能性。

### 2.7.4　外来入侵植物扩散过程

一般认为外来种的传入扩散过程分为传入、归化（定植）、潜伏（停滞）和扩散 4 个阶段，每个阶段的成功率大约是 10%。事实上，每一种入侵生物都有其自身的入侵特性，扩散过程也不尽一致，不可能有统一的模式准确阐明每一个物种的入侵过程。

传入期：外来种刚刚传入新的地区，开始适应传入地的气候和环境，依靠有性或无性繁殖形成新的种群，但尚未建立起足够定植的种群。这个时期通常较短，但此时如马上采取人工或机械控制，往往能够根除外来种，是防止外来种危害的最佳时期。

归化期：由于经过一定时间对本地气候、环境的适应和一定的种群数量的扩增积累，已经适应本地气候和环境，开始归化为当地种。在这个时期虽然难以根除外来种，但仍然可通过人工、机械、化学或生态的方法控制外来种的蔓延，也是控制外来种入侵的理想时期。

潜伏期：很多外来种定植后并没有马上大面积扩散、入侵，而是表现为"停滞"状态。在潜伏期内，外来种虽然在一定的时间、一定的区域能维持一定的种群数量，但并没有形成"爆发"的态势。一般来说，草本植物潜伏期短于木本植物。停滞期是外来种是否会带来危害的中间过渡阶段。在停滞期开展有效的防治工作，仍可避免外来种带来严重的危害，但如果错过了停滞期而进入扩散期，则危害将不可避免。

扩散期：在此时期，由于外来种完全适应了本地气候和环境，形成了与本地物种竞争的强大机制，种群出现了爆发性的扩张。在这个时期采取任何防治措施都在短时间内难以取得理想效果。

从本次科学考察的情况可知，衡水湖自然保护区的入侵植物仍在不断地增加，虽然大多处于归化期或潜伏期，但仍有少数种类如黄顶菊扩散较明显，危害较严重，需引起有关部门重视，早发现、早预防、早防治，防止物种大爆发造成严重的生态危害。

一般认为，外来物种进入一个新的生态系统后，最终能否成为入侵种主要取决于两方面因素：一是外来物种自身的特性，二是该环境是否受到人为干扰，从而容易被外来物种入侵。

①外来入侵种自身的特性主要表现在3个方面：第一，生态适应性和竞争力强。入侵植物生活环境都很广泛，在很多生境中均可生长，如建筑工地、荒野、场院、道路两旁、砖缝等。较广的生态幅使之在新生态环境中可以轻易占据合适的生态位，并有效获取资源。一些入侵植物还具有化感作用，如黄顶菊的根系能分泌化感物质抑制其他植物生长，这也是外来植物入侵的一种重要机制。第二，入侵性强的植物一般具有生长速度快和繁殖能力强的特性。如黄顶菊在种子萌发后的8个月后最高能达260 cm，每株成熟的黄顶菊种子量高达36万粒。第三，传播能力强。入侵植物的种子多数具有体积小而轻的特点，容易通过风媒传播或其他方式传播。

②衡水湖自然保护区具有被入侵的生态环境特点。首先是原生的自然植被受到了干扰和破坏。近年来，衡水湖自然保护区受人为干扰较多，如旅游业的发展、道路城市化等大大增加了植物入侵的可能性。由于外来植物的入侵，衡水湖湿地原生生境进一步遭到了一定程度的破坏，被分割成多个岛屿状的小块生境，从而留下了像补丁一样的生境残片，这种因物种入侵而引起的生境破碎化会导致湿地植物群落多样性减少。其次，外来入侵植物形成种群的另一个重要的客观原因就是缺少天敌的威胁和强有力的竞争者。

### 2.7.5 防控外来入侵植物的对策建议

①早发现早根除。如前所述，在外来种入侵的4个阶段中，前3个阶段进行防控工作的成本最低，成效最为明显。

②积极开展外来入侵植物的防治工作。目前比较理想的方法主要还是人工拔除和替代种植。人工拔除一定要在开花前完成。替代种植主要考虑用多年生植物代替一年生植物，因为入侵植物大多数为一年生草本植物。

③对外来入侵植物进行开发利用。如鬼针草属植物和苋属植物的幼苗可以食用；生长快速的植物如黄顶菊可在开花前割除堆制绿肥等。

④在城市绿化中尽可能采用国产物种，如柳穿鱼（*Linaria vulgaris*）、地黄（*Rehmannia glutinosa*）、诸葛菜（*Orychophragmus violaceus*）、千屈菜（*Lythrum salicaria*），避免选用入侵性强的外来植物。

## 2.8  主要资源植物介绍 ● ● ● ●

衡水湖自然保护区共有高等植物 594 种，隶属于 106 科 350 属，其中野生植物（即区系植物）82 科（被子植物 74 科）219 属（被子植物 209 属）365 种（被子植物 352 种）。根据用途，这些植物可分为保护和改造环境植物、淀粉植物、纤维植物、鞣料植物、油脂植物、芳香植物、饲用植物、药用植物、野生食用植物和用材树种 10 类。一些植物有多种用途，如很多植物为药食两用，有些植物在作为纤维植物的同时，也是良好的保护和改造环境植物。现分述如下。

### 2.8.1  保护和改造环境植物

衡水湖自然保护区自然生长和栽培的许多植物耐水、耐盐性强，能够在湿生或临时水淹的环境下生长，在防风固沙、水土保持、培肥地力和美化环境方面发挥着重要的生态作用。其中杨柳科植物在北方常作为营造防风林的重要树种，豆科绿肥植物具有强烈的固氮作用。一些植物可以吸附空气中的有害气体（二氧化硫、臭氧、氯气、氟化氢等），减少城市噪音。比如：圆柏、柽柳、侧柏（*Platycladus orientalis*）对氯气、氟化氢抗性较强；臭椿、紫穗槐（*Amorpha fruticosa*）对二氧化硫、氟化氢、臭氧的抗性较强。此外，还有许多指示植物和监测植物，例如杨属、柳属的植物以及芦苇可作为湿地环境的指示植物；菜豆（*Phaseolus vulgaris*）可用来监测臭氧；苔藓植物可用来监测大气污染等。

衡水湖自然保护区有 30 余种植物属于保护和改造环境的植物，包括油松、侧柏、圆柏、钻天杨（*Populus nigra* var. *italica*）、小叶杨、新疆杨（*Populus alba* var. *pyramidalis*）、加杨、旱柳、垂柳、榆、桑、枣（*Ziziphus jujuba*）、臭椿、洋槐、紫穗槐、柽柳、沙枣、酸枣、苦楝、栾树（*Koelreuteria paniculata*）、芦苇、白羊草、披碱草（*Elymus dahuricus*）、羊草（*Leymus chinensis*）、荻（*Miscanthus sacchariflorus*）等。

### 2.8.2  淀粉植物

淀粉是人类生活和工业方面的重要物质，可直接利用或作为工业原料以加工制成多种工业产品，如糖浆、淀粉糖、葡萄糖、糊精胶黏剂等。从淀粉植物中可提取淀粉和糖类，各种植物含淀粉的部位均有不同，主要分布在果实、种子、块根、鳞茎或根中。

衡水湖自然保护区内常见淀粉植物有 10 余种，包括打碗花（*Calystegia hederacea*）、白茅、榆树、红蓼（*Polygonum orientale*）、米口袋、草木樨（*Melilotus officinalis*）、慈姑、稗、马蔺（*Iris lactea* var. *chinensis*）等。

### 2.8.3  纤维植物

植物纤维存在于植物体的各部分，如根、茎、叶、果实和种子，其中以茎部的纤维最为重要。纤维植物的茎、皮、枝条、叶等可用于编制筐篓，织制粗帆布、麻袋，造纸，制人造棉，也可作塑料、喷漆等化工原料。

衡水湖自然保护区的纤维植物有 20 余种，其中禾本科的纤维植物最为丰富，有许多是重要的工业原料，常见的种类有：芦苇、假苇拂子茅（*Calamagrostis pseudophragmites*）、荻、羊草、白羊草、披碱草、稗、蟋蟀草、白茅、狗尾草等；豆科中纤维植物的种类也较多，如紫穗槐、草木樨和槐；其他的纤维植物还包括水葱、荆三棱、香蒲、马蔺、柽柳、罗布麻（*Apocynum venetum*）、杠柳、向日葵（*Helianthus annuus*）、黄花蒿（*Artemisia annua*）、榆树、葎草、苘麻等。

### 2.8.4 鞣料植物

鞣料植物含有鞣质(亦称单宁)，其提取物在商业上称为栲胶。栲胶是重要的化工原料，用途广泛，可用于制革，工业上可作鞣皮的药剂，锅炉用水的软化剂，印染工业的媒染剂等。杨柳科、蔷薇科、豆科中鞣料植物比较丰富。

衡水湖自然自然保护区有鞣料植物10余种，如柽柳、醴肠、旱柳、巴天酸模、委陵菜、臭椿等。

### 2.8.5 油脂植物

植物油脂是日常生活中不可缺少的营养物质，也是食品、医药、造纸、皮革、纺织、油漆等行业的重要原料。植物油脂的脂肪酸种类多，且不饱和酸的含量较高，不同的脂肪酸具有不同的经济用途，如含月桂酸含量多的油可作为洗涤剂的原料，含硬脂酸高的油适合做肥皂。

衡水湖自然保护区有油脂植物20余种，包括大豆、野大豆、苘麻、益母草（*Leonurus japonicus*）、向日葵、藜、碱蓬、翅碱蓬、野西瓜苗、风花菜（*Rorippa globosa*）、苍耳（*Xanthium sibiricum*）、北美苍耳、榆、薄荷、地肤、臭椿、葎草等。

### 2.8.6 芳香植物

芳香植物是含挥发性成分的植物，其主要组成成分为单萜及倍半萜类化合物，是生产香料和香精的主要原料，菊科和唇形科中种类较多。

衡水湖自然保护区有芳香植物10余种，包括茵陈蒿、艾蒿、黄花蒿、红足蒿、莳萝蒿、刺槐、槐、紫穗槐、野菊（*Chrysanthemum indicum*）、香附子（*Cyperus rotundus*）、薄荷等。

### 2.8.7 饲用植物

饲用植物与人类的生产关系密切，衡水湖自然保护区中可供饲用植物很多且分布广，有50余种。主要集中在禾本科、豆科、莎草科、苋科、蓼科。包括荩草（*Arthraxon hispidus*）、假苇拂子茅、丛生隐子草（*Cleistogenes caespitosa*）、小画眉草（*Eragrostis poaeoides*）、白茅、长芒草、玉米（*Zea mays*）、羊草、狗尾草、稗、马唐、牛鞭草（*Hemarthria altissima*）、马唐、茵陈蒿、猪毛蒿（*Artemisia scoparia*）、圆果甘草（*Glycyrrhiza squamulosa*）、米口袋、胡枝子、洋槐、水葱、红足蒿、向日葵、藜、灰绿藜、猪毛菜、绿穗苋、皱果苋、加杨、旱柳、红蓼、喜旱莲子草、马齿苋（*Portulaca oleracea*）、荠菜、独行菜、平车前（*Plantago depressa*）、委陵菜、朝天委陵菜（*Potentilla supina*）、黑藻、菹草、菹草、穿叶眼子菜、黄颖莎草（*Cyperus microiria*）、旋鳞莎草（*C. michelianus*）、水莎（*Juncellus serotinus*）、球穗扁莎（*Pycreus globosus*）等。

### 2.8.8 药用植物

衡水湖自然保护区的药用植物种类较多，且蕴藏量较大，可以入药的超过70种。重要的种类有葎草、地肤、马齿苋、北马兜铃、荠菜、独行菜、苦参、酸枣、远志、蒺藜、苘麻、野西瓜苗、牵牛、圆叶牵牛、益母草、薄荷、枸杞、曼陀罗、地黄、平车前、茜草、茵陈蒿、黄花蒿、艾蒿、野菊、苍耳、蒲公英、慈姑、泽泻、芦苇等。

### 2.8.9　野生食用植物

野生食用植物资源是指那些可直接被人类食用或经过适当处理可食用的野生植物。衡水湖自然保护区共有可食用的野生植物 20 余种，其中野果植物如酸枣、沙枣等，其鲜果含糖、有机酸、维生素 C，可鲜食或制成果糕等。酸枣在衡水湖自然保护区分布较多，并且可以嫁接枣树。

野菜植物主要有：巴天酸模（*Rumex patientia*）、萹蓄、水蓼、榆树、地肤、灰绿藜、小藜（*Chenopodium serotinum*）、藜、翅碱蓬、猪毛菜、繁穗苋、绿穗苋、凹头苋、皱果苋、马齿苋、牛繁缕、荠菜、天蓝苜蓿（*Medicago lupulina*）、铁苋菜、龙葵、打碗花、茵陈蒿、小花鬼针草（*Bidens parviflora*）、刺儿菜、苣荬菜、蒲公英等。其中，以嫩叶晒干菜的有：小花鬼针草；以鲜草作食用的有：牛繁缕、荠菜、刺儿菜、茵陈蒿等。

### 2.8.10　用材树种

衡水湖自然保护区的用材树种有 10 余种，包括人工栽培的速生用材树种，如加杨、洋槐、杜仲（*Eucommia ulmoides*）、二球悬铃木（*Platanus acerifolia*）、苦楝、色木槭（*Acer mono*）、洋白蜡、枣等。此外，还栽培了油松、侧柏、圆柏。北方常见的旱柳、小叶杨、槐、臭椿、沙枣等在衡水湖自然保护区也有生长。

### 2.8.11　资源植物现状评价

尽管衡水湖自然保护区维管植物资源种类不少，但是除水生植物芦苇、狭叶香蒲外，绝大多数星散分布，无资源优势，可是它们在构成当地的物种多样性方面却发挥了重要的作用，特别是对于维护衡水湖自然保护区流域生态环境具有重要的价值。饲用植物和药用植物是该地区重要的资源，但是需要积极稳妥地组织人员合理配置这些植物资源，使之既能得以充分利用，以利于经济发展，又不破坏衡水湖自然保护区的自然植被，达到永续利用的目的。衡水湖自然保护区现有自然生长和人工种植的乔、灌木根系发达，是防风固沙林的重要树种，例如杨柳科植物和豆科槐属植物，对于这些物种在植被的人工恢复过程中可以继续使用，既可护岸防洪，防止水土流失，又可增加种群数量，提高植被覆盖率，促使生态系统向良性循环发展。

## 2.9　保护管理建议 ●●●●●

### 2.9.1　主要结论

通过对衡水湖自然保护区植物资源和植被调查，基本上掌握了衡水湖自然保护区的植物资源和植被的现状，主要结论如下：

①衡水湖自然保护区内共有高等植物（含栽培种类）106 科 350 属 594 种（含变种、变型等种下单位，被子植物分类系统依据恩格勒系统 1964 年版），其中苔藓植物 5 科 7 属 8 种；蕨类植物 3 科 3 属 5 种；裸子植物 4 科 5 属 8 种，均为露地栽培；被子植物 94 科 335 属 573 种，包括露地栽培种类 221 种，隶属 56 科 149 属。因此，衡水湖自然保护区栽培植物占有比较大的比例。

②衡水湖自然保护区内共有区系植物（不含栽培种类）82 科 219 属 365 种（含变种、变型等种下单位），其中苔藓植物 5 科 7 属 8 种；蕨类植物 3 科 3 属 5 种；被子植物 74 科 209 属 352 种。从种子植物的生活型组成反映出植物区系具有明显的北温带性质：草本植物占绝对优势，共计 309 种，

占总种数的87.78%。其中一年生或二年生草本植物最多，共计161种，占草本植物总数的52.1%；多年生草本植物共计148种，占草本植物总数的47.9%。多年生草本多为地面芽植物，一年生或二年生草本植物丰富，木本植物和藤本植物较少。

③植物区系具有明显的温带性质。依据吴征镒（1991）关于植物区系的划分，衡水湖自然保护区内种子植物属的分布区类型，可归为14种，其中：温带性质的共有106属，占研究区整体植物区系的49.07%，构成植物区系的主体；而温带性质的属中，又以北温带分布（含变型）为主要部分，北温带占全部区系的23.61%。此外，世界分布属占整体植物区系的24.07%，热带性质的属占整体植物区系的26.85%，缺乏中国特有属分布。

④衡水湖自然保护区的植被类型可以大致区分为落叶阔叶林植物、水生植被、盐生植被、沼生植被以及灌草丛植被等类型。在衡水湖自然保护区陆相的主要植被类型为人工落叶阔叶林，此外还有农作物、果树等人工植被，其中农作物是面积最大的人工植被。沿着道路两侧突起的坡地具有一些旱生的植被。所调查地带的许多区域均被不同程度地开垦为农田或鱼塘，人为干扰较严重。湖泊和河网是衡水湖自然保护区植被中最为重要的部分，其自然植被主要为水生植被、盐生植被以及沼生植被，植物群落类型多样，由于构成种类的不同组成了挺水植物群落、浮水植物群落和沉水植物群落3个明显的植被类型，生长较为繁茂，其中芦苇生物量相对较大，但群落的季节变化较为明显。

⑤衡水湖自然保护区的大型水生植物种类较多，有45种，包含了漂浮植物、浮叶植物、沉水植物、挺水植物等不同类型，资源较为丰富。大型水生植物在衡水湖自然保护区大量分布，如加以合理利用，对降低水体中的富营养化成分有一定的作用。

⑥属于《国家重点保护野生植物名录》（2021版）的植物只有野大豆1种；属于《国家重点保护野生植物名录》（2021版）的植物在本保护区栽培的有2种：银杏和水杉。建议列为国家一级古树的有圆柏和酸枣2种：圆柏1株；酸枣2株。建议列为国家二级古树的有旱柳和柽柳2种：旱柳3株；柽柳4株。建议将三生岛上的榆抱槐和水杉作为衡水市名木进行保护管理。

⑦共查明该地区具有入侵性的外来植物51种，占衡水湖自然保护区种子植物区系总种数（352种）的14.5%，其中菊科最多有11种，占衡水湖自然保护区种子植物区系总种数的3.13%；苋科次之，有10种，占衡水湖自然保护区种子植物区系总种数的2.84%。真正成为入侵植物的有32种，占衡水湖自然保护区种子植物区系总种数的9.09%。目前危害比较严重的有黄顶菊、绿穗苋、圆叶牵牛、钻叶紫菀、小蓬草、大狼杷草，未来还要密切关注长芒苋的扩散和蔓延。

⑧根据用途，可将衡水湖自然保护区植物资源分为保护和改造环境植物、淀粉植物、纤维植物、鞣料植物、油脂植物、芳香植物、饲用植物、药用植物、野生食用植物和用材树种10类。部分植物有多种用途，如很多植物为药食两用；有些植物在作为纤维植物利用的同时，也是很好的保护和改造环境植物。除水生植物芦苇、狭叶香蒲等外，绝大多数为星散分布，无资源优势，可是它们在构成当地的物种多样性方面却发挥了重要的作用，特别是对于维护环衡水湖自然保护区流域生态环境具有重要的价值。饲用植物和药用植物是该地区重要的资源，但是需要积极稳妥地组织人员合理地配置这些植物资源，使之既能得以充分利用，以利于经济发展；又不破坏衡水湖自然保护区的自然植被，达到永续利用的目的。

### 2.9.2　植物资源保护和合理利用建议

根据衡水湖自然保护区结构与功能的特点，提出了衡水湖自然保护区野生植物保护管理的初步建议：

①优先开展对国家重点保护野生植物野大豆的保护，对辖区内的古树名木采用围栏立牌予以保护。

②冀州古城遗迹保留有一小片酸枣灌丛，是华北山地灌丛的残留，在平原地带保留不易，特别是存在于冀州古城遗迹，应避免人为破坏。

③衡水湖自然保护区陆相生态系统的恢复应建立在自然生态恢复的基础上，辅以人为水土保持措施，合理配置植物种类和群落结构，加以科学的抚育和管理。

④衡水湖自然保护区水环境具有相对较高的营养水平，湖区周边生态结构的建立应以人工管理下的自然恢复为主，在有效的管理控制下，发展无化肥和农药投入的农业生产，通过生物量转移的方法（将水体中的水生植物捞出作为绿肥投向农田），最大程度将营养物质向衡水湖自然保护区系统以外转移。

⑤衡水湖自然保护区的水体有较强的净化能力，应合理保护原有的水生植被，并提高系统的生物产量，也可通过生物量转移的方法，将营养物质向衡水湖自然保护区系统以外转移，可同时发展无投入的经济型养殖产业，扩大利用的途径。

⑥对收获后未利用的植物残留以及畜牧养殖粪便采用各种先进技术加以合理转化，如沼气利用、有机肥生产等，形成生物生产物质多层次利用的生态农业系统结构。积极开展保护区内的垃圾分类与回收工作，避免有害垃圾转移至湿地生态系统或水体中。

⑦在进行生态修复和城市绿化过程中，避免使用入侵性强的外来植物，避免使用大树移栽方式进行城市绿化。

# 第3章 昆虫

衡水湖自然保护区是我国重要湿地之一，也是华北地区唯一保留较完整的湿地生态系统，区内生境类型多样，昆虫多样性较为丰富。

关于衡水湖自然保护区昆虫多样性的记录主要见于《河北衡水湖自然保护区科学考察报告》（河北衡水湖自然保护区科学考察报告编写组，2002）和《衡水湖国家级自然保护区的生物多样性》（蒋志刚，2009）。此外，还有一些科研工作人员对蜻蜓目（Odonata）（刘鹏艳 等，2010）、鞘翅目（Coleoptera）（冯李君和杨丽，2010）和蛀干害虫（韩九皋，2009）进行了专门调查，进一步增加了该保护区昆虫多样性的记录（表3-1）。

表3-1 衡水湖自然保护区昆虫多样性历史调查概况

| 作者 | 年份 | 调查对象 | 主要调查结果 |
| --- | --- | --- | --- |
| 河北衡水湖自然保护区科学考察报告编写组 | 2002 | 底栖动物与昆虫 | 11目75科190种 |
| 蒋志刚 | 2009 | 昆虫 | 15目102科416种 |
| 韩九皋 | 2009 | 防护林带蛀干害虫 | 2目4科6种 |
| 刘鹏艳、武大勇、彭吉栋、杨晓 | 2010 | 蜻蜓目昆虫 | 1目4科11种 |
| 冯李君、杨丽 | 2010 | 防护林带鞘翅目昆虫 | 1目20科90种（无详细名录） |

根据上述文献所收录的昆虫物种，按照最新昆虫分类系统（部分目、科现已合并）对保护区昆虫物种历史数据进行了整理与分析，共整理出保护区昆虫13目97科419种，其中以鞘翅目、鳞翅目（Lepidoptera）和半翅目（Hemiptera）昆虫的种类较多。在科一级的昆虫中，以半翅目最多（29科），鳞翅目次之（20科），鞘翅目再次之（16科），而其他各目昆虫所包含的科均不超过10个。在种一级昆虫中，鞘翅目的种类最多（115种），鳞翅目次之（114种），而后是半翅目（86种）、直翅目（Orthoptera）（32种）和膜翅目（Hymenoptera）（20种），其余各目昆虫的种类则在20种以下，其中蜚蠊目（Blattaria）等5个目的种数均不超过5个（表3-2）。

表3-2 衡水湖自然保护区昆虫物种历史记录数据

| 序号 | 目 | 科数 | 种数 |
| --- | --- | --- | --- |
| 1 | 蜻蜓目Odonata | 4 | 11 |
| 2 | 蜚蠊目Blattaria | 3 | 5 |

| 序号 | 目 | 科数 | 种数 |
|---|---|---|---|
| 3 | 螳螂目Mantodea | 1 | 4 |
| 4 | 直翅目Orthoptera | 4 | 32 |
| 5 | 革翅目Dermaptera | 1 | 1 |
| 6 | 虱目Phthiraptera | 3 | 7 |
| 7 | 半翅目Hemiptera | 29 | 86 |
| 8 | 脉翅目Neuroptera | 2 | 5 |
| 9 | 鞘翅目Coleoptera | 16 | 115 |
| 10 | 鳞翅目Lepidoptera | 20 | 114 |
| 11 | 双翅目Diptera | 6 | 17 |
| 12 | 蚤目Siphonaptera | 1 | 2 |
| 13 | 膜翅目Hymenoptera | 7 | 20 |
| | 总计 | 97 | 419 |

以上历史数据的分析表明，对衡水湖自然保护区昆虫多样性的调查虽已有一定基础，但仍缺乏系统研究，不少类群的记录比较贫乏。例如，幼期营典型水生生活的蜉蝣目（Ephemeroptera）、毛翅目（Trichoptera）等昆虫在该区还没有被记录；双翅目昆虫往往种类多、数量大、经济意义显著，而在本区只记录了6科17种；膜翅目包含一些访花和寄生性的昆虫，但在本区的历史记录不足，等等。同时，在过去10余年时间里，衡水湖自然保护区及其周边地区的生态环境和土地利用类型发生了较大的变化，而这些变化可能直接导致包括昆虫在内的生物类群的数量和结构发生变化。因此，亟须对保护区及其周边地区的昆虫多样性开展进一步的调查研究，以掌握衡水湖自然保护区昆虫种类和区系现状，为保护区的保护管理工作提供基础数据和科学建议。

## 3.1 调查方法 ●●●●●

### 3.1.1 调查范围

本次昆虫多样性调查范围为衡水湖自然保护区及其相邻周边地区。

根据调查区域的地形特征、植被分布、海拔、坡向等因子选择合适的样地进行调查，样地尽量覆盖不同类型生境。通过实地考察，并考虑到衡水湖自然自然保护区受人为活动干扰较大的特点，在本次科学考察的调查区域内共设定昆虫多样性调查样地9个，覆盖全区主要生境类型（灌丛与草甸、农田、人工经济林、行道树带、居民区等）（图3-1、表3-3），以样地近中心位置的坐标为中心，在中心周围500 m² 范围内进行采样。

图 3-1　昆虫调查样地分布图

表 3-3　衡水湖自然保护区及其周边地区昆虫多样性调查样地信息表

| 样地编号 | 生境类型 | 地理位置 | 经度（E） | 纬度（N） |
|---|---|---|---|---|
| 1 | 人工经济林 | 衡水市衡水湖森林公园 | 115.59° | 37.61° |
| 2 | 农田 | 衡水市衡水湖森林公园 | 115.58° | 37.62° |
| 3 | 农田 | 衡水市衡水湖森林公园 | 115.59° | 37.62° |
| 4 | 居民区 | 衡水市衡水湖绳头村 | 115.66° | 37.64° |
| 5 | 农田 | 衡水市衡水湖绳头村 | 115.61° | 37.65° |
| 6 | 人工经济林 | 衡水市衡水湖桃花岛 | 115.60° | 37.65° |
| 7 | 行道树带 | 衡水市衡水湖北堤 | 115.58° | 37.62° |
| 8 | 人工观赏林 | 衡水市冀州竹林寺旅游风景区 | 115.57° | 37.56° |
| 9 | 灌丛与草甸 | 衡水市衡水湖万亩花海 | 115.63° | 37.58° |

### 3.1.2　采样时间、频次与方法

野外调查从 2020 年 9 月底开始，到 2021 年 9 月底结束，为期 1 年；分别于 2020 年 9 月、2021 年 3 月、2021 年 5 月、2021 年 7 月和 2021 年 9 月各进行了 1 次野外调查，累计采样时间 38 天。

根据衡水湖自然保护区的实际情况，针对不同生态习性的昆虫类群，在上述设定的样地内采用不同的方法采集昆虫标本，主要有网捕法、扫捕法、震落法、夜间灯诱法、观察法、搜索法等，还有通过安装马来氏网、巴氏诱罐、黄盘等多种诱捕昆虫装置进行标本采集。另外，采用走访衡水湖周边几个主要鱼市的方法，从鱼市出售的当天的渔获中收集部分混杂其中的水生昆虫标本。与此同时，在白天和夜间对观察、采集到的昆虫活体进行野外微距拍摄。

①针对灌丛和树冠层的昆虫，采用观察法、扫捕法、网捕法和震落法采集标本。当采用震落法采集标本时，突然敲击小树整株树或大树上随机选取的某段枝条，在下方用 1 m² 的平展白布接住掉落的昆虫。

②针对林间、草地等高空和低空飞行昆虫，采用扫捕法、网捕法采集昆虫。

③针对夜间活动昆虫，采取灯诱法，每天 19：00 至次日 06：00 亮灯，在灯诱帐及周围地面采集昆虫（图 3-2）。灯诱地点包括：绳头村、衡水湖森林公园、衡水湖北堤、衡水湖东岸郝刘村附近等。

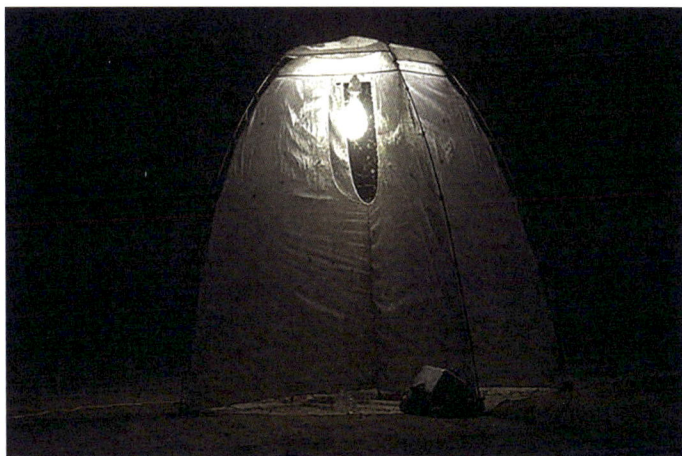

图 3-2　夜间灯诱法采集昆虫标本

④针对夜间活动的昆虫，还采用夜采法采集标本。每天天黑之后 1 小时至第二天凌晨 2：00，利用强光手电和头灯照明，在草丛、灌木、树干、倒木、墙壁、地面、湖边等处搜寻夜间活动的昆虫。

⑤在衡水湖森林公园等人员稀少的地方，安装马氏网①采集昆虫标本。每次野外调查期间，工作人员在衡水湖森林公园放置 3 套马氏网，每次 7 天左右（图 3-3）。

图 3-3　在衡水湖森林公园内安放的马氏网及收集到的部分昆虫标本

⑥针对地栖性昆虫，采用罐诱法采集昆虫标本。罐诱法又称巴氏诱罐法，是将一次性塑料杯垂直埋入地下，杯口与地面齐平，在杯中倒入巴氏诱液（糖：醋：白酒 =1：1：1），有时也加入蚕蛹粉以增强效果。受到诱液吸引的昆虫掉落陷阱之后，无法垂直飞出或逃脱，淹死在杯中（图 3-4）。

---

① 马氏网是 1930 年代由昆虫学家雷内·马莱塞博士发明，故称马氏网。多年的科研数据证明，马氏网在昆虫学研究方面，贡献巨大。马氏网是收集日出性和部分夜出性膜翅目和双翅目昆虫较重要的工具之一，主要靠拦截具有向光性的飞行昆虫，并引导其向上爬入收集瓶来完成诱集。

图 3-4　罐诱法采集昆虫标本

⑦针对白天飞行的昆虫，采用黄盘诱杀法采集标本。很多蜂类和蝇类昆虫，以及蚜虫、叶蝉、粉虱，甚至蝴蝶等白天活动的昆虫，喜欢飞向黄色的物体。利用部分昆虫这一特有的习性，在地面放置一些黄色的塑料圆盘，在其中倒入一定量的肥皂水。落入黄盘的昆虫由于表面张力的作用，无法再次起飞，最终淹死在黄盘中（图 3-5）。

图 3-5　安装黄盘及利用黄盘诱捕到的部分昆虫标本

⑧在白天和夜间的考察期间，跟踪拍摄了大量的昆虫野外生态照片，留下丰富的影像资料。

### 3.1.3　标本保存、鉴定和制作

①标本的保存：对于体型较小、易腐烂的类群（如双翅目、蜉蝣目等）的昆虫标本，保存于装有 95% 乙醇溶液的 25 mL 离心管中；对于一些中大型且易碎类群（如蜻蜓目、鳞翅目等）的昆虫标本，使用三角纸袋保存；对于体中大型、不易碎的类群的昆虫标本，则使用装有渗入 95% 乙醇溶液纸巾的透明自封袋保存。

②标本的制作：对于体型较小、易腐烂类群的昆虫标本，按照种类分别装入盛有 95% 乙醇溶液的 5 mL 离心管中低温保存，需要检视时拿出放在体视镜下观察；对于那些外形特征主要在翅上的类群（如蜻蜓目、鳞翅目），先经过还软缸还软，然后向中胸垂直扎入适当尺寸的昆虫针，并在展翅板上进行展翅（硫酸纸配合昆虫针固定），待干燥后拆针，完成整姿；对于小型的鞘翅目、半翅目等类群昆虫标本，则使用白乳胶将标本粘在昆虫小卡纸上（粘侧面或腹面）；对于中大型昆虫

（如螳螂目、鞘翅目），则使用昆虫针扎向适当位置（如鞘翅目扎向右鞘翅），并使用其他昆虫针适当整姿，干燥后制作完成。

③标本的鉴定：通过仔细检视个体的特定特征（如头上的突起、触角节数、前胸背板的形状、翅上的斑纹与翅脉、跗节、雄性外生殖器、雌性外生殖器等），查找文献核对该地区及周边地区该类群的大致种类，并通过现有文献与现有标本进行比较鉴定（如核对描述、查找检索表、对比图版等），最后得出鉴定结果。鉴定过程中参考了大量文献，其中主要有《中国动物志》昆虫纲各卷和《河北动物志》昆虫纲各卷（李后魂 等，2009；刘国卿和卜文俊，2009；乔格侠 等，2009；杨定，2009），以及一些重要类群专著及图鉴类工具书（邸济民和任国栋，2021；彩万志 等，2017；何祝清，2021；林美英，2015；刘广瑞 等，1997；任国栋和杨秀娟，2006；王建赟和陈卓，2021；吴超，2021；虞国跃，2015；虞国跃，2020；张浩淼，2019；张巍巍 等，2019；周善义 等，2020；朱建青 等，2018）。对于未知标本或难以鉴定的标本，专门请相应类群的昆虫专家协助鉴定，以确保昆虫物种鉴定结果的准确性和权威性。

## 3.2 昆虫多样性现状分析 ●●●●

### 3.2.1 昆虫物种多样性

本次调查在衡水湖自然保护区内及周边地区共采集昆虫标本 3000 多号。经鉴定，共有 14 目 129 科 429 种。综合历史资料记录物种分析、整理，目前衡水湖自然保护区共记录昆虫 16 目 169 科 757 种（表 3-4，详细名录见附录）。

表 3-4 衡水湖自然保护区昆虫各目物种数

| 编号 | 目 | 本次调查记录科的数量 | 本次调查记录物种数量 | 综合历史记录科的数量 | 综合历史记录物种数量 |
|---|---|---|---|---|---|
| 1 | 蜉蝣目 Ephemeroptera | 1 | 1 | 1 | 1 |
| 2 | 蜻蜓目 Odonata | 5 | 18 | 6 | 23 |
| 3 | 蜚蠊目 Blattaria | 3 | 3 | 3 | 5 |
| 4 | 螳螂目 Mantodea | 1 | 5 | 1 | 5 |
| 5 | 直翅目 Orthoptera | 7 | 20 | 9 | 40 |
| 6 | 革翅目 Dermaptera | 3 | 3 | 4 | 4 |
| 7 | 虱目 Phthiraptera | | | 4 | 7 |
| 8 | 缨翅目 Thysanoptera | 1 | 1 | 1 | 1 |
| 9 | 半翅目 Hemiptera | 30 | 59 | 41 | 129 |
| 10 | 脉翅目 Neuroptera | 3 | 8 | 3 | 10 |
| 11 | 鞘翅目 Coleoptera | 22 | 101 | 30 | 197 |
| 12 | 双翅目 Diptera | 11 | 37 | 15 | 61 |
| 13 | 蚤目 Siphonaptera | | | 1 | 2 |
| 14 | 毛翅目 Trichoptera | 1 | 1 | 1 | 1 |
| 15 | 鳞翅目 Lepidoptera | 25 | 136 | 31 | 219 |
| 16 | 膜翅目 Hymenoptera | 16 | 37 | 18 | 52 |
| | 总计 | 129 | 429 | 169 | 757 |

在科级水平上，半翅目所含科的数量最多，有41科；蜉蝣目、螳螂目、缨翅目、蚤目和毛翅目所含科的数量最少，均为1科；科的数量超过10个的有半翅目（41科）、鳞翅目（31科）、鞘翅目（30科）、膜翅目（18科）和双翅目（15科），这5个目昆虫的科数（135科）占衡水湖自然保护区昆虫总科数（169科）的79.9%；这5个目所含昆虫的种数为658种，占衡水湖自然保护区昆虫总种数（757种）的86.9%，在衡水湖自然保护区昆虫区系组成中占据重要地位。衡水湖自然保护区昆虫区系中含1~9科的目有11个，其所含科数（34科）占总科数的20.1%，所含种数（99种）占总种数的13.1%，在昆虫区系组成中占次要地位。

从衡水湖自然保护区昆虫各科内种的组成来看（表3-5），含20种及以上的科有步甲科（Carabidae）（32种）、金龟科（Scarabaeidae）（34种）、草螟科（Crambidae）（20种）和夜蛾科（Noctuidae）（68种），其所含昆虫物种数（154种）占总种数的20.3%；含10~20种的科有蜻科（Libellulidae）（10种）、蟋蟀科（Gryllidae）（10种）、叶蝉科（Cicadellidae）（11种）、蚜科（Aphididae）（16种）、蝽科（Pentatomidae）（11种）、瓢虫科（Coccinellidae）（15种）、天牛科（Cerambycidae）（16种）、负泥虫科（Crioceridae）（10种）、叶甲科（Chrysomelidae）（12种）、象甲科（Curculionidae）（13种）、蚊科（Culicidae）（14种）、蚜蝇科（Syrphidae）（13种）、卷蛾科（Toricidae）（12种）、尺蛾科（Geometridae）（11种）、毒蛾科（Lymantriidae）（11种）、天蛾科（Sphingidae）（14种）和灯蛾科（Arctiidae）（14种），其所含昆虫物种数（213种）占总种数的28.1%。上述科占总科数（169科）的12.4%，其所含昆虫物种数高达367种，占总种数的48.4%。含种数在10种以下的共有148科，占总科数的87.6%，其所含种数只占总种数的51.6%。

表3-5　衡水湖自然保护区昆虫科内物种数

| 科内含种数 | 科数 | 占比（%） | 种数 | 占比（%） |
| --- | --- | --- | --- | --- |
| 含20种以上 | 4 | 2.4 | 154 | 20.3 |
| 含10~20种 | 17 | 10 | 213 | 28.1 |
| 含1~9种 | 148 | 87.6 | 390 | 51.6 |
| 合计 | 169 | 100 | 757 | 100 |

在种级分类水平上，鳞翅目所含物种数量最多，有219种；蜉蝣目、缨翅目及毛翅目所含物种数量最少，均为1种；物种数量超过50种的目有鳞翅目（219种）、鞘翅目（197种）、半翅目（129种）、双翅目（61种）和膜翅目（52种）。这5目所含昆虫物种数占保护区昆虫总种数的86.9%，而其他11目所含昆虫种数为99种，只占总种数的13.1%。

昆虫物种多样性相对丰富的类群有鳞翅目、鞘翅目、半翅目、双翅目和膜翅目，其他类群物种种类相对较少。

在本次昆虫调查所记录到的14目129科429种昆虫中，有324种为衡水湖自然保护区新记录种（详见附表Ⅱ），蜉蝣目和毛翅目为该区新记录昆虫目。

除此之外，本次调查在衡水湖自然保护区共发现河北省昆虫新记录33种，分属10目26科（表3-6）。

在这新记录的33种昆虫中，鞘翅目所含种类最多（8种）；其次是膜翅目（6种）；鳞翅目有5种；半翅目和双翅目均含有4种；其他目所含物种数均较少。

**表 3-6　本次调查发现的河北省新记录昆虫种类**

| 序号 | 目 | 科 | 中文名 | 学名 |
|---|---|---|---|---|
| 1 | 蜉蝣目 | 四节蜉科 | 浅绿二翅蜉 | *Cloeon viridulum* |
| 2 | 蜻蜓目 | 蜻科 | 条斑赤蜻 | *Sympetrum striolatum* |
| 3 | 蜻蜓目 | 蜻科 | 蓝额疏脉蜻 | *Brachydiplax flavovittata* |
| 4 | 直翅目 | 蟋蟀科 | 亮褐异针蟋 | *Pteronemobius nitidus* |
| 5 | 革翅目 | 苔螋科 | 小姬螋 | *Labia minor* |
| 6 | 半翅目 | 叶蝉科 | 锈斑隆脊叶蝉 | *Paralimnus angusticeps* |
| 7 | 半翅目 | 花蝽科 | 日浦仓花蝽 | *Xylocoris hiurai* |
| 8 | 半翅目 | 尖长蝽科 | 淡色尖长蝽 | *Oxycarenus pallens* |
| 9 | 半翅目 | 蝽科 | 北二星蝽 | *Eysarcoris aeneus* |
| 10 | 脉翅目 | 草蛉科 | 黑腹草蛉 | *Chrysopa perla* |
| 11 | 鞘翅目 | 牙甲科 | 隆线梭腹牙甲 | *Cercyon laminatus* |
| 12 | 鞘翅目 | 步甲科 | 普氏长颈步甲 | *Odacantha puziloi puziloi* |
| 13 | 鞘翅目 | 隐翅虫科 | 亚洲前角隐翅虫 | *Aleochara asiatica* |
| 14 | 鞘翅目 | 隐翅虫科 | 阳平缝隐翅虫 | *Scopaeus virilis* |
| 15 | 鞘翅目 | 金龟科 | 德国蜉金龟 | *Rhyssemus germanus* |
| 16 | 鞘翅目 | 蛛甲科 | 略阳窃蠹 | *Clada kucerai* |
| 17 | 鞘翅目 | 锯谷盗科 | 三星谷盗 | *Psammoecus triguttatus* |
| 18 | 鞘翅目 | 象虫科 | 粗毛妙喙象 | *Myosides seriehispidus* |
| 19 | 双翅目 | 实蝇科 | 三点棍腹实蝇 | *Dacus（Callantra）trimacula* |
| 20 | 双翅目 | 广口蝇科 | 东北广口蝇 | *Platystoma mandschuricum* |
| 21 | 双翅目 | 水虻科 | 日本小丽水虻 | *Microchrysa japonica* |
| 22 | 双翅目 | 水虻科 | 亮斑扁角水虻 | *Hermetia illucens* |
| 23 | 鳞翅目 | 草螟科 | 赭色白禾螟 | *Scirpophaga gotoi* |
| 24 | 鳞翅目 | 夜蛾科 | 摊巨冬夜蛾 | *Meganephria tancrei* |
| 25 | 鳞翅目 | 夜蛾科 | 鸟嘴壶夜蛾 | *Oraesia excavata* |
| 26 | 鳞翅目 | 夜蛾科 | 钩鹰夜蛾 | *Hypocala rostrata* |
| 27 | 鳞翅目 | 夜蛾科 | 日雅夜蛾 | *Iambia japonica* |
| 28 | 膜翅目 | 金小蜂科 | 小蠹凹面四斑金小蜂 | *Cheiropachus cavicapitis* |
| 29 | 膜翅目 | 小蜂科 | 麦迪凹头小蜂 | *Antrocephalus mitys* |
| 30 | 膜翅目 | 茧蜂科 | 平额愈腹茧蜂 | *Phanerotoma planifrons* |
| 31 | 膜翅目 | 土蜂科 | 显贵土蜂 | *Scolia（Discolia）nobilis* |
| 32 | 膜翅目 | 土蜂科 | 眼斑土蜂 | *Scolia（Discolia）oculata* |
| 33 | 膜翅目 | 分舌蜂科 | 山叶舌蜂 | *Hylaeus monticola* |

### 3.2.2 昆虫群落多样性分析

本研究对重点调查类群（种类超过 50 种）的鳞翅目、鞘翅目、半翅目、双翅目、膜翅目的物种多样性进行了比较分析，分别计算了其多样性指数（$H'$）、丰富度指数（$R$）、优势度指数（$D$）和均匀度指数（$J$）。

香浓–威纳多样性指数（$H'$）：$H'=-\sum P_i \ln P_i$，式中：$P_i$ 为物种 $i$ 的个体数占样地内总个体数的比例，$i$=1，2，…，$S$。

丰富度指数（$R$）：描述群落中所含物种丰富程度的数量指标，常用 Margalef 丰富度指数来表示。$D=(S-1)/\ln N$，式中：$S$ 为物种数目；$N$ 为所有物种的个体数之和。

优势度指数（$D$）：优势度是对多样性的反面（即集中性）的度量，采用 Berger–Parker 公式计算优势度指数。$D=N_{max}/N_t$，式中：$N_{max}$ 为优势类群数量，$N_t$ 为全部的类群数量。优势度指数越大，说明群落内物种数量分布越不均匀，优势种的地位越突出。

均匀度指数（$J$）：采用 Pielou 公式计算。$J=H'/\ln S$，式中：$H'$ 为香浓–威纳多样性指数，$S$ 为群落中物种数。

多样性指数（$H'$）由大到小依次为：鳞翅目、鞘翅目、半翅目、双翅目、膜翅目；丰富度指数（$R$）由大到小依次为：鳞翅目、鞘翅目、半翅目、双翅目、膜翅目；优势度指数（$D$）由大到小依次为：鳞翅目、双翅目、半翅目、鞘翅目、膜翅目；均匀度指数（$J$）由大到小依次为：鳞翅目、半翅目、双翅目、鞘翅目、膜翅目（表 3-7）。

**表 3-7　衡水湖自然保护区重点类群昆虫多样性特征**

| 目 | 多样性指数（$H'$） | 均匀度指数（$J$） | 优势度指数（$D$） | 丰富度指数（$R$） |
|---|---|---|---|---|
| 鞘翅目 | 1.517 | 0.593 | 0.283 | 1.547 |
| 鳞翅目 | 2.102 | 0.835 | 0.421 | 1.759 |
| 半翅目 | 1.356 | 0.794 | 0.323 | 1.304 |
| 双翅目 | 1.213 | 0.723 | 0.341 | 1.145 |
| 膜翅目 | 1.145 | 0.458 | 0.248 | 1.034 |

综上可知，衡水湖自然保护区重点调查昆虫类群均匀度指数变化不大且稳定，鳞翅目昆虫的多样性指数（2.102）和丰富度指数（1.759）均最高，鳞翅目昆虫在本研究区域物种丰富；膜翅目昆虫的多样性指数（1.145）和丰富度指数（1.034）均最低，在本区域重点调查类群中相对匮乏且物种较不丰富。

### 3.2.3 不同陆地生境昆虫多样性分析

在本研究调查的衡水湖自然保护区重点昆虫类群中，人工经济林中的昆虫资源在目、科、种及个体数量上均最多，为该区昆虫群落优势生境（表 3-8）。衡水湖地区各生境昆虫群落多样性指数（$H'$）由大到小依次为：人工经济林、居住区、灌丛与草甸、农田、人工观赏林、行道树带；均匀度指数（$J$）由大到小依次为：人工经济林、行道树带、灌丛与草甸、农田、居住区、人工观赏林；优势度指数（$D$）由大到小依次为：人工观赏林、行道树带、农田、灌丛与草甸、居住区、人工经济林；丰富度指数（$R$）由大到小依次为：人工经济林、灌丛与草甸、居住区、农田、人工观赏林、行道树带。

表 3-8　衡水湖自然保护区不同生境重点类群昆虫多样性特征

| 生境 | 目 | 科 | 种 | 个体数 | 多样性指数（$H'$） | 均匀度指数（$J$） | 优势度指数（$D$） | 丰富度指数（$R$） |
|---|---|---|---|---|---|---|---|---|
| 人工经济林 | 9 | 26 | 213 | 3135 | 4.766 | 0.829 | 0.033 | 38.755 |
| 人工观赏林 | 4 | 7 | 19 | 182 | 1.920 | 0.652 | 0.505 | 3.458 |
| 农田 | 9 | 12 | 28 | 155 | 2.556 | 0.767 | 0.232 | 5.353 |
| 行道树带 | 4 | 4 | 6 | 43 | 1.490 | 0.815 | 0.395 | 1.329 |
| 居住区 | 7 | 16 | 81 | 1047 | 3.340 | 0.760 | 0.142 | 11.504 |
| 灌丛与草甸 | 5 | 15 | 75 | 47 | 3.312 | 0.767 | 0.202 | 11.737 |

综上可知，人工经济林的昆虫多样性指数（4.766）和丰富度指数（38.755）均最高，而行道树带的昆虫多样性指数（1.490）和丰富度指数（1.329）最低。

### 3.2.4　水生昆虫多样性

衡水湖自然保护区是华北地区唯一保留较完整的湿地生态系统，拥有面积较大的淡水生境，适合水生昆虫的生存和繁衍。在该区分布的各目昆虫中，其成员在生活史的某个阶段或全部阶段有营水生生活的有蜉蝣目、蜻蜓目、半翅目、鞘翅目、双翅目和毛翅目，共 6 个类群，占全部目的 37.5%，其中蜉蝣目和毛翅目为该区新纪录目。在科级水平上，其成员终生或部分虫态营水生生活的有 18 科，占全部科数的 10.6%。

蜉蝣目、蜻蜓目和毛翅目的所有物种在幼期均为严格的水生昆虫，它们的发生与水质关系较为密切；半翅目的负子蝽科（Belostomatidae）、划蝽科（Corixidae）、蝎蝽科（Nepidae）和仰蝽科（Notonectidae）以及鞘翅目的龙虱科（Dytiscidae）和牙甲科（Hydrophilidae），其幼期和成虫阶段为水生；双翅目的很多类群幼虫水生，特别是摇蚊科（Chironomidae），发生数量极大，从早春到秋季均有发生。划蝽和摇蚊的数量在特定季节十分庞大（这一点从特定时期灯诱铺天盖地的数量可以看出），对淡水渔业和养殖业具有一定价值。一些蜻蜓稚虫（水虿）和龙虱科的部分种类个体体型较大，时常会出现在当地鱼市的渔获中。

## 3.3　昆虫区系特征 ●●●●

河北省大部分区域位于华北平原地带，山地较少且多为太行山脉与燕山山脉的支脉。根据中国动物地理区划（张荣祖，2011），包括衡水湖自然保护区在内的整个河北省均位于古北界的华北区，是北临蒙新区与东北区，南抵秦岭、淮河，西起甘肃，东临黄海和渤海的地理分区。华北区动物区系一方面与东北森林及蒙新草原地带有密切关系，另一方面也混生有一些南方物种，但特有的种类比较少，反映了本区昆虫区系有南北两方过渡的特点。同时，该区距渤海湾及胶东半岛较近，东洋界成分开始由此向北渗透，使其区系具有一些东洋界的特点（蒋志刚，2009）。河北省在该地区分布的优势昆虫物种是一些能够适应多种生态系统的广布种，包括一些常见的农业昆虫，如中华真地鳖（*Eupolyphaga sinensis*）、中华刀螳（*Tenodera sinensis*）、暗褐蝈螽（*Gampsocleis sedakovii*）、麻步甲（*Carabus brandti*）、金凤蝶（*Papilio machaon*）等。

人类的农业生产活动对本地区动物的影响十分显著。衡水湖自然保护区昆虫区系具有显著的华北区特色，总的特点是种类较贫乏，多为世界广布种，也有很多温带分布的种类，但特有种类少。在这种区系下进行昆虫多样性调查、农林业害虫监测以及生物防治物种投放等工作较易开展，因物种多样性较低，较易鉴定物种多，难对症下药害虫较少，一定程度上方便了地方农林业病虫害的防治工作。

## 3.4  重要昆虫物种介绍  ●●●●●

在衡水湖自然保护区所记录的 757 种昆虫中，有很多有重要经济价值和生态作用的昆虫，有的直接或间接有益，而有的直接或间接有害，但它们都在自然生态系统中起着重要作用。比如在直接有益的昆虫中，有多种传粉昆虫、捕食性天敌昆虫等，它们对农林生产、控制有害昆虫带来直接益处；而在有害的昆虫中，有多种可以对人类造成直接干扰或间接传染疾病等的昆虫，如蚊子、苍蝇、蟑螂、跳蚤、虱子、小黑蚊等是常见的卫生害虫，也有对林业和农业生产产生直接危害的有害昆虫，如蚜虫等；有些昆虫具有较大的观赏价值，如某些种类的蝴蝶和蜻蜓等；还有很多种类的昆虫可入中药，在中医药学上有重要价值。

### 3.4.1  水质监测及重要水生昆虫

#### 1. 浅绿二翅蜉 *Cloeon viridulum*（图 3-6）

分类：蜉蝣目（Ephemerida），四节蜉科（Baetidae）。

分布：河北、江苏、上海、浙江、陕西。

简介：体小型。雄虫复眼为上下两部分，上半部分红褐色，下半部分浅白色。前胸具 2 对纵纹；中胸具 "V" 状斑纹与两对淡黄色斑点。爪具细齿，跗节内侧密被刚毛。后翅退化。雄虫腹部背板红褐色，雌虫浅绿色。尾须长，中尾丝与尾须等长。成虫寿命较短，具趋光性。稚虫水生，取食水中藻类等杂质。水质监测昆虫，一般情况下在污染程度较高的水域无法存活。

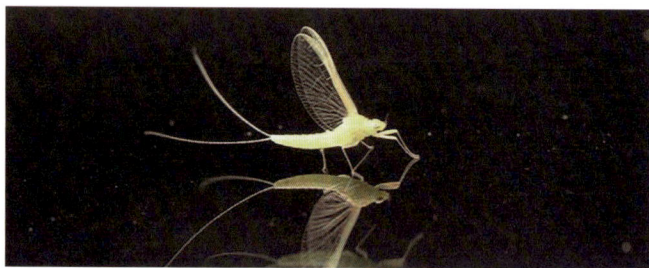

图 3-6  浅绿二翅蜉

#### 2. 大团扇春蜓 *Sinictinogomphus clavatus*（图 3-7）

分类：蜻蜓目（Odonata），春蜓科（Gomphidae）。

分布：河北、北京、福建、江苏、云南、重庆、四川、河南、台湾等。

简介：成虫腹长 56~60 mm，后翅长 45~49 mm。体型粗壮，复眼黄绿色，合胸黑色具数条黄纹，腹部黑色具有黄斑，雌雄虫的第 8 腹节侧缘都扩大如圆扇状，扇状中央呈黄色，边缘黑色。雌虫扇区的黄斑较小，雄虫的较大。成虫发生期北方为 6—8 月，南方为 5—10 月。栖息于平原或丘陵的池塘、湖泊、水田等地。繁殖期雄虫会在雌虫旁护卫。

图 3-7　大团扇春蜓

### 3. 闪蓝丽大伪蜻 *Epophthalmia elegans*（图 3-8）

分类：蜻蜓目（Odonata），大伪蜻科（Macromiidae）。

分布：河北、北京、湖南、重庆、四川、广东等。

简介：体大型。复眼发达，并拢。颊具蓝绿色金属光泽，两侧具黄斑。胸部具蓝绿色金属光泽。前胸背板两侧具黄带。足发达，腿节与胫节具毛刺列。翅基与顶角具烟褐色浅斑。腹部黑黄相间。腹末略膨大。稚虫水生，体扁平，捕食水生小型脊椎动物与节肢动物。稚虫为静水域的捕食者，能够控制其他水生动物的种群数量，保证水域内的生态平衡。成虫捕食性强，能够捕捉许多农田害虫，为天敌昆虫，同时该种具一定观赏价值。

### 4. 萨棘小划蝽 *Micronecta sahlbergii*（图 3-9）

分类：半翅目（Hemiptera），划蝽科（Corixidae）。

分布：中国的河北、天津、黑龙江、河南、江西、贵州、台湾、湖北；俄罗斯、朝鲜半岛、日本。

简介：体小型，褐色。头新月形，头顶淡褐色；复眼大，黑褐色，牛角状。前胸背板深褐色，前缘中央向前弧形突出；小盾片三角形，顶角尖。前翅具 4 条暗褐色纵纹，隐约可见，常间断分布。足白色，透明。腹部白色，节间色暗，第 8 腹节末端尖，具长毛。成虫和若虫水生，以藻类为食。衡水湖自然保护区内常见的水生昆虫，数量庞大，能够充当淡水鱼类的天然饲料。该种为衡水湖新记录种。

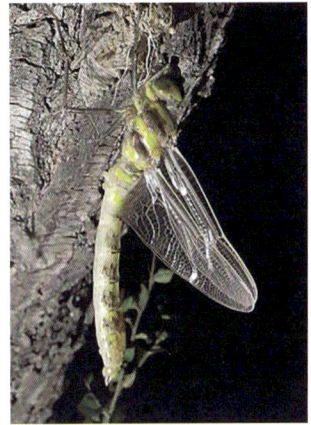

图 3-8　闪蓝丽大伪蜻

### 5. 大鳖负蝽 *Lethocerus deyrollei*（图 3-10）

分类：半翅目（Hemiptera），负子蝽科（Belostomatidae）。

分布：河北、北京、山东、辽宁等。

简介：体大型，深褐色。头宽大于长，头顶红褐色，略粗糙，中间具 1 隆起的纵脊；复眼大，黑色，复眼前间距是后间距的 1/2。前胸背板表面粗糙，中间具 1 纵向凹陷，侧缘薄片状，前侧角圆滑；小盾片三角形，底边具毛丛，近平直。前足捕捉足，股节强烈膨大宽扁，胫节弯曲；中、后足扁平，具游泳毛；跗式 3-3-3。前翅革片发达，翅脉清晰，膜片半透明。腹部腹面中央具纵脊，侧缘具浓密的长毛。具捕食性。成虫具有趋光性。湿地生态系统中极具代表性的昆虫，体型壮硕，能捕食鱼、蝌蚪等小型脊椎动物。

图 3-9　萨棘小划蝽

图 3-10　大鳖负蝽

### 6. 中华螳蝎蝽 *Ranatra chinensis*（图 3-11）

分类：半翅目（Hemiptera），蝎蝽科（Nepidae）。

分布：全国广布（西藏等少数地区除外）。

**图 3-11　中华螳蝎蝽**

简介：体大型，狭长，褐色。头小；复眼球状，背面观眼宽小于眼间距；触角 3 节；喙 4 节，粗短。前胸背板长筒形，前叶长约为后叶的 2 倍；前胸腹面具脊状突；小盾片长三角形，基部隆起。前足捕捉足，股节近中部处具 1 齿状突起，顶端具 1 小齿；中、后足极细长，胫节长于股节，具游泳毛；跗节 1 节。前翅伸达第 6 腹节后缘，侧缘颜色稍暗，爪片顶端具刻点。腹部末端具 1 对细长的呼吸管。具捕食性。典型的水生捕食性昆虫，成虫和若虫均能捕食孑孓、蜉蝣稚虫和蜻蜓稚虫等。

### 7. 日本真龙虱 *Cybister japonicus*（图 3-12）

分类：鞘翅目（Coleoptera），龙虱科（Dytiscidae）。

分布：中国的河北、北京、辽宁、吉林、黑龙江、山东、福建、台湾、广东、海南；日本、俄罗斯。

简介：体大型，较扁平，极为光滑。体背面黑色，带有绿色光泽，前胸和鞘翅侧缘黄色，其中在翅端不呈钩形，腹面黄色，后胸中部黑褐色，腹节前、后缘均具黑色边。后足跗节两侧密生游泳毛。水生，具捕食性。成虫有趋光性。时常会出现在当地渔民的渔获物中，为衡水湖新记录种。

**图 3-12　日本真龙虱**

**图 3-13　钝刺腹牙甲**

### 8. 钝刺腹牙甲 *Hydrochara affinis*（图 3-13）

分类：鞘翅目（Coleoptera），牙甲科（Hydrophilidae）。

分布：中国的河北、北京、甘肃、辽宁、黑龙江、河南、山东、上海、安徽、浙江、江西、福建、湖北、四川；日本、朝鲜、俄罗斯、蒙古。

简介：体长卵形。背面较为隆起，黑绿色并有金属光泽；通过腹面的气盾在水下呼吸；触角末三节膨大成端锤，较下颚须短；足浅黄色或深黄色，中足和后足跗节长，外侧着生一排游泳毛。幼虫常捕食摇蚊幼虫，成虫取食水中杂质，可适当控制水域的生态平衡。

## 3.4.2　著名观赏昆虫

### 1. 黑丽翅蜻 *Rhyothemis fuliginosa*（图 3-14）

分类：蜻蜓目（Odonata），蜻科（Libellulidae）。

分布：河北、北京、贵州、河南、山东、江苏、福建、浙江、安徽。

简介：体中型。复眼发达，并拢。头壳黑色，具蓝紫色或蓝绿色金属光泽，被有灰色长毛。后头褐色，后缘具毛。前胸黑色，生有灰色长毛。合胸背面蓝绿色，具金属光泽，具茸毛，侧板与足黑绿色，具金属光泽。前翅基部起 2/3 部分具蓝绿色金属光泽，端部 1/3 部分透明；后翅全为蓝绿色金属光泽。稚虫为静水域的捕食者，能够控制其他水生动物的种群数量，保证水域内的生态平衡。成虫具捕食性，能够捕捉许多农田害虫，为天敌昆虫，同时该种色彩鲜明，具观赏价值。

**图 3-14　黑丽翅蜻**（摄影：张浩淼）

### 2. 普通条螽 *Ducetia japonica*（图 3-15）

分类：直翅目（Orthoptera），螽斯科（Tettigoniidea）。

分布：中国的河北、北京、河南、台湾、江苏、上海、浙江、安徽、福建、湖南、广东、广西、海南、贵州、云南、西藏、四川；朝鲜、日本、俄罗斯、印度、斯里兰卡；东南亚至澳大利亚。

简介：触角黄色或黄褐色。头前口式，与前胸等宽，背面黄褐色。翅上具黑色的斑点。后翅长于前翅。前翅狭长，前缘区红褐色，超过后足腿节端。后足细长。雄虫生殖板狭长，分叉，尾须长片状，末端呈刀状。雌虫产卵瓣宽短，呈镰刀形向上弯曲。具绿色型与褐色型。对农作物有一定威胁，同时也为观赏昆虫。

**图 3-15　普通条螽**

### 3. 暗褐蝈螽 *Gampsocleis sedakovii*（图 3-16）

分类：直翅目（Orthoptera），螽斯科（Tettigoniidea）。

分布：中国北方各省。

简介：体色通常为绿色或褐色。头大，下口式，前端色浅。前胸背板宽大，马鞍状，侧缘与后缘具白边。后足腿节外侧具黑色带状点斑列。前翅较长，超过腹端，翅端狭圆，翅面具草绿色条纹并布满褐色斑点。腹背板后缘具绿色条斑。杂食性，捕食许多节肢动物，同时也取食叶片。为观赏昆虫。

图 3-16 暗褐蝈螽

### 4. 中华斗蟋 *Velarifictorus micado*（图 3-17）

分类：直翅目（Orthoptera），蟋蟀科（Gryllidae）。

分布：中国的河北、北京、辽宁、山西、河南、山东、江苏、上海、安徽、浙江、湖南、江西、广西、四川、贵州；日本、俄罗斯、印度、印度尼西亚；北美。

简介：体小型，黑褐色。头大，顶部宽圆，颜面圆凸饱满，后头有 6 条黄色短纵纹，两侧单眼之间具 1 条中间狭两端宽，形似"{"的黄色横带，中单眼处具一小黄斑点。前胸背板横长方形，具淡黄色斑纹。前翅略不达腹端。后翅短于前翅。雄虫前翅长达腹端，发音镜斜长方形，内有一弯成直角的翅脉将镜分为 2 室，斜脉 2 条，端区约与发音镜等长，末端圆。雌虫前翅短于腹部末端，后翅超过腹端似尾状，产卵管长于后足腿节。杂食性，为观赏昆虫。

图 3-17　中华斗蟋

### 5. 黄脸油葫芦 *Teleogryllus emma*（图 3-18）

分类：直翅目（Orthoptera），蟋蟀科（Gryllidae）。

分布：中国的长江以北地区。

简介：体长 30~36 mm 的大型蟋蟀。若虫黑色，背面具 1 个白色横条纹，大龄若虫该条纹清晰。复眼内侧具浅色条纹，叫声婉转多变。栖息在城市内各环境中，秋季成虫。此外，也有人工驯化品种，复眼红色、黄色，体色也有全黑或黄色等。常见观赏昆虫。

图 3-18　黄脸油葫芦

### 6. 蚱蝉 *Cryptotympana atrata*（图 3-19）

分类：半翅目（Hemiptera），蝉科（Cicadidae）。

分布：中国的河北、北京、福建、广东、江西、浙江、江苏、湖北、四川、陕西、山东、河南、台湾、广西、安徽、上海、湖南、内蒙古；韩国。

简介：体大型，黑色，有光泽，密被淡黄色短茸毛。头横宽。中胸背板宽大，中央有"X"形隆起。前翅透明，前缘黑色。腹部侧缘及各节后缘黄褐色（第 8、第 9 腹节除外）；雄性腹部第 1、第 2 节有鸣器，腹瓣后缘圆形，端部不及腹部一半；雌性无鸣器，腹部第 9、第 10 节黄褐色，

图 3-19　蚱蝉

中间开裂，产卵器长矛形。植食性。我国广布而常见的鸣声昆虫，在夏季产生响亮的蝉鸣，是为人熟知的玩赏昆虫。寄主植物种类广泛，包括杨树、柳树、桑树等。

### 7. 小豆长喙天蛾 *Macroglossum stellatarum*（图 3-20）

分类：鳞翅目（Lepidoptera），天蛾科（Sphingidae）。

分布：中国的河北、北京、山西、陕西、甘肃、内蒙古、青海、新疆、吉林、辽宁、河南、山东、浙江、湖南、湖北、四川、重庆、海南；日本、朝鲜、越南、印度；欧洲。

简介：体中大型，褐色。头和胸部背面灰褐色，腹部暗灰色，两侧具白色和黑色斑，末端具黑色毛丛。前翅灰黑色，内线和中线弯曲，黑褐色；外线不明显，中室上具 1 小黑色斑点；后翅大部橙黄色。成虫常见在花丛中吸食花蜜，幼虫寄主植物包括蓬子菜、小豆等。著名观赏昆虫，常被认为是蜂鸟。

图 3-20　小豆长喙天蛾

### 8. 青背长喙天蛾 *Macroglossum bombylans*（图 3-21）

分类：鳞翅目（Lepidoptera），天蛾科（Sphingidae）。

分布：中国的河北、北京、陕西、天津、山东、安徽、上海、浙江、江西、台湾、湖北、湖南、广东、广西、香港、贵州、云南、西藏、四川、重庆、海南；日本、朝鲜、印度、尼泊尔、不丹、泰国、越南、菲律宾、俄罗斯。

简介：体中大型，下唇须及胸部腹面白色；头部、胸部及腹部前 3 节背面暗青色至橙黄色，第 1、第 2 节两侧橙黄色，第 4、第 5 节上有黑斑，第 6 节后缘有白色横纹；腹面黄褐色，第 3、第 4 节间有白色斑。前翅内线黑色较宽，近后缘向内方弯曲；外线由 2 条波状横线组成；顶角内侧有深色斑，外缘深褐色。后翅黑褐色，中部有橙黄色斑。翅反面暗褐色，基部污黄色；各横线呈深色波状纹；翅基部有白毛。成虫常见在花丛中吸食花蜜。著名观赏昆虫，常被认为是蜂鸟。

图 3-21　青背长喙天蛾

### 9. 绿尾天蚕蛾 *Actias ningpoana*（图 3-22）

分类：鳞翅目（Lepidoptera），天蚕蛾科（Saturniidae）。

分布：河北、北京、河南、江苏、江西、浙江、湖南、湖北、安徽、广西、四川、重庆、台湾、广东、海南、云南等。

简介：翅展 122 mm 左右。体粉绿白色，头部、胸部及肩板基部前缘有暗紫色深切带；翅粉绿色，基部有白色茸毛，前翅前缘暗紫色，混杂有白色鳞毛，翅的外缘黄褐色，外线黄褐色不明显；中室末端有眼斑 1 个，中间有一长条透明带，外侧黄褐色，内侧内方橙黄色，外方黑色；后翅也有 1 眼斑，形状颜色与前翅上的相同，略小，后角尾状突出，长 40 mm 左右。寄主有枫杨树、柳树、栗树、乌桕树、木槿树、樱桃树、核桃树、苹果树、樟树、桤木树、梨树、沙枣树、杏树等植物。著名的大型蛾类，十分飘逸。

**图 3-22　绿尾天蚕蛾**

### 10. 金凤蝶 *Papilio machaon*（图 3-23）

分类地位：鳞翅目（Lepidoptera），凤蝶科（Papilionidae）。

分布：中国的河北、北京、黑龙江、吉林、辽宁、河南、山东、新疆、山西、陕西、甘肃、青海、云南、四川、重庆、西藏、江西、浙江、广东、广西、福建、台湾；亚洲、欧洲、北美洲。

简介：体黑色或黑褐色，胸背有 2 条"八"字形黑带。翅黑褐色至黑色，斑纹黄色或黄白色。前翅基部的 1/3 有黄色鳞片；中室端半部有 2 个横斑；中后区有 1 纵列斑，从近前缘开始向后缘排列，除第 3 斑及最后 1 斑外，大致是逐斑递增大；外缘区有 1 列小斑。后翅基半部被脉纹分隔的各斑占据，亚外缘区有不十分明显的蓝斑，亚臀角有红色圆斑，外缘区有月牙形斑；外缘波状，尾突长短不一。幼虫取食胡萝卜、花椒等作物，对农业有一定危害，同时成虫为观赏昆虫。

**图 3-23　金凤蝶**

### 11. 柑橘凤蝶 *Papilio xuthus*（图 3-24）

分类：鳞翅目（Lepidoptera），凤蝶科（Papilionidae）。

分布：中国各地；缅甸、韩国、日本、菲律宾等。

简介：翅金黄色带黑斑，有细小的尾突。前翅正中室基半部具有细小的颗粒状黑点，并有纵向黑色条纹，前翅正反面中室基半部后翅臀角黄色斑内有黑色瞳点。为国内最常见的凤蝶之一，甚至在城市里的绿化带也经常见到。最常见的大型美丽蝴蝶。

**图 3-24　柑橘凤蝶**

### 3.4.3　具有重要经济意义和药用价值的昆虫

#### 1. 小青花金龟 *Gametis jucunda*（图 3-25）

分类：鞘翅目（Coleoptera），金龟科（Scarabaeidae）。

分布：除新疆外，广布于中国各地；俄罗斯、朝鲜、日本、尼泊尔、孟加拉国、印度、美国。

简介：体中小型。长椭圆形稍扁；颜色变异大，多为绿色与褐色；腹面黑褐色，具光泽，体表密布淡黄色毛和刻点。头较小，黑褐或黑色，唇基前缘中部深陷。前胸背板半椭圆形，前窄后宽，中部两侧盘区各具白绒斑 1 个，近侧缘亦常生不规则白斑，有些个体没有斑点；小盾片三角状；鞘翅狭长，侧缘肩部外凸，且内弯。翅面上生有白色或黄白色绒斑，一般在侧缘及翅合缝处各具较大的斑 3 个；纵肋 2~3 条，不明显；臀板宽短，近半圆形。幼虫地栖，是重要分解者，分解落叶、粪便等物质。成虫访花，有一定传粉作用。

**图 3-25　小青花金龟**

#### 2. 羽芒宽盾蚜蝇 *Phytomia zonata*（图 3-26）

分类：双翅目（Diptera），蚜蝇科（Syrphidae）。

分布：中国的河北、北京、陕西、甘肃、黑龙江、内蒙古、辽宁、吉林、河南、山东、江苏、浙江、福建、湖北、湖南、广东、广西、海南、四川、云南；日本、朝鲜、俄罗斯；东南亚。

简介：体中大型，粗壮，黑色。头部被淡色粉被和黄毛；复眼具浅灰色条纹，雄性接眼式，雌性离眼式。腹部第 1 背板黑色，第 2 背板大，红黄色，端部棕黑色，有时正中具稍暗的纵条纹；

第 3、第 4 腹板黑色，前缘具窄棕黄色横带。翅透明。成虫访花，幼虫取食腐殖质。衡水湖常见的访花昆虫。

图 3-26　羽芒宽盾蚜蝇

### 3. 中华真地鳖 *Eupolyphaga sinensis*（图 3-27）

分类：蜚蠊目（Blattaria），鳖蠊科（Corydidae）。

分布：中国的河北、北京、甘肃、宁夏、内蒙古、辽宁、山西、山东、江苏、上海、安徽、湖北、湖南、四川、重庆、贵州；蒙古。

简介：体中大型。头黑褐色。雄虫前胸背板黑褐色，边缘黄褐色。雄虫具翅，前翅黄褐色，具许多褐色雾状斑纹，后翅透明。前足胫节具端刺 8 个，中刺 1 个，中刺位于胫节下缘。腹部 9 节，第 1 腹板被后胸背板所掩盖。雌虫无翅，体隆拱，背面红褐色至黑褐色，被红褐色刚毛。常栖息于住宅附近的土壤，可分解一些腐败物质，同时为著名的药用昆虫。

图 3-27　中华真地鳖

### 4. 西方蜜蜂 *Apis mellifera*（图 3-28）

分类：膜翅目（Hymenoptera），蜜蜂科（Apidae）。

分布：中国广布；原产欧洲，已引种至全世界。

简介：体小型。下口式，嚼吸式口器，触角肘状。后足携粉足。翅膜质。工蜂第 6 腹节背板上无茸毛带；后翅中脉不分叉；唇基一色。重要的传粉昆虫与产蜜昆虫。

图 3-28　西方蜜蜂

### 3.4.4 主要天敌昆虫

#### 1. 中华刀螳 *Tenodera sinensis* (图 3-29)

分类：螳螂目（Mantodea），螳螂科（Mantidae）。

分布：全国各地。

简介：头三角形，复眼大而突出。前胸背板前端略宽于后端，前端两侧具有明显的齿列，后端齿列不明显；前半部中纵沟两侧排列有许多小颗粒，后半部中隆起线两侧的小颗粒不明显。雌虫腹部较宽。前翅前缘区较宽，草绿色，革质。后翅不超过前翅的末端，带有烟斑色。足细长，前足基节长度超过前胸背板后半部的 2/3，基节下部外缘有 16 根以上的短齿列，前足腿节下部外线有刺 4 根，等长；下部内线有刺 15~17 根，中央有刺 4 根。常栖息于田间，捕食各种节肢动物，为重要天敌昆虫。

**图 3-29　中华刀螳**

#### 2. 短斑普猎蝽 *Oncocephalus simillimus* (图 3-30)

分类：半翅目（Hemiptera），猎蝽科（Reduviidae）。

分布：河北、北京、黑龙江、江苏、上海、浙江。

简介：体中型，浅黄褐色。头前叶背面、触角第 1 节端部、喙第 2 和第 3 节、股节上的条纹、胫节上的环纹浅褐色；头部两侧、单眼后方、前胸侧板两侧、小盾片和前翅上的斑点深褐色。触角第 1 节稍长于头前叶，稀疏被毛；复眼大。前胸背板侧角尖锐，侧向突出；小盾片末端翘起。前足股节膨大，腹面具小刺。腹部中央具纵脊。具捕食性。我国林区常见的捕食性昆虫。该种为衡水湖新记录种。

**图 3-30　短斑普猎蝽**（摄影：王建赟）

### 3. 东亚小花蝽 *Orius sauteri*（图 3-31）

分类：半翅目（Hemiptera），花蝽科（Anthocoridae）。

分布：中国的河北、北京、天津、黑龙江、吉林、辽宁、山西、甘肃、河南、湖北、湖南、四川；日本、朝鲜、俄罗斯。

简介：体小型，棕褐色。头黑色，前端较平截；触角4节，末端2节通常颜色较暗；喙大部黑色。前胸背板光亮，被短细毛，后缘弧形内凹；小盾片三角形。足淡褐色，股节颜色稍深，尤以后足最为明显；雄性前足胫节具1排小齿。前翅超过腹部末端，沿楔片缝稍下折，楔片颜色稍暗，膜片烟灰色，半透明。在植物上活动，杂食性。能捕食蚜虫、粉虱等小型昆虫、螨和虫卵，是重要的天敌昆虫。有时也会吸食植物汁液，有时刺人。该种为衡水湖新记录种。

图 3-31　东亚小花蝽

### 4. 大草蛉 *Chrysopa pallens*（图 3-32）

分类：脉翅目（Neuroptera），草蛉科（Chrysopidae）。

分布：中国的河北、北京、山西、内蒙古、辽宁、吉林、黑龙江、江苏、浙江、安徽、福建、江西、山东、河南、湖北、湖南、广东、广西、海南、四川、贵州、云南、陕西、甘肃、宁夏、新疆、台湾；俄罗斯、日本、朝鲜；欧洲。

简介：体中型，翠绿色。触角丝状，细长，梗节与柄节黄绿色，鞭节黄褐色；复眼圆润，具金属光泽；头顶与颊具2~7个黑斑。足黄绿色，跗节黄褐色。翅透明，翅脉大部黄绿色，但前翅前缘横脉列和翅后缘基半的脉多呈黑色；两组阶形排列的阶脉只是每段脉的中央黑色，而两端仍为绿色；后翅仅前缘横脉和径横脉大半段为黑色，阶脉则同前翅；翅脉被毛，翅缘的毛多为黄色。腹部全绿。主要捕食蚜虫，为重要的天敌昆虫。

图 3-32　大草蛉

### 5. 麻步甲 *Carabus brandti*（图 3-33）

分类：鞘翅目（Coleoptera），步甲科（Carabidae）。

分布：河北、北京、陕西、吉林、辽宁、山西、山东、河南。

简介：体黑色，具轻微的蓝色金属光泽。头顶密布细刻点和粗皱纹；上颚较短宽，内缘中央具1颗粗大的齿；前胸背板宽大于长，最宽处在中部之前；鞘翅卵呈圆形，翅面密布大小疣突。成虫与幼虫主要捕食蜗牛等软体动物，同时也取食鳞翅目幼虫，为天敌昆虫。

**图 3-33　麻步甲**

### 6. 花绒寄甲 *Dastarcus helophoroides*（图 3-34）

分类：鞘翅目（Coleoptera），寄甲科（Bothrideridae）。

分布：中国的河北、北京、陕西、宁夏、甘肃、内蒙古、山西、山东、河南、江苏、上海、安徽、湖北、广东；日本、美国。

简介：体鞘坚硬，深褐色。头凹入胸内，复眼黑色，卵圆形。触角短小，11 节，端部 3 节膨大呈扁球形。头和前胸密布小刻点。腹板 7 节，基部 2 节愈合。鞘翅上有 1 个椭圆形深褐色斑纹，尾部沿中缝具 1 个粗"十"字斑，每翅表面有纵沟 4 条，沟脊由粗刺组成。足跗节 4 节，有爪 1 对。

寄生天牛幼虫，为重要天敌昆虫，常用于生物防治而被广泛应用。

**图 3-34　花绒寄甲**

### 7. 异色瓢虫 *Harmonia axyridis*（图 3-35）

分类：鞘翅目（Coleoptera），瓢虫科（Coccinellidae）。

分布：除广州南部和香港外，全国广布；俄罗斯、日本、蒙古、越南；朝鲜半岛、欧洲、北美、南美。

简介：体小型，体色和斑纹具很大变异。前胸背板斑纹多变。鞘翅可分为浅色型和深色型两类：浅色型小盾片棕色或黑色，每个鞘翅上最多 9 个黑斑和合在一起的小盾斑，这些斑点可部分或全部消失，也有扩大相连的情况；深色型鞘翅黑色，通常每个鞘翅具 2 或 4 个红色斑，可大可小，有时红斑中还具黑点。多数个体在鞘翅近端处具 1 明显的横脊。捕食多种蚜虫、介壳虫以及叶甲和蛾类的幼虫，通常数量较多，是重要的天敌昆虫。

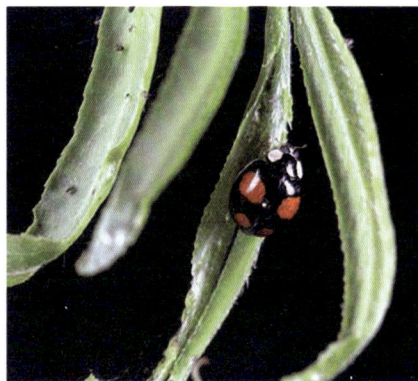

**图 3-35　异色瓢虫**

#### 8. 地老虎细颚姬蜂 *Enicospilus tournieri*（图 3-36）

分类：膜翅目（Hymenoptera），姬蜂科（Ichneumonidae）。

分布：中国的河北、北京、陕西、宁夏、甘肃、新疆、内蒙古、黑龙江、吉林、辽宁、山西；俄罗斯；中亚至欧洲。

简介：体小型。头短宽。中胸盾片高度拱起，盾纵沟缺如。小盾片略拱。并胸腹节中拱。基横脊完整。气门区具细弱刻点。盘亚缘室端骨片不与基骨片相连。第一亚盘室具稀毛。后翅具 5~8 根端翅钩。腹部细长。寄生地老虎，为重要的天敌昆虫。

图 3-36　地老虎细颚姬蜂

### 3.4.5　重要农林业害虫

#### 1. 东方蝼蛄 *Gryllotalpa orientalis*（图 3-37）

分类：直翅目（Orthoptera），蝼蛄科（Gryllotalpidae）。

分布：除新疆、甘肃外，中国广布；日本、朝鲜、俄罗斯、印度；东南亚、大洋洲。

图 3-37　东方蝼蛄

简介：灰褐色至黄褐色，全身密被细毛。头近圆锥形，触角丝状，较短粗。前胸背板卵圆形，中间具 1 暗红色长心脏形凹陷斑。前足为开掘足，齿突发达，后足胫节背面内侧有 4 个距。前翅灰褐色，较短，仅达腹部中部。后翅扇形，较长，超过腹部末端，合并后呈带状。腹末具 1 对尾须。重要的农业害虫，咬食农作物幼苗的根和嫩茎，受害的根部常呈乱麻状，对农作物造成直接危害。可利用其趋光的特性用黑光灯诱杀其成虫；采用精耕细作、深耕多耙、施用充分腐熟的农家肥等农林措施，创造不利于害虫发生的环境条件加以预防。

#### 2. 斑衣蜡蝉 *Lycorma delicatula*（图 3-38）

分类：半翅目（Hemiptera），蜡蝉科（Fulgoridae）。

分布：中国的东北、华北、华东、西北、西南、华南等地区。

简介：体大型，紫灰色，体表被有白色蜡粉。触角红色。前翅基部约 2/3 为淡褐色，翅面具 10~20 个黑色斑点，端部约 1/3 为黑色，翅脉白色；后翅基半部为鲜红色，具有 7~8 个黑色斑点。低龄若虫体黑色，具有很多小白点；4 龄若虫红白相间，具有白斑。吸食多种植物的汁液，成虫和若虫有群聚性，善于跳跃，飞行能力较弱。主要取食臭椿树，也吸食香椿树、柳树、刺槐树、苦楝树、杨树、葡萄树、杏树、李树等多种木本或藤本植物的汁液，引起被害植株发生煤污病或嫩梢萎缩、畸形等，严重影响植株的生长和发育，是多种果树及经济林树木上的重要害虫之一。做好冬季果园枯枝、密枝的清理，不与臭椿树和苦楝树等寄主植物邻作，降低虫源密度，减轻危害；为害严重时可选用合适的化学杀虫剂进行化学防治。该种为衡水湖新记录种。

**图 3-38　斑衣蜡蝉**

### 3. 三点苜蓿盲蝽 *Adelphocoris fasciaticollis*（图 3-39）

分类：半翅目（Hemiptera），盲蝽科（Miridae）。

分布：中国的河北、北京、陕西、内蒙古、山西、河南、山东、江苏、安徽、江西、湖北、四川及东北地区。

简介：体中小型，灰白色。头前端较尖，无单眼；触角浅褐色，第2节端半部黑色。前胸背板近前缘处具2个黑色斑点，近后缘处具1条黑色横带，有时在中间分开形成2个黑色斑块，或分为4个斑点；小盾片大部黄白色。前翅楔片黄白色，与小盾片组成3个浅色斑点，故而得名。植食性，成虫有趋光性。吸食棉花、小麦、大豆等多种植物的汁液，是重要的作物害虫。以药剂防治为主，选择若虫初孵盛期或若虫期防治。该种为衡水湖新记录种。

**图 3-39　三点苜蓿盲蝽**

### 4. 茶翅蝽 *Halyomorpha halys*（图 3-40）

分类：半翅目（Hemiptera），蝽科（Pentatomidae）。

分布：中国的河北、黑龙江、吉林、辽宁、内蒙古、北京、山西、山东、河南、陕西、甘肃、江苏、安徽、浙江、湖北、江西、湖南、福建、台湾、广东、海南、香港、广西、重庆、四川、贵州、云南、西藏；朝鲜、韩国、日本、澳大利亚；欧洲、北美洲。

简介：体中大型，茶褐色至黄褐色，具黑色刻点，有的个体具金属光泽。头侧叶与中叶近等长；触角黑色，第 4 节两端和第 5 节基部黄白色。前胸背板前缘具 4 个黄褐色斑点，排成一列；小盾片基部具 5 个横列的黄褐色斑点。前足胫节具 1 宽阔的浅色环纹。腹部侧接缘各节中部黄白色，两端黑色。植食性，成虫常在秋季进入室内越冬。寄主植物种类颇多，包括梨、苹果、枣等果树，在果实上吸食并留下疤痕，不但影响品质，还可造成落果。该种有入室越冬的习性，触碰后散发臭味，是居民厌恶的昆虫。防治茶翅蝽的主要方法是化学防治，喷洒拟除虫菊酯和新烟碱类广谱杀虫剂来防治茶翅蝽；还可利用茶翅蝽的寄生性天敌——卵寄生蜂对茶翅蝽进行生物防治；以及利用该虫聚集越冬的习性，采用"陷阱"等有效的诱集工具，集中诱杀。该种为衡水湖新记录种。

图 3-40　茶翅蝽

### 5. 光肩星天牛 *Anoplophora glabripennis*（图 3-41）

分类：鞘翅目（Coleoptera），天牛科（Cerambycidae）。

分布：中国的河北、北京、天津、内蒙古、宁夏、陕西、甘肃、辽宁、河南、山西、山东、江苏、安徽、江西、湖北、湖南、四川、上海、浙江、福建、广东、广西、云南、贵州；朝鲜、日本。

图 3-41　光肩星天牛

简介：体中大型。黑色，略带紫铜色光泽。头下口式，触角鞭节具白色环状斑纹。前胸背板具皱纹和刻点，两侧各有 1 棘状突起。足具蓝色斑纹。鞘翅光滑，具许多白色或黄色斑点。多种果树与行道树的重要害虫，危害悬铃木、柳、杨等树木。幼虫蛀食树干，可降低木材质量，严重的可引起树木枯梢和风折；成虫咬食树叶或小树枝皮和木质部。在盛发期捕捉成虫或以药物防治，做到预防为主、防治结合。

### 6. 东方玛绢金龟 *Maladera orientalis*（图 3-42）

分类：鞘翅目（Coleoptera），金龟科（Scarabaeidae）。

分布：中国的河北、北京、黑龙江、吉林、辽宁、内蒙古、甘肃、宁夏、山西、山东、河南、江苏、安徽、湖北、湖南、广东、海南、台湾；朝鲜、蒙古、日本、俄罗斯。

简介：又名黑绒金龟。体小型，黑褐色，表面灰暗而具丝绒状光泽。触角 9 节，少数 10 节，鳃片 3 节，雄性鳃片长，约为前 5 节之和的 2 倍。胸部腹板密被茸毛。腹部每节腹板具 1 排毛。成虫有趋光性。成虫取食桃树、樱树、金银木等100多种植物的嫩芽和花蕾，幼虫在地下生活，取食多种植物的根。可采取震落捕杀或灯光诱杀成虫，虫口密度大时可选用合适的杀虫剂进行化学防治。

图 3-42　东方玛绢金龟

### 7. 刺角天牛 *Trirachys orientalis*（图 3-43）

分类：鞘翅目（Coleoptera），金龟科（Scarabaeidae）。

分布：中国的河北、北京、天津、上海、河南及东北地区。

简介：体长 32~53 mm。体型较大，灰黑色，被有丝光的棕黄色及银灰色茸毛，从不同方向观察而呈现光泽。头顶中部两侧具纵沟，后部有粗细刻点；复眼下叶略呈三角形，不很靠近上颚。触角灰黑色，较长，雄虫约为体长的 2 倍，雌虫略超过体长，雄虫自第 3~7 节，雌虫自第 3~10 节，皆具有明显的内端角刺。此外，雌虫第 6~10 节还有较明显的外端角刺；柄节呈筒状，具有环形波状脊。前胸节具较短的侧刺突，背板粗糙，中央偏后有小块近乎三角形的平板，上覆棕黄色茸毛，平板两侧较低洼，无毛，有平行的波状横脊。鞘翅表面不平，略有高低，末端平切，具显著的内、外角端刺。腹部被有稀疏茸毛，臀板一般露于鞘翅之外。本种在衡水湖北堤对柳树造成严重危害，应引起有关部门的重视。傍晚成虫活动时可进行人工捕捉，在成虫高发期可在树干及侧枝喷洒合适的杀虫剂进行防治。

图 3-43　刺角天牛

### 8. 中华萝藦叶甲 *Chrysochus chinensis*（图 3-44）

分类：鞘翅目（Coleoptera），叶甲科（Chrysomelidae）。

分布：中国的河北、北京、陕西、宁夏、甘肃、青海、内蒙古、黑龙江、吉林、辽宁、山西、河南、山东、江苏、浙江、江西；日本、俄罗斯、印度；朝鲜半岛。

简介：体中小型，体色多变，呈蓝紫色、蓝色、蓝绿色等，具金属光泽。头较小，下倾；触角黑色，末端 5 节无光泽；复眼内侧具 1 条浅狭沟。前胸背板较圆拱。鞘翅基部 1/4 处具 1 横沟，明显。爪呈双齿型，1大1小。植食性。成虫多取食萝藦科植物，也会取食茄、甘薯、刺儿菜等植物。成虫有假死的习性。可依据成虫的假死习性进行人工震落法进行捕捉，也可结合多种化学药剂进行防治。

图 3-44　中华萝藦叶甲

### 9. 臭椿沟眶象 *Eucryptorrhynchus brandti*（图 3-45）

分类：鞘翅目（Coleoptera），象虫科（Curculionidae）。

分布：中国的河北、北京、陕西、宁夏、甘肃、黑龙江、辽宁、山西、河南、山东、上海、江苏、安徽、湖北、四川；日本、俄罗斯；朝鲜半岛。

简介：体中小型，黑色。头强烈下倾，末端形成长喙，停息时可反折于体下。前胸背板大部密被白色鳞片。鞘翅具大量方格状刻纹，肩角处及翅端 1/4~1/3 密被白色鳞片，散布少量赭色鳞片。植食性，成虫有假死的习性。幼虫蛀侵臭椿等植物，往往从主干分叉处开始，在树干上留下圆坑形的羽化孔。在成虫集中发生期可人工捕捉成虫；亦可喷洒合适的化学药剂予以防治。

图 3-45　臭椿沟眶象

### 10. 芳香木蠹蛾东方亚种 *Cossus cossus orientalis*（图 3-46）

分类：鳞翅目（Lepidoptera），木蠹蛾科（Cossidae）。

分布：中国的河北、北京、陕西、甘肃、青海、宁夏、内蒙古、辽宁、天津、山西、山东；日本、朝鲜、俄罗斯。

简介：成虫体灰乌色，触角扁，锯齿状，头、前胸淡黄色，中后胸、翅、腹部灰乌色，前翅翅面布满龟裂状黑色横纹。腹部宽大。初龄幼虫粉红色，末龄幼虫体背紫红色，侧面黄红色，头部黑色，有光泽，前胸背板淡黄色，有两块黑斑，体粗壮，有胸足和腹足，腹足有趾钩，体表刚毛稀而粗短。多种果树与行道树的重要害虫。幼虫孵化后，蛀入树皮下取食韧皮部和形成层，以后蛀入木质部，向上、向下穿凿不规则虫道。被害处可有十几条幼虫，蛀孔堆有虫粪，幼虫受惊后能分泌特异香味。可用杀虫剂刷涂虫疤，杀死内部的幼虫，并涂白树干以防止成虫产卵。

**图 3-46　芳香木蠹蛾东方亚种**

### 11. 稻纵卷叶螟 *Cnaphalocrocis medinalis*（图 3-47）

分类：鳞翅目（Lepidoptera），草螟科（Crambidae）。

分布：中国的东北、华中、华东地区及河北、北京、陕西、广东、广西、云南；日本；东南亚至澳大利亚。

简介：体小型，停息时呈三角形。体背面淡黄褐色，腹部末端具白色和黑色鳞毛。翅黄褐色，前、后翅外缘具黑褐色宽边，前翅前缘黑褐色，具 3 条横线，但中线很短，雄性前缘近中部具 1 黑褐色毛丛。成虫有趋光性。幼虫取食水稻等禾本科植物，苗期危害影响水稻正常生长，分蘖期至拔节期危害造成分蘖减少、植株缩短、生育期推迟，孕穗后特别是抽穗到齐穗期危害则影响开花结实，造成作物空壳率提高、千粒重下降。可采用灯光诱集、释放天敌、播撒杀虫剂等方式进行防治。该种为衡水湖新记录种。

**图 3-47　稻纵卷叶螟**

### 12. 大地老虎 *Agrotis tokionis* Butler（图 3-48）

分类：鳞翅目（Lepidoptera），夜蛾科（Noctuidae）。

分布：中国广泛分布；日本、朝鲜、俄罗斯。

简介：体中大型，褐色。前翅灰褐色，外缘之内的前缘区及中室黑色，具有明显的剑形纹、环形纹和肾形纹，肾形纹外侧具黑色斑纹；端线由 1 列黑色组成；后翅淡黄褐色，端区较暗。成虫有趋光性。幼虫取食多种树苗的嫩叶，以及棉、玉米等作物，咬断作物苗根、茎，啃食幼苗嫩茎或苗木生长点，常造成缺苗断垄，影响生产。可采用黑光灯、糖醋液诱杀成虫，或用毒饵或堆草法诱杀幼虫，也可喷洒适当杀虫剂等进行化学防治。此外，早春清除菜田及周围杂草，防止成虫产卵也是关键环节。

图3-48 大地老虎

### 13. 棉铃虫 *Helicoverpa armigera*（图3-49）

分类：鳞翅目（Lepidoptera），夜蛾科（Noctuidae）。

分布：全世界分布。

简介：体中型，浅褐色。前翅淡红色或淡青灰色，内、中线褐色，波形，环形纹褐边，中央具1褐色斑点；肾形纹褐边，中央具1深褐色肾形纹；外线双线褐色，锯齿形，齿尖外侧具小白点，有时小白点内侧具明显的小黑色斑点；亚端线褐色，呈1宽带；缘线脉间具小黑点。世界性分布的农业害虫，幼虫取食多种植物的叶和嫩果，其中包括棉花、枣树、苹果树、辣椒、小麦、烟草和番茄等经济作物。棉铃虫的防治需加强农业防治，推广抗虫品种的种植和栽培技术，以求降低棉铃虫的发生基数。采用生物防治、诱杀成虫等无公害防治措施，控制虫口密度。针对主要为害世代，选用高效、低毒农药，以卵期和初龄幼虫为防治重点，合理使用农药。

图3-49 棉铃虫

### 14. 黏虫 *Mythimna separata*（图3-50）

分类：鳞翅目（Lepidoptera），夜蛾科（Noctuidae）。

分布：中国除新疆外广布；古北区东部、东南亚至澳大利亚。

简介：体长15~17 mm，翅展36~40 mm；头胸部灰褐色；前翅灰黄褐色至橙黄色，散布小褐点；一半纹、肾纹褐黄色，界线不明显，有时此2纹不清楚；端线为1黑点列，或不清楚。幼虫多取食禾本科植物，如麦、玉米、高粱及一些杂草。重大害虫，具迁飞习性，有时大量迁飞来的蛾子产卵，幼虫众多而成大暴发。暴发时可把作物叶片食光，严重损害作物生长。可采用糖醋液诱杀成虫、诱卵和采卵以及药剂防治的方法治理黏虫。

图 3-50 黏虫

### 15. 菜粉蝶 *Pieris rapae*（图 3-51）

分类：鳞翅目（Lepidoptera），粉蝶科（Pieridae）。

分布：中国各地；日本、俄罗斯；朝鲜半岛。

简介：雄虫体乳白色，雌虫略深，淡黄白色。雌虫前翅前缘和基部大部分为黑色，顶角有 1 个大三角形黑斑，中室外侧有 2 个黑色圆斑，前后并列。后翅基部灰黑色，前缘有 1 个黑斑，翅展开时与前翅后方的黑斑相连接。雄虫前翅正面灰黑色部分较小，翅中下方的 2 个黑斑仅前面一个较明显。幼虫多取食十字花科作物，为重要的农业害虫。幼虫咬食寄主叶片，严重时叶片全部被吃光，造成绝产，还易引起白菜软腐病的流行。菜粉蝶的防治以农业防治措施为主，以培育无虫壮苗、健身栽培为重点，协调化学防治和生物防治，适当采用物理防治，保护利用天敌，有选择地使用生物农药和化学农药。

图 3-51　菜粉蝶

## 3.4.6　国外入侵昆虫

### 1. 悬铃木方翅网蝽 *Corythucha ciliata*（图 3-52）

分类：半翅目（Hemiptera），网蝽科（Tingidae）。

分布：中国的华北、西南、华南、华中大部分地区；日本、韩国；北美（原产地）、欧洲。

简介：体小型，乳白色，腹面黑色。头兜、前胸侧背板和前翅强烈网格状。触角和足浅黄色，前翅基部 1/3 近中部具 1 黑色斑。头兜较大，背面观将头部遮盖。前胸侧背板边缘和前翅前缘及侧缘基半部具小刺列。前翅亚基部两侧方形。植食性。原产于北美洲，于 2006 年首次在我国湖南发现，

图 3-52　悬铃木方翅网蝽

系外来入侵种。寄主为悬铃木，冬天在地表落叶层、土中或树皮下越冬。成虫和若虫以刺吸寄主树木叶片汁液为主，受害叶片正面形成许多密集的白色斑点，叶背面出现锈色斑，从而抑制寄主植物的光合作用，影响植株正常生长，导致树势衰弱。受害严重的树木，叶片枯黄脱落，严重影响景观效果。秋季刮除疏松树皮层并及时收集销毁落叶可减少越冬虫的数量，也可采用树冠喷雾、树干喷雾和树干注射等化学防治的方法防除该虫。该种为衡水湖新记录种。

### 2. 美国白蛾 *Hyphantria cunea*（图 3-53）

分类：鳞翅目（Lepidoptera），灯蛾科（Arctiidae）。

分布：中国的河北、北京、辽宁、天津、山东；日本、朝鲜、俄罗斯；欧洲、北美洲。

简介：体中型，白色。触角主干及雄性栉齿下方黑色。前足股节以上橘黄色，胫节、跗节正面黑色或黑白相间，背面白色。前翅白色，有时雄性（特别是越冬世代）具很多黑色斑纹，有时还具1列黑色缘斑；后翅无斑。原产于北美洲，其幼虫食性广泛，几乎可以取食大多数阔叶树，是重要的入侵害虫。幼虫取食植物叶片，取食量大，为害严重时能将寄主植物叶片全部吃光，并啃食树皮，削弱树木的抗害和抗逆能力，严重影响林木生长，甚至侵入农田，为害农作物，造成减产减收，甚至绝收。加强检疫是防止美国白蛾长距离迁移的关键手段。利用美国白蛾成虫的趋光性，可用黑光灯诱杀成虫，减少交尾和产卵。在卵期可人工摘除带卵的叶片，集中销毁。此外，释放天敌周氏啮小蜂是防治美国白蛾非常有效的措施之一。该种为衡水湖新记录种。

图 3-53　美国白蛾

## 3.5　保护管理建议 ●●●●

### 3.5.1　主要结论

通过对衡水湖自然保护区及其周边地区昆虫多样性调查研究，并结合历史调查记录，得出以下结论：

①衡水湖自然保护区共记录有昆虫 16 目 169 科 757 种，其中衡水湖自然保护区新记录种 324 个，河北省新记录种 33 个。该区昆虫多样性较为丰富的有鳞翅目、鞘翅目、半翅目、双翅目和膜翅目 5 个类群。

②对重点调查昆虫类群（鳞翅目、鞘翅目、半翅目、双翅目和膜翅目）的多样性分析发现，衡水湖自然保护区昆虫均匀度指数变化不大且稳定，鳞翅目昆虫在本研究区域的多样性最为丰富。在不同陆地生境中，人工经济林的昆虫资源在目、科、种及个体数量上均最多，为该区昆虫群落的优势生境。

③本次调查新增蜉蝣目和毛翅目昆虫在该区的分布记录。在当地水生昆虫中发现了一些具有水质监测和经济意义的种类。

④植被类型、生境类型、开垦、不合理使用农药、修建公路等可能是影响衡水湖地区昆虫多样性的主要因素。

### 3.5.2 保护管理建议

由于衡水湖自然保护区主要保护对象是内陆湿地生态系统和珍稀濒危鸟类及其生境，特别是水鸟及其湿地生境。因此，对其他动植物类群的保护可能并没有引起足够重视。针对昆虫主要存在以下 4 个方面的问题：

①堤岸硬化造成水生昆虫无法繁殖。衡水湖经过多年的开发治理，越来越多的湖岸被硬化，而很多水生昆虫的幼虫需要河岸的泥土和碎石，以便爬上岸边隐匿并化蛹。硬化后的堤岸不适合多数水生昆虫繁衍。因此，保留尽量多的天然堤岸，对于维持水生昆虫多样性及其他生物的多样性是十分必要的。

②水系之间不连通造成生态环境单一。目前的衡水湖基本只有入水而没有出水，其周边的鱼塘也基本是静水，湖与河之间及湖和鱼塘之间缺乏连通性。将这些水域连接起来，增加一些天然的小河道，不仅可以改善水域的联通性，便于物种流动，而且更重要的是可以增加生存环境的多样性，保证各类物种的生存繁衍。同时在岸边建设一些较为天然的水鸟及水生昆虫（以蜻蜓为主）的观察点，也可促进衡水湖科普宣传、环境教育事业的发展，以满足越来越多的自然教育的需求。

③人工绿地更新频繁，造成物种单一，不利于昆虫多样性的维持。本次科学考察以最明显的两块绿地（也是衡水湖地区两处标志性景观地带）为例：一处是北堤马拉松赛道北侧的绿化带，另一处是万亩花海景区。这两处都有壮观的风景，春季油菜花盛开，秋季菊科植物斗艳，确实可以吸引不少游客驻足。但是，绿化带和万亩花海这种一茬换一茬的做法，对于昆虫多样性的维持，可能带来不好的影响。非常鲜明的对比就是冀州博物馆北侧的一片比较大的花海，其植物种类跟万亩花海相差不多，在整个调查期间其植被没有被人为更替或修剪，看上去并不整齐，甚至有些杂乱。但是，科考人员在 2021 年 9 月的调查发现，这两地的访花昆虫物种差异很大：在万亩花海只见到 3 种蛾类、4 种蝴蝶、2 种蜜蜂、3 种蚜蝇、2 种蝗虫；而在冀州博物馆花坛却至少有 6 种蛾类、6 种蝴蝶、6 种蜜蜂、7 种蚜蝇、2 种蝗虫，此外还有多种泥蜂、土蜂、青蜂、蜻蜓、树蟋等。因此，保留相对稳定的绿化植被，对于昆虫多样性的维持极为重要。

④衡水湖森林公园的建设和管理。衡水湖森林公园紧邻衡水湖自然保护区，是衡水湖完整生态系统中一个很重要的组成部分。公园内植被类型多样，生境类型丰富多样，具有较丰富的昆虫多样性及其他类群的生物多样性，但目前的森林公园对公众关闭。如果将森林公园加以合理规划和管理，可以打造成一个贴近自然的鸟类和昆虫王国，发挥其应有的休憩、科普教育、保护和维持生物多样性等多重功能，满足当地和周边民众日益增长的对美好生活环境的向往，希望引起当地政府对此问题的重视。

# 第 **4** 章 浮游生物

衡水湖自然保护区是华北平原唯一保持沼泽、水域、滩涂、草甸和森林等完整的湿地生态系统，其中水域形态包括河流、湖泊等类型，衡水湖是本区主要水体，湖域面积为 75 km²，占整个保护区面积的 46%，分为东湖（含冀州小湖）和西湖两部分，目前仅东湖蓄水。衡水湖自然保护区优越的自然环境为野生动植物的生存和繁衍提供了良好场所，保护区水生和陆生生物资源丰富，对维持华北地区的生物多样性发挥着重要作用。

浮游生物泛指生活于水中而缺乏有效移动能力的漂浮生物，包括浮游植物和浮游动物，是衡水湖水生态系统中的重要组成部分。通常所说的浮游植物（phytoplankton）指悬浮于水中生活的微小藻类，亦称浮游藻类。淡水生境中常见的浮游藻类有蓝藻门（Cyanophyta）、隐藻门（Cryptophyta）、甲藻门（Dinophyta）、金藻门（Chrysophyta）、黄藻门（Xanthophyta）、硅藻门（Bacillariophyta）、裸藻门（Euglenophyta）、绿藻门（Chlorophyta）等类群。浮游植物含有叶绿素，能进行光合作用，将无机物转化为有机物，供其他消费性生物利用，是水生态系统中的主要初级生产者，为食物链（网）的基础。

浮游动物（zooplankton）指悬浮于水中微小的、仅有微弱游泳能力的水生动物，通常包括原生动物（Protozoa）、轮虫（Rotifera）、枝角类（Cladocera）和桡足类（Copepoda）四大类。浮游动物是水域生态系统中重要的消费者生物，它们既可以作为许多经济鱼类的优质食物，又可调控藻类和细菌的发生和发展。

自 20 世纪 80 年代起，学者们针对衡水湖自然保护区陆续开展了有关浮游植物和浮游动物的调查研究。根据顾宝瑛等（1990）的调查成果，在衡水湖发现浮游植物 7 门 60 种；任振纪等（1992）的调查结果显示衡水湖有浮游植物 7 门 50 种；牛玉璐等（2006）于 2002—2004 年期间开展了衡水湖自然保护区藻类植物资源初步研究，记录衡水湖自然保护区藻类植物共计 9 门 11 纲 22 目 31 科 59 属 119 种；丁二峰和马晓琳（2014）在衡水湖共鉴定出浮游植物 7 门 51 属（种）；刘存等（2018）根据对衡水湖浮游植物的监测结果，共鉴定出蓝藻门、硅藻门、裸藻门、绿藻门、隐藻门和甲藻门 6 个门类 57 种（属）；根据《衡水湖国家级自然保护区生物多样性》（蒋志刚，2009），截至 2008 年，衡水湖自然保护区内浮游植物有 8 门 9 纲 20 目 77 属 201 种，其中以绿藻门、硅藻门、蓝藻门的种类居多，约占 77.1%。上述调查研究由于采用的方法、调查的时间及地点等不同，而记录到数量差异较大的浮游植物种类，有的甚至只鉴定到属，而没有到种，但总的趋势是衡水湖自然保护区的浮游植物呈现出以绿藻门、蓝藻门、硅藻门等为主的特点。

相对于浮游植物，有关衡水湖自然保护区浮游动物的研究则显匮乏，但仍有一些调查研究对保护区内的浮游动物进行了调查研究。赵宝和与宁培英（1991）对衡水湖进行了综合调查，共发现浮游动物 39 属，其中原生动物 10 属、轮虫 22 属、枝角类 5 属、桡足类 2 属；王潜等（2017）于

2016年对衡水湖进行生态调查，采集到12种浮游动物，其中轮虫类和桡足类种类最多，各有5种；《衡水湖国家级自然保护区的生物多样性》（蒋志刚，2009）共记录衡水湖有浮游动物3门90属174种。与浮游植物的调查研究一样，衡水湖浮游动物的种类和数量也呈现出季节变化，不同研究结果之间存在着一定的差异。

鉴于浮游动植物对维持水生态系统的稳定和健康具有重要意义，科考人员在2020年9月至2021年9月对衡水湖自然保护区内水体中（湖泊、河流、鱼塘等）的浮游动植物进行了取样调查和鉴别测定，以掌握衡水湖自然保护区内浮游植物和浮游动物的种类组成、数量、分布、生物量及其季节变化情况。

## 4.1　调查方法 ●●●●●

### 4.1.1　采样频次和采样点位布设

根据浮游生物的生态、生物学特性及衡水湖自然保护区当地的气候特点和水文变化情况，浮游生物调查采样在春季（4月）和秋季（10月）各进行1次，夏季进行2次（7月和8月各1次）。

在对衡水湖水体进行现场考察的基础上，根据湖泊的生态环境条件、水文特征和具体的工作需要选定衡水湖的采样点，样点的布设数量视湖泊面积大小和具体情况而定。衡水湖东湖湖泊面积为42.5 km²。根据《湖泊生态调查与观测》中不同湖泊面积应设的浮游生物采样点数目要求，本次布设8个采样点进行湖泊相关的浮游生物调查（图4-1），其中大湖布设6个采样点，冀州小湖布设2个采样点（表4-1）。

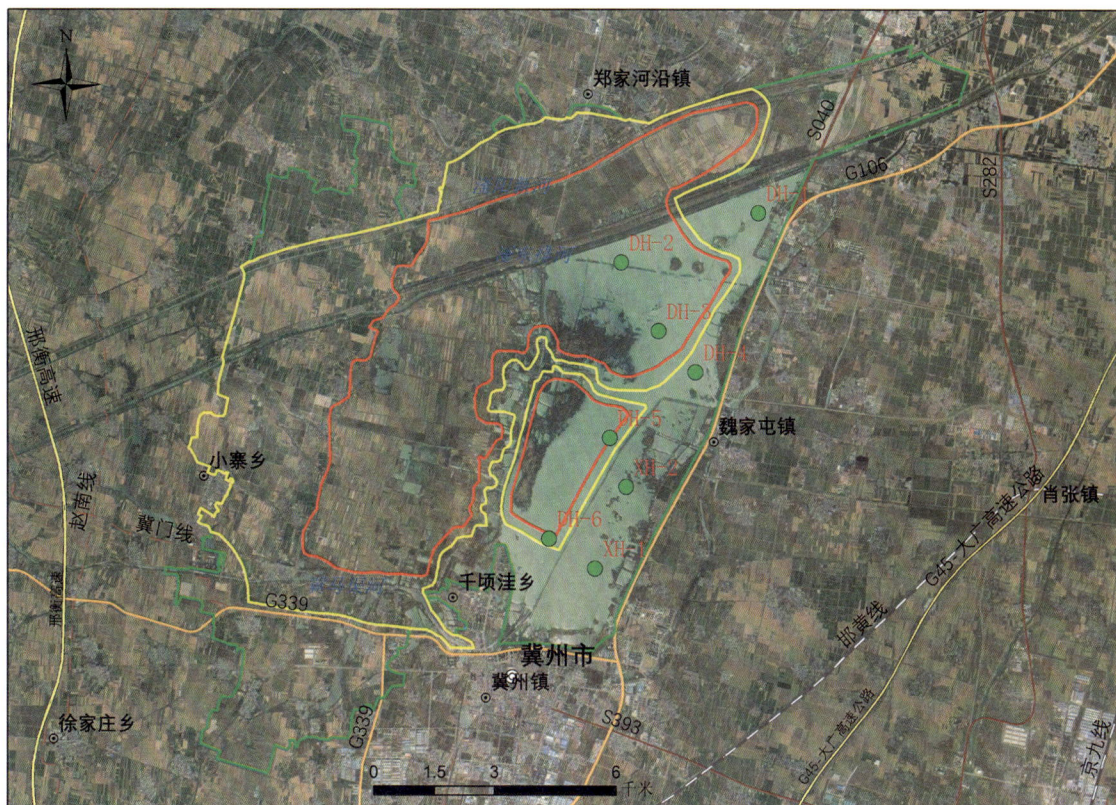

图4-1　衡水湖湖泊水体浮游动植物采样点分布

表 4-1　衡水湖湖泊浮游动植物采样点地理坐标

| 点位名称 | 编码 | 经度（E） | 纬度（N） |
|---|---|---|---|
| 小湖1 | XH–1 | 115.60° | 37.57° |
| 小湖2 | XH–2 | 115.61° | 37.59° |
| 大湖1 | DH–1 | 115.64° | 37.65° |
| 大湖2 | DH–2 | 115.60° | 37.64° |
| 大湖3 | DH–3 | 115.62° | 37.63° |
| 大湖4 | DH–4 | 115.63° | 37.62° |
| 大湖5 | DH–5 | 115.60° | 37.60° |
| 大湖6 | DH–6 | 115.59° | 37.58° |

　　除在湖泊进行采样外，还对保护区内的滏阳新河、滏东排河、冀码渠以及南李庄和后冢鱼塘进行浮游动植物的采样调查（图4-2）。河流共布设6个采样点，鱼塘布设4个采样点（表4-2、表4-3）。

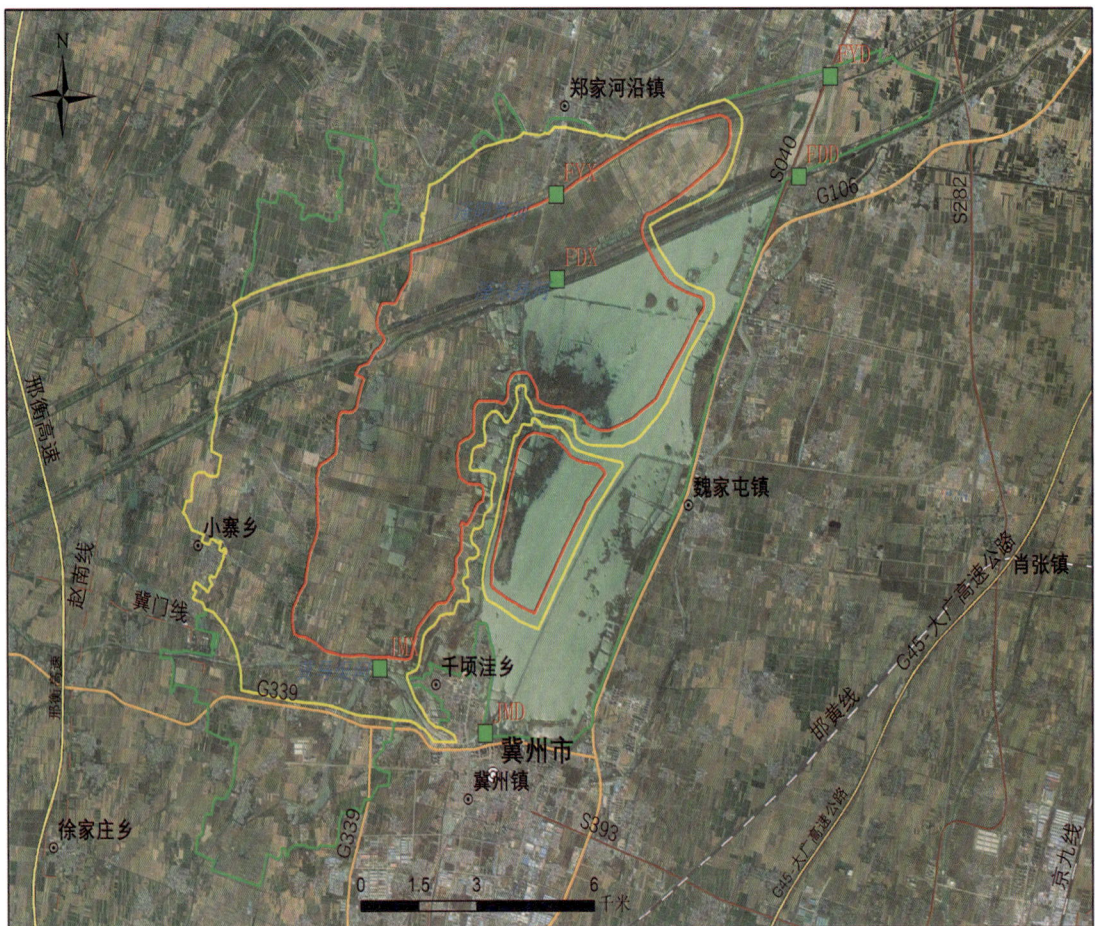

图 4-2　衡水湖自然保护区内河流浮游动植物采样点分布

表 4-2　衡水湖自然保护区内河流浮游动植物采样点地理坐标

| 点位名称 | 滏阳新河西 | 滏阳新河东 | 滏东排河西 | 滏东排河东 | 冀码渠东 | 冀码渠西 |
|---|---|---|---|---|---|---|
| 编码 | FYX | FYD | FDX | FDD | JMD | JMX |
| 经度（E） | 115.59° | 115.67° | 115.59° | 115.66° | 115.57° | 115.54° |
| 纬度（N） | 37.66° | 37.68° | 37.64° | 37.66° | 37.56° | 37.57° |

表 4-3　衡水湖自然保护区内鱼塘浮游动植物采样点地理坐标

| 点位名称 | 编码 | 经度（E） | 纬度（N） |
|---|---|---|---|
| 南李村西 | NLX | 115.58° | 37.63° |
| 南李村东 | NLD | 115.59° | 37.63° |
| 后冢北 | HZB | 115.58° | 37.60° |
| 后冢南 | HZN | 115.58° | 37.59° |

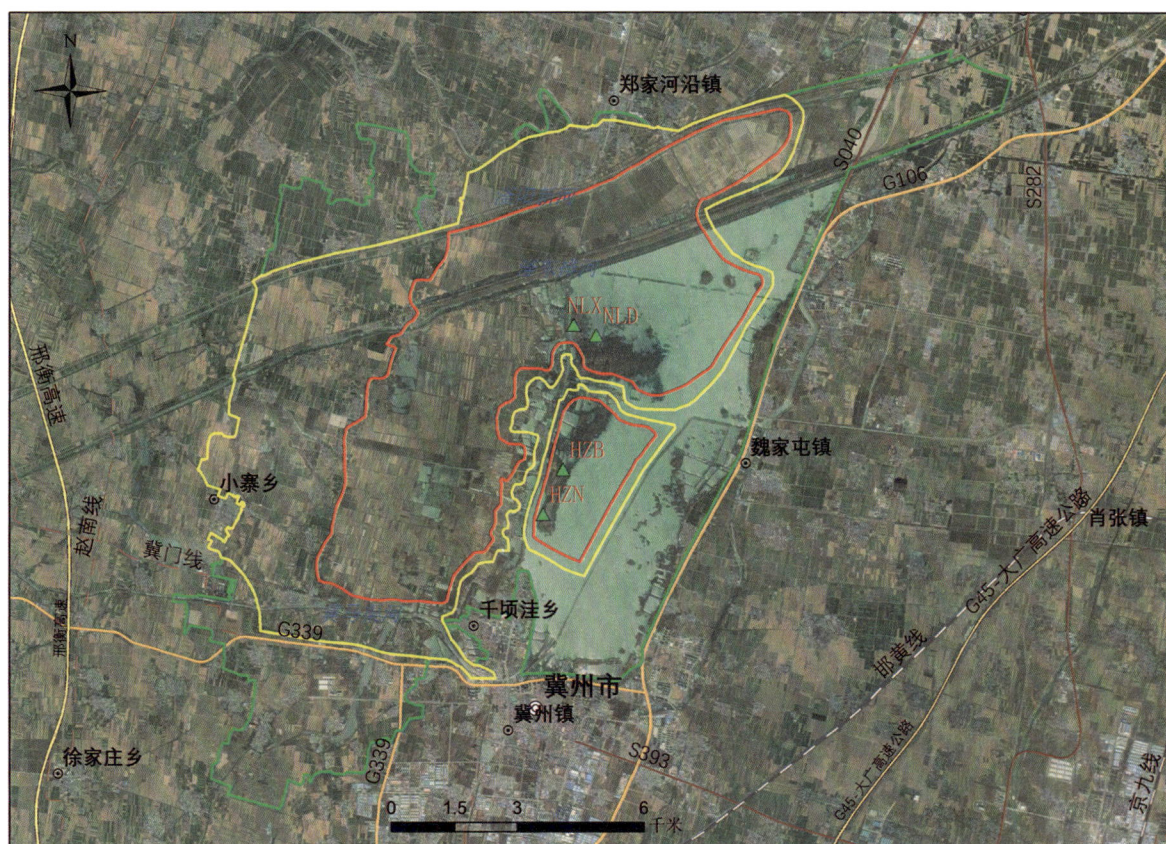

图 4-3　衡水湖自然保护区内鱼塘浮游动植物采样点分布

## 4.1.2　采样及鉴定方法

### 1. 浮游植物

根据水深用采水器（容积 5 L）在目标水样层采水；每个水样采水 1000 mL，立即加入约 15 mL 事先配制的鲁哥氏液固定。

将所取水样带回实验室，充分摇匀后，倒入分液漏斗或沉淀瓶内，置于稳定的实验台上，静置 24~36 h；而后用虹吸管缓慢吸去上层清液，保留瓶底部的沉淀浓缩液 50 mL 左右，倒入 80~100 mL 容积的小塑料瓶中（对每个小瓶标记好 30 mL 刻度），用少量蒸馏水冲洗沉淀瓶的内壁和底部 2~3 次，将这几次的冲洗液均倒入小塑料瓶中，再将小瓶继续静止沉淀 24 h 以上，最后用虹吸法定容到 30 mL，放入冰箱（4℃）内保存，4~5 周内完成测定。

在光学显微镜下观察浮游植物样品以鉴定其种类。参考《中国淡水藻类——系统、分类及生态》（胡鸿钧，2006）、《淡水微型生物与底栖动物图谱》（周凤霞 等，2011）、《中国常见淡水浮游藻类图谱》（翁建中 等，2010）、《中国淡水藻类》（胡鸿钧 等，1979）、《淡水浮游生物研究方法》（章宗涉 等，1991）、《中国流域常见水生生物图集》（王业耀 等，2020）等进行浮游植物种类鉴定。

采用视野计数法对浮游植物进行计数。用 0.1 mL 计数框，计数面积 20 mm×20 mm，单位：cells/L。在显微镜 400~600 倍视野下进行浮游植物的鉴定和计数。按公式计算浮游植物密度（丰度）。每个样品计数 2 片，每片计数的视野数根据浮游植物的密度大小而定。视野需均匀分布，取 2 片的平均值作为有效值（误差需要控制在 ±15% 以内）。

常用单位体积中浮游植物的生物量（湿重）作为定量单位。由于浮游植物体积太小，无法直接称重，但大多数种类的细胞较为规则，且细胞密度接近于水的密度。可在显微镜下测定其长度、高度、直径等所需数据，按公式计算体积，用定量测定得出的水样中某种浮游植物的细胞数乘以比重，得到其生物量（湿重）。

### 2. 浮游动物

用采集浮游植物样品的方法采集原生动物、轮虫和无节幼体样品；对于枝角类、桡足类的样品，用采水器采水 20 L，用 25# 浮游生物网过滤浓缩，然后加入约占水样量 1% 的甲醛溶液固定。样品带回实验室，在冰箱（4℃）内保存。

在光学显微镜下观察浮游动物样品以鉴定其种类。参考《中国淡水轮虫志》（王家楫，1961）、《中国动物志 淡水枝角类》（蒋燮治 等，1979）、《中国动物志 淡水桡足类》（中国科学院动物研究所甲壳动物研究组，1979）、《淡水微型生物与底栖动物图谱》（周凤霞和陈剑虹，2011）、《淡水浮游生物研究方法》（章宗涉 等，1991）、《中国流域常见水生生物图集》（王业耀 等，2020）等对浮游动物种类进行鉴定。

用浮游植物的样品（1000 mL 沉淀浓缩至 30 mL）测定原生动物密度。将水样摇匀，迅速取 0.1 mL 样品置于 0.1 mL 计数框内，盖好盖玻片，在 100 或 400 倍显微镜下全片计数。在测定轮虫和无节幼体密度时，则将浮游植物的样品摇匀，迅速吸取 1 mL 样液，放入 1 mL 计数框内，在 40 或 100 倍显微镜下全片计数。每个样品计数 2 片（误差不超过 ±15%），求出平均值，按公式计算水样中原生动物、轮虫、无节幼体的密度。

在对枝角类、桡足类计数时，将 20 L 过滤的浓缩样品摇匀，迅速吸取 5 mL 置于 5 mL 计数框内，在 40 倍显微镜下全片计数。每个样品计数 2 片（误差不超过 ±15%），求出平均值，按公式计算水样中枝角类、桡足类的密度。

根据浮游动物近似形状，在显微镜下测得该种浮游动物的体长、体宽、体厚等数据，按公式计算体积。浮游动物的密度接近于水的密度，体积与密度相乘，得到该种浮游动物的体重（湿重）。

浮游生物现场采样与实验室鉴定、计数场景见图 4-4。

图 4-4　浮游生物现场采样与实验室鉴定、计数

## 4.2 浮游植物种类组成及季节变化 ●●●●

### 4.2.1 浮游植物种类组成

本次调查记录到衡水湖自然保护区内各水体中浮游植物8门12纲24目45科101属324种，其中硅藻门2纲8目11科25属83种，黄藻门2纲3目4科4属6种，甲藻门1纲1目3科4属8种，金藻门2纲2目3科3属4种，蓝藻门1纲3目9科20属54种，裸藻门1纲1目1科6属45种，绿藻门2纲5目13科37属119种，隐藻门1纲1目1科2属5种（图4-5，详细名录见附录）。

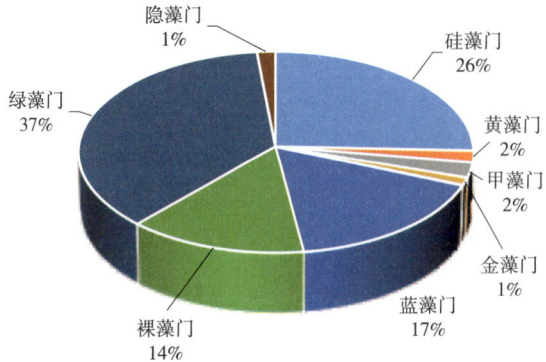

图4-5　衡水湖自然保护区浮游植物各门物种数占比

根据蒋志刚（2009）生物多样性调查结果，衡水湖自然保护区内记录到浮游植物8门9纲20目77属201种，其中以绿藻门、硅藻门、蓝藻门的种类居多，约占77.1%（分别占总数量的34.3%、22.9%、19.9%）。将本次调查结果与蒋志刚（2009）的调查结果进行对比发现，本次调查新记录浮游植物218种，与2008年重叠106种，而未记录到的有95种（表4-4）。

表4-4　本次调查记录到浮游植物种数与2008年调查数据的比较

| 类群 | 2008年调查物种数 | 本次科考物种数 | 本次科考新增物种数 | 本次科考与2008年重叠物种数 | 本次科考未记录到的物种数 |
|---|---|---|---|---|---|
| 硅藻门 | 46 | 83 | 60 | 23 | 23 |
| 黄藻门 | 8 | 6 | 5 | 1 | 7 |
| 甲藻门 | 4 | 8 | 4 | 4 | 0 |
| 金藻门 | 5 | 4 | 3 | 1 | 4 |
| 蓝藻门 | 40 | 54 | 37 | 17 | 23 |
| 裸藻门 | 24 | 45 | 27 | 18 | 6 |
| 绿藻门 | 69 | 119 | 80 | 39 | 30 |
| 隐藻门 | 5 | 5 | 2 | 3 | 2 |
| 合计 | 201 | 324 | 218 | 106 | 95 |

### 4.2.2 浮游植物种类组成季节变化

衡水湖自然保护区内的湖泊、河流和鱼塘等不同水体的浮游植物群落组成随着季节的变化而有所变化，这种变化不但体现在物种数的变化，还表现在优势类群组成的变化上。

秋季：湖泊共记录有浮游植物8门11纲16目28科62属125种，绿藻门（58种）、硅藻门（27种）、蓝藻门（20种）的浮游植物物种数占总物种数的74%，是湖泊采样区域的优势类群；河流共记录有浮游植物7门10纲17目31科64属134种，绿藻门（57种）、硅藻门（29种）和蓝藻门（24种）的浮游植物物种数占总物种数的83%，是河流采样区域的优势类群。鱼塘共有浮游植物8门10纲15目25科51属93种，绿藻门（41种）、硅藻门（25种）、蓝藻门（14种）的浮游植物物种数占总物种数的86%，是鱼塘采样区域的优势类群。

　　春季：湖泊共有浮游植物6门8纲13目24科59属121种，绿藻门（73种）、硅藻门（37种）、蓝藻门（18种）的浮游植物物种数占总物种数的82%，是湖泊采样区域的优势类群；河流共有浮游植物7门9纲16目29科61属142种，绿藻门（61种）、硅藻门（38种）和裸藻门（22种）的浮游植物物种数占总物种数的86%，是河流采样区域的优势类群；鱼塘共有浮游植物6门8纲13目24科49属107种，绿藻门（45种）、硅藻门（37种）、裸藻门（13种）的浮游植物物种数占总物种数的89%，是鱼塘采样区域的优势类群。

　　夏季：湖泊共有浮游植物8门11纲18目37科74属168种，绿藻门（73种）、蓝藻门（34种）、硅藻门（32种）浮游植物物种数占总物种数的83%，是湖泊采样区域的优势类群；河流共有浮游植物8门10纲18目35科79属194种，绿藻门（78种）、蓝藻门（38种）、硅藻门（35种）的浮游植物物种数占总物种数的78%，是河流采样区域的优势类群；鱼塘共有浮游植物8门11纲18目31科72属142种，绿藻门（64种）、蓝藻门（23种）、硅藻门（26种）的浮游植物物种数占总物种数的80%，是鱼塘采样区域的优势类群。

　　不同水体中浮游植物物种数在夏季相对而言比秋季和春季都要高，而在同一季节中，河流中的浮游植物物种数比其他2种水体（湖泊和鱼塘）中的要高（图4-6）。对于3种不同水体而言，在夏季和秋季，浮游植物的优势类群都是绿藻门、蓝藻门和硅藻门，只有在春季，在河流和鱼塘中，裸藻门取代蓝藻门成了浮游植物优势类群之一（表4-5）。

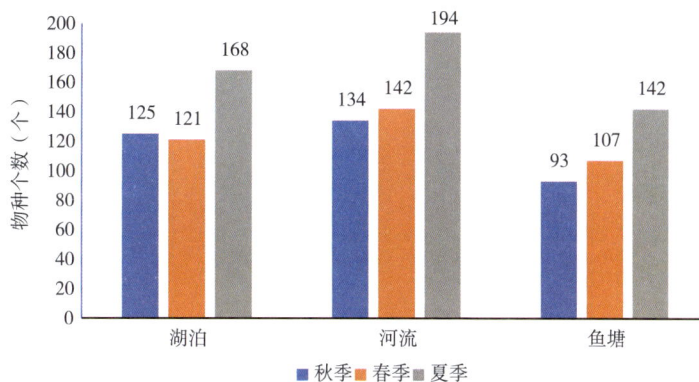

图4-6　衡水湖自然保护区不同水体中浮游植物物种数季节变化

表4-5　衡水湖自然保护区不同水体中浮游植物群落组成季节变化　　　　　单位：种

| 类群 | 湖泊 | | | 河流 | | | 鱼塘 | | |
|---|---|---|---|---|---|---|---|---|---|
| | 秋季 | 春季 | 夏季 | 秋季 | 春季 | 夏季 | 秋季 | 春季 | 夏季 |
| 硅藻门 | 27 | 37 | 32 | 29 | 38 | 35 | 25 | 37 | 26 |
| 黄藻门 | 2 | 0 | 1 | 2 | 2 | 4 | 1 | 0 | 1 |

| 类群 | 湖泊 | | | 河流 | | | 鱼塘 | | |
|---|---|---|---|---|---|---|---|---|---|
| | 秋季 | 春季 | 夏季 | 秋季 | 春季 | 夏季 | 秋季 | 春季 | 夏季 |
| 甲藻门 | 2 | 2 | 3 | 3 | 2 | 5 | 2 | 1 | 3 |
| 金藻门 | 2 | 0 | 2 | 0 | 0 | 2 | 1 | 0 | 3 |
| 蓝藻门 | 20 | 18 | 34 | 24 | 15 | 38 | 14 | 9 | 23 |
| 裸藻门 | 11 | 17 | 21 | 16 | 22 | 29 | 8 | 13 | 21 |
| 绿藻门 | 58 | 45 | 73 | 57 | 61 | 78 | 41 | 45 | 64 |
| 隐藻门 | 3 | 2 | 2 | 3 | 2 | 3 | 1 | 2 | 1 |
| 合计 | 125 | 121 | 168 | 134 | 142 | 194 | 93 | 107 | 142 |

### 4.2.3 浮游植物密度和生物量季节变化

随着季节变化，衡水湖自然保护区内湖泊、河流和鱼塘内的浮游植物的密度和生物量也随之变化（表4-6）。

表4-6 衡水湖自然保护区不同水体中浮游植物密度和生物量季节变化

| 类群 | 湖泊 | | | 河流 | | | 鱼塘 | | |
|---|---|---|---|---|---|---|---|---|---|
| | 秋季 | 春季 | 夏季 | 秋季 | 春季 | 夏季 | 秋季 | 春季 | 夏季 |
| 平均密度（$\times 10^6$ cells/L） | 4.482（8） | 1.493（8） | 1.829（8） | 1.142（6） | 0.835（6） | 1.195（6） | 2.215（4） | 0.937（4） | 1.755（4） |
| 平均生物量（mg/L） | 0.97（8） | 1.0（8） | 0.65（8） | 1.5（6） | 1.9（6） | 1.35（6） | 1.8（4） | 0.4（4） | 0.65（4） |

注：表内括号中数字为样本量。

不同水体中浮游植物的细胞密度和生物量均值在不同季节呈现出不同的变化趋势。在湖泊和鱼塘中，浮游植物细胞密度均值在秋季相对较高，到春、夏季有较大幅度下降；而在河流中，浮游植物细胞密度在秋季和夏季相当，春季有较大幅度下降（图4-7）。而浮游植物生物量的最高值出现在春季的河流样品中，夏季和秋季的浮游植物生物量相当；鱼塘中的浮游植物生物量在秋季最高，春、夏季有较大幅度下降；而在湖泊中，浮游植物生物量在秋季和春季相当，夏季有较明显下降（图4-8）。

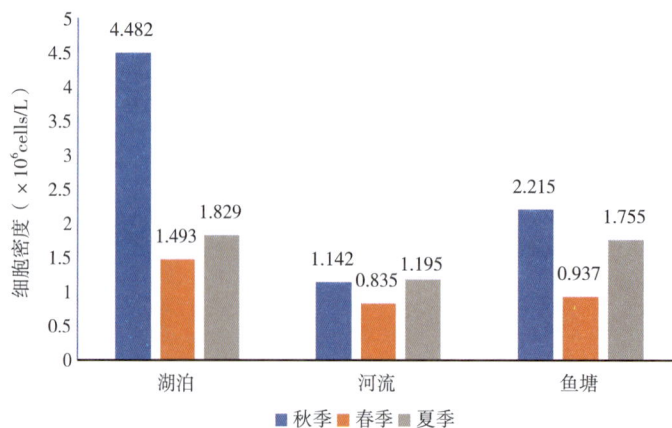

图4-7 衡水湖自然保护区不同水体中浮游植物细胞密度季节变化

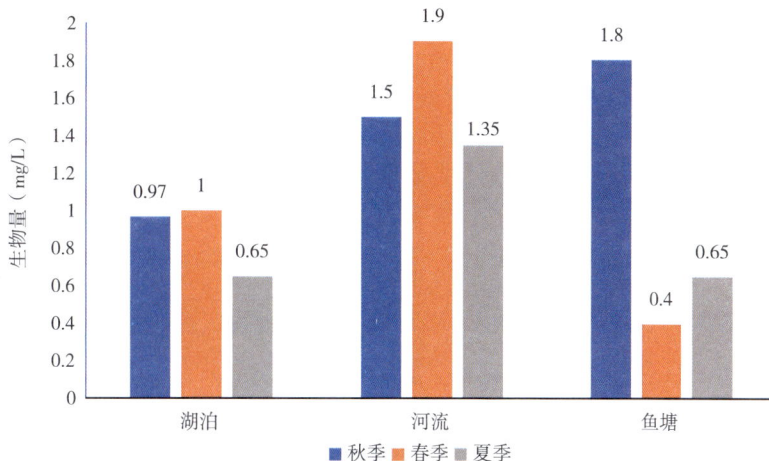

图 4-8　衡水湖自然保护区不同水体中浮游植物生物量季节变化

综合分析，秋季、春季、夏季衡水湖自然保护区各水体中浮游植物的细胞密度与生物量、种类和数量存在一定的季节变化和波动，但这种季节变化差异性不大。浮游植物种类组成数量和密度等的季节性变化受到光照、温度、营养盐、鱼类等多种生物和非生物因素的影响，可为进一步分析保护区水体生态环境状况及鱼类资源的分布情况提供依据。

## 4.3　浮游动物种类组成及季节变化

### 4.3.1　浮游动物种类组成

本次调查共记录有浮游动物 3 门 6 纲 12 目 27 科 41 属 75 种（属），其中原生动物 12 种，轮虫 24 种，枝角类 15 种，桡足类 24 种。轮虫和桡足类的物种数占总物种数的 64%，是衡水湖自然保护区水体中浮游动物的优势类群（图 4-9，详细名录见附录）。

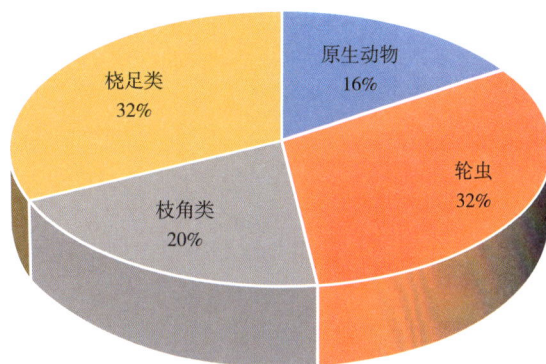

图 4-9　衡水湖自然保护区浮游动物各类群物种数占比

### 4.3.2　浮游动物种类组成季节变化

衡水湖自然保护区内的湖泊、河流和鱼塘等不同水体中的浮游动物群落组成随着季节的变化而有所变化，这种变化不但表现在物种数的变化上，还表现在优势类群的变化上（表 4-7）。

表 4-7　衡水湖自然保护区不同水体中浮游动物群落组成季节变化　　　　单位：种

| 类群 | 湖泊 | | | 河流 | | | 鱼塘 | | |
|---|---|---|---|---|---|---|---|---|---|
| | 秋季 | 春季 | 夏季 | 秋季 | 春季 | 夏季 | 秋季 | 春季 | 夏季 |
| 原生动物 | 1 | 0 | 0 | 3 | 3 | 0 | 6 | 1 | 1 |
| 轮虫 | 7 | 3 | 9 | 4 | 5 | 12 | 7 | 3 | 8 |
| 枝角类 | 4 | 2 | 6 | 3 | 0 | 7 | 3 | 2 | 5 |
| 桡足类 | 6 | 16 | 8 | 5 | 9 | 9 | 6 | 4 | 7 |
| 合计 | 18 | 21 | 23 | 15 | 17 | 28 | 22 | 10 | 21 |

秋季：湖泊共记录有浮游动物 3 门 3 纲 4 目 7 科 12 属 18 种，桡足类（6 种）和轮虫（7 种）的物种数占总物种数的 72%，是湖泊采样区域的优势类群；河流共记录有浮游动物 3 门 3 纲 6 目 9 科 12 属 15 种，桡足类（5 种）和轮虫（4 种）的物种数占总物种数的 60%，是河流采样区域的优势类群；鱼塘共有浮游动物 3 门 4 纲 7 目 13 科 16 属 22 种，轮虫（7 种）、原生动物（6 种）和桡足类（6 种）的物种数占总物种数的 86%，是鱼塘采样区域的优势类群。

春季：湖泊共记录有浮游动物 2 门 2 纲 5 目 7 科 14 属 21 种，桡足类（16 种）的物种数占总物种数的 76%，是湖泊采样区域的优势类群；河流共有浮游动物 3 门 3 纲 7 目 8 科 13 属 17 种，桡足类（9 种）和轮虫（5 种）的物种数占总物种数的 82%，是河流采样区域的优势类群；鱼塘共有浮游动物 3 门 3 纲 5 目 5 科 7 属 10 种，桡足类（4 种）和轮虫（3 种）的物种数占总物种数的 70%，是鱼塘采样区域的优势类群。

夏季：湖泊共记录有浮游动物 2 门 2 纲 4 目 11 科 17 属 23 种，轮虫（9 种）和桡足类（8 种）的物种数占总物种数的 74%，是湖泊采样区域的优势类群；河流共记录有浮游动物 2 门 2 纲 4 目 11 科 18 属 28 种，轮虫（12 种）和桡足类（9 种）的物种数占总物种数的 75%，是河流采样区域的优势类群；鱼塘共记录有浮游动物 3 门 3 纲 6 目 9 科 15 属 21 种，桡足类（7 种）和轮虫（8 种）的物种数占总物种数的 71%，是鱼塘采样区域的优势类群。

总体而言，衡水湖自然保护区湖泊、河流和鱼塘不同水体中浮游动物物种数在不同季节维持在 20 种左右，夏季的浮游动物物种数高于秋季和春季的，河流中记录的浮游动物物种数比湖泊和鱼塘中的多，鱼塘在春季记录的浮游动物物种数最低，仅为 10 种（图 4-10）。

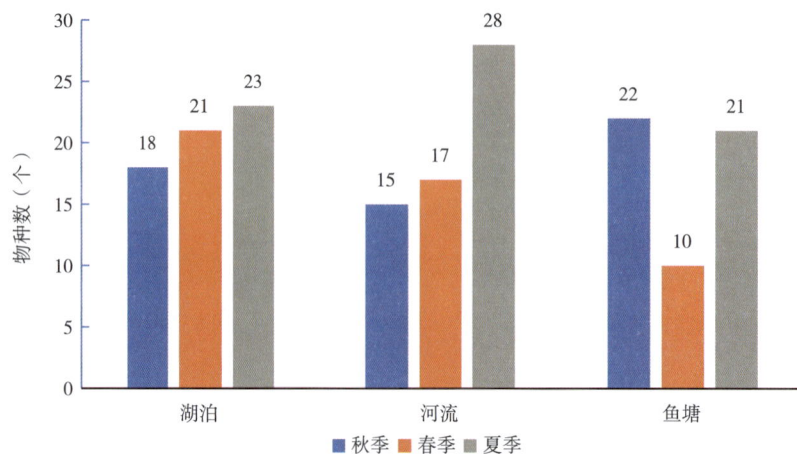

图 4-10　衡水湖自然保护区不同水体中浮游动物物种数的季节变化

### 4.3.3 浮游动物密度和生物量季节变化

随着季节变化，衡水湖自然保护区内湖泊、河流和鱼塘内的浮游动物的密度和生物量也随之变化（表4-8）。

**表4-8　衡水湖自然保护区不同水体中浮游动物密度和生物量季节变化**

| 类群 | 湖泊 | | | 河流 | | | 鱼塘 | | |
|---|---|---|---|---|---|---|---|---|---|
| | 秋季 | 春季 | 夏季 | 秋季 | 春季 | 夏季 | 秋季 | 春季 | 夏季 |
| 平均密度（ind./L） | 152（8） | 138（8） | 420（8） | 453（6） | 160（6） | 329（6） | 357（4） | 118（4） | 254（4） |
| 平均生物量（mg/L） | 1.4（8） | 8.1（8） | 1.78（8） | 2.1（6） | 1.6（6） | 2.85（6） | 5.1（4） | 11.7（4） | 1.55（4） |

注：表中括号内的数字为样本量。

不同水体中浮游动物的密度和生物量均值在不同季节呈现出不同的变化趋势。在湖泊水体中浮游动物个体密度均值呈现出秋、春季相对较低，夏季有大幅提高的趋势；而生物量均值在秋季和夏季基本相当，春季有较大幅度的增加。在河流中，浮游动物个体密度均值呈现出秋季相对较高，春季大幅降低，夏季有一定幅度上升的趋势；生物量均值在秋季和春季基本相当，夏季有一定幅度的增加。对于鱼塘水体而言，浮游动物个体密度均值呈现出秋季相对较高，春季有大幅降低，夏季有一定幅度上升的趋势；生物量均值秋季为5.1mg/L，春季有较大幅度的增加，夏季有较大幅度的降低（图4-11、图4-12）。

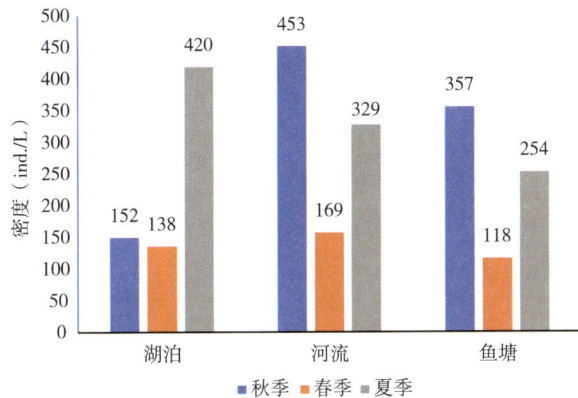

图4-11　衡水湖自然保护区不同水体中浮游
动物密度季节变化

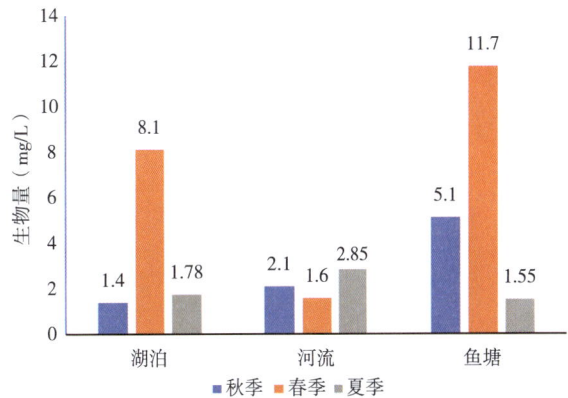

图4-12　衡水湖自然保护区不同水体中浮游
动物生物量季节变化

## 4.4　浮游生物优势类群介绍 ●●●●

### 4.4.1　浮游植物

#### 4.4.1.1　蓝藻门

##### 1. 小尖头藻属 *Raphidiopsis*（图4-13）

单生，呈弯曲状的藻丝。一般由少于20个细胞组成，无衣鞘。藻丝两端尖形或一端尖细另一端宽圆。细胞是圆柱形，有或没有气囊，无异形胞。繁殖胞可单独产生，也可在藻丝的两端中间成对产生。繁殖通常是藻丝横裂为二。衡水湖自然保护区优势种包括弯形小尖头藻（*Raphidiopsis curvata*）、中华小尖头藻（*R. sinensia*）等。

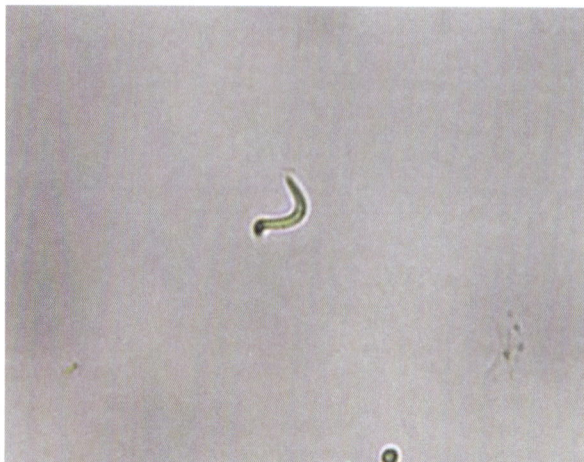

图 4-13　中华小尖头藻（采自湖泊、鱼塘）

### 2. 颤藻属 *Oscillatoria*（图 4-14）

植物体为单条藻丝或由许多藻丝组成的皮壳状和块状的漂浮群体，无鞘或罕见极薄的鞘；藻丝不分枝，直或扭曲，能颤动，匍匐式或旋转式运动；横壁处收缢或不收缢；顶端细胞形状多样，末端增厚或具帽状体；细胞短柱形或盘状；内含物均匀或具颗粒，少数具气囊。丝状体中常产生若干透明的凹面体，丝状体由此断裂成藻殖段，由藻殖段发展成新的丝状体。衡水湖自然保护区优势种包括奥克尼颤藻（*Oscillatoria* sp.）、巨颤藻（*O. princeps*）等。

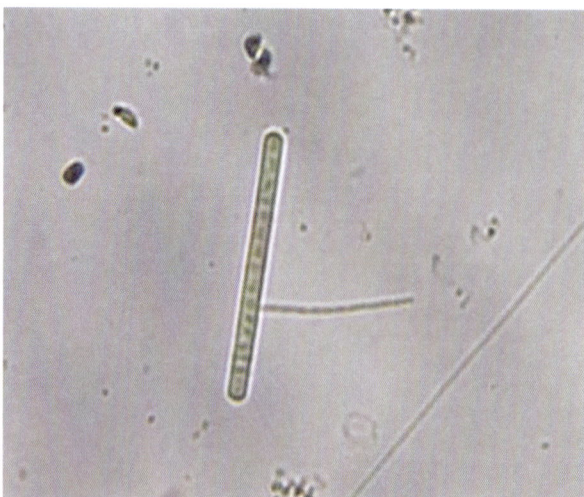

图 4-14　奥克尼颤藻（采自湖泊、鱼塘）

### 3. 拟鱼腥藻属 *Anabaenopsis*（图 4-15）

藻丝直或各种形式弯曲，常为螺旋形。在一条藻丝上宽度常一致，很少向末端细缩。衣鞘水化，不明显。异形胞顶生，孢子间生，远离异形胞或与异形胞直接相连。衡水湖自然保护区优势种包括阿氏拟鱼腥藻（*Anabaenopsis arnoldii*）、拉氏拟鱼腥藻（*A. raciborskii*）等。

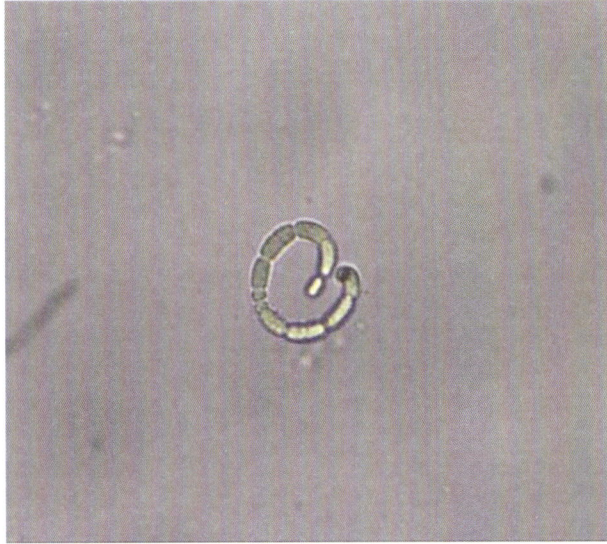

**图 4-15　阿氏拟鱼腥藻**（采自河流）

### 4.4.1.2　绿藻门

#### 1. 十字藻属 *Crucigenia*（图 4-16）

植物体为真性定形群体，由 4 个细胞排成椭圆形、卵形、方形或长方形，细胞间常有 1 个"十"字形空隙。常具不明显的群体胶被，子群体常为胶被黏连在 1 个平面上，形成板状的复合真性定形群体；细胞梯形、半圆形、椭圆形或三角形；色素体周生，1 个，具 1 个蛋白核，盘状或片状。衡水湖自然保护区优势种包括华美十字藻（*Crucigenia lauterbornii*）、四足十字藻（*C. tetrapedia*）等。

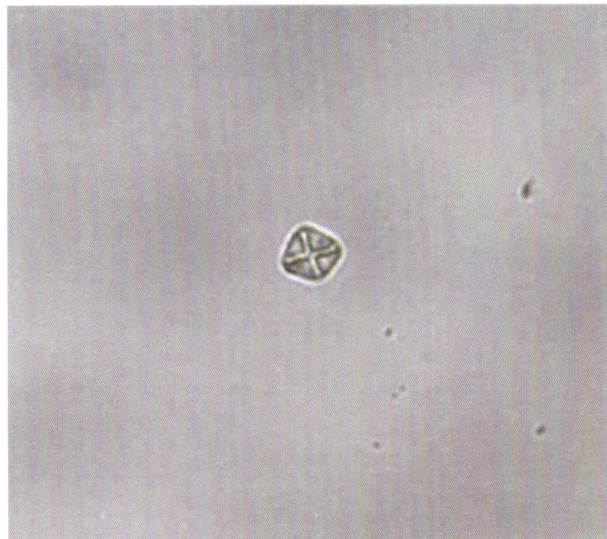

**图 4-16　四足十字藻**（采自湖泊、河流、鱼塘）

#### 2. 小球藻属 *Chlorella*（图 4-17）

植物体为单细胞，单生或多个细胞聚集成群，群体中的细胞大小很不一致，浮游；细胞球形或椭圆形，细胞壁薄或厚；色素体周生，杯状，1 个，具 1 个蛋白核或无；生殖时每个细胞产生 2 个、4 个、8 个、16 个或 32 个似亲孢子。衡水湖自然保护区优势种为小球藻（*Chlorella vulgaris*）。

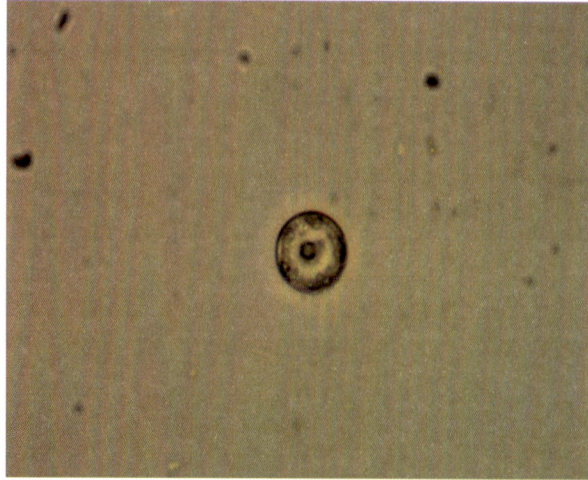

**图 4-17　小球藻**（采自湖泊、河流、鱼塘）

### 3. 栅藻属 *Scenedesmus*（图 4-18）

植物体常由 4~8 个细胞或有时由 2 个或 16~32 个细胞组成的真性定形群体，极少数为单细胞的。群体中的各细胞以其长轴互相平行，排列在 1 个平面上，互相平齐或交错，也有排成上、下 2 列或多列，罕见仅以其末端相接，呈屈曲状。细胞纺锤形、卵形、长圆形或椭圆形等。细胞壁平滑，或具颗粒、刺、细齿、齿状凸起、帽状增厚或隆起线等特殊构造。每个细胞具 1 个周生色素体和 1 个蛋白核。衡水湖自然保护区优势种包括双对栅藻（*Scenedesmus bijuga*）、尖细栅藻（*S. acuminatus*）等。

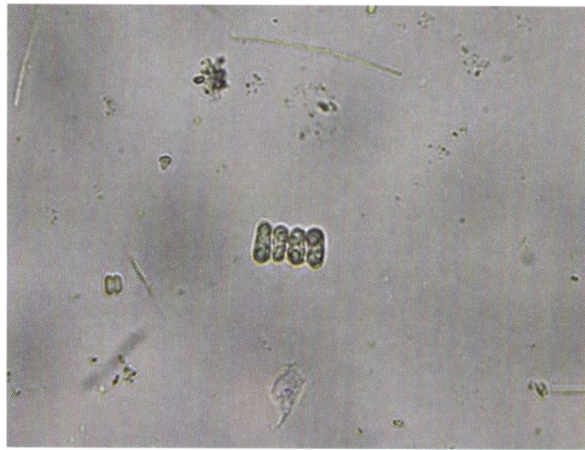

**图 4-18　双对栅藻**（*Scenedesmus bijuga*）（采自湖泊、河流、鱼塘）

### 4. 空星藻属 *Coelastrum*（图 4-19）

植物体为真性定形群体，由 4 个、8 个、16 个、32 个、64 个或 128 个细胞组成多孔的、中空的球体到多角形体，群体细胞以细胞壁或细胞壁上的凸起连接；细胞球形、圆锥形、近六角形、截顶的角锥形。细胞壁平滑、部分增厚或具管状凸起；色素体周生，幼时杯状，具 1 个蛋白核，成熟后扩散，几乎充满整个细胞。群体细胞紧密连接，常不易分散，但在盐度较高、溶解氧较少的不良水质中，群体细胞离解成游离的单细胞。衡水湖自然保护区优势种为小空星藻（*Coelastrum microporum*）。

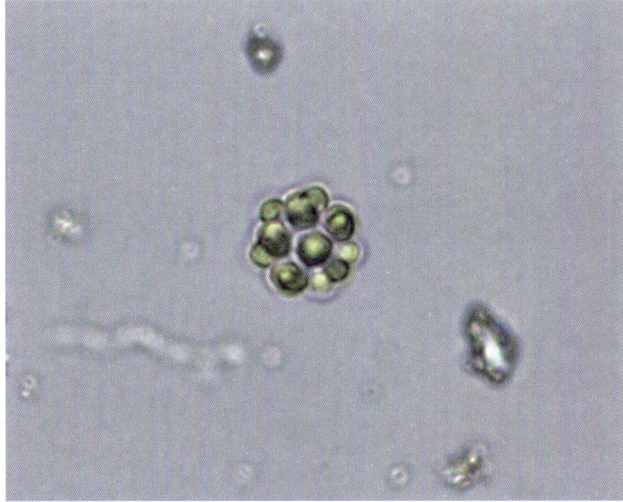

**图 4-19　小空星藻**（采自河流）

### 4.4.1.3　硅藻门

#### 1. 直链藻属 *Melosira*（图 4-20）

植物体由细胞的壳面相互连接成链状群体，多为浮游；细胞圆柱形，极少数圆盘形、椭圆形或球形；壳面圆形，很少数为椭圆形，平或凸起，有或无纹饰，有的带面常具环沟，环沟间平滑，其余部分平滑或具纹饰，壳面常有棘或刺；色素体小圆盘状，多数。海水和淡水均有分布。衡水湖自然保护区优势种包括变异直链藻（*Melosira varians*）、颗粒直链藻（*M. granulata*）等。

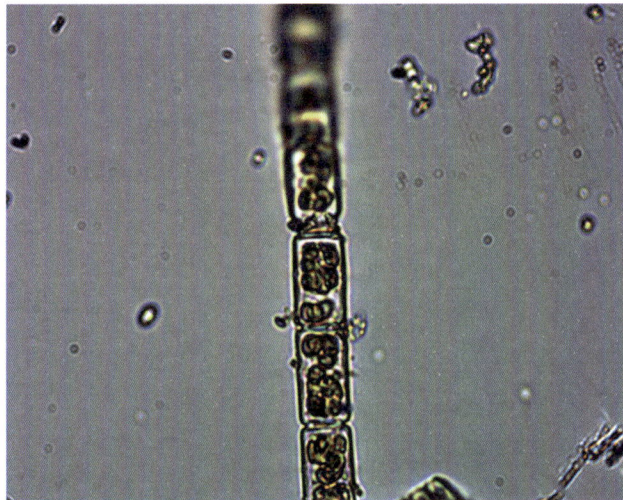

**图 4-20　直链藻属浮游植物**（采自湖泊、河流、鱼塘）

#### 2. 小环藻属 *Cyclotella*（图 4-21）

植物体为单细胞或由胶质或小棘连接成疏松的链状群体，多为浮游；细胞圆盘形或鼓形，壳面圆形，少椭圆形，常具同心圆的或与切线平行的波状皱褶，边缘带有放射状排列的孔纹或线纹，中央部分平滑或具放射状排列的孔纹，带面平滑，无间生带。色素体小盘状，多数，中央与边缘花纹不同，明显断开。衡水湖自然保护区优势种包括库津小环藻（*Cyclotella kuetzingiana*）、梅尼小环藻（*C. meneghiniana*）等。

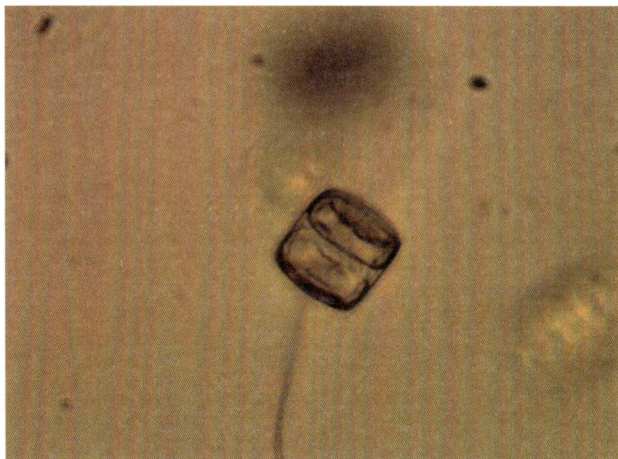

**图4-21　小环藻属浮游植物**（采自河流）

### 3. 菱形藻属 *Nitzschia*（图4-22）

植物体多为单细胞，或形成带状或星状的群体，生活在分枝或不分枝的胶质管中，浮游或附着；细胞纵长，直或"S"形，壳面线形、披针形，罕为椭圆形，两侧边缘缢缩或不缢缩，两端渐尖或钝，末端楔形、喙状、头状、尖圆形；壳面的一侧具龙骨突起，龙骨突起上具管壳缝，管壳缝内壁具许多通入细胞内的小孔，上下两个壳的龙骨突起彼此交叉相对，具小的中央节和极节，壳面具横线纹；细胞壳面和带面不呈直角，横断面呈菱形；色素体侧生、带状，多为2个，少数4~6个。衡水湖自然保护区优势种包括双头菱形藻（*Nitzschia amphibia*）、线形菱形藻（*N. linearis*）等。

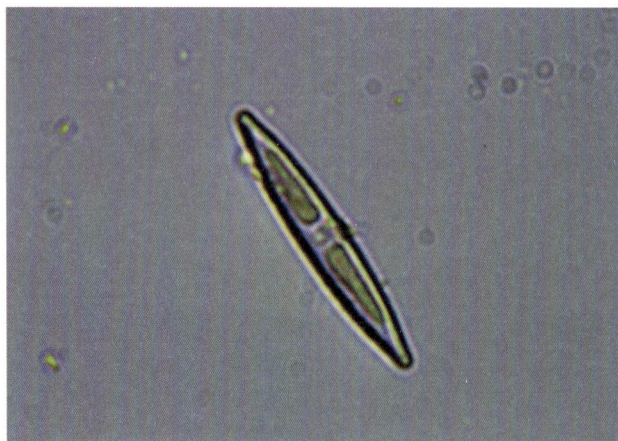

**图4-22　双头菱形藻**（采自河流）

### 4. 冠盘藻属 *Stephanodiscus*（图4-23）

植物体为单细胞或连成链状群体，浮游；细胞圆盘形，少数为鼓形、柱形；壳面圆形，平坦或呈同心波曲；壳面纹饰为成束辐射状排列的网孔，其内壳面具有筛膜，壳面边缘处每束网孔为2~5列，向中部成为单列，在中央排列不规则或形成玫瑰纹区，网孔束之间具辐射无纹区，每条辐射无纹区或相隔数条辐射无纹区在壳套处的末端具1短刺，有时在壳面上也有支持突，壳面支持突的数目超过1个时，排为规则或不规则的1轮，唇形突1个或数个；带面平滑具少数间生带；色素体小盘状，数个，较大而呈不规则形状的仅1~2个。衡水湖自然保护区优势种为星型冠盘藻（*Stephanodiscus neoastraea*）。

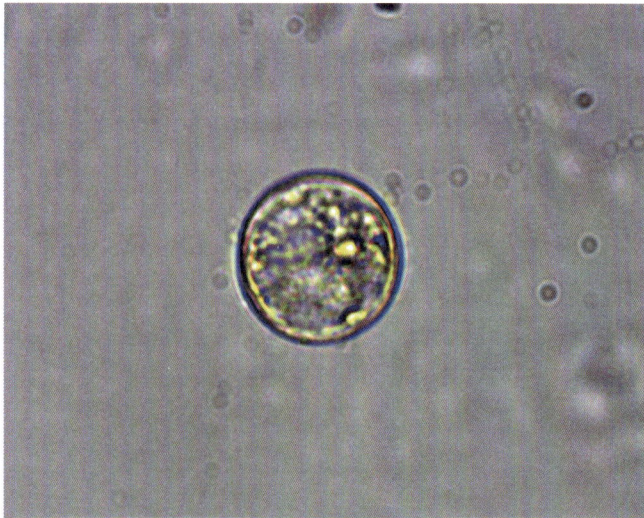

**图 4-23 冠盘藻属浮游植物**（采自河流）

### 5. 平板藻属 *Tabellaria*（图 4-24）

植物体由细胞连成带状或"Z"形的群体；壳面线形，中部常明显膨大，两端略膨大；上下壳面均具假壳缝，假壳缝狭窄，两侧具由细点纹连成的横线纹；带面长方形，通常具许多间生带，间生带间具纵隔膜；色素体小盘状，多数。衡水湖自然保护区优势种为窗格平板藻（*Tabellaria fenestrata*）、绒毛平板藻（*T. flocculosa*）。

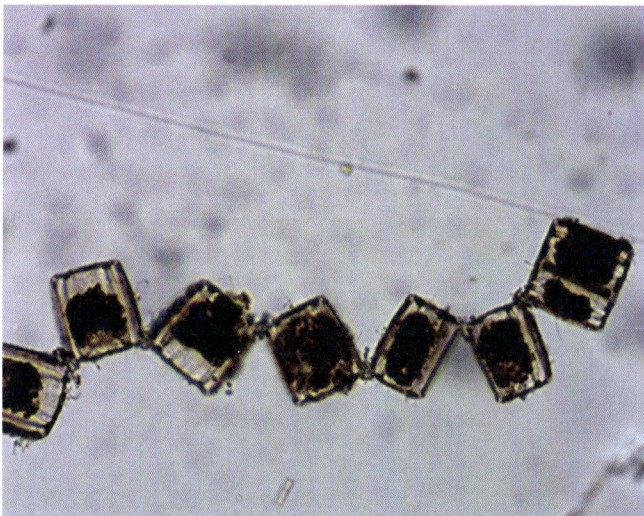

**图 4-24 平板藻属浮游植物**（采自河流）

### 6. 舟形藻属 *Navicula*（图 4-25）

植物体为单细胞，浮游；壳面线形、披针形、菱形、椭圆形，两侧对称，末端钝圆、近头状或喙状；中轴区狭窄、线形或披针形，壳缝线形，具中央节和极节，中央节圆形或椭圆形，壳缝两侧具点纹组成的横线纹，或布纹、肋纹、窝孔纹，一般壳面中间部分的线纹数比两端的线纹数略为稀疏；带面长方形，平滑，无间生带，无真的隔片；色素体片状或带状，多为2个，罕为1个、4个、8个。衡水湖自然保护区优势种包括放射舟形藻（*Navicula radiosa*）、简单舟形藻（*N. simplex*）等。

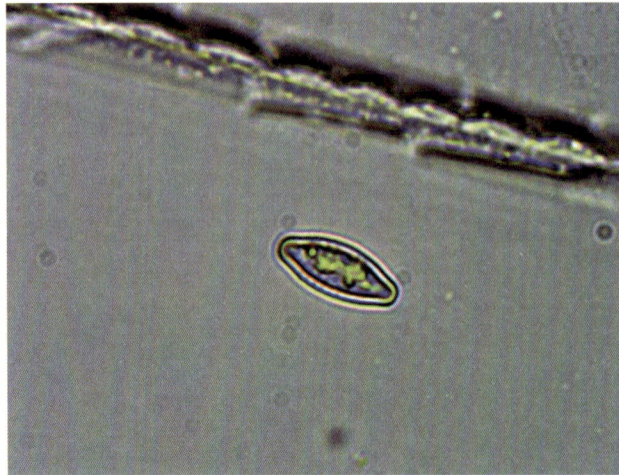

**图 4-25　舟形藻属浮游植物**（采自河流）

## 4.4.2　浮游动物

### 4.4.2.1　轮虫

#### 1. 臂尾轮属 *Brachionus*（图 4-26）

被甲前端具 1~3 对棘刺，棘刺间都形成下凹的缺刻。有的种类被甲后端也具有棘刺。足不分节很长，上面具很密的环形钩纹，能伸缩摆动，是此属的主要特征，趾 1 对。生活习性以浮游为主。衡水湖自然保护区优势种为角突臂尾轮虫（*Brachionus angularis*）、矩形臂尾轮虫（*B. leydigi*）等。

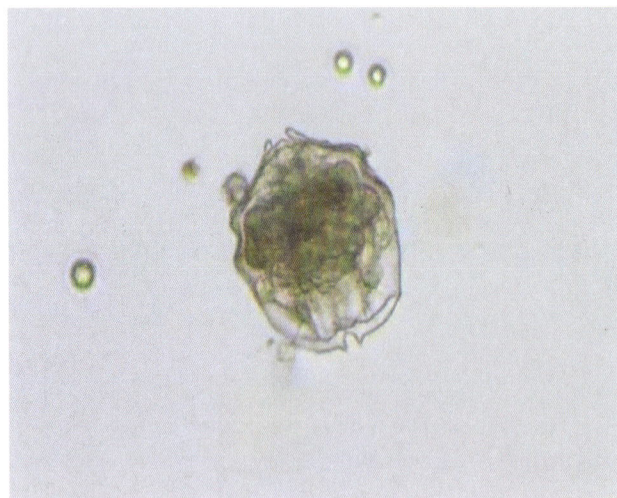

**图 4-26　角突臂尾轮虫**（采自湖泊、河流、鱼塘）

#### 2. 晶囊轮属 *Asplanchna*（图 4-27）

体透明像电灯泡。咀嚼器砧形。后端浑圆，无被甲，无足。胃发达，肠和肛门都已消失，不能消化的残渣自口内吐出。卵黄腺多呈带状，卵胎生。典型的浮游种类，能生存在深水湖泊的敞水带。衡水湖自然保护区优势种为卜氏晶囊轮虫（*Asplanchna brightwelli*）、前节晶囊轮虫（*A. priodonta*）等。

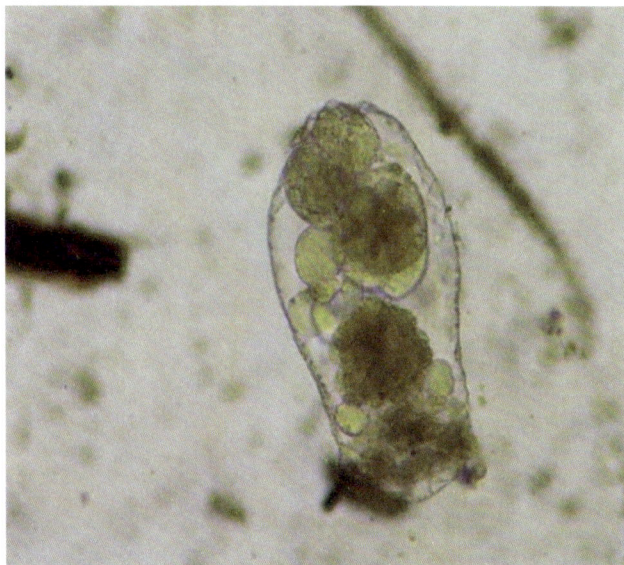

图 4-27　晶囊轮属浮游动物（采自湖泊、河流、鱼塘）

### 4.4.2.2　枝角类

#### 1. 象鼻溞属 *Bosmina*（图 4-28）

体形变化甚大。头部与躯干部之间无颈沟。壳瓣后腹角向后延伸成 1 壳刺，其前方有 1 根刺毛，称为库尔茨毛，通常呈羽状。第 1 触角与吻愈合，不能活动。背侧有许多横走的细齿列，基端部与末端部之间有 1 个三角形的棘齿和 1 束嗅毛。在复眼与吻端中间的前侧生出 1 根触毛（又称额毛）。第 2 触角短小，外肢 4 节，内肢 3 节。胸肢 6 对，前两对变为执握肢，不呈叶片状，最后 1 对十分退化。后腹部侧扁，颇高，末端呈横截状。末腹角延伸 1 圆柱形突起，突起上着生尾爪；末背角有细小的肛刺。尾刚毛短。尾爪有细刺。雄体小而长。壳瓣背缘平直。第 1 触角不与吻愈合，能动，基部通常有两根触毛。第 1 胸肢有钩和长鞭。衡水湖自然保护区优势种包括长额象鼻溞（*Bosmina longirostris*）、简弧象鼻溞（*B. coregoni*）等。

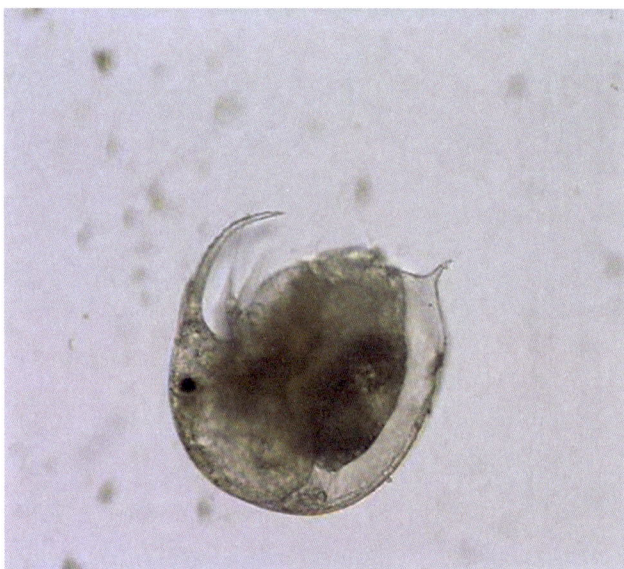

图 4-28　象鼻溞属浮游动物（采自湖泊）

### 2. 秀体溞属 *Diaphanosoma*（图 4-29）

壳瓣薄而透明。头部长大，额顶浑圆。无吻，也无单眼和壳弧。有颈沟。第 1 触角较短，前端有 1 根长的触毛和 1 簇嗅毛。第 2 触角强大，外肢 2 节，内肢 3 节，游泳刚毛式：4-8/0-1-4。后腹部小，锥形，无肛刺，爪刺 3 个。雄性的第 1 触角较长，靠近基部外侧生长 1 簇嗅毛，末端内侧列生 1 行刚毛或细刺。有 1 对交媾器。

本属包括 20 余种，多数种类广泛分布于热带、亚热带或温带地区。我国已有 9 种，广温种类。在湖泊的敞水区数量较多，沿岸也有。池塘或水坑中则少见。在温带地区浅水湖泊中进行单周期生殖。早春出现雌性，初夏和仲秋季节繁殖旺盛。秋末见雄溞，初冬全部种群消失。衡水湖自然保护区优势种包括长肢秀体溞（*Diaphanosoma leuchtenbergianum*）、短尾秀体溞（*D. brachyurum*）等。

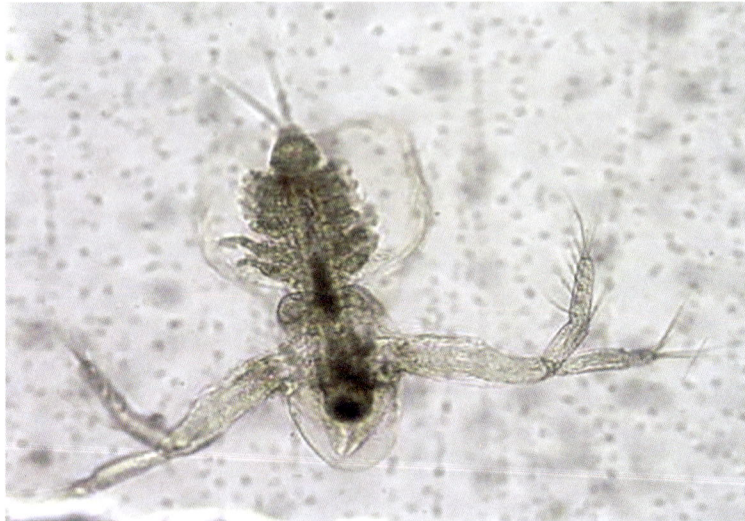

**图 4-29　秀体溞属浮游动物**（采自湖泊、河流、鱼塘）

### 3. 溞属 *Daphnia*（图 4-30）

体呈卵圆形或椭圆形，比较侧扁。壳瓣背面具有脊棱。后端延伸而成长的壳刺。后端部分以及壳刺的沿缘均被有小棘。壳面有菱形和多角形网纹。头部与躯干部的界限不很清楚，但负有冬卵的雌体可明显地分为头与躯干两部分。通常无颈沟。吻明显，大多尖。一般都有单眼。第 1 触角短小，部分或几乎全被吻部掩盖，不能活动。绝大多数种类的第 2 触角共有 9 根游泳刚毛，但小栉溞只有 8 根。腹部背侧有 3~4 个发达的腹突。靠近前部的腹突特别长，呈舌状，伸向前方。后腹部细长，由前向后逐渐收削。卵鞍近乎矩形或三角形，内储 2 个冬卵。雄性较小。壳瓣背缘平直。前腹角突出，列生较长的刚毛。吻无或十分短钝。第 1 触角长大，能活动，通常具有粗长的鞭毛。第 1 胸肢有钩与鞭毛。腹突常退化。

该属因产地与季节的不同，变异类型十分丰富。各个地区几乎都有不同的地方宗，而各地方宗又有其特殊的季节变异。就一般而言，各地方宗的冬季类型是相同的，而夏季型差别却很显著。由于地方宗及其季节变异往往研究得还不够清楚，因此分类上存在着不少问题。本属描述的种类超过100 种，但其中鉴定无误的大约只有 30 种，隶属 2 个亚属。分布于世界各地，尤以温带最为普遍。我国已发现的共计 2 亚属 10 种。衡水湖自然保护区优势种包括隆线溞（*Daphnia carinata*）、蚤状溞（*D. pulex*）等。

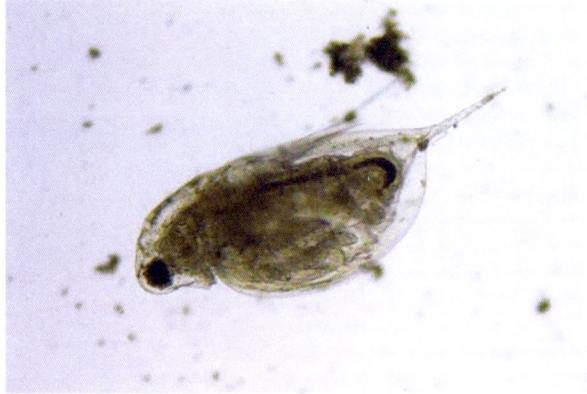

**图 4-30　溞属浮游动物**（采自鱼塘）

### 4.4.2.3　桡足类

#### 1. 温剑水蚤属 *Thermocyclops*（图 4-31）

头胸部呈卵形，腹部瘦削，生殖节瘦长，纳精囊呈"T"形。尾叉较短，长度约为宽度的 2.5~3 倍，尾叉内缘光滑。第 1 触角共分 17 节，末两节的内缘有较窄的透明膜。第 1 胸足第 2 基节的内末角具羽状刚毛 1 根。第 5 胸足分两节，基节短而宽，外末角突出附羽状刚毛 1 根；末节窄长，末缘具 1 刺 1 刚毛。个体为中等大小，雌性体长一般在 1~1.2 mm。本属种类较为丰富，均为浮游性种类，生活于各种类型的水域中，为世界性分布。衡水湖自然保护区优势种包括等刺温剑水蚤（*Thermocyclops kawamurai*）、短尾温剑水蚤（*T. brevifurcatus*）等。

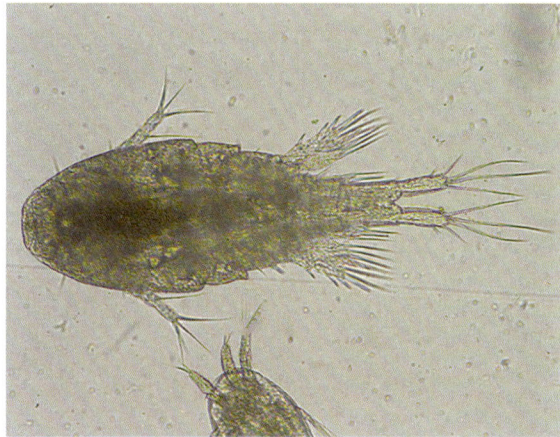

**图 4-31　温剑水蚤属浮游动物**（采自湖泊、河流、鱼塘）

#### 2. 华哲水蚤属 *Sinocalanus*（图 4-32）

头胸部通常窄长。第 5 胸节的后侧角不扩展，左右对称，其顶端多数有细刺。雌性腹部两侧对称，分 4 节，有的种类的后两腹节的分界不完全。尾叉细长，内缘有细毛。雌性第 1 触角分 25 节，雄性执握肢分 21 节。第 2 触角分 7 节，内肢长于外肢。雌性第 5 胸足的外肢分 3 节。雄性第 5 右胸足第 1 基节的内缘无突起，而第 2 基节的内缘通常有突出物。左、右足的外肢均分 2 节，右足第 2 节的基部膨大，末部呈钩状；左足 2 节的末端有 1 直刺。本属生活于我国淡水和咸淡水中的已知种有 5 种。衡水湖自然保护区优势种包括汤匙华哲水蚤（*Sinocalanus dorrii*）、中华哲水蚤（*S. sinensis*）等。

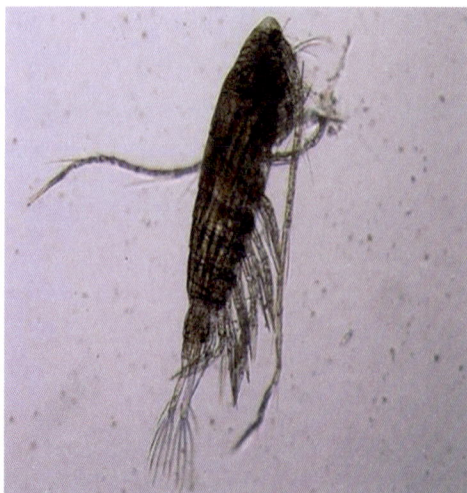

图 4-32　华哲水蚤属浮游动物（采自湖泊）

### 3. 后剑水蚤属 *Metacyclops*（图 4-33）

头胸部呈长卵形，生殖节粗壮，纳精囊的末半部发达。尾叉的长度一般不超过其宽度的 4 倍。第 1 触角短小，雌性共分 9~13 节，雄性分 17 节。颚足分 4 节，具刚毛 9 根。第 1~4 胸足内、外肢均分 2 节，外肢第 2 节刺式为 3、4、4、3 或 3、3、3、3。第 4 胸足内肢第 2 节的内缘具 3 刚毛，末缘具 1~2 刺，外缘具 1 刚毛。第 5 胸足的基节与第 5 胸节愈合，具刚毛 1 根，末节呈长方形或方形，末缘具并立的外刚毛及内刺各 1，前者远较后者为长。体型较小，一般雌性不超过 1 mm。本属为世界性分布，均非浮游性种类，生活于小型水域或湖泊的沿岸带，有时亦分布于地下水中。大部分种类为暖水性，少部分为广温性。衡水湖自然保护区优势种包括小型后剑水蚤（*Metacyclops minutus*）等。

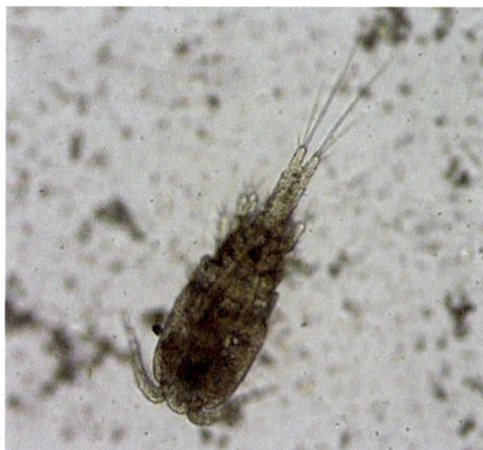

图 4-33　后剑水蚤属浮游动物（采自湖泊）

### 4. 中剑水蚤属 *Mesocyclops*（图 4-34）

头胸部较为粗壮，腹部瘦削，生殖节瘦长，前部较宽，向后趋窄，纳精囊呈"T"形，前半部呈长条形，后半部呈长袋状。尾叉一般较短，长度为宽度的 2.5~3.5 倍，很少为 4~5 倍，尾叉内缘光滑，少数种类具短刚毛，末端尾刚毛发达。第 1 触角共分 17 节，末 2 节的内缘有较窄的透明膜，具锯齿。第 1~4 胸足内外肢均分 3 节，外肢第 3 节刺式为 2、3、3、3。第 1 胸足第 2 基节的内末角无羽状刚毛。第5胸足分2节，第1节较宽，外末角突出附羽状刚毛1根，末节窄长，内缘中部及末端各附羽状刚毛1根。个体为中等大小，雌性体长多在1 mm左右。该属种类较多，均为浮游性种类，生活于湖泊的敞水带。该属为世界性分布，但在北极列岛上，未发现此属浮游动物。该属主要分布于南纬地带，为暖水狭温性种类。于我国仅发现1种及1亚种。衡水湖自然保护区优势种包括北碚中剑水蚤（*Mesocyclops pehpeiensis*）、广布中剑水蚤（*M. leuckarti*）等。

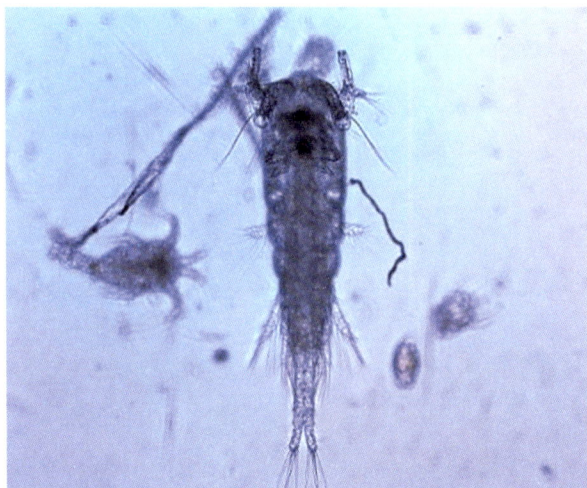

**图4-34　中剑水蚤属浮游动物**（采自湖泊）

### 5. 无节幼体 *nauplius*（图4-35）

桡足类的幼体从卵孵出后，尚需经过相当复杂的发育过程，一般要经过6个无节幼体期与5个桡足幼体期，才能成为成体。在无节幼体期的阶段，很少反映出科属之间的特异性。哲水蚤的无节幼体期特征：体色透明，身体前端有一暗红色的眼点。身体略侧扁，腹面观呈长卵形，在随后的发育过程中逐渐延长。猛水蚤的无节幼体，身体十分扁平，呈圆方形，常常宽大于长，第1触角呈圆柱形；第2触角基节具有十分明显的大颚突，外肢退化，内肢呈执握状，其末端刚毛呈爪状。大颚的内肢变形，不分节，有两根钳状刺。剑水蚤的无节幼体，身体不甚扁平，呈梨形；第1触角扁平，第2触角基节有强大的咀嚼齿，外肢发育正常；大颚的内肢第1节具有宽大的内叶。

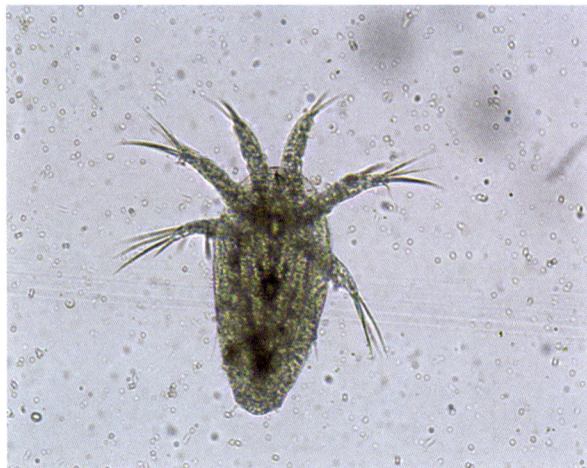

**图4-35　无节幼体**（采自河流）

# 第 **5** 章　底栖动物

　　底栖动物（benthic invertebrate）指生活史全部或大部分时间生活于水体底部、体长大于 0.5 mm 的、肉眼可见的水生无脊椎动物。它们的栖息方式多为固着于岩石等坚硬物体的表面或埋没于泥沙等较松软的表层沉积物中，以及附着于植物或其他动物体表。淡水中底栖动物主要包括水生寡毛类、蛭类、软体动物、水生昆虫幼虫及甲壳类等。

　　底栖动物群落结构和功能与自然生态环境变化和人为活动影响息息相关，而底栖动物的群落组成、结构特征和时空分布等可以反映水生态系统的变化规律。相对于浮游生物和鱼类等水生生物类群，底栖动物一般具有活动场所比较固定、迁移能力弱及便于采集的特点，且对生态环境变化较为敏感，是水生态系统评价中最具优势的水生生物类群之一，近年来在水生态系统监测中得到了普遍应用（刘小雪 等，2022）。

　　衡水湖自然保护区以内陆湿地生态系统和珍稀鸟类为主要保护对象，其范围内有大面积的水域，包括湖泊、河流和鱼塘等，底栖动物是衡水湖自然保护区水生态系统中的重要组成部分，但对衡水湖自然保护区水体中底栖动物的调查研究比较匮乏。刘海鹏和武大勇（2017）于 2013 年 3—10 月在衡水湖水体中采集到底栖动物共 3 门 6 纲 14 目 29 科 47 属，以软体动物、节肢动物和环节动物为主，分别占物种总数的 25.5%、72.3% 和 2.2%。王潜等（2017）于 2016 年对衡水湖进行生态调查，调查采集到底栖动物 12 种。

　　为此，科考人员对衡水湖自然保护区内不同水体的底栖动物的种类组成、数量、结构及其变化趋势进行了调查研究，以期为保护区科学管理水生态系统和开展水生态系统评价提供基础。

## 5.1　调查方法 ●●●●●

### 5.1.1　调查频次和采样点布设

　　本次衡水湖自然保护区底栖动物调查涉及不同水体，包括衡水湖湖泊、衡水湖周边的河流及部分鱼塘，采样频次和采样点的布设与第 4 章"浮游生物"所介绍的相同（图 5-1），亦即在开展浮游生物调查的同时，开展底栖动物调查。

### 5.1.2　试剂和主要器具

　　本次底栖动物调查和研究所用到的试剂和主要器具如下。

　　试剂：75% 乙醇（无水乙醇：蒸馏水比例为 3 ∶ 1）；

　　主要器具：采泥器（彼得森采泥器，用于湖泊采样），D- 型网（用于河流和鱼塘采样），塑料

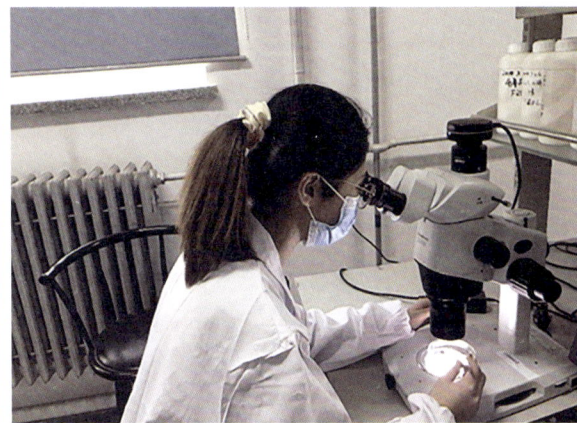

图 5-1　底栖动物现场采样与实验室鉴定

盆，金属分样筛（40目），钟表镊子，放大镜（×5），样品瓶（容量50 mL），体视显微镜，电子天平（1/1000 g）。

### 5.1.3 样品的采集和鉴定

（1）样品采集

针对河流和鱼塘，在事先选定的采样点，将D-型网紧贴水底，慢慢用脚搅动D-型网前的底质，受到搅动的底栖动物与其他杂质随水流进入网兜内，搅动幅度不宜过大。同时，D-型网与搅动区域同时缓慢向前移动，并确保D-型网底部始终紧贴河（塘）底。在岸边将网兜内的所有底质和大型底栖动物标本倒入水桶内，并加入一定量的水，经40目金属筛过滤，去除泥沙和杂物，将筛网上肉眼可见的底栖动物用镊子轻轻挑起，立即放入盛有75%酒精的样品瓶内固定，带回实验室。

针对湖泊，在事先选定的采样点，用彼得森采泥器采集底泥，主要用于采集水生昆虫、水生寡毛类及小型软体动物。将采到的底泥倒入盆内，经40目金属筛过滤，去除泥沙和杂物，将筛网上肉眼可见的底栖动物用镊子轻轻挑起，立即放入盛有75%酒精的样品瓶内固定，带回实验室。

（2）样品鉴定

底栖动物参考《底栖动物与河流生态评价》（段学花 等，2010）、《阿什河底栖动物图谱》（伍跃辉 等，2017）、《中国流域常见水生生物图集》（王业耀 等，2020）、《淡水微型生物与底栖动物图谱》（周凤霞和陈剑虹，2011）等进行鉴定。

比较大型的底栖动物标本可直接用放大镜和实体显微镜观察并参考有关资料进行种类鉴定；而寡毛类和水生昆虫幼虫要制成玻片标本后，在显微镜下参考有关资料进行种类鉴定并记录数量。

### 5.1.4 计数与称重

把每个采样点采到的底栖动物，按不同种类分类，准确统计每个种类的个体数，并用1/1000 g天平称其湿重，最后算出每个采样点内底栖动物的生物量。

## 5.2 底栖动物群落组成及季节变化 ●●●●

### 5.2.1 底栖动物种类组成及其季节变化

本次调查共记录到底栖动物3门6纲15目40科60属95种（详细名录见附表Ⅳ），其中寡毛类3种，蛭类1种，软体动物46种，水生昆虫39种，甲壳类6种。软体动物和水生昆虫物种数占总物种数的90%，为衡水湖自然保护区的优势类群（图5-2）。

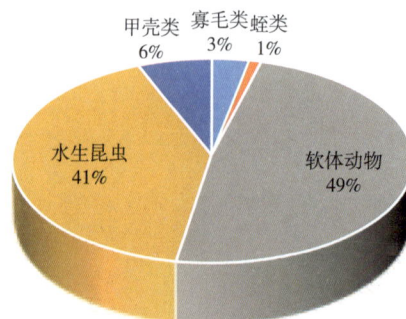

图5-2 衡水湖自然保护区底栖动物各类群物种数占比

衡水湖自然保护区内的湖泊、河流和鱼塘不同水体中所采集到的底栖动物类群的物种数在不同季节表现出不同的变化趋势，并且优势类群也随季节而有所变化（表5-1）。

表 5-1　衡水湖自然保护区不同水体中底栖动物种类组成季节变化　　　　　单位：种

| 类群 | 湖泊 | | | 河流 | | | 鱼塘 | | |
|---|---|---|---|---|---|---|---|---|---|
| | 秋季 | 春季 | 夏季 | 秋季 | 春季 | 夏季 | 秋季 | 春季 | 夏季 |
| 寡毛类 | 3 | 2 | 2 | 2 | 2 | 3 | 1 | 2 | 1 |
| 软体动物 | 15 | 18 | 20 | 18 | 25 | 33 | 12 | 4 | 16 |
| 水生昆虫 | 4 | 4 | 6 | 22 | 9 | 15 | 16 | 10 | 11 |
| 甲壳类 | 1 | 2 | 2 | 6 | 2 | 3 | 2 | 2 | 2 |
| 蛭类 | 0 | 0 | 0 | 1 | 0 | 1 | 1 | 0 | 0 |
| 合计 | 23 | 26 | 30 | 49 | 38 | 55 | 32 | 18 | 30 |

秋季：湖泊共有底栖动物3门4纲5目7科14属23种，软体动物物种数（15种）占总物种数的65%，是湖泊采样区域的优势类群；河流共有底栖动物3门5纲12目26科39属49种，水生昆虫（22种）和软体动物（18种）的物种数占底栖动物总物种数的82%，是河流采样区域的优势类群；鱼塘共有底栖动物3门5纲9目18科27属32种，水生昆虫（16种）和软体动物（12种）的物种数占总物种数的88%，是鱼塘采样区域的优势类群。

春季：湖泊共有底栖动物3门4纲6目10科16属26种，软体动物物种数（18种）占总物种数的69%，是湖泊采样区域的优势类群；河流共有底栖动物3门5纲8目12科23属38种，软体动物物种数（25种）占总物种数的66%，是河流采样区域的优势类群；鱼塘共有底栖动物3门4纲6目8科17属18种，水生昆虫物种数（10种）占总物种数的56%，是鱼塘采样区域的优势类群。

夏季：湖泊共有底栖动物3门4纲6目10科19属30种，软体动物物种数（20种）占总物种数的67%，是湖泊采样区域的优势类群；河流共有底栖动物3门6纲10目22科34属55种，软体动物（33种）和水生昆虫（15种）物种数占总物种数的87%，是河流采样区域的优势类群；鱼塘共有底栖动物3门4纲6目13科22属30种，软体动物（16种）和水生昆虫（11种）物种数占总物种数的90%，是鱼塘采样区域的优势类群。

在本次调查中，河流水体中被记录到的底栖动物种类相对较多，而鱼塘和湖泊水体中相对较少；记录到的物种数最大值出现在夏季的河流样品中，而最小值出现在鱼塘的春季样品中；虽然河流水体中夏季和秋季的底栖动物物种数非常接近，但是夏季底栖动物物种数有增加的趋势（图5-3）。

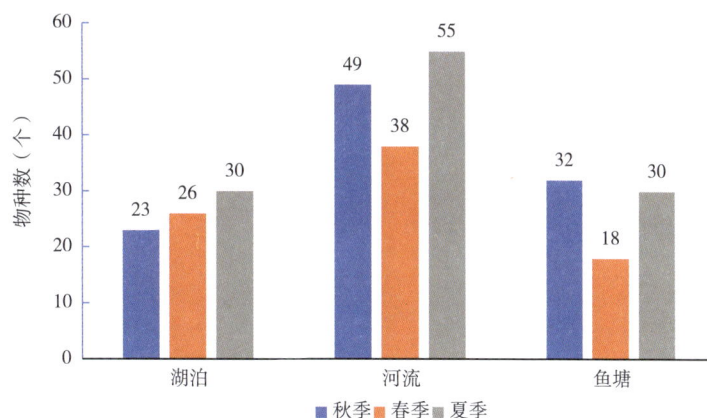

图 5-3　衡水湖自然保护区不同水体中底栖动物物种数季节变化

### 5.2.2 底栖动物生物量、物种数季节变化

在不同水体中每个采样点所测得的底栖动物生物量及物种数表现出季节性变化。

秋季：湖泊底栖动物生物量在0~0.9520 g，平均生物量为0.1295 g，湖泊底栖动物物种数在3~15个，平均物种数为11个；河流底栖动物生物量在0.2634~27.5018 g，平均生物量为9.3305 g，河流底栖动物物种数在7~23个，平均物种数为15个；鱼塘底栖动物生物量在0.4710~4.9152 g，平均生物量为1.8151 g；鱼塘底栖动物物种数在3~27个，平均物种数为11个。

表5-2　衡水湖自然保护区不同水体中底栖动物生物量和物种数季节变化

| 类群 | 湖泊 | | | 河流 | | | 鱼塘 | | |
|---|---|---|---|---|---|---|---|---|---|
| | 秋季 | 春季 | 夏季 | 秋季 | 春季 | 夏季 | 秋季 | 春季 | 夏季 |
| 生物量（g） | 0.1295 | 1.0529 | 0.024 | 9.3305 | 11.785 | 59.5 | 1.8151 | 0.2410 | 0.6070 |
| 物种数（种） | 11 | 8 | 9 | 15 | 12 | 15 | 11 | 7 | 8 |

春季：湖泊底栖动物生物量为0.0090~3.3890 g，平均生物量为1.0529 g，湖泊底栖动物物种数为5~10个，平均物种数为8个；河流底栖生物量为0.1960~33.8230 g，平均生物量为11.7853 g，河流底栖动物物种数为6~18个，平均物种数为12个；鱼塘底栖动物生物量为0.0290~0.5200 g，平均生物量为0.2410 g，鱼塘底栖动物物种数为6~9个，平均物种数为7个。

夏季：湖泊底栖动物生物量为0~0.013 g，平均生物量为0.024 g，湖泊底栖动物物种数为3~13个，平均物种数为9个；河流底栖动物生物量为3.4120~313.1740 g，平均生物量为59.5 g；河流底栖动物物种数为5~29个，平均物种数为15个；鱼塘底栖动物生物量为0.0060~1.4420 g，平均生物量为0.6070 g；鱼塘底栖动物物种数为5~10个，平均物种数为8个。

湖泊底栖动物生物量均值在秋季和夏季相对较低，春季有较大幅度的增加；河流底栖动物生物量均值在秋季和春季相对较低，夏季有较大幅度的增加；鱼塘底栖动物生物量均值在秋季相对较高，春夏季有较大幅度的下降（图5-4、图5-5）。

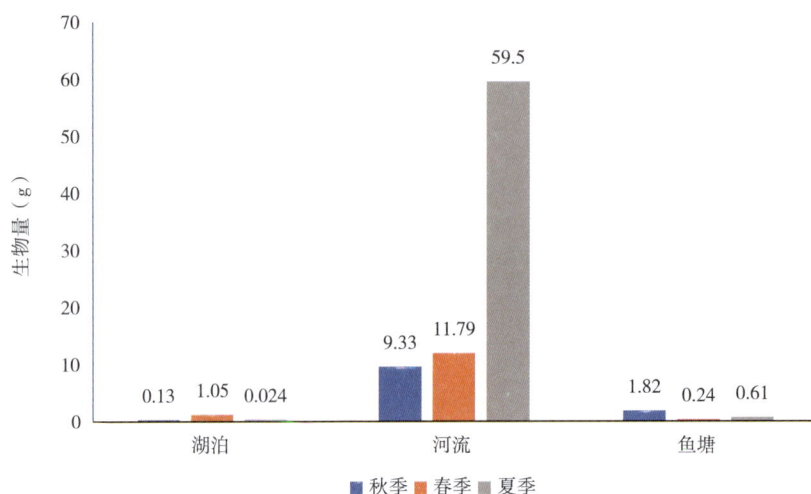

图5-4　衡水湖自然保护区不同水体中每个采样点底栖动物生物量季节变化

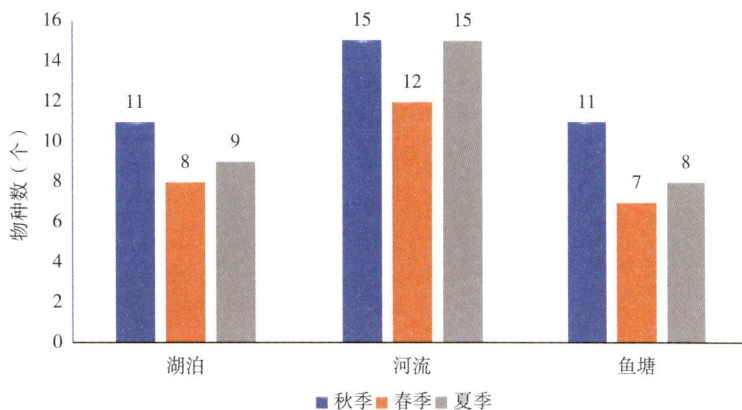

图 5-5　衡水湖自然保护区不同水体中每个采样点底栖动物物种数季节变化

## 5.3　主要水体水生态评价

水生生物作为水生态系统重要的组成部分，是反映水生态系统健康状况的重要因素。水生生物监测与评价是通过对浮游生物、底栖生物、鱼类等不同类群水生生物的监测，计算水生生物指标，判断水体的污染程度，从生物学角度对水生态系统的状况进行评价。

水生生物指标具有生态学指示性强、计算相对简单、结果明了、易解释、结果易为管理部门和公众理解接受等优点。国外许多国家已将水生生物监测列入常规水质监测范畴，并将基于水生生物的水生态评价广泛应用于水生态系统管理工作。美国建立了包括大型底栖动物、藻类、鱼类的河流生物评价方法（Barbour et al., 1999）；澳大利亚、英国、南非等国家和地区分别选用大型底栖动物、鱼类、河岸带植被等水生生物作为水生态健康的评价指标，实现了水生态系统的生物监测与评价（Ladson et al., 1999；Smith et al., 1999；Wright et al., 2000；唐涛 等, 2002）。我国于 2015 年提出《水污染防治行动计划》，标志着国内水污染控制与水环境管理正在由单纯的水质污染控制向全面的水生态系统安全保障转变，强调了应提升水生生物监测的技术支撑能力。生态环境部颁布了《水生态监测技术指南　河流水生生物监测与评价（试行）》（HJ 1295—2023）和《水生态监测技术指南　湖泊和水库水生生物监测与评价（试行）》（HJ 1296—2023），这些是国内迄今为止正式发布的、较为全面的水生态环境质量监测与评价技术指南，其中基于水生生物的水生态环境质量评价方法，可适用于国内各类水体的水生态评价。

衡水湖自然保护区主要水体包括湖泊和河流，掌握其水生态环境状况对保护区的环境管理与生态建设具有重要作用。本次科学考察调查分别参考了《水生态监测技术指南　河流水生生物监测与评价（试行）》和《水生态监测技术指南　湖泊和水库水生生物监测与评价（试行）》，通过选取适宜的水生生物指标，进行衡水湖自然保护区湖泊和河流水体的水生态状况评价，以期为衡水湖自然保护区的水环境管理提供一定基础和技术支撑。

### 5.3.1　基于浮游生物的湖泊水生态评价

浮游生物是湖泊生态系统的重要组成部分，因其群落组成、密度等特性，较易受水环境条件变化的影响，对湖泊生态系统水生态状况具有较好的指示作用，并被广泛应用于监测与评价湖泊水质（潘双叶 等, 2008；傅园园, 2015）。

本研究参考生态环境部颁布的《水生态监测技术指南 湖泊和水库水生生物监测与评价（试行）》，选取湖泊水体中浮游植物和浮游动物的香农—威尔指数（香农指数）开展衡水湖水生态环境质量评价。评价具体过程如下：

（1）根据调查数据与下列计算公式，得出各点位的浮游植物和浮游动物香农指数值及平均值。香农指数计算公式为：

$$H=-\sum_{i=1}^{s}\left(\frac{n_i}{N}\right)\log_2\left(\frac{n_i}{N}\right) \tag{1-1}$$

式中：$H$——香农指数；

$n_i$——第 $i$ 种生物个体数；

$N$——总个体数；

$S$——物种数。

（2）参照技术指南中水生生物指标分级赋分标准，确定各样点生物综合评价分值（表5-3）。当水生生物指标同时使用2种及以上生物类群评价的，采用最差评价结果代表最终的评价结果。

表 5-3　水生生物指标分级赋分标准

| 指数 | 严重污染 | 重污染 | 中度污染 | 轻度污染 | 清洁 |
|---|---|---|---|---|---|
| 香农指数 | $H=0$ | $0<H\leq1$ | $1<H\leq2$ | $2<H\leq3$ | $H>3$ |
| 赋分 | 1 | 2 | 3 | 4 | 5 |

根据上述评价方法，分别计算湖泊秋、春和夏季各样点浮游植物和浮游动物的香农指数，并参照分级标准进行赋分，所得结果见表5-4。

表 5-4　衡水湖自然保护区湖泊水生态评价结果

| 时间 | 指数 | DH-1 | DH-2 | DH-3 | DH-4 | DH-5 | DH-6 | XH-1 | XH-2 | 均值 | 评价结果 |
|---|---|---|---|---|---|---|---|---|---|---|---|
| 秋季 | 浮游植物香农指数 | 3.855 | 3.763 | 3.148 | 2.831 | 2.112 | 2.060 | 1.621 | 1.336 | 2.591 | 轻度污染 |
| | 赋分 | 5 | 5 | 5 | 4 | 4 | 4 | 3 | 3 | 4 | |
| | 浮游动物香农指数 | 2.187 | 2.161 | 2.252 | 1.278 | 2.463 | 2.192 | 2.664 | 2.236 | 2.179 | |
| | 赋分 | 4 | 4 | 4 | 3 | 4 | 4 | 4 | 4 | 4 | |
| 春季 | 浮游植物香农指数 | 3.736 | 3.024 | 3.328 | 2.538 | 2.561 | 3.344 | 3.616 | 1.956 | 3.013 | 轻度污染 |
| | 赋分 | 5 | 5 | 5 | 4 | 4 | 5 | 5 | 3 | 5 | |
| | 浮游动物香农指数 | 1.000 | 1.000 | 2.236 | 2.322 | 2.642 | 1.922 | 2.950 | 3.301 | 2.172 | |
| | 赋分 | 2 | 2 | 4 | 4 | 4 | 3 | 4 | 5 | 4 | |
| 夏季（一） | 浮游植物香农指数 | 4.095 | 2.430 | 2.146 | 2.853 | 2.523 | 2.465 | 1.994 | 1.989 | 2.562 | 轻度污染 |
| | 赋分 | 5 | 4 | 4 | 4 | 4 | 4 | 3 | 3 | 4 | |
| | 浮游动物香农指数 | 2.222 | 2.466 | 2.660 | 2.322 | 2.626 | 2.187 | 2.233 | 3.241 | 2.495 | |
| | 赋分 | 4 | 4 | 4 | 4 | 4 | 4 | 4 | 5 | 4 | |
| 夏季（二） | 浮游植物香农指数 | 3.192 | 2.957 | 2.725 | 3.246 | 3.087 | 2.149 | 2.185 | 1.583 | 2.640 | 轻度污染 |
| | 赋分 | 5 | 4 | 4 | 5 | 5 | 4 | 3 | 3 | 4 | |
| | 浮游动物香农指数 | 2.587 | 1.868 | 2.550 | 2.190 | 2.670 | 2.264 | 2.043 | 2.172 | 2.293 | |
| | 赋分 | 4 | 3 | 4 | 4 | 4 | 4 | 4 | 4 | 4 | |

根据湖泊水生态评价结果，总体上看，整个湖泊秋、春和夏季均为轻度污染，尽管在不同取样区域的生态状况随季节有所变化。其中秋季的大湖 4 号点位、小湖 1 号和 2 号点位水生态状况相对较差，为中度污染，其余点位均为轻度污染；春季的大湖 1 号、2 号点位水生态状况相对较差，为重度污染，大湖 6 号点位为中度污染，小湖 2 号点位水生态状况相对较差，为中度污染，其余点位均为轻度污染；夏季 7 月份第一次采样时的小湖 1 号、2 号点位水生态状况相对较差，为中度污染，其余点位均为轻度污染；夏季 8 月份第二次采样时的大湖 2 号、小湖 2 号点位水生态状况相对较差，为中度污染，其余点位均为轻度污染。

综合上述评价结果，浮游生物指标指示出衡水湖整体处于轻度污染状态，不同湖区的状况存在一定差异，部分点位水生态状况存在一定程度的退化，建议未来结合水质监测与污染源调查结果，分析造成湖泊水生态退化的原因，并提出不同湖区水生态保护与修复方案，以改善衡水湖的水生态状况。

## 5.3.2　基于底栖动物的河流水生态评价

底栖无脊椎动物或底栖动物是河流水生态系统的重要组成部分。底栖动物因其具有良好的指示作用、种类多、分布广、活动场所相对固定以及个体较大，相对易于辨认等特点，成为了国内外河流水生态评价中应用较为广泛的水生生物。底栖动物指数是目前国际上可单独使用并已建立国家规范或标准的水质生物评价指数（Beyene et al.，2009），底栖动物在国内河流水生态评价中也日益得到应用（吴东浩 等，2011）。

本次参考生态环境部颁布的《水生态监测技术指南　河流水生生物监测与评价（试行）》，选取底栖动物香农指数（计算方法参照浮游生物）进行保护区内滏阳新河、滏东排河和冀码渠的水生态环境质量评价。根据调查数据计算各点位底栖动物的香农指数值及平均值，同时参照技术指南中水生生物指标分级赋分标准，确定各样点生物综合评价分值。

根据河流水生态评价结果，秋季冀码渠东点位为重污染，其他河流点位均为轻度污染；春季滏东排河东、滏阳新河西为轻度污染，其他河流点位为中度污染；夏季（一）冀码渠西点位为清洁，冀码渠东点位为中度污染，其他点位均为轻度污染；夏季（二）滏东排河西点位为清洁，滏阳新河西点位为中度污染，其他点位均为轻度污染（表 5-5）。

表 5-5　衡水湖自然保护区河流水生态评价结果

| 时间 | 指数 | 滏东排河东 | 滏东排河西 | 滏阳新河西 | 滏阳新河东 | 冀码渠西 | 冀码渠东 | 均值 | 评价结果 |
|---|---|---|---|---|---|---|---|---|---|
| 秋季 | 底栖动物香农指数 | 2.696 | 2.134 | 2.404 | 2.949 | 2.031 | 0.207 | 2.070 | 轻度污染 |
| | 赋分 | 4 | 4 | 4 | 4 | 4 | 2 | 4 | |
| 春季 | 底栖动物香农指数 | 2.626 | 1.491 | 2.990 | 1.944 | 1.898 | 1.673 | 2.104 | 轻度污染 |
| | 赋分 | 4 | 3 | 4 | 3 | 3 | 3 | 4 | |
| 夏季（一） | 底栖动物香农指数 | 2.558 | 2.584 | 2.621 | 2.326 | 3.085 | 1.585 | 2.460 | 轻度污染 |
| | 赋分 | 4 | 4 | 4 | 4 | 5 | 3 | 4 | |
| 夏季（二） | 底栖动物香农指数 | 2.330 | 3.077 | 1.459 | 2.937 | 2.387 | 2.164 | 2.392 | 轻度污染 |
| | 赋分 | 4 | 5 | 3 | 4 | 4 | 4 | 4 | |

总体上看，滏阳新河、滏东排河和冀码渠秋、春和夏季均为轻度污染，但部分河段在不同季节的水生态状况存在一定差异。

综合上述评价结果，底栖动物指标指示出衡水湖自然保护区不同河流的水生态状况存在一定程度的退化，建议未来可根据水生态评价结果开展不同河段的水质监测与污染源调查，分析造成水生态退化的原因，并有针对性地采取相应的水生态修复与治理措施，以全面系统地改善衡水湖自然保护区河流的水生态状况。

## 5.4 底栖动物优势类群介绍

### 5.4.1 软体动物

#### 1. 圆扁螺属 *Hippeutis*（图5-6、图5-7）

贝壳中等大小，其直径为7~10 mm，贝壳呈厚圆盘状或扁圆盘状，壳内无隔板，中央略凹入，在下面通常看不到同样的螺层。衡水湖自然保护区优势种为尖口圆扁螺（*Hippeutis cantori*）、大脐圆扁螺（*H. umbilicalis*）。

图5-6　尖口圆扁螺（采自河流）

图5-7　大脐圆扁螺（采自湖泊）

#### 2. 萝卜螺属 *Radix*（图5-8~图5-11）

贝壳呈圆锥形或椭圆锥形，螺旋部的高度大于或等于壳口的高度，贝壳较小，贝壳呈耳状或椭圆形等，螺旋部小于壳口的高度。衡水湖自然保护区优势种为耳萝卜螺（*Radix auricularia*）、椭圆萝卜螺（*R. swinhoei*）等。

图5-8　梯旋萝卜螺（*R. latispira*）

（采自湖泊、河流、鱼塘）

图5-9　长萝卜螺（*R. pereger*）

（采自湖泊、河流、鱼塘）

图 5-10　椭圆萝卜螺（采自湖泊、河流、鱼塘）

图 5-11　狭萝卜螺（*R. lagotis*）

（采自湖泊、河流、鱼塘）

### 3. 沼螺属 *Parafossarulus*（图 5-12、图 5-13）

厣为石灰质；贝壳呈宽卵圆锥形或长圆锥形，体螺层膨胀或略大；壳面上具有螺旋纹或螺棱，壳面不光滑。衡水湖自然保护区优势种为大沼螺（*Parafossarulus eximius*）、纹沼螺（*P. striatulus*）等。

图 5-12　大沼螺（采自湖泊、河流、鱼塘）

图 5-13　纹沼螺（采自湖泊、河流、鱼塘）

### 4. 环棱螺属 *Bellamya*（图 5-14、图 5-15）

贝壳中等大小，成体壳高一般在 40 mm 以下，贝壳外形呈梨形、圆锥形、长圆锥形或宽圆锥形，壳面上具有明显的螺棱，体螺层上螺棱的数目不超过 4 条。衡水湖自然保护区优势种为角形环棱螺（*Bellamya angularis*）、铜锈环棱螺（*B. aeruginosa*）等。

图 5-14　角形环棱螺（采自湖泊、河流、鱼塘）

图 5-15　铜锈环棱螺（采自湖泊、河流、鱼塘）

### 5. 膀胱螺属 *Physa*（图 5-16）

贝壳中等，呈卵圆形，左旋，壳质薄，螺旋部低，体螺层膨大。壳口卵形。衡水湖自然保护区优势种为尖膀胱螺（*Physa acuta*）。

图 5-16　尖膀胱螺（采自湖泊、河流、鱼塘）

## 5.4.2　水生昆虫

### 1. 划蝽科 Corixidae（图 5-17）

该科最明显的特征是前足短，膨大为铲子状，易于挖掘，后足桨状，具有游泳刷，触角位于眼下方，且短于头部。喙短，1 节三角形，藏于上唇底部。

图 5-17　划蝽科昆虫（采自河流）

### 2. 潜水蝽科 Naucoridae（图 5-18）

体扁广、卵形，体末端无刺，头部嵌生在前胸，前翅膜质部无网状翅脉。前足强壮，利于捕获和掘握食物；中后足具游泳刷，触角一般很小，有时甚至难以发现，位于眼下方，隐生于头部下，喙圆柱状。稍弯曲 3~4 节，腹部末端不具呼吸管。

### 3. 螟蛾科 Pyralidae（图 5-19）

幼虫通常陆生，但也有水生的。水螟的幼虫分头、胸、腹 3 部分，头分下口式和前口式，头的两侧通常各有 6 个单眼，这些单眼为黑点，无晶体。许多水螟幼虫具气管鳃，气管鳃通常位于第 2~3 胸节和腹节上，少数也位于第 1 胸节，有时第 9 和第 10 腹节也具有气管鳃。气管鳃丝状，单生或簇生；气管鳃多不分枝。

图 5-18　潜水蝽科昆虫

（采自河流、鱼塘）

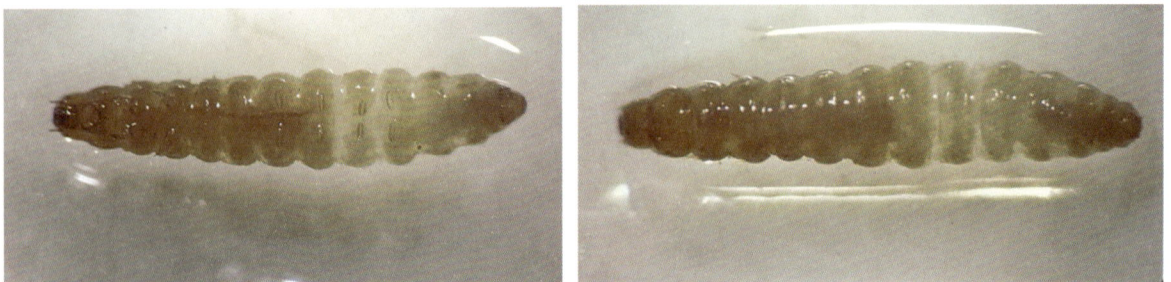

图 5-19　螟蛾科昆虫（采自河流）

## 4. 幽蚊科 Chaoboridae（图 5-20）

头壳或内部的咽骨常显著，非周气门式，否则腹端无角状管，前胸无剑骨；头壳完整且不缩在胸内；头、胸及第 1 腹节明显分开；腹部有 7 或 8 对伪足，靠近流水岩石上；头部上唇无或少毛，不呈毛刷状；触角具长的端鬃，有时起到捕捉作用。

**图 5-20　幽蚊科昆虫**（采自河流、鱼塘）

# 第6章 鱼类

衡水湖是典型的内陆淡水湿地，自然状态为一片整体的洼地，湖域面积 75 km²，是华北平原仅次于白洋淀的第二大内陆淡水湖泊。衡水湖由人工隔堤将其分为东湖和西湖，其中东湖单片湖体面积 42.5 km²（含冀州小湖），为华北平原单个水域面积最大的湖泊湿地。衡水湖区周边河流属海河系的子牙河系，主要河流有滏阳河、滏阳新河和滏东排河，从衡水湖北侧流过，并有涵闸与衡水湖相通（蒋志刚，2009）。衡水湖周边还分布有冀码渠、冀吕渠、卫千渠、盐河故道等河渠。目前，衡水湖主要通过自然降水和东、西两条引水线路引水而得到水源补给，东线主要是引蓄黄河水和岳城水库水资源，而西线主要是引蓄上游岗南黄壁庄水库的汛期流水。

衡水湖具有独特的自然景观，草甸、沼泽、人工水体和自然水体等多种生态系统并存，拥有丰富的浮游生物、底栖生物、水生植物等生物资源（蒋志刚，2009），为鱼类提供了丰富的饵料和繁殖、生存生境，使得衡水湖鱼类多样性较高、经济鱼类资源较丰富（韩九皋，2007；武大勇 等，2011）。衡水湖湿地作为国家级自然保护区，其主要保护对象是内陆湿地生态系统及重点保护鸟类，而衡水湖湿地生态系统中的鱼类成了其中众多鸟类的食物来源，因此鱼类资源也是衡水湖湿地生态系统复杂食物网中的重要环节之一，是维持其生物多样性的基础（周绪申 等，2020）。另外，作为衡水湖水生态系统中的主要组成部分，鱼类对湖区的水质改善、生态平衡也起着举足轻重的作用，在维持生态平衡特别是保护水生态环境安全方面有着不可替代的作用（张春光和赵亚辉，2013）。

近 20 年来，国内学者陆续开展了衡水湖鱼类资源的调查。曹玉萍等（2003）调查记录到衡水湖鱼类 27 种，隶属于 7 目 13 科 26 属；韩九皋（2007）报道衡水湖有鱼类 34 种，隶属于 7 目 13 科 32 属；蒋志刚（2009）结合文献和实地调查认为衡水湖水域有 34 种鱼类，隶属于 8 目 14 科 31 属；闫丽等（2021）最新调查记录到衡水湖有鱼类 39 种，隶属 6 目 13 科 33 属。

尽管上述调查所得结果不尽一致，但总体反映出衡水湖鱼类种数呈增加的趋势，这可能与从黄河引水而带来新的鱼种、衡水湖水生生态环境条件得到改善等因素有关（周绪申 等，2020；闫丽 等，2021）。在分析研究以往鱼类调查结果的基础上，科考人员于 2020 年 11 月（冬季）、2021 年 3 月（春季）和 2021 年 7 月（夏季），对衡水湖自然保护区的鱼类资源开展了调查，旨在摸清衡水湖鱼类资源的本底情况并分析研判其变化趋势，为保护区鱼类资源的有效保护、科学管理和持续利用提供基础数据，为更好地保护和管理衡水湖湿地生态系统提供科学支撑。

## 6.1 调查方法 ●●●●

### 6.1.1 采样方法

参照《全国淡水生物物种资源调查技术规定（试行）》《内陆水域渔业自然资源调查手册》

（张觉民和何志辉，1991）和《环境影响评价技术导则 生态影响》（生态环境部，2022）中有关淡水鱼类调查方法开展调查。以捕捞法为主进行采样调查，同时辅以访谈法、市场调查法，并结合近20年来的相关资料，查明衡水湖自然保护区的鱼类种类、分布及资源状况。几种主要的调查方法介绍如下：

①资料查阅法：通过查阅衡水湖自然保护区以往的资源调查报告和科学考察报告以及衡水湖鱼类调查相关的文献等资料，熟悉衡水湖鱼类资源的基本情况。

②捕捞法：在当地渔民的协助下，调查人员在衡水湖东湖（含冀州小湖）的不同水域（如靠近挺水植物水域、开阔水域等）随机设置调查样线，沿样线布施不同规格的渔网（网目：7 cm、10 cm、12 cm、14 cm；长度：50 m、100 m；网高：1.5 m、2 m、4 m）和当地传统的地笼（横截面为25~35 cm、长 15 m 左右），对鱼类进行捕捞调查。隔天（晚）后起网或取出地笼（图6-1、图6-2）。

（a）传统地笼捕捉鱼类标本　　　（b）渔网捕捉鱼类标本　　　（c）开湖捕鱼日调查

**图6-1　鱼类调查方法**

**图6-2　调查过程中所捕获的部分鱼类实物标本**

③鱼类市场调查法：调查人员对位于后韩家村公路边及顺民庄附近公路边的小型鱼市进行多次调查访问，从当地渔民在鱼市摆卖的渔获物中收集鱼类标本（主要针对的是小杂鱼）（图6-3）。

图 6-3　后韩家村附近鱼市上出售的部分鱼类和其他水产品

每年从12月1日到次年8月31日为衡水湖的禁渔期。2020年和2021年的开湖捕鱼日均为当年的9月1日。因此，调查人员利用衡水湖的开湖捕鱼季节进行了渔获物和捕捞量的初步调查统计。

④访谈调查法：调查人员对当地鱼市从业人员及渔民进行访谈，获得渔获量、鱼类种类和数量变化趋势等方面的信息。

### 6.1.2　标本鉴定与处理

对捕捞法和市场调查法所采集到的鱼类个体标本进行初步分类鉴定、计数、测量记录和拍照，对形态上确定为同一物种且采集数量较多的种类，只选取适当数量个体于–20℃温度下冷冻保存，供进一步分类鉴定之用。

在室内对所有标本做进一步的物种鉴定，鉴定主要参照《中国鱼类系统检索》（成庆泰和郑葆珊，1987），《河北动物志 鱼类》（王所安，2003），《北京及邻近地区淡水鱼类》（张春光 等，2019），《中国动物志 鲤形目》（陈宜瑜 等，2008）等专业书籍。本次调查鱼类分类主要参考了《中国内陆淡水鱼类名录与分布》（张春光 等，2016）一书中所采用的分类系统。

部分保存完好的个体被制作成浸制标本，以供后续研究、展览和观赏之用。

## 6.2　鱼类种类组成　●●●●●

本次科学考察在衡水湖自然保护区共捕获、记录到鱼类32种（包括标本和对常见且易辨识的鱼类准确的目击记录），隶属于6目15科30属。

结合本次调查所记录到的鱼类种数，通过查阅以往文献（曹玉萍 等，2003；韩九皋 等，2006；韩九皋，2007；蒋志刚，2009；周绪申 等，2020；闫丽 等，2021）获得衡水湖鱼类历史记录，根据《中国内陆淡水鱼类名录和分布》（张春光 等，2016）所采用的分类系统对这些历史记录进行了整理，并去除了历史记录中所存在的同物异名现象，衡水湖水域共记录有鱼类45种，分属于6目15科37属。

本次衡水湖自然保护区鱼类名录整理和变动主要涉及：所依据的分类系统将中华刺鳅（*Sinobdella sinensis*）由原来的刺鳅目（Mastacembeliformes）、刺鳅科（Mastacembelidae）归入合鳃鱼目（Symbranchidae）、刺鳅科（Mastacembelidae）；将青鳉（*Oryzias latipes*）由原来的鳉形目（Cyprinodonitiformes）、鳉科（Cyprinodonitidae）归入颌针鱼目（Beloniformes）、鳉科（Cyprinodonitidae），而不再保留刺鳅目和鳉形目；原归为鲑形目（Salmoniformes）的大银鱼（*Protosalanx hyalocranius*）等归入胡瓜鱼目（Osmeriformes）；新分类系统还将中国的栉虾虎鱼属（*Ctenogobius*）归入吻虾虎鱼属（*Rhinogobius*），而不再保留栉虾虎鱼属；等等。

需要说明的是，本次科学考察调查所更新的衡水湖自然保护区鱼类物种名录中的部分鱼类系根据原有文献记载所得。为了保持科学考察的延续性，这部分鱼类物种经过如上所述的分析、部分调整修改后，除剔除了同物异名的物种记录之外，其余的均保留在名录中，且个别被认为分布存疑的种类仍保留在名录中，如大眼鳜（*Siniperca kneri*）（表6-1）。

表6-1　衡水湖自然保护区鱼类名录

| 目/科 | 序号 | 种 | 生活水层 | 食性 | 相对数量 |
|---|---|---|---|---|---|
| | | 鲤形目Cypriniformes | | | |
| 鲤科 Cyprinidae | 1 | 马口鱼*Opsariichthys bidens*\* | 中上 | 动 | |
| | 2 | 草鱼*Ctenopharyngodon idellus* | 中 | 植 | + |
| | 3 | 红鳍原鲌*Culter erythropterus* | 上 | 动 | ++++ |
| | 4 | 贝氏鳘*Hemiculter bleekeri*\* | 上 | 杂 | |
| | 5 | 鳘*Hemiculter leucisculus* | 上 | 杂 | +++ |
| | 6 | 团头鲂*Megalobrama amblycephala* | 中下 | 植 | ++ |
| | 7 | 鳊*Parabramis pekinensis* | 中下 | 植 | ++ |
| | 8 | 寡鳞银飘鱼*Pseudolaubuca sinensis*\* | 上 | 杂 | |
| | 9 | 逆鱼*Pseudobrama simoni* | 下 | 植 | ++ |
| | 10 | 银鲴*Xenocypris argentea*\* | 下 | 植 | |
| | 11 | 细鳞斜颌鲴*Xenocypris microlepis*\* | 下 | 植 | |
| | 12 | 鳙*Aristichthys nobilis* | 上 | 动 | ++++ |
| | 13 | 鲢*Hypophthalmichthys molitrix* | 上 | 植 | ++++ |
| | 14 | 兴凯鱊*Acheilognathus chankaensis* | 中下 | 杂 | +++ |
| | 15 | 大鳍鱊*Acheilognathus macropterus* | 中下 | 杂 | +++ |
| | 16 | 斑条鱊*Acheilognathus taenianalis* | 中下 | 杂 | ++ |
| | 17 | 中华鳑鲏*Rhodeus sinensis* | 中下 | 植 | +++ |
| | 18 | 彩石鳑鲏*Rhodeus lighti*\* | 中下 | 植 | |

| 目/科 | 序号 | 种 | 生活水层 | 食性 | 相对数量 |
|---|---|---|---|---|---|
| 鲤科<br>Cyprinidae | 19 | 棒花鱼Abbottina rivularis | 底 | 杂 | ++++ |
| | 20 | 花鲭 Hemibarbus maculatus* | 下 | 动 | |
| | 21 | 麦穗鱼Pseudorasbora parva | 上 | 杂 | ++++ |
| | 22 | 黑鳍鳈Sarcocheilichthys nigripinnis* | 下 | 杂 | |
| | 23 | 长蛇鮈Saurogobio dumerili* | 底 | 杂 | |
| | 24 | 鲫Carassius auratus | 下 | 杂 | +++ |
| | 25 | 鲤Cyprinus carpio | 下 | 杂 | ++ |
| 花鳅科<br>Cobitidae | 26 | 中华花鳅Cobitis sinensis* | 底 | 杂 | |
| | 27 | 泥鳅Misgurnus anguillicaudatus | 底 | 杂 | +++ |
| | 28 | 大鳞副泥鳅Paramisgurnus dabryanus | 底 | 杂 | ++ |
| 鲇形目Siluriformes | | | | | |
| 鲇科<br>Siluridae | 29 | 鲇Silurus asotus | 底 | 动 | + |
| 鲿科<br>Bagridae | 30 | 黄颡鱼Pelteobagrus fulvidraco | 底 | 动 | +++ |
| | 31 | 乌苏拟鲿Pseudobagrus ussuriensis* | 底 | 动 | |
| 胡瓜鱼目Osmeriformes | | | | | |
| 银鱼科<br>Salangidae | 32 | 大银鱼Protosalanx hyalocranius | 下 | 动 | ++++ |
| | 33 | 尖头银鱼 Salanx acuticeps | 下 | 动 | ++ |
| 颌针鱼目Beloniformes | | | | | |
| 鱵科<br>Hemirhamphidae | 34 | 鱵Hemirhamphus sajori | 上 | 动 | + |
| 大颌鳉科<br>Adrianichthyidae | 35 | 青鳉Oryzias latipes | 上 | 植 | ++++ |
| 合鳃鱼目Symbranchiformes | | | | | |
| 合鳃鱼科<br>Symbranchidae | 36 | 黄鳝Monopterus albus | 底 | 动 | ++++ |
| 刺鳅科<br>Mastacembelidae | 37 | 中华刺鳅Sinobdella sinensis | 中 | 动 | +++ |
| 鲈形目Perciformes | | | | | |
| 鮨鲈科<br>Percichthyidae | 38 | 鳜Siniperca chuatsi | 中 | 动 | + |
| | 39 | 大眼鳜Siniperca kneri* | 中 | 动 | |
| 沙塘鳢科<br>Odontobutidae | 40 | 黄黝鱼Hypseleotris swinhonis | 底 | 动 | ++++ |
| 虾虎鱼科<br>Gobiidae | 41 | 波氏吻虾虎鱼Rhinogobius cliffordpopei* | 底 | 杂 | |
| | 42 | 子陵吻虾虎鱼Rhinogobius giurinus | 底 | 动 | ++++ |
| 斗鱼科<br>Osphronemidae | 43 | 圆尾斗鱼Macropodus chinensis | 中 | 动 | +++ |

| 目/科 | 序号 | 种 | 生活水层 | 食性 | 相对数量 |
|---|---|---|---|---|---|
| 鳢科<br>Ophiocephalidae | 44 | 乌鳢*Ophiocephalus argus* | 底 | 动 | + |
| 丽鱼科<br>Cichlidae | 45 | 尼罗罗非鱼*Oreochromis niloticus* | 中 | 杂 | + |

注：*表示历史记录有而本次调查没有记录到的物种；"动"指动物，"植"指植物，"杂"指杂食。

## 6.3　鱼类区系分析 ●●●●●

衡水湖水域所有记录到的这45种鱼类均为硬骨鱼纲（Osteichthyes）的纯淡水鱼类。鲤形目的鱼类物种数最多，为28种，占衡水湖水域所有鱼类种数的62.2%；其次为鲈形目，有8种，占17.0%；鲇形目有3种，占6.7%；合鳃鱼目、颌鱵鱼目和胡瓜鱼目各有2种，分别占鱼类总种数的4.4%；鳉形目只有1种，占2.2%。

在科级分类水平上，鲤科鱼类物种数最多，共有25种，为优势科；其次为花鳅科，有3种；鳀科、银鱼科、鮨鲈科和虾虎鱼科各有2种；其余9科均只有1种鱼类。

而在属级分类单元上，鱊属（*Acheilognathus*）有3种鱼类，鲴属（*Xenocypris*）、鲬属（*Hemiculter*）、吻虾虎鱼属（*Rhinogobius*）各有2种鱼类，其余各属均只有1种鱼类，无明显优势属。

在本次衡水湖调查所记录到的32种鱼类中，从个体数量上看，鲤形目鲤科鱼类中的鲢、鳙、鲫、红鳍原鲌、棒花鱼、麦穗鱼、中华鳑鲏、兴凯鱊和花鳅科的泥鳅、胡瓜鱼目的大银鱼以及鲈形目的子陵吻虾虎鱼等数量相对较多，为优势种。从重量上来看，鲢和鳙是当地水域的绝对优势种，每年的开湖捕鱼季最主要的渔获物便是鳙和鲢。

在衡水湖水域记录到的45种鱼类中，以动物食性、杂食性种类居多，分别为17种和18种，分别占总鱼种数的37.8%和40.0%；植食性或草食性种类较少，为10种，占22.2%。在鱼类的水体垂直分布方面，以主要营底栖生活和主要在中层水体（包括中、中上、中下水体）活动的种类居多，分别为14种和13种；其次为主要在上层和下层水体活动的种类，均为9种。

## 6.4　鱼类种类变化趋势 ●●●●●

对衡水湖鱼类资源的系统调查是从21世纪初才开始的。曹玉萍等（2003）报道了衡水湖鱼类27种，隶属于7目13科26属。韩九皋等（2006）报道衡水湖水域的鱼类为31种，隶属于7目13科30属；而韩九皋（2007）在2007年的鱼类资源调查中又多发现了3种，达34种，隶属于7目13科32属。蒋志刚（2009）结合实地调查和文献记录认为该水域有34种鱼类，但是隶属于8目14科31属，比韩九皋（2007）报道的结果多出1个新的鱼类目（颌针鱼目）。

闫丽等（2021）在2019—2020年共调查记录到39种鱼类，隶属于6目13科34属。相比于以往的调查结果，闫丽等（2021）所报道的39种鱼类中有多种是以往任何调查都没有记录到的鲤科鱼类，如彩石鳑鲏、大鳍鱊、兴凯鱊、马口鱼、寡鳞银飘鱼、银鲴、细鳞斜颌鲴、黑鳍鳈和点纹颌须鮈，以及鲈形目的波氏栉虾虎鱼和胡瓜鱼目的大银鱼。即使考虑到与历史记录鱼种可能存在的同物异名现象，如兴凯鱊与黑臀刺鳑鲏、黑鳍鳈与黑鳍唇鮈、波氏栉虾虎鱼与波氏吻虾虎鱼同物异名等（陈咏霞和管敏，2011；陈校辉 等，2005；张春光 等，2016），闫丽等（2021）仍记录到了数种衡水湖以前没有记录的鱼类。这意味着，衡水湖鱼类物种数在近年来有了较大的增加。

通过比较分析上述多次调查结果可以看出，近年来衡水湖水域不断有新的鱼类物种被发现，鱼类物种数有增多的趋势。这除了与近年来对衡水湖鱼类调查研究的力度、频度增强有关外，可能与衡水湖从黄河补水带入新的鱼种和通过人工引种无意带入有关。韩九皋（2007）认为连续3年（2003—2005年）"引黄济湖"和2006年的"引岳济衡"是导致衡水湖鱼类在2007年比2005年增加了3种的主要原因。蒋志刚（2009）首次在衡水湖记录到颌针鱼目的鱵鱼，推测为当地渔民引种过程中夹带而致。又比如，在闫丽等（2021）的调查和本次调查中（2020—2021年），均发现大量的大银鱼，当地渔民在银鱼鱼汛期间甚至使用专门的网具捕捞银鱼，在当地的鱼市上也能看到大量销售银鱼的情形。据当地渔民介绍，银鱼应该是随着衡水湖从黄河引水而进入衡水湖的，也有可能由于1991—1992年当地试引银鱼养殖后其逃逸到湖体（武胜来 等，2009），或两者兼而有之。在闫丽等（2021）所报道的39种鱼类中，有8种小型鲤科鱼类为近10年来衡水湖鱼类新记录种，他们认为这是因为衡水湖补水有了保障，导致鱼类种类不断增加。

## 6.5　鱼类资源现状及变化趋势　● ● ● ● ●

衡水湖目前从每年的12月初到次年8月底实行禁渔。2020年和2021年的开湖捕鱼日期均为9月1日。因此，本次科考调查团队人员利用开湖捕鱼的机会尝试调查统计衡水湖的鱼类捕捞情况（图6-4）。

图6-4　2020年9月1日开湖捕鱼季首日典型渔获物

在 2020 年和 2021 年的 9 月 1—3 日，也就是开湖后的前 3 天，调查人员前往湖边同样的 3~4 个固定的码头，通过观察和对渔民的访谈，了解渔获量及种类等情况。

据了解，衡水湖综合执法局 2020 年给渔民发放了约 450 个捕捞许可证。2020 年开湖第 1 天清晨有大量渔船不停地往返于岸边和湖中。据观察和统计，平均每条渔船每次收网作业能捕获 100~150 kg，1 天能捕获 500 kg 左右的鱼。但第 2 天的情形与第 1 天大不一样，归来的渔船和买鱼的人比第 1 天少得多。渔民们普遍反映捕到的鱼很少，以至于有 1/3 左右的渔民放弃下湖捕鱼了，可能只有约 300 条渔船，每条渔船的捕捞量不及第 1 天的 1 半，为 150~200 kg。第 3 天的情况比第 2 天更甚，下湖捕鱼的渔船更少，每船的捕获量也更少了。据此估计得出 2020 年 9 月开湖头 3 天的捕捞量（表 6-2）。

表 6-2　2020 年 9 月开湖头 3 天捕捞量估算

| 日期 | 渔船数（条） | 平均捕捞量（kg） | 总捕捞量（kg） |
| --- | --- | --- | --- |
| 9月1日 | 450 | 500 | 225000 |
| 9月2日 | 300 | 200 | 60000 |
| 9月3日 | 150 | 100 | 15000 |
| 总计 | | | 300000 |

在调查中发现，无论是数量上还是重量上，渔民捕获最多的是鳙和鲢；还有很少量的鲤鱼、乌鳢、鲇、黄颡鱼、红鳍原鲌、鲫鱼等，以往习见的草鱼几乎没有见到。有不少个体较大的鳙鱼，本次科学考察中见到的最大的鳙鱼达 10 kg，5~8 kg 的鳙鱼个体也不少见，也见到 1 例体长达 60 cm 的鲤鱼个体，其余的都是 1~2 kg 的个体。大多数渔民对这样的收获比较满意，但同时也普遍反映，今年捕获量较往年的要少，他们认为主要是因为水位太高，不利于下网。

而在 2021 年 9 月开湖后头 3 天的调查中，却发现了不同于 2020 年的情形。首先，开湖第 1 天在同样的时间、同样的码头只见到稀稀拉拉的渔船收网靠岸卸货。虽然捕捞的鱼类绝大多数仍然是鳙和鲢，但个体比去年的整体要小很多，很难见到 5 kg 以上的鳙鱼，仅能偶见 3~4 kg 的，而绝大多数都是 1 kg 左右的个体，并且体型、大小比较整齐（图 6-5）。

图 6-5　2021 年 9 月 1 日开湖捕鱼季首日典型的渔获物

尽管 2021 年发放了 371 个捕捞许可证（其中东湖大湖 288 个、冀州小湖 83 个），但据渔民反映，因为担心捕捞量太少，所以只有 2/3 左右购买了捕捞许可证的渔船（约 300 条），最终于 9 月 1 日下湖捕鱼。每条船第 1 天捕获 250~300 kg。在第 2 天和第 3 天的实地调查和渔民的访谈中，发现存在与去年同样的变化趋势，即不仅下湖捕鱼的渔船数大大减少，而且每条船平均捕捞量也大大减少。据此可估计得出 2021 年 9 月开湖头 3 天的捕捞量（表 6-3）。

表 6-3  2021 年 9 月衡水湖开湖头 3 天捕捞量估算

| 日期 | 渔船数（条） | 平均捕捞量（kg） | 总捕捞量（kg） |
|---|---|---|---|
| 9 月 1 日 | 300 | 300 | 90000 |
| 9 月 2 日 | 200 | 150 | 30000 |
| 9 月 3 日 | 100 | 75 | 7500 |
| 总计 | | | 127500 |

假设在 2020 年和 2021 年开湖之后第 4 天到开湖结束（11 月 30 日）期间，平均每天仍有 100 条渔船在湖中捕鱼作业，每条船平均每天能捕捞 50 kg 鱼，则整个捕鱼季期间（共 88 天），2020 年的捕捞量约为 740 t；2021 年的捕捞量约为 567.5 t。

由于未对整个捕鱼季（9 月 1 日—11 月 30 日）的捕捞量进行完整、详细的调查统计分析（事实上也无法做到），很难准确地计算衡水湖每年的捕捞量，但从 2020 年和 2021 年开湖捕鱼头 3 天的调查情况以及估算的捕捞量来看，衡水湖鱼类资源量存在比较明显的衰减趋势，这也符合渔民及周边居民对衡水湖捕捞量变化的日常感受，即不仅捕捞量少了，而且一些常见的鱼类也变少了，比如以前常见的鲤鱼和草鱼，尤其是草鱼，现今已很难见到。

在 20 世纪 80 年代，衡水湖地区开始进行大规模捕捞；20 世纪 90 年代中期，捕捞能力形成规模并趋于饱和，捕捞渔船曾多达 1200 条，大型网箔 1000 余套，从业人员近万人，年捕捞量曾达 2500 t（含网箱养殖鱼类产量）（武胜来 等，2009）。从上文估算的捕捞量来看，假设在禁渔期外没有捕捞的话，目前的衡水湖的年捕捞量（740 t 或 567.5 t）远低于 20 世纪中期的 2500 t。

从本次鱼类调查及以往的调查结果来看，一方面是衡水湖水域的鱼种类呈现增多的趋势，而另一方面湖泊的鱼类捕捞量却呈下降的趋势。衡水湖水域新增的鱼种类主要是以小型鲤科鱼类为主，它们虽然数量多，但由于个体小，故不能在重量上成为优势类群，也无法成为开湖捕鱼头几天的捕捞对象。

从 2020 年和 2021 年所捕获的鳙和鲢个体大小来看，衡水湖水域中鱼类个体体重下降趋势也比较明显，与个体大小下降趋势相对应的是，个体年龄也可能呈低龄化趋势发展，因为大多数所捕捞到的鳙和鲢均为 1 kg 左右的个体，并且体型和大小非常整齐，很可能是之前一两年人工增殖放流的个体。

韩九皋（2007）在 21 世纪初所采集的衡水湖鱼类标本中占重量和数量比例最大的均是鲤，分别为 44.68% 和 10.47%，是衡水湖重要的渔业资源，但从 2020 年和 2021 年开湖捕获的鱼类种类和重量来看，现在衡水湖水域的鲤资源衰减得很严重，恐已难以形成渔业资源了。同样的情况也出现在草鱼上，在开湖捕鱼的头 3 天，更难得一见草鱼。

与曹玉萍等（2003）在 2000 年代初所观察到的现象一样，科考人员于 2020—2021 年春、夏、秋季节在当地的小型鱼市（如顺民庄附近的鱼市、后韩家村附近的鱼市）的数次现场调查中发现，每天都有大量的鲢、鳙、泥鳅、黄鳝，适量的鲤鱼、草鱼等经济鱼类出售，这些鱼绝大多数可能来自人工养殖。同时，也有大量的小型经济鱼类、河虾、小龙虾、螺等水产品出售，主要有鲫鱼、麦穗鱼、棒花鱼、鳑鲏鱼、虾虎鱼、红鳍原鲌等。据鱼市商贩介绍，这些小杂鱼均捕自衡水湖及周边河流，虽然个体小，但因为量大，所以也成了当地鱼市商贩出售的主要渔获物和主要经济鱼类。据对位于后韩家村的鱼市观察调查，每天都有不超过 50 kg 这样的小杂鱼于上午上市，在几个固定的摊位出售。在这些出售的小杂鱼中，即使属于经济鱼类、曾经的优势种鲫鱼，其个体也呈现小型化。衡水湖的鱼类生产力下降，鱼类个体小型化和低龄化问题仍然存在，并可能变得更为突出了。

此外，一些具有经济价值并较常见的鱼类出现在衡水湖水域，如银鲴、细鳞斜颌鲴、逆鱼等。这些种类多属于中国东部自然淡水水体中分布比较广泛且有一定经济价值的种类，它们在衡水湖水域的持续生存，一定程度上说明目前该水域水环境的好转，也可能给当地的渔业经济带来一定的增长。

近年来，可能随着衡水湖引水而带入的新的外来鱼种有逐渐增多的趋势。这些外来物种，对当地鱼类资源和水生生态系统的结构和功能将产生的影响，需要进一步的观察和监测，以预防发生外来入侵物种的危害。除此之外，目前引入的养殖种类（如尼罗罗非鱼、鳜）对衡水湖当地土著鱼类的影响也有待进一步研究。

除了捕捞之外，在衡水湖及其周边区域还存在着一只庞大的垂钓队伍，据称多达上千人，他们常年在衡水湖边及周边的河流边垂钓，白天、晚上均有垂钓活动。虽然很难计算出这些垂钓者每年的实际垂钓量，但假设有 1000 人全年（按 300 天计算）钓鱼，平均每人每天能钓到 1 kg 鱼，则全年的垂钓量可达 300 t，几乎是 2020 年开湖捕鱼头 3 天的捕捞量。因此，垂钓活动对衡水湖水域渔业资源的潜在影响也不可小觑。

## 6.6 保护管理建议 ●●●●

鉴于上述问题，对衡水湖自然保护区的渔业资源管理和利用提出如下建议：

①从目前鱼类资源捕捞量下降及个体小型化和低龄化的变化趋势来看，尽管近年来持续地开展了增殖放流活动，衡水湖水域仍然很大程度上存在过度捕捞的问题。目前虽然有禁渔期和捕捞许可证的措施，但在禁渔期也存在比较普遍的捕鱼现象，尤其是对小杂鱼的捕捞，而这些小杂鱼可能是其他肉食性经济鱼类和众多水鸟的食物。对这些小杂鱼的过度、不加控制的捕捞行为，很可能会直接影响其他肉食性鱼类的生存和繁殖，也会影响鸟类的生存，对整个食物链产生影响。因此，建议延长目前的禁渔期，并对小杂鱼也设立禁渔期和开湖期。更重要的是，需要严格执行禁渔规定，加大宣传和处罚力度，以起到必要的震慑作用。甚至，可以仿照长江禁渔 10 年的做法，在衡水湖水面严格实行禁渔 5 年的措施，以期尽快恢复并壮大衡水湖的鱼类资源。

②开展衡水湖鱼类资源量，尤其是鲢、鳙资源量的估算研究。国内外采取多种方法对自然水体水质污染进行生态治理，如在滇池、太湖等湖泊开展"以鱼治水"成效显著。衡水湖近年来也开展鲢、鳙放流，以期"以渔控藻"，达到减轻污染、改善水质的目的。但是，目前对衡水湖每年的鱼类资源量仍然不清楚，难以制订科学的捕捞方案和捕捞量，难以科学地估算增殖放流鲢、鳙等鱼类的数量和比例。为达到科学投放净水鱼类，提高水生态环境资源利用效率，提高捕捞方案的科学性，亟须估算衡水湖水域鱼类资源量，尤其是鲢、鳙的资源量，为制订科学的投放计划和捕捞方案提供依据。

③加强对垂钓人员和垂钓活动的管理。如上所述，垂钓活动对衡水湖水域的鱼类资源的潜在影响不可小觑，不能放任自流、不加管束，而应采取措施加强对垂钓活动的管理。建议尽快出台和实施衡水湖垂钓活动管理办法，仿照通行的欧美等国家和地区的垂钓管理办法，实行垂钓许可制度，对垂钓季节、地点、垂钓种类和大小、垂钓者每人持有钓竿的种类和数量、鱼钩的使用等进行规定和规范，并严格执行。

④近年来随着衡水湖引水量的增加，湖面水位较前几年已经有了明显的抬升。湖面水位的抬升可能对湖中水草植物的生长和繁殖带来影响。事实上，湖中的水草面积近年来大量减少，而这些水草很多是一些重要的经济鱼类的索饵场和产卵场，如鲫和鲤等。水草面积的大量减少，使得这些依赖水草觅食和产卵的鱼类失去了天然的觅食地和产卵场所，无法产卵繁殖。因此，需要对衡水湖水域的鱼类产卵场所进行调查和分析，研究水深和水草的互动关系，并采取措施保护和恢复鱼类的水草产卵场所，使鱼类资源能持续发展。

# 第7章 两栖爬行动物

　　两栖爬行动物是脊椎动物由水生向陆生演化的中间类群，也是食物链和生态系统中的重要类群。与其他类群脊椎动物相比，它们一般具有体型较小、对环境变化较敏感等特性，其种类和种群数量常常被用于表征生态系统稳定性。因此，两栖爬行动物可作为生态系统健康的重要指示类群，可以尽早预警生态环境变化（史娜娜 等，2022）。开展两栖爬行动物多样性研究不仅是进行动物资源保护和合理利用的基础工作，也是维持生态系统完整和健康的重要保障。

　　在过去20余年，已有学者对河北省不同地区的两栖爬行动物进行了调查研究。孙力汉（2002）根据河北两栖爬行动物和哺乳动物分布模式对河北动物地理区划进行研究，划分出了3个亚区，9个动物地理省；吴跃峰等（2009）编著的《河北动物志 两栖 爬行 哺乳动物类》则对河北省的两栖爬行动物种类、形态特征及其分布等进行了全面的总结。王广力等（2019）于2018年7月和8月对邢台西部太行山区两栖爬行动物资源现状进行了调查，共记录两栖爬行动物2纲2目8科12属18种，其中两栖动物5种，爬行动物13种。孟德荣等（2008）于2001年5月至2007年10月对河北沧州地区的两栖爬行动物进行了调查，共记录两栖动物1目3科3属6种，爬行动物2目7科11属15种，其区系成分以广布种和古北种为主。

　　衡水湖自然保护区虽然具有丰富的野生动植物资源，但两栖爬行动物种类和数量相对比较贫乏。韩九皋等（2007）曾报道衡水湖自然保护区有两栖动物2目4科4属7种和爬行动物2目5科10属15种。在此基础上，蒋志刚（2009）结合实地调查，报道衡水湖自然保护区记录有两栖动物1目3科6种和爬行动物2目5科11种，并且在这17种两栖爬行动物中，广布种有10种，东洋种只有1种，具有明显的北方动物区系的特点。

　　近十年来，衡水湖自然保护区及其周边地区的土地利用类型和水文情势发生了很大的变化，导致包括两栖爬行动物在内的动物生境发生了很大的改变，而两栖爬行动物对环境变化敏感，有必要对衡水湖自然保护区的两栖爬行动物资源现状进行调查。因此，科考团队于2020年7月至2021年8月对衡水湖自然保护区范围内的两栖爬行动物资源进行了实地调查，以为两栖爬行类动物的保护和管理工作提供参考和数据支持。

## 7.1 调查方法 ●●●●

　　2020年7月、2020年8月、2021年5月和2021年8月分4次对衡水湖自然保护区范围内及紧邻保护区的周边地区的两栖爬行动物进行了实地调查。因为两栖动物以夜行性活动为主，爬行动物昼行性和夜行性活动兼而有之，因此，为力求覆盖各类群动物活动时间，主要于白天（7：00—19：00）和夜晚（20：00—24：00）两个时间段进行调查。

调查方法以样线法为主，辅以样点调查法。综合考虑两栖爬行动物的生境需求，以及衡水湖自然保护区当地地形、植被、水文及土地利用状况等实际情况布设16条调查样带，每条样带宽约10 m，长度1~3 km。样带主要分布在衡水湖北堤大道南北两侧的湖边人工林（2条）和滏东排河岸边（3 km左右，2条）、滏阳新河两岸（约3 kg，2条）、滏东排河与滏阳新河之间的农田和庄稼地（6条，每条长约2 km）、滏阳新河健步道南侧（1条，长约3 km）、西湖庄稼地或鱼塘边（2条，长约2 km）、冀码渠东岸（1条，长约2 km）等；固定样点位于南李庄及其周边鱼塘、荷花园、保护区管理局院内小水塘及池塘、大赵常村河边、国道106西侧购物中心池塘边等处。调查人员分成2组，每组2或3人，在样线两侧以1~2 km/h的速度同步前进，记录两栖爬行动物的种类（或痕迹）、数量和生境，并记录发现时间和地点。

在实地调查的基础上，结合文献和与当地居民的访谈，整理分析两栖爬行动物在衡水湖自然保护区的历史分布记录，最后形成衡水湖自然保护区两栖爬行动物名录。

两栖爬行动物的物种鉴定主要依据《河北动物志 两栖 爬行 哺乳动物类》（吴跃峰 等，2009）、《中国动物志 爬行纲 第三卷 蛇亚目》（赵尔宓 等，1998）、《中国动物志 爬行纲 第二卷 蜥蜴亚目》（赵尔宓 等，1999）。衡水湖自然保护区两栖爬行动物名录按照《中国两栖、爬行动物更新名录》（王剀 等，2020）所确立的分类系统整理，并对照该名录对保护区两栖爬行动物名录中所有物种的学名进行了更新。衡水湖自然保护区物种名录中物种的保护等级按照最新的《国家重点保护陆生野生动物名录》（Ⅰ、Ⅱ级）（2021年）、《河北省重点保护陆生野生动物名录》（2021年），以及《有重要生态、科学、社会价值的陆生野生动物名录》（2000年）予以确定。名录中物种的濒危等级按照《中国脊椎动物红色名录》（蒋志刚 等，2016）中的评估等级予以确定。

## 7.2 物种组成和区系分析 ●●●●

根据科考人员的实地调查及参考相关文献，衡水湖自然保护区记录有20种两栖爬行动物（含3种外来入侵物种），隶属于3目11科（表7-1），其中两栖类动物7种，隶属于1目4科；爬行动物13种，隶属于2目7科。两栖类中的牛蛙（*Rana catesbeiana*）和爬行类的红耳龟（*Trachemys scripta*）与大鳄龟（*Macroclemys temminckii*）为外来入侵物种，实际记录本地两栖爬行动物3目9科17种，后续分析仅考虑本地有分布的这17个物种。

表7-1 衡水湖自然保护区两栖爬行动物名录及区系

| 物种名称 | 动物区系 | 保护级别 | 受胁状态 | 资料来源 | 备注 |
|---|---|---|---|---|---|
| 一 两栖纲AMPHIBIA | | | | | |
| Ⅰ无尾目ANURA | | | | | |
| 蟾蜍科Bufonidae | | | | | |
| 1 中华蟾蜍*Bufo gargarizans* | 广布种 | ◆ | LC | A | |
| 2 花背蟾蜍*Strauchbufo raddei* | 古北界 | ◆ | LC | B | |
| 蛙科Ranidae | | | | | |
| 3 牛蛙*Rana catesbeiana* | | | | C | 外来入侵种 |
| 4 黑斑侧褶蛙*Pelophylax nigromaculatus* | 广布种 | ◆ | NT | A | |

| 物种名称 | 动物区系 | 保护级别 | 受胁状态 | 资料来源 | 备注 |
|---|---|---|---|---|---|
| 5 金线侧褶蛙*Pelophylax plancyi* | 广布种 | ◆ ⊙ | LC | A | |
| 叉舌蛙科Dicroglossidae | | | | | |
| 6 泽陆蛙*Fejervarya multistriata* | 东洋界 | ◆ ⊙ | LC | A | |
| 姬蛙科Microhylidae | | | | | |
| 7 北方狭口蛙*Kaloula borealis* | 古北界 | ◆ ⊙ | LC | A | |
| 二　爬行纲REPTILIA | | | | | |
| II 龟鳖目TESTUDOFORMES | | | | | |
| 鳖科Trionychidae | | | | | |
| 8 中华鳖*Pelodiscu sinensis* | 广布种 | ◆ ⊙ | EN | C | |
| 地龟科Geoemydidae | | | | | |
| 9 乌龟*Mauremys reevesii* | 广布种 | II | EN | B | |
| 泽龟科Emydidae | | | | | |
| 10 红耳龟*Trachemys scripta* | | | | A | 外来入侵种 |
| 鳄龟科Chelydridae | | | | | |
| 11 大鳄龟*Macroclemys temminckii* | | | | C | 外来入侵种 |
| III 有鳞目SQUAMATA | | | | | |
| 蜥蜴亚目LACERTILIA | | | | | |
| 壁虎科Gekkonidae | | | | | |
| 12 无蹼壁虎*Gekko swinhonis* | 古北界 | ◆ | VU | A | |
| 蜥蜴科Lacertidae | | | | | |
| 13 丽斑麻蜥*Eremias argus* | 古北界 | ◆ | LC | A | |
| 蛇亚目SERPENTES | | | | | |
| 游蛇科Colubridae | | | | | |
| 14 黄脊游蛇*Orientocoluber spinalis* | 古北界 | ◆ | LC | B | |
| 15 赤链蛇*Lycodon rufozonatus* | 广布种 | ◆ | LC | B | |
| 16 双斑锦蛇*Elaphe bimaculata* | 广布种 | ◆ | LC | B | |
| 17 白条锦蛇*Elaphe dione* | 古北界 | ◆ | LC | B | |
| 18 黑眉锦蛇*Elaphe taeniura* | 广布种 | ◆ ⊙ | EN | B | |
| 19 红纹滞卵蛇*Oocatochus rufodorsatus* | 广布种 | ◆ | LC | B | |
| 20 虎斑颈槽蛇*Rhabdophis tigrinus* | 广布种 | ◆ | LC | B | |

注：保护级别中 ◆指国家保护的有益的或者有重要经济、科学研究价值的陆生野生动物；⊙指河北省重点保护陆生野生动物；II指国家II级重点保护野生动物。受胁状态中LC—无危；EN—濒危；NT—近危；VU—易危。资料来源中A指捕捉或观察到实体；B指文献记录；C指野外观察到动物尸体。

衡水湖自然保护区在动物地理区划上属于华北区（II）、黄淮平原亚区（IIA）、冀东南省（IIA₂）。在衡水湖自然保护区记录到的6种本地两栖动物中，有2种为古北界种类，3种为广布种，1种为东洋界种类，带有明显的东洋界华中区向古北界华北区渗透的区系特点。在 11 种本地爬行动物中，有 7 种为广布种，4 种古北界种类，无东洋界物种，广布种占有较大优势。从上可以看出，衡水湖自然保护区的两栖爬行动物都是广布种成分占优势，其次是古北界成分占较大比例，两栖动物中有少量的东洋界成分侵入，这些反映出本区处于东洋界与古北界的交错过渡地带，带有浓厚的古北界特色，如花背蟾蜍（*Strauchbufo raddei*）、北方狭口蛙（*Kaloula borealis*）、无蹼壁虎（*Gekko swinhonis*）、丽斑麻蜥（*Eremias argus*）等都为典型的古北界物种。

由此可见，衡水湖自然保护区是两栖爬行动物向西北和东南方向扩散的一个重要区域，这也与《中国动物地理》（张荣祖，2011）将古北界华北区分成黄土高原亚区和黄淮平原亚区相符合，从动物地理区划角度而言，衡水湖自然保护区对保护包括两栖爬行动物在内的生物多样性具有重要的意义。

衡水湖自然保护区所处的动物地理分区海拔高度 0~110 m，年均气温 12℃，是河北全省气温最高的地区，年均降水 500~600 mm；植被以栽培植被为主，生态环境相对较为单一，两栖爬行类动物的种类少，分别仅占全国的 1.2%（全国 515 种本土两栖类动物）和 2.2%（全国 511 种本土爬行类动物）。两栖爬行动物种类和资源量均较匮乏，但优势种类和常见种类较为明显，其中两栖动物优势种类为黑斑侧褶蛙（*Pelophylax nigromaculatus*）和泽陆蛙（*Fejervarya multistriata*），其他种类均不多见；爬行动物优势种类为无蹼壁虎和丽斑麻蜥，其他爬行动物种类亦少见。

衡水湖自然保护区两栖动物主要分布在滏东排河和滏阳新河南北两岸漫滩处、冀码渠沿岸漫滩处、大赵常村河边草丛、保护区管理局院内水塘、荷塘等处；爬行动物中的丽斑麻蜥主要分布在村庄住宅墙壁缝隙处，而其他种类主要分布在滏东排河和滏阳新河之间的农田和灌丛交界处、健步道两侧的护坡等处。

## 7.3  主要物种介绍 ●●●●●

### 1. 中华蟾蜍 *Bufo gargarizans*

亦叫中华大蟾蜍。形如蛙，体粗壮，皮肤粗糙，全身布满大小不等的圆形瘰疣；头宽大，吻端圆，吻棱显著；近吻端有小型鼻孔 1 对；眼大而突出；眼后方有圆形鼓膜，头顶部两侧有大而长的耳后腺 1 个。躯体粗而宽。四肢粗壮，前肢短、后肢长，趾端无蹼，步行缓慢。在繁殖季节，雄蟾蜍背面多为黑绿色，体侧有浅色斑纹；雌蟾蜍背面斑纹较浅，瘰疣乳黄色，有棕色或黑色的细花斑；有在砖石洞、土穴中或潜入水底冬眠的习性。为夜出性动物，主要在夜间和晨昏捕食，以蝗虫、蚂蚱、蚜虫、瓢虫等昆虫为食，有时也食蚯蚓、螺类、蜘蛛、虾及小蛇，为农林有益的动物。

### 2. 花背蟾蜍 *Strauchbufo raddei*

体长 6~7 cm 的中等体型蟾蜍。吻端圆，吻棱显著；鼓膜显著，椭圆形；眼间距略大于鼻间距，而略小于上眼睑宽。口后有大疣。耳后腺大而扁平。雄蟾蜍背面橄榄黄色，皮肤粗糙，密布大小瘰疣，上有许多小白刺；雌蟾蜍背面浅绿色，有深褐色或酱黑色花斑，瘰疣稀疏，皮肤较光滑。白天多栖于杂草、石块下或土洞内，黄昏外出觅食。冬季则穴居在沙土中冬眠。在 4—7 月产卵，卵多排列成 2 行或 3 行。花背蟾蜍主要以昆虫为食，其中农作物害虫约占 75%，为农林业有益动物。

### 3. 泽陆蛙 *Fejervarya multistriata*

别名泽蛙。吻钝尖，上下颌缘具 6~8 条深色纵纹，体背面纵肤褶不规则；生活时体色多随环境变化，体背面为灰橄榄色或深灰色，有时杂以红褐色、深绿色的斑纹；两眼之间有横斑；体背面在前肢肩部有"∧"形斑，背后端有"∧"形斑纹或短横纹；背部正中有宽或窄的浅色脊线；四肢有横纹；除雄性咽部黑色外，腹面均为白色。多栖于平原田野、池泽附近及丘陵地带，常在静水水域附近的草丛中隐匿与活动，遇惊扰立即跃入水中。每年5—7月均可产卵，属于一年多次产卵型。食性广泛，主要捕食农林害虫，为农林有益动物。

### 4. 牛蛙 *Rana catesbeiana*

牛蛙原产于北美落基山脉以东地区，是当地的广布种和常见种，因雄蛙的鸣声似牛而得名。牛蛙是北美最大的蛙类，成年体长一般9~20 cm，体重可达0.5~1 kg；成体皮肤通常光滑，无背侧褶，吻部宽圆；雌性的鼓膜约与眼等大，雄性的则明显大于眼。能适应多种栖息环境，营群居生活；每年2—8月产卵，每次产卵1000~25000粒（李成和谢锋，2004）。

牛蛙于1959年被引入中国大陆，1990年开始在国内大范围饲养。由于养殖时管理不善造成的牛蛙逃逸以及人为弃养和有意放生等原因，牛蛙已经在我国广大地区建立起了自然种群。牛蛙属杂食性动物，可捕食多种两栖动物，且可排挤和强占它们的栖息地，致使许多土著两栖动物种群数量减少甚至灭绝。牛蛙还可以携带O1群稻叶型霍乱弧菌（*Vibrio cholerae*）的非流行性株，该菌为人畜共患的致病菌，给人类健康卫生带来威胁。因此，牛蛙被世界自然保护联盟（IUCN）列为全球100种最具危害的外来入侵种之一，也是我国于2003年公布的第一批外来入侵物种名单中唯一的陆栖脊椎动物。

虽然这次在衡水湖自然保护区的科学考察中尚未发现牛蛙实体，但在冀码渠边发现了牛蛙尸体，这有可能是人工饲养的逃逸个体，或者是被扔弃的个体，但也有可能是野外种群的个体。因此，需要对保护区的牛蛙及其影响进行监测调查，建立早期预警机制，一旦发现野外种群或个体，想办法在其聚集地组织捕捉，妥善处置，以尽量减少野外种群数量。同时，对周边的牛蛙养殖户和销售商进行摸底和宣传教育，增强其意识，严禁放养，防止逃逸，更不能有意或无意的扔弃；对大众进行宣传教育，增强意识，做到不放生牛蛙。

### 5. 黑斑侧褶蛙 *Pelophylax nigromaculatus*

别名青蛙、田鸡、蛤蟆。体型较大，吻棱不显，鼓膜大；生活时体色变异很大，背面为黄绿色或深绿色或带灰棕色，上面有不规则的黑斑或全无黑斑；背面皮肤较粗糙，有一对背侧褶，腹面皮肤光滑；吻端到肛部常有一条窄而色浅的脊线；四肢背面有黑色横纹；雄性颈侧有一对外声囊；第一指基部有灰黑色婚垫，有雄性线。常栖于池塘、水沟、洼淀、稻田内，将身体悬浮在水中仅头部露出水面，或在水域附近的草丛中。一般10月份入蛰，4月中旬出蛰。主要在傍晚捕食，以节肢动物昆虫为主要食物，还吞食少量的螺类、虾类及脊椎动物中的鲤科、鳅科小鱼及小蛙、小石龙子等。

### 6. 无蹼壁虎 *Gekko swinhonis*

别名爬墙虎、蝎虎、天龙。身体背面一般呈灰棕色，其深浅程度与生活环境及个体大小有关；体被颗粒状鳞，并有扁圆形的疣鳞；头、颈、躯干、尾及四肢均有深或浅色斑；在颈及躯干背面形成6~7条横斑，尾背面形成11~14条横斑；身体腹面淡肉色；尾基部两侧肛疣2或3个，雄性具肛前孔6~10个；指（趾）间无蹼。可在建筑物墙壁、缝隙及树木、岩缝、岩壁等处分布、栖息活动；夜晚活动，以小型昆虫为食，主要是蛾、蚊、蝇、蜘蛛、小蜂、甲虫等；尾脆易断，受刺激时强烈收缩尾肌，自行脱落，可再生。由于以蚊、蝇等昆虫为食，对人类有益。

### 7. 丽斑麻蜥 *Eremias argus*

额鼻鳞2枚，眶下鳞正常，不嵌入上唇鳞，尾长不超过头体长的1.5倍；背部及腰侧有纵列的白色眼斑或链状纹；身体颜色在不同环境中有一定差异，一般背部土黄色，头顶灰棕色；成体纵纹不明显，但眼斑极显著。栖息于平原、草原、丘陵、低山、农田、灌丛等多种生境中；食物以昆虫为主，多数是害虫，对农林业有益。一般4月初出蛰，5月开始产卵，每次产2或3枚，卵呈黄白色；10月入蛰。分布十分广泛，河北省各地均有分布。

### 8 红耳龟 *Trachemys scripta*

原产美洲，具有很高的食用、药用和观赏价值，而且很适于人工养殖。值得指出的是，虽然红耳龟也被广泛称为巴西龟，但巴西龟事实上是来自巴西的与红耳龟外形很相似的巴西斑彩龟，而目前在我国所见到的大多数红耳龟是来自美国的密西西比河流域。

红耳龟头较小，吻钝；头顶后部两侧有2条红色粗条纹；背甲扁平，每块盾片上具有圆环状绿纹，后缘不呈锯齿状；腹甲淡黄色，具有黑色圆环纹；趾、指间具丰富的蹼。可栖息于多种生境中，食物种类极广，大部分时间生活在水中，且喜欢在清澈的水体中，属杂食性龟，但偏肉食。

红耳龟在野外适应力和繁殖力强，能快速繁衍，侵占本地龟鳖物种的生存空间，并与其竞争食物，对当地的生物多样性造成直接破坏。红耳龟还有很强的杂交能力，在野外不仅可与本种个体交配，还能与本土的其他龟类交配，干扰本土龟种的繁殖，破坏本土龟类的基因，严重影响本土龟种的种质资源。除此之外，红耳龟还能传播沙门氏杆菌，该病菌不仅会对水域内的生物产生危害，更为严重的是会感染人类，症状常表现为腹泻、痉挛、发烧等，情况严重者甚至死亡，对人类健康构成严重威胁。因此，红耳龟已经被世界自然保护联盟（IUCN）列为世界最危险的100种入侵物种之一，也被我国列为第一批23种外来入侵物种之一（赵虎 等，2021）。

红耳龟是1987年前后作为食用龟而被引入我国的，后来逐渐作为宠物和观赏龟来饲养。在饲养过程中由于逃逸或放生等原因，如今红耳龟在我国大部分地区均有野外种群分布。据研究，红耳龟在我国已经造成了比较严重的生态灾难，主要表现为与本土龟鳖竞争生存资源和空间，导致本土龟鳖种群数量下降，甚至灭绝。例如，我国野生中华鳖种群数量近几十年来急剧下降，濒临灭绝，主要因养殖业的飞速发展，为了满足繁殖育种需要而从野外过度捕捞，环境污染，另外红耳龟造成的本地物种生存受阻也是一个潜在因素（赵虎 等，2021）。譬如，在我国南方的一些河流当中，本土的中华草龟（乌龟）已经不见了身影，取而代之的全是红耳龟（张红星，2010）。

衡水湖自然保护区水域里生存的红耳龟可能主要来自放生，夏季湖边经常有售卖红耳龟的摊贩。由于红耳龟对当地龟鳖类（如乌龟、中华鳖）和其他动物的潜在影响，目前尚不得知，因此，保护区管理局需加强对红耳龟及其可能对本地龟鳖类动物的影响的监测，建立早期预警机制；加强对保护区周边龟鳖养殖单位、销售市场的摸底和调查管理，防止养殖红耳龟逃逸到野外；加大对包括红耳龟在内的外来物种危害的宣传力度，杜绝公众弃养宠物，严禁无序非法的放生等活动。

### 9. 大鳄龟 *Macroclemys temminckii*

鳄龟原产于北美洲，是北美洲地区最大的淡水龟，因其背甲的边缘有许多锯齿状的突起，使它们的外观像是穿上铠甲的鳄鱼，故而得名鳄龟。

背甲长20~30 cm，体重4.5~16 kg，其头部较粗大，不能完全缩入壳内，脖短而粗壮；下腭呈钩状；棕黄至黑色，背甲粗糙，腹甲小呈十字形，尾长，尾的背面有一锯齿形脊。每次产卵20~40枚。食性杂，偏肉食性，主食鱼、虾、蛙、小蛇、鸭、水鸟，间食水生植物等；喜夜间活动、摄食；鳄龟在2~38℃可正常生活，12℃以下进入浅冬眠状态，6℃时进入深度冬眠，隐栖于浅溪的泥滩中。

我国于20世纪90年代主要从美国引进鳄龟作为食用龟，但后来发现鳄龟肉味道不好，不再作为肉龟饲养了，而多将其作为宠物龟饲养。鳄龟因个头大、含肉多，深受市场喜爱，在各地观赏鱼和水产品市场均有销售。在养殖过程中由于逃逸或有意放生等原因，目前在我国多个省份已经发现鳄龟野外种群的分布。

鳄龟适应能力极强，生长迅速，繁殖速度快，生性凶猛，具有较强的攻击性。一旦逃逸到野外，由于缺乏天敌，会给本土的鱼虾、两栖类、爬行类甚至鸟类等动物带来严重的危害。

这次综合科考调查中未发现鳄龟实体，但在北堤靠近湖泊侧的湖岸上发现了 2 只鳄龟的尸体。它们有可能来自饲养场的逃逸个体，可能是个人扔弃的，但也可能是野外种群的个体。这需要引起保护区管理局的警觉，采取行动，加强日常监测，做好鳄龟等外来入侵物种的监测调查工作；对周边可能存在的鳄龟养殖户和花鸟鱼虫、宠物市场进行摸底调查，加强饲养监管，防止逃逸；加强宣传教育，防止个人扔弃或有意放生。

### 10. 虎斑颈槽蛇 *Rhabdophis tigrinus*

别名虎斑游蛇、竹竿青。中型蛇类。头较长，略扁，与颈区别明显。背面翠绿色或草绿色，身体前端两侧有黑色与橘红色相间排列的斑块；体中后段橘红色斑块逐渐消失，仅剩下黑色斑块。枕颈部两侧有明显的"八"字形大黑斑。颈背有明显的颈槽。栖息于山区、丘陵、平原的近水域地带，主要以蛙类为食，亦捕食鱼、鸟、昆虫等。行动敏捷，受惊扰时身体前端常平扁竖起或做"乙"状弯曲，颈部显示出红、绿、黑交织的鲜艳色斑。

### 11. 双斑锦蛇 *Elaphe bimaculata*

身体背面灰褐色，有 2 行黑褐色圆斑。圆斑之间常相连成哑铃状。头背具"∧"形黑色斑，尾背中央浅。两侧具暗褐色纵斑。腹面具圆形或三角形黑斑。眼后一黑带达口角。体侧面的斑纹与背部的斑纹交错排列。腹面褐色，散布有不规则的半圆形或三角形的黑斑点。栖息于平原及丘陵，常活动于路边、草丛、乱石堆等环境中，以鼠类及蜥蜴等为食。3 月中下旬即出蛰活动，10 月末冬眠，交配期 8—9 月。为我国特产蛇类。由于食鼠类，对农林业有益。

### 12. 红纹滞卵蛇 *Oocatochus rufodorsatus*

半水栖性无毒蛇类，俗称水蛇。全长在 100 cm 以内，体重 100~200 g。背鳞平滑，背面棕红色或单红褐色，头有 3 条"∧"形深棕色斑纹，一条在吻背，穿过眼沿头侧向后，另 2 条在额部沿枕部向后，分别延续为躯尾背面的 4 条黑褐色纵纹。体前有 4 行杂有红棕色的黑点，渐成黑纵线达尾背；腹面密缀黑黄相间的棋格斑，尾腹面正中为一条黑纵纹。生活于海拔 60~700 m 的平原、丘陵地区，常见于河沟、水田、池塘及其附近。一般在 7—9 月产出仔蛇，每产十余条不等。

### 13. 赤链蛇 *Lycodon rufozonatum*

身体黑褐色，具有红色窄横斑。头部鳞片黑色而鳞缘绯红，额顶至颈背有一"人"字形红纹；腹鳞浅黄无斑。栖息于田野、山林、丘陵、平原、村镇及水域附近。多在傍晚活动，性较凶猛，以鱼类、蛙类、蜥蜴、蛇、鼠、小鸟等为食。卵生，每次产卵十余枚。赤链蛇是我国分布广泛的一种无毒蛇或微毒蛇。河北大部分市、县均有分布，但数量较少。

### 14. 黄脊游蛇 *Orientocoluber spinalis*

别名黄脊蛇、白脊蛇、白线蛇。头背灰褐色，脊背正中有一条镶黑边的黄色纵纹，其前端起于额鳞，后端通达尾末；上唇黄白色，腹面淡黄色。体侧面鳞片边缘色黑，缀成几条深色纵线或点线。生活于平原、丘陵、山麓或河床等开阔地带，河流附近，旱地或林区，行动极为迅速，性温顺，从不主动攻击。昼夜活动，多在白昼活动，主要以鼠类和蜥蜴为食，是鼠类的天敌，有益于农林业。

## 7.4 保护管理建议 ●●●●

### 7.4.1 两栖爬行动物数量和种类变化趋势及其可能原因分析

这次调查只记录到 5 种本土两栖动物，比蒋志刚（2009）和韩九皋等（2007）的调查结果少 1 种（即金线侧褶蛙 *Pelophylax plancyi*），但其中部分种类的个体数量可能与蒋志刚（2009）当时所记录的数量要少。对于爬行动物，这次调查中所记录到的物种数相比于前 2 次要少，我们只记录到了无蹼壁虎、丽斑麻蜥实体，及 1 种蛇的蛇蜕，还有外来入侵物种的红耳龟和鳄龟（尸体）。其中的原因，固然与前后 2 次调查所用调查方法、样线布设地点、调查时间和强度等因素可能有关，但也可能与当地的两栖爬行动物的种类和数量在过去 15 年时间里发生了真实的变化有关，这些变化从下面的 3 个间接证据可以得到印证。

①在调查过程中，科考人员与当地不同区域村庄的居民进行了交流，询问他们对当地的蛇的变化情况的看法和印象。当地居民都说现在的蛇比以前少多了，已经基本上看不到蛇了，认为可能与农林业生产有关，更多的土地变成了耕地和果林，并且在农林业生产中大量使用农药和化肥。

②在每次野外调查（包括对其他类群动物的野外调查）时，科考人员都会多次驱车往返通过北堤大道、滏阳新河北岸、冀码渠岸边的公路，有时在清晨，有时在傍晚和晚上，但在公路上没见到被路杀的两栖爬行动物的尸体或痕迹，但在北堤大道上曾 3 次发现过被路杀的东北刺猬（*Erinaceus amurensis*）尸体，在冀码渠岸边公路上曾发现过一次被路杀的黄鼬（*Mustela sibirica*）尸体。据报道，路杀被认为可能是影响北京松山保护区两栖爬行动物生存的一个潜在威胁（马亮 等，2012）。根据蒋志刚的记录，他们曾在北堤大道上发现过大量被汽车压死的中华大蟾蜍和蛇等两栖爬行动物。虽然通常情况下大蟾蜍成体在繁殖期或幼体在变态登陆时才会大量上路，这次由于和蒋志刚（2009）前后两次调查的时间不同可能会造成这种路杀记录上的差异（野外调查时间也覆盖春、夏季），但也可能与当前衡水湖自然保护区范围内的两栖爬行动物数量减少了这一因素有关。

③科考人员在调查期间曾多次在晚上前往南李庄和大赵常村，甚至是在雨后的晚上，在这些村庄的房前屋后的庄稼地或水沟旁、路灯下仔细搜寻两栖爬行动物，除了在鱼塘边有少量黑斑侧褶蛙和庄稼地里偶尔发现北方狭口蛙之外，没有发现花背蟾蜍等其他两栖爬行动物。尽管如此，某些两栖动物物种（如黑斑侧褶蛙、泽陆蛙）在衡水湖自然保护区范围内仍具有较大的种群数量，这些蛙在春季的傍晚和晚上，尤其是下雨之后的晚上鸣叫，可产生嘈杂的蛙鸣声。

综上所述，结合这次调查所发现的两栖爬行动物种类和数量这一现实，衡水湖自然保护区内的两栖爬行动物的现状确需持续关注。这其中的原因可能有以下 3 种：

①衡水湖自然保护区内土地利用类型在过去 10~15 年时间内发生了较大的变化，随着土地利用类型的变化，大量使用农药和化肥对湿地水体和当地的水体带来面源污染的威胁，不利于两栖爬行动物的生存，尤其不利于两栖动物卵的发育和幼体的生长。诸如此类的环境污染进一步恶化了两栖爬行动物的栖息环境，导致其种类和数量下降。栖息地面积减少和质量下降常常被认为是导致两栖爬行动物种群数量下降的重要原因。

②近年来衡水湖引水使得水位上升和周边河流水文情势发生改变，这些改变可能导致许多水体不再适合两栖动物繁殖、幼体发育。湖泊水位升高，水深增加，周边河流的水位也随之升高，经常是满水位，水流比较急，可能不太适合本区域内分布的部分两栖动物产卵和幼体的发育需求。科考人员曾在滏阳新河两边长有青草的漫滩、缓坡处多次搜寻蛙类，但除了发现少量的泽陆蛙之外，并

没有发现其他蛙类。保护区范围内存在的大量鱼塘因为其水深、陡坡的结构特性及多种消毒液的使用等因素，可能也不利于两栖动物的繁殖和生存。

③衡水湖自然保护区作为华北平原上重要的湿地生态系统自然保护区，具有华北平原典型的两栖爬行动物物种多样性特点。由于本身种类比较贫乏，再加之保护区内人口密集，农业生产活动密集、强度大，游客量过大等原因，对两栖爬行动物的活动和生存繁衍可能造成了较大的威胁。

### 7.4.2　保护管理建议

两栖爬行类动物对环境变化敏感，对新环境的适应能力相对较弱，当受到过度的人为干扰时很难存活。因此，建议衡水湖自然保护区管理部门根据不同两栖爬行物种的受威胁程度，采取以下措施，加强对两栖爬行动物的保护管理：

①加强对土地资源开发利用强度的管理，避免破坏或占用两栖爬行动物的适宜栖息地。

②逐渐恢复和保护两栖爬行动物的栖息环境，特别是两栖类繁殖所需的水体；应减少农药和化肥的使用，尤其是在水体中的使用。

③做好外来入侵物种（尤其是红耳龟、鳄龟、牛蛙）对本地两栖爬行动物及其生境潜在危害的监测和预警；如有必要，开展这些外来入侵物种野外种群的清除工作；做好保护野生动物的宣传工作，提高公众的保护意识，不随意放生外来物种。

④开展两栖爬行动物及其栖息地的专项调查研究和监测，掌握种类和数量变化趋势，识别两栖爬行动物的主要威胁因子。

⑤虽然在本次调查中没有发现路杀两栖爬行动物的现象，但考虑到保护区内道路建设的发展及交通流量的日益增加，有必要在保护区内的关键路段限制车速，同时在保护区主要公路沿线、周边保护带的居民点及生态旅游区设置醒目标志、标牌和标语，以求将公路对两栖爬行动物的路杀影响程度降到最低。

# 第 **8** 章　鸟　类

衡水湖是华北平原第二大内陆淡水湖泊，拥有保存较完整、湖面单体面积最大的内陆淡水湖，具有独特的自然景观和草甸、沼泽、滩涂、水域、林地等多种生境组成的天然湿地生态系统，为众多不同类型的鸟类提供了栖息、觅食、繁殖生境，鸟的种类丰富。衡水湖还地处东亚—澳大利西亚候鸟迁飞路线上，是许多珍稀鸟类南北迁徙、栖息、繁殖和越冬的交汇区（蒋志刚，2009）。

进入 21 世纪以来，有关研究人员对衡水湖自然保护区的鸟类资源进行了调查研究。蒋志刚（2009）通过实地调查和文献查阅，共记录衡水湖自然保护区鸟类 17 目 48 科 142 属 303 种。孟德荣等（2015）于 2004 年 11 月至 2008 年 3 月调查了衡水湖湿地的鸭科鸟类，共记录鸭科鸟类 9 属 26 种。郭子良等（2021）于 2020 年 5 月至 2021 年 4 月调查了衡水湖的水鸟，共记录水鸟 82 种，隶属于 7 目 14 科。随着调查的增多，近年来不断有新鸟种在衡水湖自然保护区范围内被发现，如韩九皋等（2011）于 2010 年 5 月在衡水湖自然保护区发现 1 只彩鹮个体，被认为可能是北飞迁徙途中的迷鸟。李峰等（2021）于 2020 年 11 月 15 日在衡水湖调查监测时发现一只混群于短嘴豆雁（*Anser serrirostris*）群里的红胸黑雁，推测可能为迷鸟。蒋亚辉等（2021）于 2019 年 11 月 13 日观察到一群（约 200 只）的毛腿沙鸡（*Syrrhaptes paradoxus*）。

衡水湖自然保护区的主要保护对象是内陆湿地生态系统及重点保护鸟类。为了掌握衡水湖自然保护区鸟类物种、数量和分布现状，评估衡水湖自然自然保护区鸟类多样性状况，以期为保护区鸟类资源的保护和管理提供基础数据和科学依据，本次科学考察于 2020 年 7 月至 2021 年 7 月对衡水湖自然保护区的鸟类多样性进行了调查。

## 8.1　调查方法 ●●●●●●

本次科学考察分别于 2020 年 7 月和 11 月、2021 年 3 月和 6 月对衡水湖自然保护区的鸟类多样性进行了调查，涵盖春季、夏季和秋季，包括了候鸟的迁徙期和繁殖期（图 8-1）。

本次科学考察采用样线法和样点法调查鸟类的多样性。根据鸟类对栖息地的选择要求，结合调查区域地形、生境类型等生态环境的特点，本次科学考察在不同季节共选定了 19 条样线和 44 个样点，覆盖了调查区的主要生境类型。样线长 1~3 km，样点和样线的编号、GPS 位点、生境类型、干扰状况等信息见表 8-1 和表 8-2。

图 8-1　在不同季节、不同生境开展鸟类调查

表 8-1　衡水湖自然保护区鸟类调查样线信息表

| 序号 | 位置 | 经度（E） | 纬度（N） | 地名 |
|------|------|----------|----------|------|
| 1 | 起点 | 115°39.03′ | 37°39.56′ | 北堤（样带1） |
| | 终点 | 115°38.10′ | 37°39.29′ | |
| 2 | 起点 | 115°38.09′ | 37°36.56′ | 小湖隔堤 |
| | 终点 | 115°35.11′ | 37°33.92′ | |
| 3 | 起点 | 115°33.03′ | 37°36.96′ | 村庄田间路 |
| | 终点 | 115°34.27′ | 37°36.67′ | |

| 序号 | 位置 | 经度（E） | 纬度（N） | 地名 |
|------|------|----------|----------|------|
| 4 | 起点 | 115° 38.52′ | 37° 38.94′ | 三生岛 |
|   | 终点 | 同上 | | |
| 5 | 起点 | 115° 38.19′ | 37° 38.65′ | 梅花岛 |
|   | 终点 | 同上 | | |
| 6 | 起点 | 115° 32.27′ | 37° 33.98′ | 冀码渠附近田间路 |
|   | 终点 | 115° 32.04′ | 37° 33.66′ | |
| 7 | 起点 | 115° 37.36′ | 37° 39.07′ | 北堤（样带2） |
|   | 终点 | 115° 38.07′ | 37° 39.27′ | |
| 8 | 起点 | 115° 37.38′ | 37° 39.22′ | 农田（两河间样带1） |
|   | 终点 | 115° 36.81′ | 37° 40.04′ | |
| 9 | 起点 | 115° 36.08′ | 37° 39.68′ | 农田（河间样带2） |
|   | 终点 | 115° 36.56′ | 37° 39.16′ | |
| 10 | 起点 | 115° 32.83′ | 37° 37.53′ | 西湖鱼塘边 |
|   | 终点 | 115° 32.74′ | 37° 36.98′ | |
| 11 | 起点 | 115° 32.79′ | 37° 37.76′ | 滏阳新河河道 |
|   | 终点 | 115° 32.69′ | 37° 37.58′ | |
| 12 | 起点 | 115° 35.55′ | 37° 38.92′ | 农田（苜宿地） |
|   | 终点 | 115° 35.98′ | 37° 38.84′ | |
| 13 | 起点 | 115° 32.87′ | 37° 36.10′ | 农田（森林公园附近公路下） |
|   | 终点 | 115° 33.47′ | 37° 36.02′ | |
| 14 | 起点 | 115° 39.12′ | 37° 40.50′ | 农田（两河间样带3） |
|   | 终点 | 115° 38.79′ | 37° 39.85′ | |
| 15 | 起点 | 115° 39.15′ | 37° 39.59′ | 北堤（样带3） |
|   | 终点 | 115° 39.48′ | 37° 39.69′ | |
| 16 | 起点 | 115° 39.48′ | 37° 39.71′ | 北堤（样带4） |
|   | 终点 | 115° 39.26′ | 37° 39.65′ | |
| 17 | 起点 | 115° 39.77′ | 37° 39.93′ | 健步道 |
|   | 终点 | 115° 37.29′ | 37° 39.22′ | |
| 18 | 起点 | 115° 36.96′ | 37° 39.11′ | 农田（滏阳新河一侧） |
|   | 终点 | 115° 36.18′ | 37° 38.97′ | |
| 19 | 起点 | 115° 36.75′ | 37° 40.05′ | 农田（滏阳新河一侧） |
|   | 终点 | 115° 36.06′ | 37° 39.72′ | |

**表 8-2　衡水湖自然保护区鸟类调查样点信息表**

| 序号 | 经度（E） | 纬度（N） | 地点名称 |
|---|---|---|---|
| 1 | 115° 39.09′ | 37° 39.56′ | 金鱼养殖基地 |
| 2 | 115° 34.90′ | 37° 37.98′ | 南李庄池塘 |
| 3 | 115° 37.36′ | 37° 39.07′ | 北堤大道（桥） |
| 4 | 115° 32.64′ | 37° 37.56′ | 北启村良心庄鱼塘 |
| 5 | 115° 59.61′ | 37° 64.37′ | 北堤大道（公厕旁） |
| 6 | 115° 35.17′ | 37° 38.63′ | 北堤西北鱼市大桥 |
| 7 | 115° 35.37′ | 37° 38.82′ | 中湖大道南鱼塘 |
| 8 | 115° 34.77′ | 37° 38.34′ | 鱼塘 |
| 9 | 115° 35.26′ | 37° 39.45′ | 滏阳新河岸边 |
| 10 | 115° 36.06′ | 37° 39.72′ | 滏阳新河某桥上 |
| 11 | 115° 38.41′ | 37° 40.53′ | 滏阳新河河道 |
| 12 | 115° 34.01′ | 37° 34.32′ | 冀州古城墙 |
| 13 | 115° 35.05′ | 37° 33.91′ | 公园水坝 |
| 14 | 115° 35.00′ | 37° 36.51′ | 荷花池顺民村 |
| 15 | 115° 38.98′ | 37° 37.93′ | 盐河故道南田村 |
| 16 | 115° 36.92′ | 37° 34.76′ | 小湖管理站 |
| 17 | 115° 33.79′ | 37° 33.51′ | 冀码渠 |
| 18 | 115° 33.13′ | 37° 34.14′ | 冀码渠桥1 |
| 19 | 115° 32.57′ | 37° 34.18′ | 冀码渠桥2 |
| 20 | 115° 32.19′ | 37° 34.15′ | 冀码渠桥3 |
| 21 | 115° 32.12′ | 37° 33.66′ | 大桥 |
| 22 | 115° 32.78′ | 37° 37.53′ | 鱼塘 |
| 23 | 115° 35.15′ | 37° 33.53′ | 冀州博览馆 |
| 24 | 115° 35.62′ | 37° 33.51′ | 游泳馆边池塘 |
| 25 | 115° 38.75′ | 37° 38.57′ | 荷花园 |
| 26 | 115° 40.49′ | 37° 39.64′ | 大赵常村 |
| 27 | 115° 40.58′ | 37° 40.10′ | 滏东排河 |
| 28 | 115° 35.16′ | 37° 37.95′ | 南李庄外池塘 |
| 29 | 115° 31.33′ | 37° 37.57′ | 滏东排河桥 |
| 30 | 115° 30.40′ | 37° 34.46′ | 南尉迟鱼塘 |
| 31 | 115° 33.23′ | 37° 33.82′ | 鱼塘 |

| 序号 | 经度（E） | 纬度（N） | 地点名称 |
|---|---|---|---|
| 32 | 115° 39.02′ | 37° 39.58′ | 北堤（坝） |
| 33 | 115° 37.36′ | 37° 40.30′ | 滏阳新河某桥（施工） |
| 34 | 115° 37.92′ | 37° 40.46′ | 滏阳新河某桥 |
| 35 | 115° 39.27′ | 37° 40.71′ | 滏阳新河河道 |
| 36 | 115° 33.21′ | 37° 37.96′ | 滏东排河河道 |
| 37 | 115° 37.77′ | 37° 38.35′ | 湖中人工岛 |
| 38 | 115° 35.16′ | 37° 37.68′ | 段村鱼塘 |
| 39 | 115° 35.23′ | 37° 38.46′ | 北堤西北鱼市旁大桥 |
| 40 | 115° 34.96′ | 37° 38.36′ | 后韩家村（桥） |
| 41 | 115° 35.25′ | 37° 37.31′ | 中湖大道（绳头村） |
| 42 | 115° 39.90′ | 37° 40.43′ | 河道边农田 |
| 43 | 115° 35.93′ | 37° 37.04′ | 顺民庄 |
| 44 | 115° 38.25′ | 37° 38.35′ | 鸟岛 |

调查人员沿样线以 2~3 km/h 的速度行进，用 10×42 双筒望远镜或（20~60）×80 单筒望远镜进行观察，记录前方及样线两侧发现的鸟类种类和数量，同时对凭鸣声可以确认的鸟类也予以记录。

根据《中国鸟类野外手册》（马敬能 等，2008）及《河北鸟类图鉴》（高宏颖和范怀良，2010）对观察到的鸟类进行鉴定；按照《中国鸟类分类与分布名录（第三版）》（郑光美，2017）所使用的分类体系确定鸟类的目、科、属、种及学名；依据《中国动物地理》（张荣祖，2011），划分鸟类地理分布型。根据实际观测情况、历史资料并结合专家意见，确定鸟类在衡水湖自然保护区的居留型。

## 8.2 鸟类物种组成

本次科学考察（2020—2021 年）在衡水湖自然保护区的鸟类调查中共记录到鸟类 136 种，隶属于 18 目 47 科 92 属。结合保护区历史调查报告和文献资料中所记录到的鸟类，参照《中国鸟类分类与分布名录（第三版）》（郑光美，2017）对这些鸟类记录进行更新、调整后，衡水湖自然保护区共记录有鸟类 20 目 65 科 171 属 332 种，历史记录中有黑天鹅，应该属于圈养逃逸的，在此不予分析（详细名录见附表Ⅵ），占河北省鸟类总种数（486 种）的 68.3%。

相较于保护区的历史调查记录，这次调查新记录鸟类 8 种，分别是斑头雁（*Anser indicus*）、斑尾塍鹬（*Limosa lapponica*）、遗鸥、中华攀雀（*Remiz consobrinus*）、暗绿绣眼鸟（*Zosterops japonicus*）、乌鸫（*Turdus mandarinus*）、红尾斑鸫（*T. naumanni*）和斑文鸟（*Lonchura punctulata*）。

在衡水湖自然保护区的鸟类组成中，雀形目（Passeriformes）有33科72属138种，分别占衡水湖鸟类科、属、种总数的51.8%、42.1%和41.6%，为绝对优势目。其余种类较多的类群依次为鸻形目（Charadriiformes）8科25属58种、雁形目（Anseriformes）1科14属32种和鹰形目（Accipitriformes）2科12属20种（表8-3）。

**表 8-3　衡水湖自然保护区鸟类目、科、属、种统计**

| 序号 | 目 | 科 | | 属 | | 种 | |
|---|---|---|---|---|---|---|---|
| | | 数量 | 占比（%） | 数量 | 占比（%） | 数量 | 占比（%） |
| 1 | 鸡形目Galliformes | 1 | 1.54 | 3 | 1.75 | 3 | 0.90 |
| 2 | 雁形目Anseriformes | 1 | 1.54 | 12 | 7.02 | 32 | 9.64 |
| 3 | 䴙䴘目Podicipediformes | 1 | 1.54 | 2 | 1.17 | 5 | 1.51 |
| 4 | 鸽形目Columbiformes | 1 | 1.54 | 2 | 1.17 | 4 | 1.20 |
| 5 | 夜鹰目Caprimulgiformes | 2 | 3.07 | 3 | 1.75 | 4 | 1.20 |
| 6 | 鹃形目Cuculiformes | 1 | 1.54 | 2 | 1.17 | 5 | 1.51 |
| 7 | 鸨形目Otidiformes | 1 | 1.54 | 1 | 0.58 | 1 | 0.30 |
| 8 | 鹤形目Gruiformes | 2 | 3.07 | 8 | 4.68 | 14 | 4.22 |
| 9 | 鸻形目Charadriiformes | 8 | 12.31 | 25 | 14.62 | 58 | 17.47 |
| 10 | 沙鸡目Pterocliformes | 1 | 1.54 | 1 | 0.58 | 1 | 0.30 |
| 11 | 鹳形目Ciconiformes | 1 | 1.54 | 1 | 0.58 | 2 | 0.60 |
| 12 | 鲣鸟目Suliformes | 1 | 1.54 | 1 | 0.58 | 1 | 0.30 |
| 13 | 鹈形目Pelecaniformes | 3 | 4.62 | 11 | 6.44 | 18 | 5.42 |
| 14 | 鹰形目Accipitriformes | 2 | 3.07 | 12 | 7.02 | 20 | 6.03 |
| 15 | 鸮形目Strigiformes | 1 | 1.54 | 6 | 3.52 | 8 | 2.41 |
| 16 | 犀鸟目Bucerotiformes | 1 | 1.54 | 1 | 0.58 | 1 | 0.30 |
| 17 | 佛法僧目Coraciiformes | 2 | 3.07 | 4 | 2.35 | 4 | 1.20 |
| 18 | 啄木鸟目Piciformes | 1 | 1.54 | 3 | 1.75 | 5 | 1.51 |
| 19 | 隼形目Falconiformes | 1 | 1.54 | 1 | 0.58 | 8 | 2.41 |
| 20 | 雀形目Passeriformes | 33 | 51.77 | 72 | 42.11 | 138 | 41.57 |
| | 总计 | 65 | 100.00 | 171 | 100.00 | 332 | 100.00 |

在属的分类水平上，雀形目的鹀属（*Emberiza*）所含鸟种数最多，为15种；其次为雀形目的柳莺属（*Phylloscopus*），有10种鸟类。其余含5种或5种以上的属有：雁形目的雁属（*Anser*，6种）和鸭属（*Anas*，7种）；鹤形目的鹤属（*Grus*，5种）；鸻形目的鸻属（*Charadrius*，8种）、鹬属（*Tringa*，7种）和滨鹬属（*Calidris*，9种）；隼形目的隼属（*Falco*，8种）；雀形目的伯劳属（*Lanius*，5种）、鸦属（*Corvus*，6种）、鸫属（*Turdus*，5种）、鹨属（*Anthus*，8种）。这13属所含鸟种数为99种，占全部鸟类种数的29.82%。

在科一级的分类水平上，雁形目鸭科含 12 属 32 种鸟类，鹰形目鹰科含 11 属 19 种，鸻形目的鹬科（Scolopacidae）含 9 属 29 种。其余含 5 属及以上的科有：鹭科含 8 属 14 种、鸻科（Charadriidae）3 属 11 种、鸥科含 7 属 12 种、秧鸡科（Rallidae）含 7 属 9 种、鹟科（Muscicapidae）含 9 属 14 种、燕雀科（Fringillidae）含 8 属 10 种、、鸦科（Corvidae）5 属 10 种、百灵科（Alaudidae）5 属 5 种、燕科（Hirundinidae）5 属 5 种。另外，虽然鹤科、隼科、伯劳科（Laniidae）、柳莺科（Phylloscopidae）、鹀科等科都只含 1 属，但它们所含鸟种数分别为 5 种、8 种、5 种、10 种和 15 种。这些科所含鸟种数达 213 种，占鸟类总种数的 64.16%。

## 8.3 鸟类区系及居留型分析 ●●●●

在所有记录到的 332 种鸟类中，古北型 230 种，占鸟类总数的 69.3%；东洋型 28 种，占比 8.4%；广布型 74 种，占比 22.3%。衡水湖地区的鸟类区系组成具有明显的古北界特征。

根据居留型划分，常年居留在衡水湖地区的留鸟计有 41 种，占所记录鸟类的 12.3%；只在春季迁至、夏末秋初迁离衡水湖地区的夏候鸟计有 87 种，占所录鸟类的 26.2%；在秋末到来、在衡水湖地区越冬的冬候鸟计有 40 种，占所录鸟类的 12.1%；在春季北迁或秋季南迁时，途径衡水湖地区的旅鸟计有 164 种，占所录鸟类的 49.4%。衡水湖地区的留鸟多以鸽形目、鸡形目和雀形目中的鸟类为主，而候鸟或旅鸟多以雁形目、鸻形目、鹳形目和鹰形目中的水禽、涉禽、和猛禽等鸟类为主。

衡水湖自然保护区鸟类居留型组成以旅鸟为主，这也从侧面反映了本区为候鸟迁飞时期的主要途经地。其中 164 种旅鸟中古北界鸟类多达 131 种，占古北界鸟类种数的 57%，所以古北界鸟类为迁徙鸟类的绝对优势类群。冬候鸟中有 37 种为古北界鸟种，说明此地也是古北界鸟类南迁的越冬地。

另外，在调查中发现，衡水湖的鸟类优势种存在明显的季节性变化。春季绿头鸭（*Anas platyrnchos*）、斑嘴鸭（*Anas zonorhyncha*）、白骨顶（*Fulica atra*）等数量众多；夏季灰翅浮鸥（须浮鸥，*Chlidonias hybrida*）、黑翅长脚鹬（*Himantopus himantopus*）等则变为优势种；而在秋季又以豆雁（*Anser fabalis*）、灰雁（*Anser anser*）、红嘴鸥（*Chroicocephalus ridibundus*）最为常见。这种季节的差异性也说明了衡水湖已经成为众多鸟类迁徙的重要中转站及食物和能量补给站。

## 8.4 珍稀濒危鸟类 ●●●●

衡水湖自然保护区生境多样，湿地面积大，为鸟类（特别是水鸟）提供了良好的栖息、隐蔽、繁殖、取食地，也吸引了数十种受保护的鸟类在此栖息或繁殖。对照新调整的《国家重点保护野生动物名录》（2021 年版），通过调查统计，衡水湖自然保护区共有国家重点保护鸟类 83 种，占本区鸟类种数的 24.7%，其中国家Ⅰ级重点保护鸟类 20 种，国家Ⅱ级重点保护鸟类 63 种，河北省地方重点保护鸟类 97 种。列为国家Ⅰ级重点保护动物的有鸭科的青头潜鸭，鸨科的大鸨，鹤科的白鹤、白枕鹤、丹顶鹤，鸥科的遗鸥，鹳科的黑鹳、东方白鹳，鹮科的彩鹮，鹭科的黄嘴白鹭，鹈鹕科的斑嘴鹈鹕、卷羽鹈鹕，鹰科的秃鹫、乌雕、白肩雕、金雕、白尾海雕，隼科的猎隼，鹀科的栗斑腹鹀和黄胸鹀（表 8-4）。

**表 8-4　衡水湖自然保护区国家重点保护鸟类名录**

| 序号 | 中文名 | 英文名 | 学名 | 目 | 科 | 现保护等级 |
|---|---|---|---|---|---|---|
| 1 | 青头潜鸭 | Baer's Pochard | *Aythya baeri* | 雁形目 | 鸭科 | I |
| 2 | 黑鹳 | Black Stork | *Ciconia nigra* | 鹳形目 | 鹳科 | I |
| 3 | 东方白鹳 | Oriental Stork | *Ciconia boyciana* | 鹳形目 | 鹳科 | I |
| 4 | 彩鹮 | Glossy Ibis | *Plegadis falcinellus* | 鹈形目 | 鹮科 | I |
| 5 | 黄嘴白鹭 | Chinese Egret | *Egretta eulophotes* | 鹈形目 | 鹭科 | I |
| 6 | 斑嘴鹈鹕 | Spot-billed Pelican | *Pelecanus philippensis* | 鹈形目 | 鹈鹕科 | I |
| 7 | 卷羽鹈鹕 | Dalmatian Pelican | *Pelecanus crispus* | 鹈形目 | 鹈鹕科 | I |
| 8 | 秃鹫 | Cinereous Vulture | *Aegypius monachus* | 鹰形目 | 鹰科 | I |
| 9 | 乌雕 | Greater Spotted Eagle | *Clanga clanga* | 鹰形目 | 鹰科 | I |
| 10 | 白肩雕 | Eastern Imperial Eagle | *Aquila heliaca* | 鹰形目 | 鹰科 | I |
| 11 | 金雕 | Golden Eagle | *Aquila chrysaetos* | 鹰形目 | 鹰科 | I |
| 12 | 白尾海雕 | White-tailed Eagle | *Haliaeetus albicilla* | 鹰形目 | 鹰科 | I |
| 13 | 大鸨 | Great Bustard | *Otis tarda* | 鸨形目 | 鸨科 | I |
| 14 | 白鹤 | Siberian Crane | *Grus leucogeranus* | 鹤形目 | 鹤科 | I |
| 15 | 白枕鹤 | White-naped Crane | *Grus vipio* | 鹤形目 | 鹤科 | I |
| 16 | 丹顶鹤 | Red-crowned Crane | *Grus japonensis* | 鹤形目 | 鹤科 | I |
| 17 | 遗鸥 | Relict Gull | *Ichthyaetus relictus* | 鸻形目 | 鸥科 | I |
| 18 | 猎隼 | Saker Falcon | *Falco cherrug* | 隼形目 | 隼科 | I |
| 19 | 栗斑腹鹀 | Jankowski's Bunting | *Emberiza jankowskii* | 雀形目 | 鹀科 | I |
| 20 | 黄胸鹀 | Yellow-breasted Bunting | *Emberiza aureola* | 雀形目 | 鹀科 | I |
| 21 | 斑头秋沙鸭 | Smew | *Mergellus albellus* | 雁形目 | 鸭科 | II |
| 22 | 红胸黑雁 | Red-breasted Goose | *Branta ruficollis* | 雁形目 | 鸭科 | II |
| 23 | 鸿雁 | Swan Goose | *Anser cygnoid* | 雁形目 | 鸭科 | II |
| 24 | 白额雁 | Greater White-fronted Goose | *Anser albifrons* | 雁形目 | 鸭科 | II |
| 25 | 小白额雁 | Lesser White-fronted Goose | *Anser erythropus* | 雁形目 | 鸭科 | II |
| 26 | 疣鼻天鹅 | Mute Swan | *Cygnus olor* | 雁形目 | 鸭科 | II |
| 27 | 小天鹅 | Tundra Swan | *Cygnus columbianus* | 雁形目 | 鸭科 | II |
| 28 | 大天鹅 | Whooper Swan | *Cygnus cygnus* | 雁形目 | 鸭科 | II |
| 29 | 鸳鸯 | Mandarin Duck | *Aix galericulata* | 雁形目 | 鸭科 | II |
| 30 | 花脸鸭 | Baikal Teal | *Sibirionetta formosa* | 雁形目 | 鸭科 | II |

| 序号 | 中文名 | 英文名 | 学名 | 目 | 科 | 现保护等级 |
|---|---|---|---|---|---|---|
| 31 | 赤颈䴙䴘 | Red-necked Grebe | *Podiceps grisegena* | 䴙䴘目 | 䴙䴘科 | II |
| 32 | 角䴙䴘 | Horned Grebe | *Podiceps auritus* | 䴙䴘目 | 䴙䴘科 | II |
| 33 | 黑颈䴙䴘 | Black-necked Grebe | *Podiceps nigricollis* | 䴙䴘目 | 䴙䴘科 | II |
| 34 | 白琵鹭 | Eurasian Spoonbill | *Platalea leucorodia* | 鹈形目 | 鹮科 | II |
| 35 | 鹗 | Western Osprey | *Pandion haliaetus* | 鹰形目 | 鹗科 | II |
| 36 | 黑翅鸢 | Black-winged Kite | *Elanus caeruleus* | 鹰形目 | 鹰科 | II |
| 37 | 凤头蜂鹰 | Crested Honey-buzzard | *Pernis ptilorhynchus* | 鹰形目 | 鹰科 | II |
| 38 | 松雀鹰 | Besra | *Accipiter virgatus* | 鹰形目 | 鹰科 | II |
| 39 | 雀鹰 | Eurasian Sparrowhawk | *Accipiter nisus* | 鹰形目 | 鹰科 | II |
| 40 | 苍鹰 | Northern Goshawk | *Accipiter gentilis* | 鹰形目 | 鹰科 | II |
| 41 | 白腹鹞 | Eastern Marsh Harrier | *Circus spilonotus* | 鹰形目 | 鹰科 | II |
| 42 | 白尾鹞 | Hen Harrier | *Circus cyaneus* | 鹰形目 | 鹰科 | II |
| 43 | 草原鹞 | Pallid Harrier | *Circus macrourus* | 鹰形目 | 鹰科 | II |
| 44 | 鹊鹞 | Pied Harrier | *Circus melanoleucos* | 鹰形目 | 鹰科 | II |
| 45 | 黑鸢 | Black Kite | *Milvus migrans* | 鹰形目 | 鹰科 | II |
| 46 | 灰脸鵟鹰 | Grey-faced Buzzard | *Butastur indicus* | 鹰形目 | 鹰科 | II |
| 47 | 毛脚鵟 | Rough-legged Buzzard | *Buteo lagopus* | 鹰形目 | 鹰科 | II |
| 48 | 大鵟 | Upland Buzzard | *Buteo hemilasius* | 鹰形目 | 鹰科 | II |
| 49 | 普通鵟 | Eastern Buzzard | *Buteo japonicus* | 鹰形目 | 鹰科 | II |
| 50 | 花田鸡 | Swinhoe's Rail | *Coturnicops exquisitus* | 鹤形目 | 秧鸡科 | II |
| 51 | 斑胁田鸡 | Band-bellied Crake | *Zapornia paykullii* | 鹤形目 | 秧鸡科 | II |
| 52 | 蓑羽鹤 | Demoiselle Crane | *Grus virgo* | 鹤形目 | 鹤科 | II |
| 53 | 灰鹤 | Common Crane | *Grus grus* | 鹤形目 | 鹤科 | II |
| 54 | 水雉 | Pheasant-tailed Jacana | *Hydrophasianus chirurgus* | 鸻形目 | 水雉科 | II |
| 55 | 大杓鹬 | Eastern Curlew | *Numenius madagascariensis* | 鸻形目 | 丘鹬科 | II |
| 56 | 白腰杓鹬 | Eurasian Curlew | *Numenius arquata* | 鸻形目 | 丘鹬科 | II |
| 57 | 翻石鹬 | Ruddy Turnstone | *Arenaria interpres* | 鸻形目 | 丘鹬科 | II |
| 58 | 阔嘴鹬 | Broad-billed Sandpiper | *Calidris falcinellus* | 鸻形目 | 丘鹬科 | II |
| 59 | 半蹼鹬 | Asian Dowitcher | *Limnodromus semipalmatus* | 鸻形目 | 丘鹬科 | II |
| 60 | 领角鸮 | Collared Scops Owl | *Otus lettia* | 鸮形目 | 鸱鸮科 | II |
| 61 | 红角鸮 | Oriental Scops Owl | *Otus sunia* | 鸮形目 | 鸱鸮科 | II |

| 序号 | 中文名 | 英文名 | 学名 | 目 | 科 | 现保护等级 |
|------|--------|--------|------|-----|-----|------------|
| 62 | 雕鸮 | Eurasian Eagle-Owl | *Bubo bubo* | 鸮形目 | 鸱鸮科 | II |
| 63 | 灰林鸮 | Himalayan Owl | *Strix aluco* | 鸮形目 | 鸱鸮科 | II |
| 64 | 领鸺鹠 | Collared Owlet | *Glaucidium brodiei* | 鸮形目 | 鸱鸮科 | II |
| 65 | 纵纹腹小鸮 | Little Owl | *Athene noctua* | 鸮形目 | 鸱鸮科 | II |
| 66 | 长耳鸮 | Long-eared Owl | *Asio otus* | 鸮形目 | 鸱鸮科 | II |
| 67 | 短耳鸮 | Short-eared Owl | *Asio flammeus* | 鸮形目 | 鸱鸮科 | II |
| 68 | 黄爪隼 | Lesser Kestrel | *Falco naumanni* | 隼形目 | 隼科 | II |
| 69 | 红隼 | Common Kestrel | *Falco tinnunculus* | 隼形目 | 隼科 | II |
| 70 | 西红脚隼 | Red-footed Falcon | *Falco vespertinus* | 隼形目 | 隼科 | II |
| 71 | 红脚隼 | Amur Falcon | *Falco amurensis* | 隼形目 | 隼科 | II |
| 72 | 灰背隼 | Merlin | *Falco columbarius* | 隼形目 | 隼科 | II |
| 73 | 燕隼 | Eurasian Hobby | *Falco subbuteo* | 隼形目 | 隼科 | II |
| 74 | 游隼 | Peregrine Falcon | *Falco peregrinus* | 隼形目 | 隼科 | II |
| 75 | 云雀 | Eurasian Skylark | *Alauda arvensis* | 雀形目 | 百灵科 | II |
| 76 | 蒙古百灵 | Mongolian Lark | *Melanocorypha mongolica* | 雀形目 | 百灵科 | II |
| 77 | 震旦鸦雀 | Reed Parrotbill | *Paradoxornis heudei* | 雀形目 | 莺鹛科 | II |
| 78 | 红胁绣眼鸟 | Chestnut-flanked White-eye | *Zosterops erythropleurus* | 雀形目 | 绣眼鸟科 | II |
| 79 | 蓝喉歌鸲 | Bluethroat | *Luscinia svecica* | 雀形目 | 鹟科 | II |
| 80 | 红喉歌鸲 | Siberian Rubythroat | *Calliope calliope* | 雀形目 | 鹟科 | II |
| 81 | 贺兰山红尾鸲 | Ala Shan Redstart | *Phoenicurus alaschanicus* | 雀形目 | 鹟科 | II |
| 82 | 北朱雀 | Pallas's Rosefinch | *Carpodacus roseus* | 雀形目 | 燕雀科 | II |
| 83 | 红交嘴雀 | Red Crossbill | *Loxia curvirostra* | 雀形目 | 燕雀科 | II |

注：I指国家I级重点保护野生动物，II指国家II级重点保护野生动物。

在衡水湖地区所记录到的鸟类中，有44种被列入世界自然保护联盟（IUCN）受胁物种红色名录，其中评估为极度濒危（Critically Endangered，CR）的有青头潜鸭、白鹤和黄胸鹀共3种；评估为濒危（Endangered，EN）的鸟类有东方白鹳、丹顶鹤、大杓鹬（*Numenius madagascariensis*）、猎隼和栗斑腹鹀共5种；评估为易危（Vulnerable，VU）的有红胸黑雁、鸿雁、小白额雁（*Anser erythropus*）、红头潜鸭（*Aythya ferina*）、斑脸海番鸭（*Melanitta fusca*）、角䴙䴘（*Podiceps auritus*）、黄嘴白鹭、乌雕、白肩雕、大鸨、花田鸡（*Coturnicops exquisitus*）、白枕鹤、遗鸥、白颈鸦（*Corvus pectoralis*）、冕柳莺（*Phylloscopus coronatus*）和田鹀（*Emberiza rustica*）共16种；还有20种被评估为近危（Near threatened，NE）的鸟类（表8-5）。

表 8-5　衡水湖自然保护区 IUCN 受胁鸟类名录

| 序号 | 中文名 | 英文名 | 学名 | IUCN受胁状态 |
|---|---|---|---|---|
| 1 | 鹌鹑 | Japanese Quail | *Coturnix japonica* | NT |
| 2 | 鸿雁 | Swan Goose | *Anser cygnoid* | EN |
| 3 | 小白额雁 | Lesser White-fronted Goose | *Anser erythropus* | VU |
| 4 | 红胸黑雁 | Red-breasted Goose | *Branta ruficollis* | VU |
| 5 | 罗纹鸭 | Falcated Duck | *Mareca falcata* | NT |
| 6 | 红头潜鸭 | Common Pochard | *Aythya ferina* | VU |
| 7 | 青头潜鸭 | Baer's Pochard | *Aythya baeri* | CR |
| 8 | 白眼潜鸭 | Ferruginous Pochard | *Aythya nyroca* | NT |
| 9 | 斑脸海番鸭 | White-winged Scoter | *Melanitta fusca* | VU |
| 10 | 角䴙䴘 | Horned Grebe | *Podiceps auritus* | VU |
| 11 | 大鸨 | Great Bustard | *Otis tarda* | EN |
| 12 | 花田鸡 | Swinhoe's Rail | *Coturnicops exquisitus* | VU |
| 13 | 斑胁田鸡 | Band-bellied Crake | *Zapornia paykullii* | NT |
| 14 | 白鹤 | Siberian Crane | *Grus leucogeranus* | CR |
| 15 | 白枕鹤 | White-napped Crane | *Grus vipio* | VU |
| 16 | 丹顶鹤 | Red-crowned Crane | *Grus japonensis* | VU |
| 17 | 凤头麦鸡 | Northern Lapwing | *Vanellus vanellus* | NT |
| 18 | 半蹼鹬 | Asian Dowitcher | *Limnodromus semipalmatus* | NT |
| 19 | 黑尾塍鹬 | Black-tailed Godwit | *Limosa limosa* | NT |
| 20 | 斑尾塍鹬 | Bar-tailed Godwit | *Limosa lapponica* | NT |
| 21 | 白腰杓鹬 | Eurasian Curlew | *Numenius arquata* | NT |
| 22 | 大杓鹬 | Eastern Curlew | *Numenius madagascariensis* | EN |
| 23 | 红腹滨鹬 | Red Knot | *Calidris canutus* | NT |
| 24 | 弯嘴滨鹬 | Curlew Sandpiper | *Calidris ferruginea* | NT |
| 25 | 遗鸥 | Relic Gull | *Ichthyaetus relictus* | VU |
| 26 | 东方白鹳 | Oriental White Stork | *Ciconia boyciana* | EN |
| 27 | 黄嘴白鹭 | Chinese Egret | *Egretta eulophotes* | VU |
| 28 | 斑嘴鹈鹕 | Spot-billed Pelican | *Pelecanus philippensis* | NT |
| 29 | 卷羽鹈鹕 | Dalmatian Pelican | *Pelecanus crispus* | NT |
| 30 | 秃鹫 | Cinereous Vulture | *Aegypius monachus* | NT |
| 31 | 乌雕 | Greater Spotted Eagle | *Clanga clanga* | VU |
| 32 | 白肩雕 | Eastern Imperial Eagle | *Aquila heliaca* | VU |

| 序号 | 中文名 | 英文名 | 学名 | IUCN受胁状态 |
|---|---|---|---|---|
| 33 | 草原鹞 | Pallid Harrier | *Circus macrourus* | NT |
| 34 | 西红脚隼 | Red-footed Falcon | *Falco vespertinus* | VU |
| 35 | 猎隼 | Saker Falcon | *Falco cherrug* | EN |
| 36 | 白颈鸦 | Collard Crow | *Corvus pectoralis* | VU |
| 37 | 冕柳莺 | Eastern Crowned Warbler | *Phylloscopus coronatus* | VU |
| 38 | 震旦鸦雀 | Reed Parrotbill | *Paradoxornis heudei* | NT |
| 39 | 贺兰山红尾鸲 | Ala Shan Redstart | *Phoenicurus alaschanicus* | NT |
| 40 | 小太平鸟 | Japanese Waxwing | *Bombycilla japonica* | NT |
| 41 | 栗斑腹鹀 | Jankowski's Bunting | *Emberiza jankowskii* | EN |
| 42 | 田鹀 | Rustic Bunting | *Emberiza rustica* | VU |
| 43 | 黄胸鹀 | Yellow-breasted Bunting | *Emberiza aureola* | CR |
| 44 | 红颈苇鹀 | Ochre-rumped Bunting | *Emberiza yessoensis* | NT |

注：IUCN物种受胁状态分类中CR指极危；EN指濒危；VU指易危；NT指近危。

在衡水湖记录到的鸟类中，有 48 种被列入《中华人民共和国政府和澳大利亚政府保护候鸟及其栖息环境协定》，占该协定中 81 种鸟类的 59.3%；共有 160 种被列入《中华人民共和国政府和日本国政府保护候鸟及其栖息环境协定》中，占该协定中 227 种鸟类的 70.5%。这些事实说明了衡水湖自然保护区在国际鸟类保护中的重要地位。

## 8.5 鸟类的生态分布 ●●●●

将衡水湖地区的生境分为开阔水域、沼泽苇丛、农田及建筑、人工林地 4 个类型，不同鸟类对生境的选择利用有很大差异（图 8-2）。

开阔水域环境为保护区主要部分，包括湖中水面、挺水植物区、沉水植物区和湖中岛域沿岸沙洲，以及衡水湖周边河流、大小鱼塘等水体。开阔水域环境有大量动植物食物资源，为众多鸟类提供了良好的觅食、繁殖、栖息环境，在此类生境中栖息、觅食的主要有雁鸭类、鹭类、凤头䴙䴘（*Podiceps cristatus*）、小䴙䴘（*Tachybaptus ruficollis*）、白骨顶、普通鸬鹚、灰翅浮鸥、普通燕鸥（*Sterna hirundo*）等鸟类。

沼泽苇丛指湖岸接驳处生长水草、水位较浅的区域，主要植被有芦苇、香蒲等。这类生境为鸟类的栖息繁殖提供了安全隐蔽的场所，丰富的水草和水生生物也成为鸟类的食物来源。在这类生境中，鸭类、鹭类、鸻鹬类、鸥类、鸦雀类，以及东方大苇莺（*Acrocephalus orientalis*）、小鹀（*Emberiza pusilla*）、黄胸鹀、苇鹀（*Emberiza pallasi*）等雀形目鸟类属于优势种。

农田及建筑生境主要分布在衡水湖外围，包括麦田、玉米田、苜蓿田和棉花、果树、向日葵等经济作物，以及居民区、水利设施和道路周边地带，有鸟类可利用的大量草食食物。在迁徙季节，这些生境成了一些雁鸭类鸟类（如豆雁）、灰鹤等冬候鸟的集散地，也是麻雀（*Passer montanus*）、

图 8-2 不同季节鸟类典型生境

喜鹊（*Pica pica*）、家燕（*Hirundo rustica*）、蒙古百灵（*Melanocorypha mongolica*）等中小型雀类、和环颈雉（*Phasianus colchicus*）、鸠鸽类鸟类等的栖息地。

人工林生境主要分布在衡水湖的北岸地区和西侧，以及道路和村庄附近零星成片的绿化带，主要植被有乔木树种的杨树、刺槐、火炬树等，受道路影响，人为活动干预大。活跃在人工林的鸟类主要有鸽形目的山斑鸠（*Streptopelia orientalis*）、灰斑鸠（*Streptopelia decaocto*）、珠颈斑鸠（*Streptopelia chinensis*），犀鸟目的戴胜（*Upupa epops*）、鹃形目的大杜鹃（*Cuculus canorus*），以及白头鹎（*Pycnonotus sinensis*）、黑卷尾（*Dicrurus macrocercus*）、灰椋鸟（*Spodiopsar cineraceus*）、红尾伯劳（*Lanius cristatus*）等大量雀形目鸟类。

除了隐蔽、繁殖等需求之外，鸟类在这些不同生境中的分布模式与它们的食性及不同生境能提供的合适食物有很大关系，这样的分布从食性可以看出各个环境的作用。

## 8.6　鸟类多样性重要区域　●●●●●

将 2020—2021 年 4 次鸟类调查的数据进行汇总整理，共计 44 个样点和 19 条样线，涵盖了保护区的大部分范围。在所有样点中，南李庄村的几个鱼塘、小湖、池塘的鸟类种数在历次调查中均保持在 20 种以上，并有国家 I 级重点保护动物青头潜鸭在此觅食、栖息，是衡水湖自然保护区范围内鸟类多样性最为丰富、且重要的地点之一。2020 年衡水湖自然保护区管理局和南李庄村委会在鱼塘周边架设了全天候监控摄像头，用以观察青头潜鸭的活动规律和行为习性。虽然在这次调查中，没有在衡水湖小湖中观察记录到青头潜鸭，但从观察记录到大量的白眼潜鸭、红头潜鸭等鸭类鸟类来看，这地方也应该适合青头潜鸭生存，只不过可能因为调查期间小湖隔堤正在进行堤岸生态修复施工作业，人为干扰较大而导致暂时没有青头潜鸭分布。另外几个鸟类多样性较高的样点均在衡水湖以北，从北堤大道跨滏东排河至滏阳新河的大片农田、河道和人工林生境，拥有种类和数量均较多的鸻鹬类涉禽，也是猛禽分布比较集中的区域，还是灰鹤等冬候鸟的主要分布区。

在 19 条样线中，位于衡水湖以北的健步道、农田、河道旁样线记录到的鸟类种数较多。小湖隔堤也是鸟类多样性较高的样线之一，拥有多种生境类型，除了堤坝上的绿化带活动着大量雀形目林鸟外，大堤周边也有大量苇丛、荷花丛，栖息着青头潜鸭、凤头䴙䴘等水禽，以及震旦鸦雀、苍鹭（*Ardea cinerea*）、白鹭（*Egretta garzetta*）、灰翅浮鸥等活跃在苇丛沼泽的鸟类。

除此之外，位于 106 国道东侧、紧邻保护区边界的几个村庄里的河流和鱼塘（如大赵常村外围的河流）也发现有青头潜鸭分布，尤其是在 2021 年 7 月份的调查中，在徐南村口的河流中发现 2 只青头潜鸭混杂在白眼潜鸭群中，这是夏季衡水湖地区少见的青头潜鸭记录。因此，这些河流和鱼塘生境也应是鸟类多样性比较丰富且对于鸟类保护比较重要的地区。

## 8.7　重点鸟类物种介绍　●●●●●

### 1. 红胸黑雁 *Branta ruficollis*

雁形目鸭科黑雁属，体型小（54 cm）且色彩靓丽的雁类。头圆嘴短，体羽黑白并在胸、前颈及头侧具特征性的红色斑块，嘴基有明显的白斑。飞行时体小而颈短，极黑的体羽与臀部的白色反差强烈。尾部黑色比黑雁多。虹膜褐色；嘴黑色；脚黑色。冬季与其他雁混合。飞行时紧紧成群而非"V"字形。停栖于湖泊或泻湖。群鸟取食时边吃边叫，异常喧闹。

本次调查仅发现一只混杂在豆雁的大群中。

### 2. 青头潜鸭 *Aythya baeri*

雁形目鸭科潜鸭属，体型适中（45 cm）的近黑色潜鸭。胸深褐，腹部及两肋白色；翼下羽及二级飞羽白色，飞行时可见黑色翼缘。繁殖期雄鸟头亮绿色。虹膜雄鸟白色，雌鸟褐色；嘴蓝灰色；脚灰色。怯生，成对活动。喜与其他鸭类混合。栖于鱼塘、湖泊及缓流的河水中。与白眼潜鸭区别在于棕色多些，赤褐色少些，腹部白色延及体侧。

在衡水湖自然保护区范围内，青头潜鸭主要分布于南李庄附近的几个相连的鱼塘中，尤其是在秋冬季，在这些鱼塘中可形成数十只、上百只的大群，常与白眼潜鸭等其他鸭类混群。

### 3. 黑鹳 *Ciconia nigra*

鹳形目鹳科鹳属，体型大（100 cm）的黑色鹳。下胸、腹部及尾下白色，嘴及腿红色。黑色部位具绿色和紫色的光泽。飞行时翼下黑色，仅三级飞羽及次级飞羽内侧白色。眼周裸露皮肤红色。亚成鸟上体褐色，下体白色。虹膜褐色；嘴红色；脚红色。栖于沼泽地区、池塘、湖泊、河流沿岸及河口。怯生，冬季有时结小群活动。

### 4. 东方白鹳 *Ciconia boyciana*

鹳形目鹳科鹳属，体型大（105 cm）的纯白色鹳。两翼和厚直的嘴黑色，腿红，眼周裸露皮肤粉红。飞行时黑色初级飞羽及次级飞羽与纯白色体羽成强烈对比。亚成鸟污黄白色。虹膜稍白；嘴黑色；脚红色。于树上、柱子上或烟囱顶营巢。冬季结群活动。取食于湿地。飞行时常随热气流盘旋上升。

### 5. 彩鹮 *Plegadis falcinellus*

鹳形目鹮科彩鹮属，体型略小（60 cm）的深栗色带闪光的鹮。看似大型的深色杓鹬，上体具绿色及紫色光泽。虹膜褐色；嘴近黑色；脚绿褐色。结小群栖居沼泽、稻田及漫水草地。傍晚成直线排列或编队飞回共栖处。可与白鹭及苍鹭混群营巢。

在衡水湖自然保护区仅在 2010 年 5 月发现过 1 只，疑似为春季北迁途中的迷鸟。

### 6. 黄嘴白鹭 *Egretta eulophotes*

鹳形目鹭科白鹭属，体型中等（68 cm）的白色鹭。腿偏绿色，嘴黑而下颚基部黄色，眼先裸皮浅蓝绿色。冬季与白鹭区别在体型略大，腿色不同；与岩鹭的浅色型的区别在腿较长，嘴色较暗。成鸟繁殖期时嘴黄色，脸部裸露皮肤蓝色，腿黑色，趾黄色或黄绿色。虹膜黄褐；嘴黑色，下基部黄色；脚黄绿至蓝绿色。似白鹭，不停地在浅水中追逐猎物。

### 7. 斑嘴鹈鹕 *Pelecanus philippensis*

鹈形目鹈鹕科鹈鹕属，体型甚大（140 cm）的灰色鹈鹕。以体羽灰色、嘴具蓝色斑点为特征。两翼深灰，体羽无黑色，喉囊紫色且具黑色云状斑。虹膜浅褐；眼周裸露皮肤偏粉色；嘴粉红色；脚褐色。结大群生活。栖居于有荫的沿海港口、河口、湖泊及大型河流。

### 8. 卷羽鹈鹕 *Pelecanus crispus*

鹈形目鹈鹕科鹈鹕属，体型硕大（175 cm）的鹈鹕。体羽灰白，眼浅黄，喉囊橘黄或黄色。翼下白色，仅飞羽羽尖黑色。颈背具卷曲的冠羽。额上羽不似白鹈鹕前伸而是成月牙形线条。虹膜浅黄，眼周裸露皮肤粉红色；嘴上颚灰色，下颚粉红色；脚近灰。喜群栖，捕食鱼类。

### 9. 秃鹫 *Aegypius monachus*

鹰形目鹰科秃鹫属，体型硕大（100 cm）的深褐色鹫。具松软翎颌，颈部灰蓝。幼鸟脸部近黑，嘴黑，蜡膜粉红；成鸟头裸出，皮黄色，喉及眼下部分黑色，蜡膜浅蓝。两翼长而宽，具平行的翼缘，后缘明显内凹，翼尖的七枚飞羽散开呈深叉形。尾短呈楔形，头及嘴甚强劲有力。虹膜深褐色；嘴角质色，蜡膜蓝色；脚灰色。食尸体但也捕捉活猎物。进食尸体时优先于其他鹫类。常与高山兀鹫混群。高空翱翔可达几个小时。

### 10. 乌雕 *Clanga clanga*

鹰形目鹰科乌雕属，体型大（70 cm）的全深褐色雕。尾短，蜡膜及脚黄色。体羽随年龄及不同亚种而有变化。幼鸟翼上及背部具明显的白色点斑及横纹。所有型的羽翼及尾上覆羽均具白色的"U"形斑，飞行时从上方可见。尾比金雕或白肩雕为短。虹膜褐色；嘴灰色；脚黄色。栖于近湖泊的开阔沼泽地区，迁徙时栖于开阔地区。食物主要为青蛙、蛇类、鱼类及鸟类。

### 11. 白肩雕 Aquila heliaca

鹰形目鹰科雕属，体型大（75 cm）的深褐色雕。头顶及颈背皮黄色，上背两侧羽尖白色。尾基部具黑及灰色横斑，与其余的深褐色体羽成对比。飞行时以身体及翼下覆羽全黑色为特征。滑翔时翼弯曲。幼鸟皮黄色，体羽及覆羽具深色纵纹。飞行时翼上有狭窄的白色后缘，尾、飞羽均色深，仅初级飞羽楔形，尖端色浅。下背及腰具大片乳白色斑。飞行时从上边看覆羽有两道浅色横纹。虹膜浅褐色；嘴灰色，蜡膜黄色；脚黄色。栖于开阔原野。显得沉重懒散，在树桩上或柱子上一呆数小时。有从其他猛禽处抢劫食物的习性。飞行缓慢似鹭。

### 12. 金雕 Aquila chrysaetos

鹰形目鹰科雕属，体型大（85 cm）的浓褐色雕。头具金色羽冠，嘴巨大。飞行时腰部白色明显可见。尾长而圆，两翼呈浅"V"形。与白肩雕的区别在肩部无白色。亚成鸟翼具白色斑纹，尾基部白色。虹膜褐色；嘴灰色；脚黄色。栖于崎岖干旱平原、岩崖山区及开阔原野，捕食雉类、土拨鼠及其他鸟类、哺乳动物等。常随暖气流作壮观的高空翱翔。

### 13. 白尾海雕 Haliaeetus albicilla

鹰形目鹰科海雕属，体型大（85 cm）的褐色海雕。特征为头及胸浅褐，嘴黄而尾白。翼下近黑的飞羽与深栗色的翼下成对比。嘴大，尾短呈楔形。飞行似鹭。与玉带海雕的区别在尾全白。幼鸟胸具矛尖状羽但不成翎，颌如玉带海雕。体羽褐色，不同年龄具不规则锈色或白色点斑。虹膜黄色；嘴及蜡膜黄色；脚黄色。显得懒散，蹲立不动可达几个小时。飞行时振翅甚缓慢。高空翱翔时两翼弯曲略向上扬。

### 14. 猎隼 Falco cherrug

隼形目隼科隼属，体型大（50 cm）且胸部厚实的浅色隼。颈背偏白，头顶浅褐。头部对比色少，眼下方具不明显黑色线条，眉纹白。上体多褐色而略具横斑，与翼尖的深褐色成对比。尾具狭窄的白色羽端。下体偏白，狭窄翼尖深色，翼下大覆羽具黑色细纹。翼比游隼形钝而色浅。幼鸟上体褐色深沉，下体满布黑色纵纹。与游隼的区别在尾下覆羽白色。有些北方游隼甚似猎隼。虹膜褐色；嘴灰色，蜡膜浅黄色；脚浅黄色。

### 15. 大鸨 Otis tarda

鸨形目鸨科鸨属，体型大（100 cm）的鸨。头灰，颈棕，上体具宽大的棕色及黑色横斑，下体及尾下白色。繁殖雄鸟颈前有白色丝状羽，颈侧丝状羽棕色。飞行时翼偏白，次级飞羽黑色，初级飞羽具深色羽尖。虹膜黄色；嘴偏黄；脚黄褐色。以 5~15 只鸟为群。步态审慎，飞行有力。雄鸟繁殖季节炫耀时膨出胸部羽毛。

### 16. 白鹤 Grus leucogeranus

鹤形目鹤科鹤属，体型大（135 cm）的白色鹤。嘴橘黄，脸上裸皮猩红，腿粉红。飞行时黑色的初级飞羽明显。幼鸟金棕色。虹膜黄色；嘴橘黄色；脚粉红色。冬季 95% 以上的全球白鹤种群越冬于鄱阳湖，以水位下降后出露的植物球茎及嫩根为食。

### 17. 白枕鹤 Grus vipio

鹤形目鹤科鹤属，体型高大（150 cm）的灰白色鹤。脸侧裸皮红色，边缘及斑纹黑色，喉及颈背白色。枕、胸及颈前之灰色延至颈侧成狭窄尖线条。初级飞羽黑色，体羽余部为不同程度的灰色。虹膜黄色；嘴黄色；脚绯红色。栖于近湖泊、河流的沼泽地带。觅食于农耕地。

### 18. 丹顶鹤 Grus japonensis

鹤形目鹤科鹤属，体型高大（150 cm）而优雅的白色鹤。裸出的头顶红色，眼先、脸颊、喉及颈侧黑色。自耳羽有宽白色带延伸至颈背，体羽余部白色，仅次级飞羽及长而下悬的三级飞羽黑色。虹膜褐色；嘴绿灰色；脚黑色。在繁殖地的炫耀舞蹈很受当地文化推崇。飞行如其他鹤，颈伸直，呈"V"字形编队。

### 19. 大杓鹬 *Numenius madagascariensis*

鸻形目鹬科杓鹬属，体型硕大（63 cm）的杓鹬。嘴甚长而下弯；比白腰杓鹬色深而褐色重，下背及尾褐色，下体皮黄。飞行时展现的翼下横纹不同于白腰杓鹬的白色。虹膜褐色；嘴黑色，嘴基粉红色；脚灰色。喜潮间带河口、河岸及沿海滩涂，常在近海处栖息、觅食。性甚羞怯。多见单独活动，有时结小群，个别个体有时与白腰杓鹬混群。

### 20. 遗鸥 *Ichthyaetus relictus*

鸻形目鸥科渔鸥属，体型中等（45 cm），头黑色，嘴及脚红色。与棕头鸥及体型较小的红嘴鸥区别在头少褐色而具近黑色头罩，翼合拢时翼尖具数个白点，飞行时前几枚初级飞羽黑色，白色翼镜适中。白色眼睑较宽。越冬成鸟耳部具深色斑块，与棕头鸥及红嘴鸥区别在头顶及颈背具暗色纵纹。第一冬鸟的嘴、翼尖及尾端横带均黑，颈及两翼具褐色杂斑，飞行时翼后缘比红嘴鸥或棕头鸥色浅。虹膜褐色；嘴红色；脚红色。结群营巢。

### 21. 栗斑腹鹀 *Emberiza jankowskii*

雀形目鹀科鹀属，体型略大（16 cm）的棕色鹀。具白色的眉纹和深褐色的下髭纹。似三道眉草鹀但耳羽灰色，上背多纵纹，翼斑白色；腹中央具特征性深栗色斑块；当腹部斑块不明显时，特征为胸偏白。雌鸟似雄鸟但色较淡，也似三道眉草鹀但区别为耳羽灰色较重，上背多纵纹，翼斑白，胸中央浅灰色。虹膜深褐；嘴双色，上嘴色深，下嘴蓝灰且嘴端色深；脚橙色而偏粉。栖于低缓山丘及峡谷的灌丛和草地，尤其是常绿沙丘及沙地矮林。

### 22. 黄胸鹀 *Emberiza aureola*

雀形目鹀科鹀属，体型中等（15 cm）而色彩鲜亮的鹀。繁殖期雄鸟顶冠及颈背栗色，脸及喉黑，黄色的领环与黄色的胸腹部间隔有栗色胸带，翼角有显著的白色横纹。非繁殖期的雄鸟色彩淡许多，额及喉黄色，仅耳羽黑而具杂斑。雌鸟及亚成鸟顶纹浅沙色，两侧有深色的侧冠纹，几乎无下颊纹，细长的眉纹浅淡皮黄色。所有亚种均具特征性白色肩纹或斑块，以及狭窄的白色翼斑，翼上白色斑块飞行时明显可见。虹膜深栗褐色；嘴上嘴灰色，下嘴粉褐色；脚淡褐色。栖于大面积的稻田、芦苇地或高草丛及湿润的荆棘丛。冬季结成大群并常与其他种类混群。大量的鸟被捕捉并作为一种称为"禾花雀"的食品而出售，导致该鸟处于灭绝的边缘。

## 8.8 保护管理建议 ● ● ● ●

衡水湖自然保护区地处华北平原的中部，是很多鸟类繁殖和迁徙的汇集区，包括许多珍稀濒危和受保护的鸟种。衡水湖水面宽阔，生境类型多样，可以为多种鸟类提供丰富的食物资源及栖息地，成了鸟类的天堂。2006年10月，衡水湖自然保护区成为东亚—澳大利西亚迁飞路线中国候鸟保护网络的新成员，在此分布有《中华人民共和国政府和澳大利亚政府保护候鸟及其栖息环境协定》和《中华人民共和国政府和日本国政府保护候鸟及其栖息环境协定》中的大部分鸟类，突显了衡水湖自然保护区在国际鸟类保护中的重要性。但是，由于衡水湖自然保护区位于人口稠密的城市边缘，受气候变化和衡水湖周边的经济开发活动和湖周边的村庄、商业和公路等的人为活动的影响，湖泊水体富营养化、水质变化、湖泊水位因引水变化等因素，对鸟类构成一定的干扰和威胁。为了更好地保护鸟类资源，结合本次考察情况，提出从以下 6 个方面加强保护区内鸟类资源的保护和管理工作。

①南李庄周边的几个相连的鱼塘和池塘鸟类多样性非常丰富，且是对保护青头潜鸭等鸟类非常重要的生境，需加强对这些生境的保护和修复。2021 年的调查中，在南李庄的鱼塘中观察记录到的鸟类不多，主要的原因是鱼塘中没有种植芡实等水生植物，并且水位一直维持在较高水平，这显然不利于涉禽栖息、觅食，可能也不适于青头潜鸭等游禽鸟类的栖息和觅食。所以，除了减少对这些生境的人为干扰之外，还要修复其生境，调节水位，甚至可以放养一些小型鱼类和底栖动物，为不同的水鸟提供丰富的食物和合适的觅食、活动水位。

②虽然位于 106 国道东侧路旁的几个村庄内的河流和鱼塘不属于保护区的范围，但它们也是衡水湖湿地生态系统相互联结的有机整体的一部分，它们的健康状态对于青头潜鸭和其他鸟类的栖息、觅食也具有重要意义，尤其是在夏季。因此，建议对这些地方的河流和鱼塘加强日常监测，与所在地村庄的村民协商，建立保护小区，予以保护。

③冀州小湖曾是青头潜鸭分布和活动最密集的地区，但在 2020—2021 年的数次调查中，均未观察记录到青头潜鸭，这可能与小湖隔堤的机械施工的噪声和人为活动干扰有关。希望尽快结束小湖隔堤的机械施工，加强对进出小湖隔堤人员管理，尽量减少对青头潜鸭活动的干扰和影响。

④青头潜鸭是衡水湖自然保护区的明星鸟种和重点保护对象，但有关其夏季分布、繁殖、生境选择、与其他潜鸭的关系等方面的研究基本为空白，建议设立专门的研究课题，并与相关科研机构合作，开展针对性的研究，以期有所突破。

⑤在衡水湖地区的鸟类中，水鸟种类和数量都占一定的优势，而许多水鸟的食物来源于衡水湖及其周边水体、沼泽湿地中的鱼类资源。平行调查发现，衡水湖的鱼类资源近年来由于过度捕捞、水位变化等原因而呈逐年下降的趋势，这可能也会影响到鸟类生存，尤其是主要以鱼类为食的水鸟的数量。建议加强渔业资源管理，加强对垂钓的管理，维持在一个合理的水平。

⑥衡水湖北侧的滏东排河和滏阳新河以及两河之间的大片农田和水域是鸟类多样性热点区域。滏东排河和滏阳新河两岸边的浅滩、河中的沙洲等处是大量鸻鹬类、鹭类等涉禽的觅食和栖息地，河道中水深处又是斑嘴鸭、绿翅鸭（*Anas crecca*）等鸭科鸟类的栖息地。如果水位太高，大量涉禽则无处立足。在保证当地居民生产和灌溉用水、泄洪的前提下，减少对自然环境和河流水生态环境的污染和破坏，建议维持滏东排河和滏阳新河的水位自然变化节律，尤其是在春、秋迁徙季节大量鸻鹬类鸟类聚集于此的时期，适当降低河流水位，为大量涉禽营造合适的生境。

# 第9章　哺乳动物

　　我国疆域辽阔，气候多样，自然景观复杂，动物区系组成复杂，是世界上哺乳动物资源最丰富的国家之一，已知哺乳动物有 693 种，隶属 13 目 56 科 248 属，约占世界哺乳动物总种数（5488 种）的 14%，是目前拥有哺乳动物物种数最多的国家。中国有 146 种特有哺乳动物，占中国哺乳动物总数的 21%（蒋志刚 等，2017）。哺乳类是自然生态系统的重要组成部分，而哺乳类物种的保护也是生物多样性保护的关键和薄弱环节，在自然保护中一直受到人们的关注。

　　衡水湖自然保护区是典型的内陆淡水湿地生态系统，动物以湿地鸟类最为丰富，而哺乳动物物种相对比较贫乏。据河北衡水湖自然保护区管理处编辑的《河北衡水湖自然保护区科学考察报告》（2002）、《河北衡水湖自然保护区科学考察报告》（2010）及《衡水湖国家级自然保护区的生物多样性》（蒋志刚，2009）等资料，衡水湖自然保护区有哺乳类动物 5 目 10 科 20 种，常见哺乳动物以刺猬、猪獾（*Arctonyx collaris*）、黄鼬、黑线姬鼠（*Cricetulus barabensis*）等为代表的食虫目（Insectivora）、食肉目（Carnivora）和啮齿类为主。除此之外，鲜有对衡水湖自然保护区哺乳动物的专项调查研究。

　　衡水湖自然保护区位于华北平原腹地，周边城乡密布，包括农业、交通和旅游等在内的人类活动频繁，导致在过去 10 余年时间里，其景观和土地利用类型发生了很大的变化（黎聪 等，2008；国文哲 等，2021）。与此同时，受全球气候变化的影响，衡水湖地区的气候条件也发生了相应的变化。这些变化有可能导致包括哺乳动物在内的动物种类组成和数量发生变化。近年来，随着分子系统学研究的发展和系统发育基因组学的形成，人们对哺乳动物的起源与演化有了新的认识，修订了高级阶元的分类系统，并利用新技术手段，尤其是分子生物学技术在分类鉴定与谱系地理中的广泛应用，在 21 世纪发现了一批中国哺乳动物新种和新记录种，因此中国哺乳动物名录在过去十来年经历了比较重要的修订（蒋志刚 等，2015；2017）。所有这些都要求保护区开展新的包括哺乳动物在内的野生动植物资源的监测调查。其中，深入开展和总结哺乳类动物调查研究，对于揭示自然和生命世界的演化规律、维护生态平衡以及利用和保护动物资源有着极其重要的意义。

　　为了解衡水湖自然保护区哺乳类动物多样性及种群动态，科考调查团队在 2020 年 7 月至 2021年 10 月先后多次对衡水湖自然保护区的哺乳动物资源开展了调查研究。本章将阐述衡水湖自然保护区哺乳类动物的调查结果，并结合文献资料探讨衡水湖自然保护区哺乳类多样性及其变化情况。

## 9.1　调查方法 ●●●●

　　主要采用铗捕法和样线调查法相结合的方法对衡水湖自然保护区内的哺乳类动物进行调查，并查阅历史文献资料获取哺乳动物物种种类和数量等有关信息。根据衡水湖自然保护区的地形和植被分布特点，及哺乳动物生境类型划分标准，在滏阳新河、滏东排河、北堤公路两侧的农田、农林交错带、沿湖村庄附近等地带中，选择具有代表性的样线进行样线调查和布设鼠铗。

样线调查法：于2020年7月25—29日、2020年11月15—20日、2021年3月25—27日、2021年5月29—31日、2021年9月1—3日等不同时间段，主要在滏东排河、滏阳新河两侧的农田、健步道两侧和北堤大道两侧的林地和农林交错带、衡水湖森林公园的林地和草地等地带内开展样线调查。用手持式GPS（佳明GPSMAP 639sc）定位样线的起点和终点位置。调查时2或3名调查队员平行行进，每人负责单侧宽15~30 m的样带范围，行进速度保持在1~2 km/h。记录观察到的哺乳动物实体、活动痕迹（粪便、体毛、爪印、足迹链等）、地理位置、生境类型等信息。

铗日法：参考历史调查文献资料得知，衡水湖自然保护区内的哺乳动物以小型啮齿类动物为主，所以利用铗日法调查啮齿类动物的种类和数量是本次哺乳动物资源调查的一项重要任务。在上述地带内的农田（玉米、小麦、牧草等）、林地、农林交错带、后韩家村等人类居住地附近的地带内布设鼠铗，每一地带内选择若干条样线；两条样线间相距20 m以上，沿样线每10 m左右布设1只鼠铗，以五香花生米为诱饵。每次视地带范围和生境特点布设50~200只数量不等的鼠铗，傍晚前布设，第二天清晨收铗。记录所捕获的啮齿类动物种类和数量。

在调查期间内，鼠铗布设情况及捕获啮齿类动物的情况统计见表9-1。

表9-1　鼠铗布设及啮齿动物捕获结果统计

| 布放日期 | 布放地点 | 主要生境类型 | 鼠铗数量 | 捕获结果 |
|---|---|---|---|---|
| 2020年7月25日 | 北堤公路北侧中段桥墩附近人工林及农林交错带 | 人工林–灌丛–玉米地 | 100只 | 无 |
| 2020年7月27日 | 北堤公路北侧中段人工林及农林交错带 | 人工林–灌丛–玉米地 | 100只 | 无 |
| 2020年7月28日 | 北堤南侧与湖泊之间的人工林中 | 人工林–灌丛–湖边湿地 | 100只 | 无 |
| 2020年7月29日 | 大赵常村附近河边庄稼地、灌丛、林地 | 村边灌丛–池塘–树林–庄稼地 | 20只 | 无 |
| 2021年3月27日 | 北堤公路中段桥墩往北收割后的麦田田埂两侧 | 收割后的麦田–树林–灌丛 | 100只 | 无 |
| 2021年3月28日 | 在东湖大道测速处西侧收割后麦田里 | 收割后的麦田 | 100只 | 无 |
| 2021年3月29日 | 在东湖大道测速处西侧收割后麦田里；小湖隔堤小库房四周及室内 | 收割后的麦田；居民点附近灌丛和室内 | 100只；6只 | 麦田里捕获1只黑线姬鼠；小湖隔堤：无 |
| 2021年5月29日 | 在东湖大道测速处路西侧的麦田里 | 成熟尚未收割的麦田 | 55只 | 2只黑线姬鼠和1只小家鼠 |

（续）

| 布放日期 | 布放地点 | 主要生境类型 | 鼠铗数量 | 捕获结果 |
|---|---|---|---|---|
| 2021年5月30日 | 衡水森林公园树林—苗圃地—房屋附近 | 稀疏人工林-苗圃地（苗圃高约20 cm）-人工建筑附近 | 150只 | 无 |
| 2021年5月31日 | 滏阳新河南侧的成熟麦田；健步道北侧刚收割的苜蓿牧草地 | 麦田田埂-灌丛-河流边；牧草地-成熟麦田-灌丛 | 80只（麦田）；120只（苜蓿牧草地） | 麦田里1只小家鼠；苜蓿牧草地2只小家鼠和2只黑线姬鼠 |
| 2021年9月1日 | 西湖玉米地、后韩家村房屋及路边垃圾桶附近 | 生长期玉米地田埂-灌丛；村庄屋前屋后-树林-灌丛-路边垃圾桶周边 | 100只（玉米地）；30只（后韩家村周边） | 无 |

　　参考《河北动物志 两栖 爬行 哺乳动物类》（吴跃峰 等，2009）、《中国兽类野外手册》（Smith 和解焱，2014）、《中国哺乳动物名录》（2017 版）（蒋志刚 等，2017）等参考资料对衡水湖自然保护区哺乳类动物进行鉴定和分类；按照 2021 年新版《国家重点保护野生动物名录》和 2022 年版《河北省重点保护陆生野生动物名录》确定衡水湖自然保护区哺乳动物保护等级。

## 9.2　哺乳动物物种组成 ●●●●●

　　在本次调查中，通过样线法采集记录到东北刺猬（实体和尸体）、黄鼬（实体和尸体）、蒙古兔（*Lepus tolai*）、麝鼠（*Ondatra zibethicus*）（尸体）等哺乳动物。通过铗日法，主要在麦田和苜蓿牧草地捕获黑线姬鼠（*Apodemus agrarius*）和小家鼠（*Mus musculus*）两种啮齿类动物，数量分别为 5 只和 4 只，总铗捕率为 0.07%（图 9-1）。

　　结合实地调查结果、文献及《衡水湖国家级自然保护区的生物多样性》《衡水湖自然保护区科学考察报告》，并根据最新的《中国哺乳动物名录》对哺乳动物种类和名录进行整理，得到衡水湖自然保护区哺乳类名录，共记录到哺乳动物 20 种，分属于 5 目 10 科 19 属（表 9-2），而河北全省哺乳动物 9 目 23 科 87 种（吴跃峰 等，2009），保护区哺乳动物种数占河北省哺乳动物总种数的 23%。

（a）在芦苇丛发现的黄鼬　　　　　　　　　　（b）在小湖内发现的麝鼠尸体

**图 9-1　野外调查中所捕获的部分哺乳动物标本**

（c）在管理局院内发现的东北刺猬

（d）在公路上发现的黄鼬尸体

（e）在麦地捕获的小家鼠

（f）在苜蓿地里捕获的黑线姬鼠

（g）在麦田里捕获的黑线姬鼠

（h）在麦田捕获的鼠类

图 9-1　野外调查中所捕获的部分哺乳动物标本（续）

表 9-2　衡水湖自然保护区哺乳动物名录

| 目 | 科 | 中文名 | 学名 | 依据 | 保护级别 | 区系 |
|---|---|---|---|---|---|---|
| 劳亚食虫目 Eulipotyphla | 猬科Erinaceidae | 东北刺猬 | *Erinaceus amurensis* | 实体 | 省级 | 古北 |
| | | 达乌尔猬 | *Mesechinus dauuricus* | 文献 | 省级 | 古北 |
| | 鼹科Talpidae | 小缺齿鼹 | *Mogera wogura* | 文献 | | 古北 |
| | 鼩鼱科Soricidae | 山东小麝鼩 | *Crocidura shantungensis* | 文献 | | 古北 |

| 目 | 科 | 中文名 | 学名 | 依据 | 保护级别 | 区系 |
|---|---|---|---|---|---|---|
| 翼手目<br>Chiroptera | 蝙蝠科<br>Vespertilionidae | 东亚伏翼 | *Pipistrellus abramus* | 实体 | | 广布 |
| | | 双色蝙蝠 | *Vespertilio murinus* | 文献 | | 广布 |
| | | 褐山蝠 | *Nyctalus noctula* | 文献 | | 广布 |
| 食肉目<br>Carnivora | 鼬科Mustelidae | 黄喉貂 | *Martes flavigula* | 文献 | Ⅱ级 | 广布 |
| | | 黄鼬 | *Mustela sibirica* | 实体 | 省级 | 广布 |
| | | 艾鼬 | *Mustela eversmanii* | 文献 | 省级 | 古北 |
| | | 猪獾 | *Arctonyx collaris* | 文献 | 省级 | 古北 |
| | 灵猫科Viverridae | 果子狸 | *Paguma larvata* | 文献 | 省级 | 东洋 |
| 啮齿目<br>Rodentia | 松鼠科Sciuridae | 达乌尔黄鼠 | *Spermophilus dauricus* | 文献 | | 古北 |
| | 仓鼠科Cricetidae | 黑线仓鼠 | *Cricetulus barabensis* | 文献 | | 古北 |
| | | 大仓鼠 | *Tscherskia triton* | 文献 | | 古北 |
| | | 麝鼠 | *Ondatra zibethicus* | 实体 | | 东洋 |
| | 鼠科Muridae | 黑线姬鼠 | *Apodemus agrarius* | 实体 | | 广布 |
| | | 褐家鼠 | *Rattus norvegicus* | 文献 | | 广布 |
| | | 小家鼠 | *Mus musculus* | 实体 | | 广布 |
| 兔形目<br>Lagomorpha | 兔科Leporidae | 蒙古兔 | *Lepus tolai* | 实体 | | 广布 |

在目级分类阶元上，衡水湖自然保护区的哺乳动物以啮齿目占绝对优势，有3科7种，占衡水湖自然保护区哺乳类物种总数的35%；其次是食肉目，有2科5种，占保护区哺乳类物种总数的25%；劳亚食虫目3科4种，占保护区哺乳类物种总数的20%；翼手目1科3种，而兔形目是单科单种。

从物种组成情况来看，衡水湖自然保护区的哺乳动物主要以啮齿类和食虫类的小型兽为主，但总的物种数不高，这可能与保护区内人类活动干扰强和海拔变化小有关，但人类活动可能是限制该地区哺乳类物种丰度的主要因素。

从生境利用上看，除麝鼠外，衡水湖自然保护区内其他绝大多数哺乳动物种类选择除水域外的全部生境类型，这从侧面反映了保护区内分布的哺乳动物适应环境能力强，能够在多种不同生境中生存。

值得指出的是，新的《中国哺乳动物名录》（蒋志刚 等，2017）认为，在中国没有草兔（*Lepus capensis*）分布，原有的衡水湖自然保护区哺乳动物名录中的草兔应为蒙古兔。

## 9.3 哺乳动物区系分析 ●●●●

衡水湖自然保护区在动物地理区划上属于华北区（Ⅱ）、平原亚区（ⅡA）的冀东南省（ⅡA₂）。本区主要特点是海拔高度0~110 m；年均气温12℃，是河北省全省气温最高的地区；年均降水量

500~600 mm；植被以栽培植被为主。在该地区中，常见的兽类以东北刺猬、猪獾、黄鼬以及以黑线姬鼠等为主的小型啮齿类物种为主。调查结果也很好地反映了冀东南省（ⅡA₂）哺乳动物分布的这一特点。

虽然衡水湖自然保护区记录的哺乳动物只有20种，但其区系组成较为混杂。在这20种哺乳动物中，属于古北界的有9种，占总种数的45%；广布种也是9种，占总数的45%；而属于东洋界的只有2种，仅占总种数的10%。因此，衡水湖自然保护区哺乳动物的区系成分具有较明显的古北界特征，而东洋界的成分只占很小的比例，如麝鼠和果子狸，仅占10%。在古北界种类中有华北区的大仓鼠、黑线仓鼠、黑线姬鼠等，亦有少量蒙新区的达乌尔黄鼠等。此外，还有较多的广布种（45%）。总体而言，衡水湖自然保护区分布哺乳动物以古北界为主，与中国动物地理区划相吻合（张荣祖，2011）。

## 9.4 重要哺乳动物物种介绍 ● ● ● ●

### 1. 东北刺猬 *Erinaceus amurensis*

别名刺猬、刺球子、普通刺猬，同物异名 *Erinaceus europaeus* 和 *Erinaceus europaeus amurensis*，属哺乳纲劳亚食虫目猬科。东北刺猬体粗短而肥胖，略呈圆形；头宽，吻尖短，耳短小，约2 cm，不超过周围之刺长；浑身有短而密的刺，遇敌害时能蜷曲成刺球状，将刺朝外，保护自己。通常在黄昏和夜间活动，除繁殖期外，常单独活动；主要以昆虫为食，兼食蛇、蛙、蜥蜴、啮齿类等小型脊椎动物，亦取食鸟卵及幼鸟。东北刺猬有冬眠习性，通常在10月末或11月初开始冬眠，直到翌年3月苏醒，出蛰后即进入发情交配期。广泛分布在欧洲和亚洲北部，在我国主要分布于北方及长江流域，能栖息于林地、草原、农田、山地、果园等多种生境。东北刺猬大量取食害虫及鼠类，因此有益于农业、林业、果业。

### 2. 东亚伏翼 *Pipistrellus abramus*

又名普通伏翼和家蝠，隶属哺乳纲翼手目蝙蝠科伏翼属，同物异名有 *Vespertilio abramus*，*Scotophilus javanicus*，*Pipistrellus abramus abramus* 和 *Pipistrellus akokomuli*。较小型蝙蝠，前臂长32~35 mm；头宽短；耳壳较小，略呈三角形；耳屏狭长，超过耳壳长一半，前端不尖锐；爪灰白色。东亚伏翼为夜行性食虫小蝙蝠类。常成小群栖息于城市近郊或村镇房屋的屋顶瓦隙或树洞中；有冬眠习性；夏季繁殖，每胎产2仔。分布于河北省各地及我国其他地区，是一种非常常见的蝙蝠。

### 3. 麝鼠 *Ondatra zibethica*

又名麝平、水耗子，属哺乳纲啮齿目仓鼠科。麝鼠是体型较大的一种鼠类，头部扁平；是一种半水栖动物，善游泳和潜水。外形上表现出一系列适应水陆两栖生活的特征：眼小位高；耳短而圆，隐于被毛内或稍露于外；尾左右侧扁呈桨状，被有小圆鳞和稀疏的黑褐色短毛；后足裸露，足垫发达，趾间具半蹼；尾长约为体长的80%。栖息于水草茂盛的池塘、湖泊、沼泽、河流等浅水水域的岸边。麝鼠全年活动，在春、夏季节，黄昏和黎明前后活动最为频繁；严冬季节多在昼间活动。麝鼠原产于北美洲，现已引入并定殖于世界各地，近年来由于人工驯化，分布逐渐扩大。麝鼠是土拉伦斯等流行性疾病的自然宿主。

### 4. 黄喉貂 *Martes flavigula*

同物异名 *Mustela flavigula*。因前胸部具有明显的黄橙色喉斑而得名黄喉貂，也被叫作青鼬、黄腰狸、两头乌等。黄喉貂属哺乳纲食肉目鼬科鼬属。体型大小如小狐狸，体躯细长，略似圆筒形，四肢短小，尾长超过体长的 1/2；喉、前胸具有明显的橙黄色斑块；毛色鲜亮。多生活在山地森林或丘陵地带，穴居在树洞及岩洞（缝）中。行动快速敏捷，性情凶猛，在跑动中大距离跳跃。晨昏活动频繁，有时也在白天活动；单独或成对活动。主要以鼠类为食，也吃鸟和鸟卵、鱼、昆虫等动物性食物；酷爱食蜂蜜，故称蜜狗。每年春季产仔，每胎产 2~3 仔。为广布种，我国东北，西北的甘肃、陕西、华中的山西、河南以及整个南方均有分布。栖息地被侵占或破坏及可捕食动物的减少是它们的数量减少的主要原因。

### 5. 黄鼬 *Mustela sibirica*

中文俗名黄鼠狼、黄狼，属哺乳纲食肉目鼬科鼬属。黄鼬身体中等大小，背毛橙黄色，腹毛稍淡；鼻部及两眼周围暗褐色，上下唇白色；头细，颈较长；耳壳短而宽，稍突出于毛丛；尾长约为体长之半。黄鼬栖息于平原、沼泽、河谷、村庄、城市和山区等多种生境。夜行性，尤其是清晨和黄昏活动频繁。黄鼬主要以鼠类、两栖类和昆虫等为食，也吃鸟类、鱼类、甲壳动物等，被认为是害鼠的天敌和控制鼠害的关键物种。黄鼬每年 3—4 月发情交配，每胎产仔 2~8 只。是我国广泛分布的小型食肉类动物，分布区包括除青藏高原和新疆南部以外的全部地区。

### 6. 猪獾 *Arctonyx collaris*

与狗獾相似，区别在于猪獾的鼻垫与上唇间裸露无毛，鼻吻部狭长而圆；喉部以及尾白色；鼻吻狭长而圆，吻端与猪鼻酷似；尾较长，基部粗壮，向末端逐渐变细；爪长而弯曲，前脚爪强大锐利。猪獾栖息于山地阔叶林、林缘、灌丛、草坡、农田、荒地等多种生境中；喜栖居于岩石缝、树洞中，也侵占其他兽类的洞穴。有冬眠习性，通常在 10 月下旬开始冬眠，冬眠之前大量进食，使体内脂肪增加。杂食性，主要以蚯蚓、青蛙、蜥蜴、昆虫、蜈蚣、小鸟和鼠类等为食。猪獾对农作物有一定的危害性，需要加以控制，但其在维持自然界的生态平衡中可起到重要的作用。

### 7. 艾鼬 *Mustela eversmanni*

又名黑脚鼬、艾虎，属哺乳纲食肉目鼬科鼬属。身体细长，吻部短而钝；颈部稍粗；后背及腰部毛尖黑色，耳缘白色，喉、胸、四肢、鼠蹊部以及尾端约 1/3 为褐色或棕黑色。艾鼬栖息于山地阔叶林、草地、灌丛及村庄附近。通常单独活动，夜行性，有时也在白天或晨昏活动。性情凶猛，行动敏捷。善于游泳和攀缘。主要以鼠类等啮齿动物为食，也吃鸟类、鸟卵、小鱼、蛙类、甲壳动物，以及一些植物浆果、坚果等。艾鼬是鼠类的天敌，在控制农、林、牧业的鼠害方面有很大益处。

### 8. 果子狸 *Paguma larvata*

同物异名有 *Paguma reevesi*。又名花面狸、香狸，属于哺乳纲食肉目灵猫科果子狸属。果子狸体型中等，略显粗胖而笨拙；除头上有白斑外，身体上没有白纹或斑点；头部、颈部为深灰黑色；被毛较长而粗，茸毛空稀，有羊毛状弯曲；尾长而不具缠绕性；喉部、胸部为灰白色或灰黄色，腹部白色至灰白色；四肢棕黑色，毛基为黑色而毛尖为棕黄色。果子狸主要栖息于中、低山地带的针叶林、混交林、阔叶林、灌丛等生境中。夜行性，尤其是清晨和黄昏活动较多。成对活动或营家族生活，主要在树上活动和觅食，极善攀缘，能靠其灵巧的四肢和长尾在树枝间攀跳自如。主要以带酸甜味的各种浆果或核果为食，也捕食青蛙、蚯蚓、田螺、蚂蟥、蚱蜢、鸟类和鸟卵等。粪便常集中在一处。每年 3—4 月发情交配，夏季生产，产子于树洞中，大多在夜间进行。果子狸在保护自然生态平衡方面具有重要价值，但由于肉味鲜美，常被大量猎捕，使野外数量减少，面临生存威胁。

### 9. 褐家鼠 *Rattus norvegicus*

属哺乳纲啮齿目鼠科家鼠属。家鼠体形，粗状结实，尾长明显短于体长，吻较圆钝，耳壳短而厚，不透明，生有短毛，向前折不达眼后角；前后足背毛白色，尾双色，上面黑褐色，下面灰白色。褐家鼠是一种适应性很强的世界性广布种，国内除西藏外各地区皆有分布。褐家鼠适应各种复杂的环境，尤其偏好人类居住地，是典型的伴人物种。褐家鼠全年都能繁殖，每只成年雌鼠1年妊娠8~10次，每胎产仔5~7只。褐家鼠是家居和农田重要害鼠，也是鼠疫、次氏体病等传染性疾病的自然宿主，对人类危害十分严重。

### 10. 黑线姬鼠 *Apodemus agrarius*

属哺乳纲啮齿目鼠科姬鼠属。属于小型鼠类，体长83~119 mm；尾短于体长，约为体长的2/3；耳较短，向前折时不到达眼部；身体背面棕褐色，背部中央从两耳之间往后延伸到尾基部，有1条黑色纵纹；尾毛稀疏，尾轴鳞片裸露，尾环也较明显。黑线姬鼠能栖息于农田、林地、菜地、谷地、草甸等多种生境，是数量最多、危害最大的一种鼠类。黑线姬鼠主要为害农作物，并盗吃粮食，同时也是流行性出血热的天然宿主和传播媒介，可自然感染鼠疫，被列为我国卫生防疫和植物保护的重点监控对象。黑线姬鼠个体每年繁殖2~3胎，每胎产仔5~7只。广泛分布于我国除新疆、青藏高原和海南以外其余各地的平原和山地。

### 11. 蒙古兔 *Lepus tolai*

又名野兔、山兔、兔子，属哺乳纲兔形目兔科兔属。分布在衡水湖自然保护区的蒙古兔以前曾被认为是草兔，但有学者认为中国没有草兔分布，所以现在认定为蒙古兔。蒙古兔为中型草食性哺乳动物，成体体长大于350 mm；耳狭长，前折时超过眼前线，耳基部呈管状；上唇中央纵裂；尾短小，但明显存在；后肢显著长于前肢，善于跳跃。蒙古兔的栖息环境复杂多样，因季节不同和受干扰程度而选择其栖息环境。蒙古兔主要以嫩枝、叶、树皮、杂草、农作物的禾苗和蔬菜瓜果等绿色植物为食，亦吃作物的种子、块根、块茎等。蒙古兔繁殖季节相当长，冬末交配，一般在5月上、中旬产子，年繁殖2~3胎，每胎3~6仔。蒙古兔的分布区纵跨亚、非、欧大陆，为世界上分布最广的野兔，也是我国分布最广、数量最多的野兔，但对农、林、牧业危害严重，如啃食庄稼、咬毁幼林、破坏牧草等，因此应适当控制其数量。

## 9.5 保护管理建议 ●●●●

在衡水湖自然保护区记录到的20种哺乳动物中，没有国家Ⅰ级重点保护野生动物，只有一种国家Ⅱ级重点保护野生动物黄喉貂（*Martes flavigula*）。另外还有河北省级重点保护哺乳动物6种，即东北刺猬、达乌尔猬、黄鼬、艾鼬、猪獾和果子狸。这6种哺乳动物和蒙古兔都被列入2000年国家林业局颁布的《有重要生态、科学、社会价值的陆生野生动物名录》。

虽然衡水湖自然保护区因其所处位置的自然环境条件和人为活动干扰强烈而使得其中分布的哺乳类动物种类不多，但是哺乳类是该地区生物多样性重要的组成成分，在维持生态功能方面扮演着重要角色。在衡水湖自然保护区记录到的这20种哺乳动物中，食肉目的4种鼬科动物和果子狸都主要以小型啮齿类的鼠类为食，对控制鼠害发生发挥着重要作用，在生态系统中具有十分重要的意义。劳亚食虫目和翼手目的多数种则主要以昆虫为食，其中大部分是严重危害农林的害虫，如蝗虫、蚱蜢、黏虫、甲虫等，在防控农林病虫害方面有着重要价值。在衡水湖自然保护区分布的兔形目和啮齿目哺乳动物则可能对农林生产或生态环境造成一定的危害。例如，蒙古兔种群数量过大时，在冬季可能对林业造成一定的危害。而啮齿目哺乳动物的危害主要有2个方面：一是盗食大量的粮食，据统计全世界每年因啮齿类造成的损失，可达到农作物产量的20%；二是传播疾病，如斑疹伤寒、出血热、鼠疫等。对于这类有害哺乳动物，一方面，要加强监测，如果发现其数量爆发或增长过快，在冬季可对蒙古兔进行有计划猎捕，以减少损失；另一方面，对于啮齿类应采取以生物防治为主的综合防治方法，控制其种群数量，以减少对农林生产的破坏，防止鼠害爆发。

调查研究发现，衡水湖自然保护区分布的哺乳动物物种数少，并且大多数种类的个体数量也很少。以啮齿类动物为例，本次科学考察虽然成功地用鼠铗捕获了一些黑线姬鼠和小家鼠的个体，但总体铗捕率非常低，仅 0.67% 左右。这可能由于调查区域地处京津冀周边，城镇化率较高，人为活动强度较大，旅游和交通等活动对动物造成极大干扰，使得物种数和个体数都很少。另外，这里生境类型简单，海拔高度变化不大，农林土地利用强度高等，这些因素也可能使得大量适合哺乳动物生存的生境被破坏，而无法支撑更多的哺乳动物物种和个体。还有可能是在农林生产中大量使用杀虫剂、除草剂和化肥，直接导致哺乳动物种类贫乏和个体数量不多。

本次科学考察中，科考人员与当地民众的访谈中了解到，近年来村庄周边很少看到老鼠。铗捕法结果也间接印证了这一点，这可能是随着农业生产结构的变化，保护区内及其周边的农户家里很少再大量存储粮食，所以农民家中和村庄屋前屋后的老鼠就少了。另外，现在农村的清洁卫生工作有了很大的变化，已经见不到随地扔垃圾、倒垃圾的现象，取而代之的是集中式的密闭铁皮垃圾桶，并且每天有专人及时清运。本次科学考察期间多个晚上前往村庄的垃圾桶附近察看，均未发现啮齿类动物在垃圾桶周边活动的迹象。

在这些记录到的哺乳动物中，有许多是主要营夜行性生活的种类，这给调查研究带来了不小的挑战。很有可能，还有一些哺乳动物没能被发现，这也可以从本次科考团队和蒋志刚（2019）的前后 2 次实地调查所发现的哺乳动物种数不高（6 种）得到印证。因此，在未来的监测调查中，如何更好、更有效地监测调查主要营夜行性生活的哺乳动物种类和数量无疑是需要重点考虑的问题。

因此，虽然衡水湖自然自然保护区的主要保护对象是内陆湿地生态系统及珍稀水鸟，但衡水湖自然保护区未来也应在哺乳类动物监测和保护上加大力度，以更好地维持这里的生物多样性和生态系统功能。此外，因为啮齿类是这里的优势哺乳类，所以在保护的同时还应监测鼠类种群动态，防止鼠害暴发。

# 第10章 旅游资源

## 10.1 旅游资源概况 ●●●●

河北衡水湖地处暖温带大陆季风气候区,冷暖、干湿差异显著,四季分明,光热资源充沛,雨量集中。衡水湖生态系统属于以华北内陆淡水湿地生态系统为主的平原复合湿地生态系统,由草甸、沼泽、滩涂、水域、林地等多种生境组成,具有独特的自然景观。衡水湖湿地鸟类丰富,是许多珍稀鸟类南北迁徙,甚至全球性鸟类迁飞途中的重要中转站,生物多样性丰富。衡水湖在国内外享有"燕赵最美的湿地""京津冀最美湿地""京南第一湖""华北绿明珠""东亚蓝宝石"等美誉。由于衡水湖独特的生态区位、特殊的地理位置和生态安全屏障的重要作用,2000年7月经河北省人民政府批准建立河北省衡水湖湿地和鸟类省级自然保护区;2002年10月加入中国人与生物圈保护区;2003年6月经国务院批准晋升为国家级自然保护区;2006年10月加入东亚—澳大利西亚鸻鹬鸟类保护网络。

本区地处人口稠密的华北大平原,具有数千年农业文明史,曾一度为华北平原的政治、经济、文化中心,除丰富的自然资源外,还有丰厚的历史人文资源遗存,有省级重点文物保护单位2处(冀州古城址、后冢),县级文物保护单位1处(前冢)。衡水湖曾为黄河、漳河、滹沱河故道,属黑龙港流域冲积平原中冲蚀低地带内的天然湖泊,史料《汉志》《洪志》《真定志》等均有记载。汉高帝六年(公元前201年)在今冀州始置信都县;魏文帝黄初二年(公元221年),衡水湖南岸的信都城成为州、郡、县三级治所(后改冀州城),素有"天下第一州"的美誉。受燕赵文化和齐鲁文化的共同影响,无数名贤俊彦代代相接,如西汉儒学大师董仲舒,良将神医邳彤,佛教高僧、翻译家释道安等。古城历经兴衰,湖洼几经沧海桑田,成就一方历史人文底蕴厚重的水土。

本区生态旅游景观资源特征可概括为两大特色:平原淡水湖泊湿地、千年古城古墓。本区生态旅游资源可谓种类齐全、特点突出、景点紧凑、环环相扣。景源的分布以衡水湖为中心,自然生态景观是衡水湖发展生态旅游最重要的资源。古汉墓汉城墙、明城墙和冀州八景等人文历史景观则集中分布于中隔堤南部,赋予了衡水湖作为湿地人文历史教科书的独特价值。保护区的这种自然生态与人文历史相互辉映的独特景观资源对于未来发展生态旅游业具有越来越重要的价值。

### 10.1.1 自然旅游资源

衡水湖自然保护区的自然旅游资源主要包括生物景观、湿地自然景观、水域景观等三类。衡水湖分东西两片,东湖面积42.5 km²,水域宽阔,仅东北部有5个人工堆积的小岛;西湖湿地恢复后水域面积将达32.5 km²。保护区是华北平原典型的湿地生态系统保护区,四季分明,光热资源充沛,雨量集中,是许多珍稀鸟类南北迁徙途中重要的中转站,300多种鸟类在湖区中转或栖息,堪称鸟类乐园。在严重干旱缺雨的华北平原中心地带，衡水湖丰富多样的湿地植被景观、水天一色的湖泊风光和数量众多、极具观赏价值的候鸟资源，无疑对本地居民和生态旅游爱好者具有很强的吸引力，是开展游憩休闲、生态科普与环境教育的理想场所。

### 1. 生物景观

保护区野生动物资源丰富，其中已记录到的鸟类达332种，分属20目65科171属，其中留鸟41种、夏候鸟87种、冬候鸟40种、旅鸟164种；有国家Ⅰ级重点保护鸟类20种，国家Ⅱ级重点保护鸟类63种；在《中华人民共和国政府和日本国政府保护候鸟及其栖息环境协定》规定的227种保护鸟类中，衡水湖自然保护区已经发现160种，占全部种数的70.5%；在《中华人民共和国政府和澳大利亚政府保护候鸟及其栖息环境协定》列出的81种保护鸟类中，衡水湖自然保护区发现48种，占总种数的59.3%。保护区丰富的鸟类资源为广大观鸟爱好者、拍鸟爱好者及游客提供了天然的观鸟、拍鸟场所。

衡水湖自然保护区水鸟处于适宜湿地和水生生境，种类多、种群大，具有代表性，反映出典型的湿地特色。雁鸭类、䴙䴘类、鸥类数量很多，春秋迁徙季节，常集结成上万只的群体。每年2月上旬至4月下旬，以及10月初至12月中旬，几十万只不同种类的鸟聚集在衡水湖畔，或翩翩起舞，或翱翔长空，伴随着清脆悠扬的鸣叫，一派喧嚣沸腾、热闹繁忙的景象。生态旅游所倡导的人与自然和谐相处、人与自然的情感交流，在此可得以充分表达。因此，以湿地科普、观鸟、拍鸟为主题的生态旅游是衡水湖最具特色的旅游项目。

### 2. 湿地自然景观

衡水湖位于干旱缺水的华北平原中心地带，紧邻衡水市区和冀州市区，也是距中等城市最近的自然保护区，具有草甸、沼泽、滩涂、水域、林地等多种生境，其生物多样性和完整的淡水湿地生态系统在华北地区具有典型性和代表性，在我国农业发达的平原地区少见。衡水湖自然保护区的湿地大致可分为天然湿地和人工湿地两大类型，前者包括永久性或季节性河流、溪流、小河、淡水湖泊、芦苇为主的草本沼泽、林木沼泽和洪泛地；后者包括池塘、水塘、灌溉地、运河、排洪渠。其中，淡水湖泊湿地类型所占比例最大，其次是以芦苇为主的沼泽湿地类型。

①湖泊湿地：本区重要的湿地类型，也是各类水鸟的主要分布区与栖息地。本区湖泊面积与水深受人为因素影响强烈。2022年8月高分二号卫星遥感监测结果表明，衡水湖自然保护区内有湿地面积59.82 km$^2$，其中湖泊湿地35.85 km$^2$。

②沼泽湿地：沼泽湿地面积其次，约11.05 km$^2$，是本区生态功能最重要的湿地类型，这类湿地可以划分为芦苇沼泽、香蒲沼泽、芦苇–香蒲沼泽、苔草沼泽、莎草沼泽、蔗草沼泽和蔗草–莎草沼泽。以芦苇沼泽湿地分布面积最大，其次为香蒲沼泽湿地。各类沼泽湿地分布环境有很大的区别。

③盐沼湿地：主要为翅碱蓬盐沼和滩涂湿地。

衡水湖自然保护区湿地景观包括大湖水域景观、芦苇荡景观、沼泽生境景观、盐沼生境与草丛景观、河滩湿地景观、林地景观等。湿地自然景观是衡水湖自然保护区景观资源的核心部分。衡水湖具有保护价值的湿地自然景观主要有鸟类、水域、芦苇荡、湖上日出日落、淡水沼泽生境、河滩湿地等，其中又以湖上观日出日落为衡水湖自然景观之高潮。芦苇群落中水道纵横，水质清澈，波光粼粼，泛舟衡水湖芦苇荡的水道，趣味横生，回味无穷。

### 3. 水域景观

衡水湖自然保护区的水域景观主要是湖泊和河流两类，现有衡水湖东湖水域面积42.5 km$^2$，为仅次于白洋淀的华北第二大淡水湖泊；盐河故道南北长10 km，河道蜿蜒，河滩地植被茂密，景观条件较好。衡水湖主体水域开阔，深水区域没有沉水植物生长，烟波浩渺、一碧万顷，气势磅礴。浅水区域则有大片芦苇生长，夏季郁郁葱葱，冬季苍苍茫茫，景色宜人，是典型的湿地水域景观。

### 10.1.2 人文旅游资源

衡水湖周边的人文旅游资源主要有人工自然景观、历史人文景观、民俗风情文化景观和体育旅游景观等。

#### 1. 人工自然景观

包括与自然浑然天成的荷花园、湿地村落、岛屿、堤岸等景观，也包括具有生态科普教育意义的生态农业和生态林业景观。

#### 2. 历史人文景观

衡水湖自然保护区周边的人类活动历史可以追溯到新石器时代，并在汉代以冀州称九州之首达到其辉煌的顶峰。从新石器时代遗址，至汉代的辉煌、再到唐宋的发展、明清的军事要地，到近现代革命史实，浩瀚5000年之久的地方文明史，人杰地灵，留下了不少有很高品位的历史人文景观。2014年保护区范围调整后，这些历史人文景观主要分布在保护区外靠近冀州区的冀州老城，借助于这些古城历史人文景观，使得衡水湖湿地独树一帜，成了区别于一般湿地的、一部集自然湿地与人文历史于一体的天然教科书。本区的遗址遗迹类景观主要是社会经济文化活动场所，如竹林寺遗址、冀州古城址等。特色建筑和设施主要是宗教祭祀活动场所、碑碣、特色街巷、古墓葬、人工河渠等，如竹林新寺，古碑刻（竹林寺碑、南潭记碑、三友柏碑）、古石雕（大石磨、石井栏石刻、边仙姑石像）、冀州古城老街，南门古墓、西元头墓（省级文物保护单位）、前冢（县级文物保护单位）、后冢（省级文物保护单位）、滏阳新河、滏东排河、冀码渠、冀南渠和卫千渠等。

#### 3. 民俗风情文化景观

衡水湖周边地区人民在数千年的历史中创造了独特的民俗文化，包括民间传说、地方工艺美术品、地方名吃、民风民情和节庆活动等，都可以给旅游者带来独特的审美体验。旅游商品则主要是农产品和传统工艺品，如苹果、梨、枣、苇编工艺画、烤鸭蛋等。以侯店毛笔、徐氏宫廷金鱼、内画鼻烟壶为代表的"衡水三绝"，以及武强年画、武强西洋乐器、深州黑陶、武邑木雕、饶阳民族乐器、骨雕、铜雕、枣强裘皮制品、冀州花丝、阜城剪纸等具有丰厚历史底蕴的标志性特色文化产品具有很好的开发潜力。

#### 4. 体育旅游景观

衡水市自2012年起每年举办衡水湖国际马拉松赛，2019年经由国际田联和中国田径协会审查，衡水湖国际马拉松赛成为"双金赛事"（国内金牌、国际金标）。随着赛事的开展，衡水湖周边的基础设施、交通状况和生态环境都有了很大的改善，建成了衡水湖国际马拉松广场、衡水市规划展馆，并修建了具有一定规模的游客码头、健步道等休闲运动设施。这些休闲运动设施和基础设施在为赛事提供服务和保障的同时，也为公众提供了很好的体育旅游景观（杜雪松 等，2021）。

## 10.2 保护区及周边地区旅游资源 ●●●●

### 10.2.1 古遗址

#### 1. 冀州古城遗址

位于旧城北部，自北关村西北 500 m 处向西南方向延伸 2000 多米。据考证，古城建于西汉高帝年间（约公元前201年—前180年），距今已有2000多年的历史。汉时，该城城周12里[①]。北宋时，将城周扩大到25里。元、明、清各朝也曾增修。千百年来，由于风化和洪水侵袭，古城墙已残缺不全、起起伏伏、断断续续，给人以历史变迁的苍凉之感。古城墙高3~5 m，基底宽30 m，顶面宽4 m，现为全国重点文物保护单位。

### 2. 竹林寺遗址

位于北关村东北300 m处。据传，古时在冀州城北有一座山，在此常出现海市蜃楼幻景，可以隐隐看见亭台楼阁悬于空中，"初旭微霞，水云相映"，犹如仙境，被传为三座仙山之一的紫微山。明朝时冀州州守命人将此云幻奇景绘图以传，嘉靖年间一位冀州官吏召集能工巧匠，依照海市蜃楼幻景，在州城东北修建竹林寺，香火极盛，后因洪水冲击等原因而毁废。清朝末年，当地百姓曾自行投资，在遗址上重新修建竹林寺，但也早已毁坏。遗址原来三面环水，南面有一狭长通道与岸连接，衡水湖蓄水后，通道没入水中，遗址成为湖中一岛。1993年北关村在古遗址上建了一座殿。古寺内铜佛像原在冀县文化馆保藏，10年动乱期间被砸毁，现只存竹林寺碑，由冀州市文物所收藏。

## 10.2.2 古碑刻

### 1. 竹林寺碑

原在冀州镇北关村东北方向的竹林寺遗址上，现由冀州市文保所收藏。碑长1.16 m、宽0.6 m、厚0.22 m，只有半截可辨字迹。据旧志载，碑记为清乾隆十七年（1752年）刻，其文为"冀为古郡城，内外不少名刹，东有泰宁，西有开元，南有南禅，而称为最盛者咸以此之竹林寺为首焉"。此碑为国家三级文物。

### 2. 南潭记碑

原在小寨乡南尉迟村东南300 m处，现由衡水市文物保护所收藏。此碑为青石，长1.06 m，宽0.55 m，厚0.1 m。历城范李撰文，谭杰刻石，楷书。碑文记载明嘉靖六年（1527年）洪水情况："滹沱、滏阳交会泛滥，遂东流于此，汇而为潭。厥后，诸水频固，而此潭益深。"碑文中还载有"村人谓其中有神物居之"等。此碑大部分保存完好。

### 3. 三友柏碑

三友柏碑原在旧城文庙内，现存于冀州中学。据清康熙年间《冀州志》称："柏偏于殿之右旁，一身三干，苍古异常，未考植于何代，知州陈素以三友命名，有文勒石，镌文浅，日久莫辨。"清顺治十二年（1655年）冀州州守陈嘉会作《三友柏记》云："侯欲惠柏之祥乎？柏之种植未考何代。昔侯淡仙陈公心异是木，勒石以记颜曰：'三友柏'。并称之为'柏瑞'。"此柏毁于兵火，但"三友柏"碑今仍存，阳面刻有"三友柏"三个行书大字，阴面刻有《三友柏碑记》楷书碑文，碑文清晰，碑高约2.39 m，宽约0.88 m，厚约0.24 m。

## 10.2.3 古石雕

### 1. 大石磨

石磨原在北关竹林寺，2扇，每扇厚43 cm，直径164 cm，磨眼直径23 cm。相传袁绍驻冀州的时候，冀州城内一个名为"李三娘"的仙女，每逢双日在城外海子里用此水磨磨面，每逢单日就趁着夜色骑着神牛给老百姓送面粉。据考证，此磨为汉代水碓磨。现保存于兵法城。

---

[①] 1里 =500 m，全书同。

### 2. 石井栏

原位于冀州镇刘家埝村东300 m。经考证，此石刻为唐代开元年间造的井口。该石井栏外呈正方形，内呈圆形，两面空白，两面有字，刻字右起竖写，每面有字30行，每行满格14字，共约720字，除标题、镌刻年代外，由序言、诗颂、井主和施主姓名几部分组成。该石似为义井井口，义井颂碑文为楷书阴刻。现石刻已移至冀州镇二铺竹林寺内，保存较好，为国家三级文物。

### 3. 边仙姑石像

位于旧城文化馆原址院内。为明代石雕，头部断裂并有磕伤。石像高175 cm、宽48 cm、厚45 cm，面部端庄，神态和善，留有长发，胸部露铠甲，稳坐，两手置于膝部，右手紧握宝剑，左手手心向上，食指指向下方，右脚踩龟、龙。造型逼真，立体感强。

## 10.2.4　古墓葬

### 1. 南门古墓

坐落在旧城南门东侧20 m处。据旧志记载："南门内左有张耳祠，宋建隆中立，元末兵废，遗址尚存，下有张耳墓。"张耳系西汉初王侯，封于冀州。1982年3月，河北省文物局进行了发掘，墓葬为一砖砌多室墓，墓室、墓道都用瓷砖砌筑，已被严重破坏，墓室内仅残留陶器碎片。据专家分析，此墓年代为东汉晚期，非张耳之墓。

### 2. 西元头墓

坐落在旧城西1 km处，封土高5 m，东西长40 m，南北长31 m，占地面积1240 m$^2$。据旧志记载："西元头村东北有元渤海郡吴泽世庆墓志，孙郑李村南有老娘墓、元东陆先生冯复墓碑。"当地群众将此墓俗称为袁绍的"四女坟"。1968年有人于封土西南角挖出一道砖墙，后被有关部门制止，并将砖墙埋好。1981年上半年又有动土现象，但破坏不严重，封土基本完好。现为省级重点文物保护单位。

### 3. 前冢

坐落在冀州旧城北七里，封土高10 m，占地面积380 m$^2$。新中国成立初期，有人将前冢挖一洞，发现里面有砖砌墓室，墓砖有10 kg、12 kg、20 kg三种，墓道高约2 m，宽约1.3 m，弯曲不直，里面有很多墓室，后用土掩埋。冢上原有一座菩萨庙，庙内有一铁钟，钟上铸有"道光三年重修"字样。十年动乱期间，庙被拆除。1969年此墓又遭人为破坏，出土文物有金缕玉衣片、铜器、陶器等，被鉴定为汉代文物。此墓虽遭部分破坏，但仍有一部分保存完好，现为县级保护文物。

### 4. 后冢

位于前冢北1 km，冢高14 m，东西、南北各长60 m，占地3600 m$^2$，地下物尚未遭破坏。据分析，可能是汉墓。后冢封土比前冢高大得多，其埋藏文物应更为丰富。此冢现为省级重点保护文物。

## 10.3　旅游资源开发利用状况　●●●●

根据《河北省旅游业"十三五"发展规划》，衡水市被定位为河北省重点培育的7个特色旅游名城之一——生态休闲名城。《河北省旅游业"十三五"发展规划》提出，推进衡水湖生态保护和修复，深度开发观鸟摄影、湿地科普、体育赛事、滨湖度假等特色旅游产品，加快创建国家5A级旅游景区和国家旅游度假区；统筹湖城一体化发展，加快城市景观、休闲娱乐设施、旅游服务设施和配套要素建设，树立"北方湖城"主题形象。根据河北省对衡水市和衡水湖自然保护区旅游资源开发的定位和部署，衡水湖自然保护区以保护优先、崇尚自然、互利双赢等为原则，开发了一批生态旅游产品和旅游线路，保护区的旅游人数和知名度也在近年有较大幅度的提高。

### 10.3.1 衡水湖自然保护区旅游业发展规模

2015—2019 年，衡水市接待国内外游客及旅游收入情况见表 10-1。

表 10-1 衡水市旅游产业年度统计

| 年份 | 游客总数量（万人次） | 较上年增长率 | 总旅游收入（亿元） | 较上年增长率 | 国内游客（万人次） | 较上年增长率 | 国内收入（亿元） | 较上年增长率 | 境外游客（人次） | 较上年增长率 | 境外收入（万美元） | 较上年增长率 |
|---|---|---|---|---|---|---|---|---|---|---|---|---|
| 2015 | 1038.04 | 23.90% | 66.62 | 25.39% | 1036.6 | 23.90% | 66.34 | 25.40% | 14255 | 3.60% | 421.53 | 6.20% |
| 2016 | 1368.61 | 31.90% | 101.74 | 45.84% | 1366.98 | 31.88% | 101.5 | 45.81% | 16261 | 14.07% | 359.8 | −14.64% |
| 2017 | 1733.2 | 26.60% | 134.7 | 32.40% | 1731.2 | 26.70% | 134.4 | 32.40% | 19392 | 19.30% | 416.2 | 15.70% |
| 2018 | 1995.5 | 15.10% | 162.2 | 20.50% | 1993.3 | 15.10% | 161.9 | 20.50% | 22600 | 16.50% | 516.1 | 24.00% |
| 2019 | 2290.7 | 14.80% | 197.1 | 21.40% | 2288.2 | 14.80% | 196.7 | 21.50% | 24883 | 10.10% | 603.3 | 16.90% |

2015—2019 年，衡水市游客总数和旅游收入均呈增长趋势，但增长率有所下降。2019 年，衡水市游客总数量 2290.7 万人次，较上一年增长 14.8%；总旅游收入 197.1 亿元，增长率 21.4%，其中主要为国内游客，境外游客占比相对较低。2019 年，共接待国内游客 2288.2 万人，贡献旅游收入 196.7 亿元；境外游客 2.5 万人，贡献旅游收入 603.3 万美元，但境外游客的单客旅游支出高于国内游客。

滨湖新区 2018—2019 年法定节假日接待游客数量及旅游收入统计见表 10-2。根据统计结果，2018 和 2019 年法定节假日游客数量分别为 97.22 万人和 104.48 万人，旅游综合收入分别为 1841 万元和 2067 万人，整体呈递增趋势。游客数量方面，主要集中于劳动节（2018、2019 年占比分别为 33.3%、38.3%）、春节（2018、2019 年占比分别为 26.7%、26.1%）和国庆节（2018、2019 年占比分别为 26.9%、17.3%）；旅游综合收入分布与游客数量分布整体相近，但春节期间游客总数和旅游综合收入存在差异。单位游客旅游支出方面，2018 年和 2019 年分别为 18.9 元 / 人和 19.8 元 / 人，整体呈现出增长趋势；分时段来看，春节期间是单客旅游支出较高的时段（2018、2019 年分别为 59.9 元 / 人、37.6 元 / 人），远高于年平均水平，其次为国庆节和劳动节假期。

表 10-2 滨湖新区节假日游客数量及旅游收入统计

| 年份 | 节假日 | 游客总数（万人） | 旅游综合收入（万元） |
|---|---|---|---|
| 2018 | 春节 | 26 | 349 |
| | 清明节 | 2.02 | 121 |
| | 五一 | 32.4 | 647 |
| | 端午 | 7.11 | 69.53 |
| | 中秋 | 3.5 | 46.7 |
| | 国庆 | 26.19 | 607.77 |

| 年份 | 节假日 | 游客总数（万人） | 旅游综合收入（万元） |
|------|--------|----------------|---------------------|
| 2019 | 元旦 | 0.3106 | 8.7408 |
| | 春节 | 27.26 | 1025.5 |
| | 清明节 | 9.25 | 94.45 |
| | 五一 | 40.0072 | 499.423 |
| | 端午 | 9.5976 | 112.391 |
| | 中秋 | 0 | 0 |
| | 国庆 | 18.05 | 326.07 |

注：春节假期统计时间为农历十二月三十至次年正月初六。

### 10.3.2 旅游产品

目前，结合本地湿地资源、自然景观资源、鸟类等野生动物资源和历史人文景观特点，衡水湖自然保护区的生态旅游可以开发湿地生态体验游、湿地科普观鸟游、生态休闲度假游、特色文化旅游、节庆旅游活动等产品。

#### 1. 湿地生态观光旅游

以衡水湖东湖实验区水域丰富的湿地景观资源和特有的历史文化资源为基础，开发湿地自然景观观光和历史文化观光两大类观光旅游产品。围绕水域风光、湿地水生植物、候鸟等野生动物以及以冀州古城墙遗址为核心的历史文化资源，采取水上游船、自行车、电瓶车、徒步等方式，发展湖区水上和环湖观光旅游，成为衡水湖生态旅游产品体系中的重要支柱。

#### 2. 湿地科普观鸟旅游

①湿地科普旅游：衡水湖自然保护区具有保存完好的、多样化的典型湿地生态系统及丰富的植物群落资源，构成了发展湿地科普旅游的资源和环境条件，为发展湿地生态科普旅游提供了物质基础。以衡水湖湿地自然生态系统的构建和恢复为前提和基础，发展湿地生态科普旅游，并将其作为衡水湖生态旅游产品的重要组成来开发。主要开发方向包括湿地生态系统知识、湿地生态环境治理与修复知识、湿地植物知识、鸟类知识、昆虫知识、湿地水污染治理知识等。

②湿地观鸟旅游：衡水湖自然保护区内大面积的翅碱蓬盐碱干滩及草甸、芦苇—菖蒲沼泽、开敞水体等典型湿地生境，加上水中的鱼类以及丰富的鸟类资源，成为衡水湖生态旅游的特色和精髓所在。以打造华北重要的观鸟目的地为目标，通过观鸟廊道、观鸟台、观鸟屋、观鸟船、观鸟车、水禽湖等多种观鸟手段和设施的建设，将观鸟旅游项目作为衡水湖生态旅游主打产品。

#### 3. 生态休闲度假旅游

衡水湖处于水体景观相对缺乏的华北区域，经多年人工修缮、整治，具有良好的水环境条件，其水域开阔，环境质量整体优于周边地区，为开展生态休闲旅游活动提供了很好的物质基础。以东湖东岸湖滨为重点区域，通过民宿、家庭周末度假、汽车营地度假等旅游产品，可以开发野外垂钓、学生夏令营活动、森林康养、亲水体验等多样化的休闲游憩活动。

#### 4. 特色文化旅游

以衡水湖地区历史遗迹为核心物质性文化载体，衡水市乃至华北地区非物质文化遗产为内涵，形成冀州古城历史文化、衡水民俗与民间文化、湿地生态教育文化三大特色文化旅游主题系列，构建具有品牌优势和文化特色的旅游产品体系。

### 5. 节庆旅游活动

专业的旅游节庆活动是各地推进旅游发展的重要内容，可以在短时间内形成规模化的旅游市场。衡水湖现在尚未形成具有规模的节庆旅游产品。今后应重点开发能反映衡水湖资源、环境特色，并且具有一定独创性的特色和精品节庆活动，如以冀州历史文化、衡水湖鸟类资源、衡水湖生态补水、衡水湖农渔资源、民间习俗等为题材策划的各类节庆活动。同时结合主导产品的建设，加强节庆产品的深度开发和系列开发。

### 6. 运动休闲旅游

衡水湖国际马拉松赛的举办促进了衡水湖周边基础设施的建设和完善，使保护区拥有风景优美、规划合理的跑步赛道。目前衡水湖运动旅游项目的开发主要有4种类型：水上项目、陆地项目、空中项目和拓展项目。其中较为特色的是赛艇游和龙舟游，环湖骑行则由于入门简单，故拥有良好的群众基础。滑翔机、动力伞和水上冲浪等充满冒险刺激的水上和空中运动项目仍有待进一步开发。

## 10.3.3　旅游线路

根据以上旅游产品，衡水湖自然保护区开发了"湿地科普游""湿地文化游""湿地休闲游""湿地健身游""生态保护体验游"5条旅游线路。

### 1. 湿地科普游

开展湿地科普教育是一切湿地生态旅游活动的第一项内容，兼具科普、宣教功能的湿地生态旅游接待与宣教中心是衡水湖之行的第一站。此游览线路还包括：参观湿地生态体验中心、衡水长流水资源教育基地、冀州历史文化博物馆、百鸟山、湿地观光农园等，参与各类丰富多彩的观鸟、亲鸟、护鸟项目。沿生态旅游区的步道设立内容丰富的指示牌、宣传牌，配合开展湿地植物辨识、观鸟比赛等丰富多彩的活动，寓教于乐，使游客在不知不觉中接受到湿地生态保护观念和相关科普知识的熏陶。

### 2. 湿地文化游

衡水湖自然保护区宝贵的人文景观资源为开展具有衡水湖独特视角的湿地文化游提供了坚实的基础和可靠的保障。衡水历史文化展览馆以独特的视角和衡水湖周边地区丰富的自然历史与人文环境变迁资料，向参观者阐明湿地与人的密切关系以及湿地保护的重要价值。此外，还可以与保护区外侯店村民俗文化、园博园、冀州老城、汉墓等景点形成区域联动，打造衡水湖历史文化游览线路。

### 3. 湿地休闲游

休闲游是现代旅游市场中增长最快、最具有稳定性和重复开发性的一种旅游方式，它顺应了现代城市居民返璞归真、舒缓心情、释放压力等的强烈需求。开发适宜的旅游休闲产品投资不大，却能给保护区带来稳定的客源和丰厚的经济收入。本区可开展的休闲活动包括：观鸟、宿营、林间野营、湖岸垂钓、田间采摘、林间漫步等。旅游休闲产品成功的关键在于产品需适宜人们追求舒适、浪漫、轻松、野趣、卫生和安全等多方面复杂的需求，并且要将高品位的环境和高质量的服务有机地结合在一起。一切过于人工化、品位不高、破坏自然和谐以及缺乏良好的旅游配套服务的休闲产品，都会遭到日益成熟的城市休闲群体的唾弃。

### 4.湿地健身游

湿地优美的自然景观和新鲜的空气都可以给人们带来健康，也为热爱户外健身活动的人们提供了一个良好环境，还可以利用衡水湖国际马拉松赛道开展森林马拉松和环湖自行车赛等活动。

### 5.生态保护体验游

选择1~2条巡护路线，通过预约方式，招募游客作为辅助巡护队员参与保护区日常巡护体验，每组巡护队员不超过10人，其中至少由2名保护区巡护队员作为领队。访客通过与保护区工作人员完成巡护、监测、科普教育等工作，深切体会自然保护的意义、生态系统的脆弱性、保护区管理的复杂性，进而带动其亲朋主动参与环境保护行动。

# 参考文献

白丽荣，2013．衡水湖湿地植物多样性［M］．北京：高等教育出版社．

彩万志，崔建新，刘国卿，等，2017．河南昆虫志 半翅目 异翅亚目［M］．北京：科学出版社．

曹玉萍，袁杰，马丹丹，2003．衡水湖鱼类资源现状及其保护利用与发展［J］．河北大学学报，23（3）：293-297．

陈校辉，倪勇，伍汉霖，2005．江苏省鳑鲏属（*Rhodeus*）鱼类的研究［J］．海洋渔业，27（2）：89-97．

陈咏霞，管敏，2011．河北省淡水虾虎鱼类形态特征和分类地位的研究［J］．凯里学院学报，29（6）：60-64．

邸济民，任国栋，2021．河北昆虫生态图鉴：上、下卷［M］．北京：科学出版社．

丁二峰，马晓琳，2014．衡水湖浮游植物群落特征及其演替规律初分析［J］．地下水，36（6）：111-113．

杜雪松，柯威，张广建，2021．衡水湖国际马拉松赛的旅游效应研究［J］．科技资讯，19（8）：209-211．

段学花，王兆印，徐梦珍，2010．底栖动物与河流生态评价［M］．北京：清华大学出版社．

冯李君，杨丽，2010．衡水湖防护林带鞘翅目昆虫调查初报［J］．衡水学院学报，12（4）：56-57．

傅园园，2015．东洞庭湖浮游藻类的群落结构与动态特征及其对水环境的指示作用初探［D］．长沙：湖南师范大学．

高宏颖，范怀良，2010．河北鸟类图鉴［M］．河北：燕山大学出版社．

顾宝瑛，岳淑芹，赵艳珍，1990．衡水湖水生生物调查报告［J］．河北渔业（4）：9-11．

郭子良，张余广，刘魏魏，等，2021．河北衡水湖国家级自然保护区水鸟群落特征及其季节性变化［J］．生态学杂志，41（4）：732-740

国文哲，李月英，陈亚南，等，2021．四期衡水湖国家级自然保护区遥感影像分类结果对比分析［J］．科技风（18）：119-120．

韩九皋，2007．河北衡水湖两栖爬行动物的多样性及保护［J］．四川动物，26（2）：356-357．

韩九皋，2007．衡水湖鱼类资源调查［J］．水利渔业，27（6）：68-70．

韩九皋，2009．衡水湖防护林蛀干害虫及防治初报［J］．中国森林病虫，28（4）：44．

韩九皋，马惠钦，王洪江，2006．衡水湖水生动物多样性研究初报［J］．衡水学院学报，8（1）：75-78．

韩九皋，武大勇，马惠钦，等，2011．河北衡水湖发现彩鹬［J］．动物学杂志，46（1）：135．

何祝清，2021．常见螽斯蟋蟀野外识别手册［M］．重庆：重庆大学出版社．

胡鸿钧，李尧英，魏印心，等，1980．中国淡水藻类［M］．上海：上海科学技术出版社．

胡鸿钧，魏印心，2006．中国淡水藻类：系统、分类及生态［M］．北京：科学出版社．

蒋燮治，堵南山，1979．中国动物志 淡水枝角类［M］．北京：科学出版社．

蒋亚辉，李峰，彭猛威，等，2021．衡水湖保护区鸟类新记录：毛腿沙鸡［J］．甘肃林业科技，46（3）：33-34．

蒋志刚，2009．衡水湖国家级自然保护区生物多样性［M］．北京：中国林业出版社．

蒋志刚，江建平，王跃招，等，2016．中国脊椎动物红色名录［J］．生物多样性，24（5）：500-551．

蒋志刚，刘少英，吴毅，等，2017．中国哺乳动物多样性［J］．2版．生物多样性，25（8）：886-895．

蒋志刚，马勇，吴毅，等，2015．中国哺乳动物多样性［J］．生物多样性，23（3）：351-364．

黎聪，李晓文，郑钰，等，2008．衡水湖国家级自然保护区湿地景观格局演变分析［J］．资源科学，30（10）：1571-1578．

李成，谢锋，2004．牛蛙入侵新案例与管理对策分析［J］．应用与环境生物学报，10（1）：95-98．

李峰，彭猛威，蒋亚辉，等，2021．衡水湖保护区鸟类新记录属种：石鸡属石鸡［J］．甘肃林业科技，46（2）：20-21．

李峰，彭猛威，武大勇，等，2021．河北省鸟类新记录：红胸黑雁［J］．四川动物，40（6）：711．

李后魂，王淑霞，等，2009．河北动物志 鳞翅目 小蛾类［M］．北京：中国农业科技出版社．

林美英，2015．常见天牛野外识别手册［M］．重庆：重庆大学出版社．

刘存，周绪申，石美，等，2018．衡水湖浮游植物多样性分析及评价［J］．人民珠江，39（10）：124-130．

刘广瑞，章有为，王瑞，1997．中国北方常见金龟子彩色图鉴［M］．北京：中国林业出版社．

刘国卿，卜文俊，2009．河北动物志 半翅目 异翅亚目［M］．北京：中国农业科学技术出版社．

刘海鹏，武大勇，2017．衡水湖大型底栖无脊椎动物水质生物评价［J］．现代农村科技，548（4）：71．

刘濂，1996．河北植被［M］．北京：科学出版社．

刘鹏艳，武大勇，彭吉栋，等，2011．衡水湖蜻蜓目昆虫区系与多样性初步研究［J］．现代农村科技，（4）：63-64．

刘小雪，桑国庆，王海军，等，2022．微山湖大型底栖动物群落结构及主要环境因子［J］．济南大学学报（自然科学版），36（3）：330-337．

罗庄西，冷文杰，胥勋平，2005．从活体牛蛙体表中检出O1群霍乱弧菌非流行株［J］．现代医药卫生，21（18）：2497．

马敬能，菲利普斯，何芬奇，2000．中国鸟类野外手册［M］．长沙：湖南教育出版社．

马亮，赵玉泽，高云，等，2012．北京松山国家级自然保护区两栖爬行动物资源调查［J］．四川动物，31（2）：307-310．

孟德荣，曹春晖，王春杰，等，2008．河北沧州地区两栖爬行动物多样性研究［J］．四川动物，27（5）：864-866．

孟德荣，王保志，杨静利，2015．河北衡水湖鸭科鸟类调查［J］．沧州师范学院学报，31（1）：84-87．

牛玉璐，郑云翔，赵建成，2006．衡水湖自然保护区藻类植物资源初步研究［J］．河北师范大学学报，30（3）：336-342.

潘双叶，陈元，翁燕波，等，2008. 东钱湖浮游生物调查以及水质生态学评价［J］. 中国环境监测，24（6）：96-100.

乔格侠，2009. 河北动物志 蚜虫类［M］. 石家庄：河北科学技术出版社.

任国栋，杨秀娟，2006. 中国土壤拟步甲志 第一卷 土甲类［M］. 北京：高等教育出版社.

任振纪，张树山，郑树桓，等，1992. 河北省衡水湖浮游生物调查及对发展养殖的意义［J］. 河北师范大学学报（自然科学版）（1）：85-91.

史密斯，解焱，盖玛，2009. 中国兽类野外手册［M］. 长沙：湖南教育出版社.

史娜娜，郭宁宁，刘高慧，等，2022. 北京市两栖爬行动物空间分布格局及影响因素研究［J］. 生态学报，42（9）：3806-3821.

孙立汉，2002. 河北哺乳及两栖爬行动物研究史与地理区划［J］. 地理学与国土研究，18（2）：64-68.

唐涛，蔡庆华，刘建康，2002. 河流生态系统健康及其评价［J］. 应用生态学报，13（9）：1191-1194.

王广力，武宇红，唐伟斌，等，2019. 河北邢台太行山区两栖爬行动物资源调查［J］. 动物学杂志，54（3）：436-440.

王家楫，1961. 中国淡水轮虫志［M］. 北京：科学出版社.

王建赟，陈卓，2021. 常见椿象野外识别手册［M］. 重庆：重庆大学出版社.

王剀，任金龙，陈宏满，等，2020. 中国两栖、爬行动物更新名录［J］. 生物多样性，28（2）：189-218.

王所安，王志敏，李国良，等，2001. 河北动物志 鱼类［M］. 石家庄：河北科学技术出版社.

王业耀等，2020. 中国流域常见水生生物图集［M］. 北京：科学出版社.

翁建中，徐恒省，2010. 中国常见淡水浮游藻类图谱［M］. 上海：上海科学技术出版社.

吴超，2021. 常见螳螂野外识别手册［M］. 重庆：重庆大学出版社.

吴东浩，王备新，张咏，等，2011. 底栖动物生物指数水质评价进展及在中国的应用前景［J］. 南京农业大学学报，34（2）：129-134.

吴跃峰，武明录，曹玉萍，2009. 河北动物志 两栖 爬行 哺乳动物类［M］. 石家庄：河北科学技术出版社.

吴征镒，1991. 中国种子植物属的分布区类型［J］. 植物多样性，13（S4）：1-3.

伍跃辉，陈威，李中宇，2017. 阿什河底栖动物图谱［M］. 北京：中国环境出版社.

武大勇，刘海鹏，2011. 衡水湖自然保护区动物类群研究进展［J］. 现代农村科技，（4）：64-65.

武明录，王秀辉，安春林，等，2006. 河北省兽类资源调查［J］. 河北林业科技（2）：20-23.

武胜来，裴永华，魏洪彪，等，2009. 衡水湖渔业经济与水环境［J］. 河北渔业（6）：7-9.

徐海根，强胜，韩正敏，等，2004. 中国外来入侵物种的分布与传入路径分析［J］. 生物多样性，12（6）：626-638.

闫丽，邓鹏春，慕建东，等，2021. 白洋淀衡水湖鱼类多样性区系比较研究［J］. 水产研究，8（2）：53-60.

杨定，2009. 河北动物志 双翅目［M］. 北京：中国农业科学技术出版社.

虞国跃，2015. 北京蛾类图谱［M］. 北京：科学出版社.

虞国跃，2020. 北京甲虫生态图谱［M］. 北京：科学出版社.

袁杰，曹玉萍，谢松，2004. 衡水湖鲫鱼的生物学特性［J］. 河北大学学报，24（3）：293-298.

张春光，邢迎春，赵亚辉，等，2016. 中国内陆鱼类物种与分布［M］. 北京：科学出版社.

张春光，赵亚辉，2013. 北京及其邻近地区的鱼类：物种多样性、资源评价和原色图谱［M］. 北京：科学出版社.

张浩淼，2019. 中国蜻蜓大图鉴［M］. 重庆：重庆大学出版社.

张红星，2010. 黄河中游流域外来龟、鳖类对原有种类的生态威胁［J］. 现代农业科技（10）：326-328；331.

张觉民，何志辉，1991. 内陆水域渔业自然资源调查手册［M］. 北京：中国农业出版社.

张荣祖，2011. 中国动物地理［M］. 北京：科学出版社.

张巍巍，李元胜，2019. 中国昆虫生态大图鉴［M］. 2版. 重庆：重庆大学出版社.

章宗涉，黄祥飞，1991. 淡水浮游生物研究方法［M］. 北京：科学出版社.

赵宝和，宁培英，1991. 衡水湖鲫鱼种群组成［J］. 河北渔业（5）：17-19.

赵尔宓，黄美华，宗愉，1998. 中国动物志 第三卷 蛇亚目［M］. 北京：科学出版社.

赵尔宓，赵肯堂，周开亚，1999. 中国动物志 第二卷 蜥蜴亚目［M］. 北京：科学出版社.

赵虎，王启军，邓捷等，2021. 陕西渭河流域龟鳖类外来物种调查及风险分析［J］. 野生动物学报，42（4）：1202-1205.

郑光美，2017. 中国鸟类分类与分布名录［M］. 3版. 科学出版社.

中国湿地植被编辑委员会，1999. 中国湿地植被［M］. 北京：科学出版社.

中国植被编辑委员会，1980. 中国植被［M］. 北京：科学出版社.

周凤霞，陈剑虹，2011. 淡水微型生物与底栖动物图谱［M］. 北京：化学工业出版社.

周善义，陈志林，2020. 中国习见蚂蚁生态图鉴［M］. 郑州：河南科学技术出版社.

周绪申，孟宪智，崔文彦，等，2020. 衡水湖湿地鱼类资源调查回顾与常见底层鱼类群落结构现状浅析［J］. 环境生态学，2（4）：46-50.

朱建青，谷宇，陈志兵，等，2018. 中国蝴蝶生活史图鉴［M］. 重庆：重庆大学出版社.

BARBOUR M T, GERRITSEN J, SNYDER B D, 1999. Rapid bioassessment protocols for use in streams and wadeable rivers：periphyton, benthic macroinvertebrates and fish［M］. 2nd ed. Washington：D C：U. S. EPA, Office of Water.

BEYENE A, ADDIS T, KIFLE D, et al, 2009. Comparative study of diatoms and macroinvertebrates as indicators of severe water pollution：Case study of the Kebena and Akaki rivers in Addis Ababa, Ethiopia ［J］. Ecological Indicators, 9（2）：381-392.

LADSON A R, WHITE L J, DOOLAN J A, et al, 1999. Development and testing of an index of steam condition for waterway management in Australia［J］. Freshwater Biology, 41（2）：453-468.

SMITH M J, KAY W R, EDWARD D H D, et al, 1999. AusRivAS：using macroinvertebrates to assess ecological condition of rivers in Western Australia［J］. Freshwater Biology, 41（2）：269-282.

WRIGHT J F, SUTCLIFFE D W, FURSE M T, et al, 2000. Assessing the biological quality of fresh waters：RIVPACS and other techniques［M］. Ambleside：The Freshwater Biological Association.

# 附　录

## 附表 1　衡水湖自然保护区高等植物名录（594 种）

| 科 | 属 | 编号 | 种 | 备注 |
|---|---|---|---|---|
| | | | 苔藓植物门BRYOPHYTA | |
| 钱苔科Ricciaceae | 钱苔属Riccia | 1 | 叉钱苔Riccia fluitans | |
| 地钱科Marchantiaceae | 地钱属Marchantia | 2 | 地钱Marchantia polymorpha | |
| 丛藓科Pottiaceae | 小墙藓属Weisiopsis | 3 | 稻叶小墙藓Weisiopsis anomala | |
| | 墙藓属Tortula | 4 | 泛生墙藓Tortula muralis | |
| 葫芦藓科Funariaceae | 葫芦藓属Funaria | 5 | 葫芦藓Funaria hygrometrica | |
| | 立碗藓属Physcomitrium | 6 | 立碗藓Physcomitrium sphaericum | |
| 真藓科Bryaceae | 真藓属Bryum | 7 | 真藓Bryum argenteum | |
| | | 8 | 丛生真藓Bryum caespiticium | |
| | | | 蕨类植物门PTERIDOPHYTA | |
| 木贼科Equisetaceae | 木贼属Equisetum | 9 | 问荆Equisetum arvense | |
| | | 10 | 节节草Equisetum ramosissimum | |
| | | 11 | 木贼Equisetum hyemale | |
| 苹科Marsileaceae | 苹属Marsilea | 12 | 苹Marsilea quadrifolia | |
| 槐叶苹科Salviniaceae | 槐叶苹属Salvinia | 13 | 槐叶苹Salvinia natans | |
| | | | 裸子植物门GYMNOSPCRMAC | |
| 银杏科Ginkgoaceae | 银杏属Ginkgo | 14 | 银杏Ginkgo biloba | 栽培 |
| 松科Pinaceae | 松属Pinus | 15 | 油松Pinus tabuliformis | 栽培 |
| | | 16 | 日本五针松Pinus parviflora | 栽培 |
| 杉科Taxodiaceae | 水杉属Metasequoia | 17 | 水杉Metasequoia glyptostroboides | 栽培 |

（续）

| 科 | 属 | 编号 | 种 | 备注 |
|---|---|---|---|---|
| 柏科Cupressaceae | 侧柏属Platycladus | 18 | 侧柏Platycladus orientalis | 栽培 |
| | 圆柏属Sabina | 19 | 圆柏（桧柏）Sabina chinensis（Juniperus chinensis） | 栽培 |
| | | 20 | 龙柏Sabina chinensis 'Kaizuca'（Juniperus chinensis 'Kaizuca'） | 栽培 |
| | | 21 | 沙地柏（叉子圆柏）Sabina vulgaris（Juniperus sabina） | 栽培 |
| | | | 被子植物门ANGIOSPERMAE | |
| 胡桃科Juglandaceae | 胡桃属Juglans | 22 | 核桃Juglans regia | 栽培 |
| | 枫杨属Pterocarya | 23 | 枫杨Pterocarya stenoptera | |
| | 杨属Popolus | 24 | 银白杨Populus alba | 栽培 |
| | | 25 | 新疆杨Populus alba var. pyramidalis | 栽培 |
| | | 26 | 加杨Populus × canadensis | 栽培 |
| | | 27 | 北京杨Populus × beijingensis | 栽培 |
| | | 28 | 沙兰杨Populus euramericana | 栽培 |
| | | 29 | 钻天杨Populus nigra var. italica | 栽培 |
| | | 30 | 小叶杨Populus simonii | |
| | | 31 | 毛白杨Populus tomentosa | |
| 杨柳科Salicaeae | 柳属Salix | 32 | 垂柳Salix babylonica | 栽培 |
| | | 33 | 金枝柳Salix babylonica 'Jinzhi' | 栽培 |
| | | 34 | 筐柳Salix linearistipularis | |
| | | 35 | 旱柳（立柳）Salix matsudana | |
| | | 36 | 龙爪柳Salix matsudana f. tortuosa | 栽培 |
| | | 37 | 馒头柳Salix matsudana f. umbraculifera | 栽培 |
| 壳斗科Fagaceae | 栎属Quercus | 38 | 北美红栎（红橡树）Quercus rubra | 栽培 |
| 榆科Ulmaceae | 榆属Ulmus | 39 | 欧洲白榆Ulmus laevis | 栽培 |
| | | 40 | 白榆（榆树）Ulmus pumila | 栽培 |
| | | 41 | 中华金叶榆（金叶榆）Ulmus pumila 'Jinye' | 栽培 |
| 杜仲科Eucommiaceae | 杜仲属Eucommia | 42 | 杜仲Eucommia ulmoides | 栽培 |

| 科 | 属 | 编号 | 种 | 备注 |
|---|---|---|---|---|
| 桑科Moraceae | 构属Broussonetia | 43 | 构树Broussonetia papyrifera | 栽培 |
| | 柘属Cudrania | 44 | 柘树Cudrania tricuspidata | 栽培 |
| | 无花果属Ficus | 45 | 无花果Ficus carica | |
| | 葎草属Humulus | 46 | 葎草（拉拉秧）Humulus scandens | |
| | 桑属Morus | 47 | 白桑Morus alba | 各地 |
| 蓼科Polygonaceae | 蓼属Polygonum | 48 | 两栖蓼Polygonum amphibium（Persicaria amphibia） | |
| | | 49 | 萹蓄Polygonum aviculare | |
| | | 50 | 柳叶刺蓼Polygonum bungeanum（Persicaria bungeana） | |
| | | 51 | 水蓼Polygonum hydropiper（Persicaria hydropiper） | |
| | | 52 | 酸模叶蓼Polygonum lapathifolium（Persicaria lapathifolia） | |
| | | 53 | 棉毛酸模叶蓼Polygonum lapathifolium var. salicifolium（Persicaria lapathifolia var. salicifolium） | |
| | | 54 | 红蓼Polygonum orientale（Persicaria orientalis） | |
| | | 55 | 习见蓼Polygonum plebeium | |
| | | 56 | 西伯利亚蓼Polygonum sibiricum（Knorringia sibirica） | |
| | 酸模属Rumex | 57 | 阿穆尔酸模Rumex amurensis | 入侵 |
| | | 58 | 皱叶酸模Rumex crispus | |
| | | 59 | 齿果酸模Rumex dentatus | |
| | | 60 | 巴天酸模Rumex patientia | |
| | | 61 | 长刺酸模Rumex trisetifer | |
| 商陆科Phytolaccae | 商陆属Phytolacca | 62 | 美洲商陆Phytolacca americana | 逸生 |
| 紫茉莉科Nyctaginaceae | 紫茉莉属Mirabilis | 63 | 紫茉莉Mirabilis jalapa | |
| 番杏科Aizoaceae | 粟米草属Mollugo | 64 | 粟米草Mollugo stricta | |
| 马齿苋科Portulacaceae | 马齿苋属Portulaca | 65 | 大花马齿苋Portulaca grandiflora | 栽培 |
| | | 66 | 马齿苋Portulaca oleracea | |
| | | 67 | 阔叶马齿苋（环翅马齿苋）Portulaca umbraticola | 栽培 |

（续）

| 科 | 属 | 编号 | 种 | 备注 |
|---|---|---|---|---|
| 落葵科Basellaceae | 落葵属Basella | 68 | 落葵（木耳菜）Basella alba | 栽培 |
| 石竹科Caryophyllaceae | 石竹属Dianthus | 69 | 须苞石竹（五彩石竹）Dianthus barbatus | 栽培 |
| | | 70 | 石竹Dianthus chinensis | 栽培 |
| | | 71 | 常夏石竹Dianthus plumarius | 栽培 |
| | 鹅肠菜属Myosoton | 72 | 鹅肠菜Myosoton aquaticum（Stellaria aquatica） | |
| | 蝇子草属Silene | 73 | 米瓦罐（面条菜、麦瓶草）Silene conoidea | |
| | 拟漆姑属Spergularia | 74 | 拟漆姑草Spergularia salina | |
| | 繁缕属Stellaria | 75 | 繁缕Stellaria media | |
| | 麦蓝菜属Vaccaria | 76 | 王不留行Vaccaria segetalis | |
| 藜科Chenopodiaceae | 滨藜属Atriplex | 77 | 西伯利亚滨藜Atriplex sibirica | |
| | | 78 | 尖头叶藜Chenopodium acuminatum | |
| | | 79 | 藜（灰灰菜）Chenopodium album | |
| | | 80 | 土荆芥Chenopodium ambrosioides（Dysphania ambrosioides） | 入侵 |
| | | 81 | 刺穗藜Chenopodium aristatum（Teloxys aristata） | |
| | 藜属Chenopodium | 82 | 菱叶藜Chenopodium bryoniifolium | |
| | | 83 | 灰绿藜Chenopodium glaucum（Oxybasis glauca） | |
| | | 84 | 大叶藜Chenopodium hybridum（Chenopodiastrum hybridum） | |
| | | 85 | 小叶藜Chenopodium serotinum | |
| | | 86 | 东亚市藜Chenopodium urbicum（Oxybasis micrantha） | 入侵 |
| | 虫实属Corispermum | 87 | 烛台虫实Corispermum candelabrum | |
| | | 88 | 绳虫实Corispermum declinatum | |
| | | 89 | 软毛虫实Corispermum puberulum | |
| | | 90 | 细苞虫实Corispermum stenolepis | |
| | 地肤属Kochia | 91 | 地肤Kochia scoparia | |
| | | 92 | 扫帚菜Kochia scoparia f. trichophylla | |
| | | 93 | 碱地肤Kochia scoparia var. sieversiana | |

| 科 | 属 | 编号 | 种 | 备注 |
|---|---|---|---|---|
| 藜科Chenopodiaceae | 猪毛菜属Salsola | 94 | 猪毛菜Salsola collina | |
| | 菠菜属Spinacia | 95 | 菠菜Spinacia oleracea | 栽培 |
| | 碱蓬属Suaeda | 96 | 碱蓬Suaeda glauca | |
| | | 97 | 翅碱蓬Suaeda salsa | |
| | 莲子草属Alternanthera | 98 | 喜旱莲子草Alternanthera philoxeroides | 入侵 |
| | 苋属Amaranthus | 99 | 绿穗苋Amaranthus hybridus | 入侵 |
| | | 100 | 凹头苋Amaranthus lividus | 入侵 |
| | | 101 | 长芒苋Amaranthus palmeri | 入侵 |
| | | 102 | 繁穗苋Amaranthus paniculatus | 入侵 |
| | | 103 | 合被苋Amaranthus polygonoides | 入侵 |
| 苋科Amaranthaceae | | 104 | 反枝苋Amaranthus retroflexus | 入侵 |
| | | 105 | 腋花苋Amaranthus roxburghianus | 入侵 |
| | | 106 | 刺苋Amaranthus spinosus | 入侵 |
| | | 107 | 苋Amaranthus tricolor | 入侵 |
| | | 108 | 皱果苋Amaranthus viridis | 入侵 |
| | 青葙属Celosia | 109 | 鸡冠花Celosia cristata | 栽培 |
| 木兰科Magnoliaceae | 木兰属Magnolia | 110 | 玉兰Magnolia denudata（Yulania denudata） | 栽培 |
| | | 111 | 紫玉兰Magnolia liliiflora（Yulania liliiflora） | 栽培 |
| 小檗科Berberidaceae | 小檗属Berberis | 112 | 紫叶小檗（红叶小檗）Berberis thunbergii var. atropurpurea | 栽培 |
| | 铁线莲属Clematis | 113 | 黄花铁线莲Clematis intricata | |
| 毛茛科Ranunculaceae | 碱毛茛属Halerpestes | 114 | 水葫芦苗Halerpestes cymbalaria | |
| | 毛茛属Ranunculus | 115 | 茴茴蒜Ranunculus chinensis | |
| | | 116 | 毛茛Ranunculus japonicus | |
| | | 117 | 石龙芮Ranunculus sceleratus | |
| 睡莲科Nymphaeaceae | 芡属Euryale | 118 | 芡实Euryale ferox | |
| | 莲属Nelumbo | 119 | 莲（荷花）Nelumbo nucifera | 逸生 |

（续）

（续）

| 科 | 属 | 编号 | 种 | 备注 |
|---|---|---|---|---|
| 睡莲科Nymphaeaceae | 睡莲属Nymphaea | 120 | 红睡莲Nymphaea alba var. rubra | 栽培 |
| | | 121 | 黄睡莲Nymphaea mexicana | 栽培 |
| | | 122 | 睡莲Nymphaea tetragona | 栽培 |
| 金鱼藻科Ceratophyllaceae | 金鱼藻属Ceratophyllum | 123 | 金鱼藻Ceratophyllum demersum | |
| 马兜铃科Aristolochiaceae | 马兜铃属Aristolochia | 124 | 北马兜铃Aristolochia contorta | |
| 罂粟科Papaveraceae | 紫堇属Corydalis | 125 | 地丁草Corydalis bungeana | |
| | 角茴香属Hypecoum | 126 | 角茴香Hypecoum erectum | |
| | 罂粟属Papaver | 127 | 虞美人Papaver rhoeas | 栽培 |
| 十字花科Cruciferae | 芸薹属Brassica | 128 | 芥菜Brassica juncea | 栽培 |
| | | 129 | 雪里蕻（雪里红）Brassica juncea var. multiceps | 栽培 |
| | | 130 | 油菜Brassica napus | 栽培 |
| | | 131 | 结球甘蓝（圆白菜）Brassica oleracea var. capitata | 栽培 |
| | | 132 | 白菜Brassica pekinensis | 栽培 |
| | | 133 | 蔓菁Brassica rapa | 栽培 |
| | 荠属Capsella | 134 | 荠菜Capsella bursa-pastoris | |
| | 碎米荠属Cardamine | 135 | 碎米荠Cardamine hirsuta | |
| | 离子芥属Chorispora | 136 | 离子草Chorispora tenella | |
| | 播娘蒿属Descurainia | 137 | 播娘蒿Descurainia sophia | |
| | 花旗杆属Dontostemon | 138 | 花旗杆Dontostemon dentatus | |
| | 芝麻菜属Eruca | 139 | 芝麻菜Eruca sativa | 栽培 |
| | 糖芥属Erysimum | 140 | 小花糖芥Erysimum cheiranthoides | |
| | 香花芥属Hesperis | 141 | 欧亚香花芥（蓝香芥）Hesperis matronalis | 栽培 |
| | 独行菜属Lepidium | 142 | 独行菜（辣辣菜）Lepidium apetalum | |
| | | 143 | 光果宽叶独行菜Lepidium latifolium var. affine | |
| | 涩芥属Malcolmia | 144 | 涩芥Malcolmia africana（Strigosella africana） | |
| | 豆瓣菜属Nasturtium | 145 | 豆瓣菜Nasturtium officinale | |

| 科 | 属 | 编号 | 种 | 备注 |
|---|---|---|---|---|
| 十字花科Cruciferae | 诸葛菜属Orychophragmus | 146 | 诸葛菜（二月兰）Orychophragmus violaceus | |
| | 萝卜属Paphanus | 147 | 萝卜Paphanus sativus | 栽培 |
| | 蔊菜属Rorippa | 148 | 细子蔊菜Rorippa cantoniensis | |
| | | 149 | 球果蔊菜Rorippa globosa | |
| | | 150 | 蔊菜Rorippa indica | |
| | | 151 | 沼生蔊菜Rorippa islandica | |
| | | 152 | 欧亚蔊菜Rorippa sylvestris | 逸生 |
| | 盐芥属Thellungiella | 153 | 盐芥Thellungiella salsuginea | |
| | 菥蓂属Thlaspi | 154 | 遏蓝菜（野蓣钱）Thlaspi arvense | |
| 悬铃木科Platanaceae | 悬铃木属Platanus | 155 | 二球悬铃木（悬铃木、法国梧桐）Platanus acerifolia | 栽培 |
| 景天科Crassulaceae | 景天属Sedum | 156 | 景天三七Sedum aizoon | 栽培 |
| | | 157 | 垂盆草Sedum sarmentosum | 栽培 |
| | 八宝属Hylotelephium | 158 | 八宝景天Hylotelephium erythrostictum | 栽培 |
| | 瓦松属Orostachys | 159 | 瓦松Orostachys fimbriata | |
| 虎耳草科Saxifragaceae | 绣球属Hydrangea | 160 | 圆锥绣球Hydrangea paniculata | 栽培 |
| 蔷薇科Rosaeae | 桃属Amygdalus | 161 | 山桃Amygdalus davidiana（Prunus davidiana） | 栽培 |
| | | 162 | 桃Amygdalus persica（Prunus persica） | 栽培 |
| | | 163 | 寿星桃Amygdalus persica var. densa（Prunus persica var. densa） | 栽培 |
| | | 164 | 碧桃Amygdalus persica f. duplex（Prunus persica f. duplex） | 栽培 |
| | | 165 | 榆叶梅（小桃红）Amygdalus triloba（Prunus triloba） | 栽培 |
| | 杏属Armeniaca | 166 | 山杏Armeniaca sibirica（Prunus sibirica） | 栽培 |
| | | 167 | 杏Armeniaca vulgaris（Prunus armeniaca） | 栽培 |
| | 樱属Cerasus | 168 | 日本晚樱Cerasus serrulata var. lannesiana（Prunus serrulata var. lannesiana） | 栽培 |
| | 木瓜属Chaenomeles | 169 | 贴梗海棠（皱皮木瓜）Chaenomeles speciosa | 栽培 |
| | 栒子属Cotoneaster | 170 | 平枝栒子Cotoneaster horizontalis | 栽培 |
| | 山楂属Crataegus | 171 | 山楂（山里红）Crataegus pinnatifida | 栽培 |

| 科 | 属 | 编号 | 种 | 备注 |
|---|---|---|---|---|
| 蔷薇科Rosaeae | 棣棠属Kerria | 172 | 棣棠Kerria japonica | 栽培 |
| | 苹果属Malus | 173 | 西府海棠Malus micromalus | 栽培 |
| | | 174 | 红宝石海棠Malus micromalus 'Ruby' | 栽培 |
| | | 175 | 苹果Malus pumila | 栽培 |
| | | 176 | 海棠Malus pumila | 栽培 |
| | | 177 | 王族海棠（红叶海棠）Malus royalty | 栽培 |
| | | 178 | 绚丽海棠Malus 'Radiant' | 栽培 |
| | 委陵菜属Potentilla | 179 | 委陵菜Potentilla chinensis | |
| | | 180 | 朝天委陵菜Potentilla supina | |
| | 石楠属Photinia | 181 | 红叶石楠Photinia×fraseri | 栽培 |
| | 梨属Pyrus | 182 | 杜梨Pyrus betulifolia | |
| | | 183 | 白梨Pyrus bretschneideri | 栽培 |
| | | 184 | 西洋梨Pyrus communis | 栽培 |
| | | 185 | 秋子梨Pyrus ussuriensis | 栽培 |
| | 李属Prunus | 186 | 紫叶李Prunus cerasifera f. atropurpurea | 栽培 |
| | | 187 | 紫叶矮樱Prunus × cistena | 栽培 |
| | | 188 | 李Prunus salicina | 栽培 |
| | 蔷薇属Rosa | 189 | 月季Rosa chinensis | 栽培 |
| | | 190 | 多花蔷薇（蔓性蔷薇）Rosa multiflora | 栽培 |
| | | 191 | 玫瑰Rosa rugosa | 栽培 |
| 豆科Leguminosae | 合欢属Albizia | 192 | 合欢（绒花树）Albizia julibrissin | 栽培 |
| | 紫穗槐属Amorpha | 193 | 紫穗槐Amorpha fruticosa | 栽培 |
| | 落花生属Arachis | 194 | 落花生（花生）Astragalus hypogaea | 栽培 |
| | 黄耆属Astragalus | 195 | 直立黄耆（沙打旺）Astragalus adsurgens | |
| | | 196 | 糙叶黄耆Astragalus scaberrimus | |
| | 杭子梢属Campylotropis | 197 | 杭子梢Campylotropis macrocarpa | |

| 科 | 属 | 编号 | 种 | 备注 |
|---|---|---|---|---|
| 豆科Leguminosae | 决明属Cassia | 198 | 钝叶决明Cassia obtusifolia（Senna obtusifolia） | 栽培 |
| | 紫荆属Cercis | 199 | 紫荆Cercis chinensis | 栽培 |
| | 扁豆属Dolichos | 200 | 扁豆Dolichos lablab | 栽培 |
| | 皂荚属Gleditsia | 201 | 皂荚Gleditsia sinensis | 栽培 |
| | 大豆属Glycine | 202 | 大豆Glycine max | |
| | | 203 | 野大豆Glycine soja | |
| | 甘草属Glycyrrhiza | 204 | 刺果甘草Glycyrrhiza pallidiflora | |
| | | 205 | 圆果甘草Glycyrrhiza squamulosa | |
| | 米口袋属Gueldenstaedtia | 206 | 狭叶米口袋Gueldenstaedtia stenophylla（Gueldenstaedtia verna） | |
| | | 207 | 米口袋（甜地丁）Gueldenstaedtia multiflora（Gueldenstaedtia verna） | |
| | 鸡眼草属Kummerowia | 208 | 鸡眼草Kummerowia striata | |
| | | 209 | 长萼鸡眼草Kummerowia stipulacea | |
| | 胡枝子属Lespedeza | 210 | 兴安胡枝子Lespedeza daurica | |
| | | 211 | 细梗胡枝子Lespedeza virgata | |
| | 苜蓿属Medicago | 212 | 天蓝苜蓿（天蓝）Medicago lupulina | 逸生 |
| | | 213 | 紫花苜蓿Medicago sativa | |
| | 草木犀属Melilotus Miller | 214 | 细齿草木犀Melilotus dentatus | |
| | | 215 | 黄香草木犀Melilotus officinalis | |
| | 豆薯属Pachyrhizus | 216 | 豆薯Pachychizus erosus | 栽培 |
| | 菜豆属Phaseolus | 217 | 菜豆Phaseolus vulgaris | 栽培 |
| | 刺槐属Robinia | 218 | 香花槐（刺槐变种）Robinia pseudoacacia 'Idaho' | 栽培 |
| | | 219 | 刺槐（洋槐）Robinia pseudoacacia | 栽培 |
| | | 220 | 红花刺槐（红花洋槐）Robinia pseudoacacia 'Decaisneana' | 栽培 |
| | 槐属Sophora | 221 | 苦参Sophora flavescens | |
| | | 222 | 槐树Sophora japonica（Styphnolobium japonicum） | 栽培 |
| | | 223 | 龙爪槐（变种）Sophora japonica var. pendula（Styphnolobium japonicum 'Pendula'） | 栽培 |

（续）

| 科 | 属 | 编号 | 种 | 备注 |
|---|---|---|---|---|
| 豆科Leguminosae | 槐属Sophora | 224 | 金枝槐Sophora japonica 'Winter Gold'（Styphnolobium japonicum 'Winter Gold'） | 栽培 |
| | | 225 | 白刺花（狼牙刺）Sophora viviifolia | 栽培 |
| | 车轴草属Trifolium | 226 | 红车轴草（红三叶）Trifolium pratense | 逸生 |
| | | 227 | 白车轴草（白三叶）Trifolium repens | 逸生 |
| | 野豌豆属Vicia | 228 | 三齿萼野豌豆Vicia bungei | |
| | | 229 | 四籽野豌豆Vicia tetrasperma | |
| | 豇豆属Vigna | 230 | 赤豆Vigna angularis | 栽培 |
| | | 231 | 饭豆Vigna cylindrica | 栽培 |
| | | 232 | 贼小豆（山绿豆）Vigna minima | |
| | | 233 | 绿豆Vigna radiata | 栽培 |
| | | 234 | 豇豆Vigna unguiculata | 栽培 |
| | 紫藤属Wisteria | 235 | 紫藤Wisteria sinensis | 栽培 |
| 酢浆草科Oxalidaceae | 酢浆草属Oxalis | 236 | 酢浆草Oxalis corniculata | |
| | | 237 | 红花酢浆草Oxalis corymbosa | 逸生 |
| 牻牛儿苗科Geraniaceae | 牻牛儿苗属Erodium | 238 | 太阳花（牻牛儿苗）Erodium stephanianum | |
| | 老鹳草属Geranium | 239 | 鼠掌老鹳草Geranium sibiricum | |
| | 天竺葵属Pelargonium | 240 | 天竺葵Pelargonium hortorum | 栽培 |
| 蒺藜科Zygophyllaceae | 蒺藜属Tribulus | 241 | 蒺藜Tribulus terresteis | |
| 亚麻科Linaceae | 亚麻属Linum | 242 | 蓝亚麻Linum perenne | 栽培 |
| 大戟科Euphorbiaceae | 大戟属Euphorbia | 243 | 地锦草Euphorbia humifusa | |
| | | 244 | 斑地锦Euphorbia maculata | 入侵 |
| | | 245 | 小叶大戟Euphorbia makinoi | 逸生 |
| | | 246 | 乳浆大戟（猫眼草）Euphorbia esula | |
| | 铁苋菜属Acalypha | 247 | 铁苋菜Acalypha australis | 栽培 |
| | 蓖麻属Ricinus | 248 | 蓖麻Ricinus communis | 逸生 |
| 芸香科Rutaceae | 花椒属Zanthoxylum | 249 | 花椒Zanthoxylum bungeanum | 栽培 |

| 科 | 属 | 编号 | 种 | 备注 |
|---|---|---|---|---|
| 苦木科Simaroubaceae | 臭椿属Ailanthus | 250 | 臭椿Ailanthus altissima | 栽培 |
| | | 251 | 千头椿Ailanthus altissima 'Qiantou' | |
| 楝科Meliaceae | 楝属Melia | 252 | 楝树（苦楝）Melia azedarach | 栽培 |
| | 香椿属Toona | 253 | 香椿Toona sinensis | |
| 远志科Polygalaceae | 远志属Polygala | 254 | 远志Polygala tenuifolia | |
| 漆树科Anacardiaceae | 黄栌属Cotinus | 255 | 黄栌Cotinus coggygria | 栽培 |
| | | 256 | 红栌Cotinus coggygria 'Royal Purple' | 栽培 |
| | 盐肤木属Rhus | 257 | 火炬树Rhus typhina | 栽培 |
| 槭树科Aceraceae | 槭属Acer | 258 | 三角槭（三角枫）Acer buergerianum | 栽培 |
| | | 259 | 色木槭（五角枫）Acer mono（Acer pictum） | 栽培 |
| | | 260 | 金叶复叶槭Acer negundo 'Aurea' | 栽培 |
| 无患子科Sapindaceae | 栾属Koelreuteria | 261 | 栾树Koelreuteria paniculata | |
| | 文冠果属Xanthoceras | 262 | 文冠果Xanthoceras sorbifolium | 栽培 |
| 卫矛科Celastraceae | 卫矛属Euonymus | 263 | 白杜（丝绵木）Euonymus maackii | |
| | | 264 | 大叶黄杨（冬青卫矛）Euonymus japonicus | 栽培 |
| | | 265 | 胶东卫矛Euonymus kiautschovicus | 栽培 |
| 黄杨科Buxaceae | 黄杨属Buxus | 266 | 黄杨（瓜子黄杨、小叶黄杨）Buxus sinica | 栽培 |
| 鼠李科Rhamnaceae | 枣属Zizyphus | 267 | 枣Zizyphus jujuba | 栽培 |
| | | 268 | 酸枣Zizyphus jujuba var. spinosa | |
| 葡萄科Vitaceae | 爬山虎属Parthenocissus | 269 | 五叶地锦Parthenocissus quinquefolia | 逸生 |
| | | 270 | 爬山虎（地锦、爬墙虎）Parthenocissus tricuspidata | 栽培 |
| | 葡萄属Vitis | 271 | 葡萄Vitis vinifera | 栽培 |
| 锦葵科Malvaceae | 秋葵属Abelmoschus | 272 | 咖啡黄葵（黄秋葵）Abelmoschus esculentus | 栽培 |
| | 苘麻属Abutilon | 273 | 苘麻Abutilon theophrasti | 入侵 |
| | 蜀葵属Althaea | 274 | 蜀葵（熟季花）Althaea rosea | 栽培 |
| | 罂粟葵属Callirhoe | 275 | 罂粟葵Callirhoe involucrata | 栽培 |

| 科 | 属 | 编号 | 种 | 备注 |
|---|---|---|---|---|
| 锦葵科Malvaceae | 草棉属Gossypium | 276 | 陆地棉Gossypium hirsutum | 栽培 |
| | 木槿属Hibiscus | 277 | 草芙蓉（芙蓉葵、大花秋葵）Hibiscus moscheutos | 栽培 |
| | | 278 | 木芙蓉Hibiscus mutabilis | 栽培 |
| | | 279 | 木槿Hibiscus syriacus | 栽培 |
| | | 280 | 野西瓜苗Hibiscus trionum | 入侵 |
| | 黄花稔属Sida | 281 | 拔毒散Sida szechuensis | 国内入侵 |
| 梧桐科Sterculiaceae | 梧桐属Firmiana | 282 | 梧桐（青桐）Firmiana platanifolia | 栽培 |
| 瑞香科Thymelaeaceae | 草瑞香属Diarthron | 283 | 草瑞香（粟麻）Diarhron linifolium | |
| 胡颓子科Elaeagnacea | 胡颓子属Elaeagnus | 284 | 沙枣Elaeagnus angustifolia | |
| 堇菜科Violaceae | 堇菜属Viola | 285 | 早开堇菜Viola prionantha | |
| | | 286 | 紫花地丁Viola yedoensis | |
| 柽柳科Tamaricaceae | 柽柳属Tamarix | 287 | 柽柳（红荆）Tamarix chinensis | |
| 葫芦科Cucurbitaceae | 冬瓜属Benincasa | 288 | 冬瓜Benincasa hispida | 栽培 |
| | 栝楼属Trichosanthes | 289 | 栝楼（瓜蒌）Trichosanthes kirilowii | |
| | 西瓜属Citrullus | 290 | 西瓜Citrullus lanatus | 栽培 |
| | 甜瓜属Cucumis | 291 | 小马泡Cucumis bisexualis | 逸生 |
| | | 292 | 香瓜Cucummis melo | 栽培 |
| | | 293 | 黄瓜Cucumis sativus | 栽培 |
| | 南瓜属Cucurbita | 294 | 南瓜Cucurbita moschata | 栽培 |
| | | 295 | 西葫芦Cucurbita pepo | 栽培 |
| | 葫芦属Lagenaria | 296 | 葫芦Lagenaria siceraria | 栽培 |
| | 丝瓜属Luffa | 297 | 棱角丝瓜Luffa acutangula | 栽培 |
| | | 298 | 丝瓜Luffa cylindrica | 栽培 |
| 千屈菜科Lythraceae | 紫薇属Lagerstroemia | 299 | 紫薇（百日红）Lagerstroemia indica | 栽培 |
| | 千屈菜属Lythrum | 300 | 千屈菜Lythrum salicaria | |
| 菱科Trapaceae | 菱属Trapa | 301 | 欧菱Trapa natans | |

（续）

| 科 | 属 | 编号 | 种 | 备注 |
|---|---|---|---|---|
| 石榴科Punicaceae | 安石榴属Punica | 302 | 石榴（安石榴）Punica granatum | 栽培 |
| 柳叶菜科Onagraceae | 山桃草属Gaura | 303 | 小花山桃草Gaura parviflora | 入侵 |
| 小二仙草科Haloragidaceae | 狐尾藻属Myriophyllum | 304 | 穗状狐尾藻Myriophyllum spicatum | |
| | | 305 | 狐尾藻Myriophyllum verticillatum | |
| 山茱萸科Cornaceae | 梾木属Cornus | 306 | 红瑞木Cornus alba | 栽培 |
| 伞形科Umbelliferae | 芹属Apium | 307 | 芹菜Apium graveolens | 栽培 |
| | 蛇床属Cnidium | 308 | 蛇床Cnidium monnieri | |
| | 芫荽属Coriandru | 309 | 芫荽Coriandrum sativum | 栽培 |
| | 胡萝卜属Daucus | 310 | 胡萝卜Daucus carota var. sativa | 栽培 |
| | | 311 | 野胡萝卜Daucus carota | 逸生 |
| | 茴香属Foeniculum | 312 | 茴香Foeniculum vulgare | 栽培 |
| 报春花科Primulaceae | 点地梅属Androsace | 313 | 点地梅Androsace umbellata | |
| 蓝雪科Plumbaginaceae | 补血草属Limonium | 314 | 二色补血草Limonium bicolor | |
| 柿科Ebenaceae | 柿属Diospyros | 315 | 柿Diospyros kaki | 栽培 |
| | | 316 | 黑枣（君迁子）Diospyros lotus | |
| 木樨科Oleaceae | 梣属Fraxinus | 317 | 洋白蜡树Fraxinus pennsylvanica | 栽培有逸生 |
| | | 318 | 美国白蜡Fraxinus americana | 栽培 |
| | | 319 | 毡毛白蜡Fraxinus velutina | 栽培 |
| | 连翘属Forsythia | 320 | 连翘Forsythia suspensa | 栽培 |
| | 女贞属Ligustrum | 321 | 女贞Ligustrum lucidum | 栽培 |
| | | 322 | 小叶女贞Ligustrum quihoui | 栽培 |
| | | 323 | 水蜡Ligustrum obtusifolium | 栽培 |
| | | 324 | 金叶女贞Ligustrum × vicaryi | 栽培 |
| | 素馨属Jasminum | 325 | 迎春花Jasminum nudiflorum | 栽培 |
| | 丁香属Syringa | 326 | 紫丁香（丁香）Syringa oblata | 栽培 |

| 科 | 属 | 编号 | 种 | 备注 |
|---|---|---|---|---|
| 夹竹桃科Apocynaceae | 罗布麻属Apocynum | 327 | 罗布麻Apocynum venetum | 栽培 |
| | 长春花属Catharanthus | 328 | 长春花Catharanthus roseus | 栽培 |
| | 夹竹桃属Nerium | 329 | 夹竹桃Nerium indicum | |
| 萝藦科Asclepiadaceae | 鹅绒藤属Cynanchum | 330 | 鹅绒藤Cynanchum chinense | |
| | | 331 | 地梢瓜Cynanchum thesioides | |
| | | 332 | 雀瓢Cynanchum thesioides var. australe | |
| | 萝藦属Metaplexis | 333 | 萝藦Metaplexis japonica | |
| | 杠柳属Periploca | 334 | 杠柳Periploca sepium | |
| 茜草科Rubiaceae | 拉拉藤属Galium | 335 | 猪殃殃Galium aparine | |
| | 鸡矢藤属Paederia | 336 | 鸡矢藤Paederia scandens | 逸生 |
| | 茜草属Rubia | 337 | 茜草Rubia cordifolia | |
| | 菟丝子属Cuscuta | 338 | 菟丝子Cuscuta chinensis | |
| | | 339 | 日本菟丝子Cuscuta japonica | |
| | 打碗花属Calystegia | 340 | 打碗花Calystegia hederacea | |
| | | 341 | 藤长苗Calystegia pellita | |
| 旋花科Convolvulaceae | 旋花属Convolvulus | 342 | 田旋花Convolvulus arvensis | |
| | 番薯属Ipomoea | 343 | 蕹菜（空心菜）Ipomoea aquatica | 栽培 |
| | | 344 | 金叶甘薯Ipomoea batatas 'Golden Summer' | 栽培 |
| | | 345 | 番薯Ipomoea batatas | 栽培 |
| | 牵牛属Pharbitis | 346 | 裂叶牵牛Pharbitis hederacea（Ipomoea hederacea） | 入侵 |
| | | 347 | 牵牛Pharbitis nil（Ipomoea nil） | 入侵 |
| | | 348 | 圆叶牵牛Pharbitis purpurea（Ipomoea purpurea） | 入侵 |
| 紫草科Boraginaceae | 斑种草属Bothriospermum | 349 | 斑种草Bothriospermum chinense | |
| | 鹤虱属Lapppula | 350 | 鹤虱Lappula echinata | |
| | 紫草属Lithospermum | 351 | 麦家公Lithospermum arvense | |
| | 砂引草属Messerschmidia | 352 | 砂引草Messerschmidia sibirica ssp. angustior | |

| 科 | 属 | 编号 | 种 | 备注 |
|---|---|---|---|---|
| 紫草科Boraginaceae | 紫筒草属Stenosolenium | 353 | 紫筒草Stenosolenium saxatile | |
| | 附地菜属Trigonotis | 354 | 附地菜Trigonotis peduncularis | |
| 马鞭草科Verbenaceae | 莸属Caryopteris | 355 | 蓝花莸Caryopteris clandonensis | 栽培 |
| | 马鞭草属Verbena | 356 | 柳叶马鞭草Verbena bonariensis | 栽培 |
| | | 357 | 白毛马鞭草Verbena strista | 栽培 |
| | 鞘蕊花属Coleus | 358 | 彩叶草Coleus scutellarioides | 栽培 |
| | 夏至草属Lagopsis | 359 | 夏至草Lagopsis supina | |
| | 益母草属Leonurus | 360 | 益母草Leonurus japonicus | |
| | | 361 | 细叶益母草Leonurus sibiricus | |
| | 地笋属Lycopus | 362 | 地笋Lycopus lucidus | |
| 唇形科Labiatae | 薄荷属Mentha | 363 | 皱叶薄荷Mentha crispata | 栽培 |
| | | 364 | 野薄荷（薄荷）Mentha haplocalyx | |
| | 荆芥属Nepeta | 365 | 蔓荆芥Nepeta × faassenii | 栽培 |
| | 鼠尾草属Salvia | 366 | 蓝花鼠尾草Salvia farinacea | 栽培 |
| | | 367 | 雪见草Salvia plebeia | |
| | 黄芩属Scutellaria | 368 | 半枝莲（并头草）Scutellaria barbata | 栽培 |
| | 水苏属Stachys | 369 | 水苏Stachys chinensis | |
| | 辣椒属Capsicum | 370 | 辣椒Capsicum frutescens | 栽培 |
| | 曼陀罗属Datura | 371 | 曼陀罗Datura stramonium | 入侵 |
| | | 372 | 毛曼陀罗Datura innoxia | 入侵 |
| | 天仙子属Hyoscyamus | 373 | 天仙子Hyoscyamus niger | |
| 茄科Solanaceae | 枸杞属Lycium | 374 | 宁夏枸杞Lycium barbaram | 栽培 |
| | | 375 | 枸杞Lycium chinense | |
| | 番茄属Lycopersicon | 376 | 番茄（西红柿）Lycopersicon esculentum | 栽培 |
| | 烟草属Nicotiana | 377 | 烟草Nicotiana tabacum | 栽培 |
| | 碧冬茄属Petunia | 378 | 碧冬茄（矮牵牛）Petunia hybrida | 栽培 |

（续）

| 科 | 属 | 编号 | 种 | 备注 |
|---|---|---|---|---|
| 茄科Solanaceae | 酸浆属Physalis | 379 | 酸浆（红姑娘）Physalis alkekengi | 逸生 |
| | 茄属Solanum | 380 | 茄Solanum melongena | 栽培 |
| | | 381 | 龙葵Solanum nigrum | |
| | | 382 | 青杞Solanum septemlobum | |
| | | 383 | 马铃薯Solanum tuberosum | 栽培 |
| 玄参科Scrophulariaceae | 柳穿鱼属Linaria | 384 | 柳穿鱼Linaria vulgaris | |
| | 通泉草属Mazus | 385 | 通泉草Mazus japonicus | |
| | | 386 | 弹刀子菜Mazus stachydifolius | |
| | 泡桐属Paulownia | 387 | 泡桐Paulownia fortunei | |
| | | 388 | 毛泡桐Paulownia tomentosa | 栽培 |
| | 地黄属Rehmannia | 389 | 地黄Rehmannia glutinosa | |
| | 婆婆纳属Veronica | 390 | 婆婆纳Veronica didyma | |
| | | 391 | 水苦荬Veronica undulata | 入侵 |
| 紫葳科Bignoniaceae | 紫葳属Campsis | 392 | 凌霄Campsis grandiflora | 栽培 |
| | | 393 | 美国凌霄Campsis radicans | 栽培 |
| | 梓属Catalpa | 394 | 楸树Catalpa bungei | 栽培 |
| | | 395 | 梓树Catalpa ovata | 栽培 |
| | 角蒿属Incarvillea | 396 | 角蒿Incarvillea sinensis | |
| 脂麻科Pedaliaceae | 脂麻属Sesamum | 397 | 脂麻Sesamum indicum | 栽培 |
| | 茶菱属Trapella | 398 | 茶菱Trapella sinensis | |
| 列当科Orobanchaceae | 列当属Orobanche | 399 | 列当Orobanche coerulescens | |
| 狸藻科Lentibulariaceae | 狸藻属Utricularia | 400 | 狸藻Utricularia vulgaris | |
| 车前科Plantaginaceae | 车前属Plantago | 401 | 平车前Plantago depressa | |
| | | 402 | 披针叶车前（长叶车前）Plantago lanceolata | 逸生 |
| | | 403 | 大车前Plantago major | 逸生 |

（续）

| 科 | 属 | 编号 | 种 | 备注 |
|---|---|---|---|---|
| 忍冬科Caprifoliaceae | 蝟实属Kolkwitzia | 404 | 蝟实Kolkwitzia amabilis | 栽培 |
| | 忍冬属Lonicera | 405 | 金银花Lonicera japonica | 栽培 |
| | | 406 | 金银木Lonicera maackii | 栽培 |
| | 锦带花属Weigela | 407 | 锦带花Weigela florida | 栽培 |
| | 接骨木属Sambucus | 408 | 接骨草Sambucus chinensis | 栽培 |
| 菊科Compositae | 蒿属Artemisia | 409 | 黄花蒿Artemisia annua | |
| | | 410 | 艾蒿Artemisia argyi | |
| | | 411 | 莳萝蒿Artemisia anethoides | |
| | | 412 | 青蒿Artemisia apiacea | |
| | | 413 | 茵陈蒿Artemisia capillaris | |
| | | 414 | 南牡蒿Artemisia eriopoda | |
| | | 415 | 小白蒿Artemisia frigida | |
| | | 416 | 牡蒿Artemisia japonica | |
| | | 417 | 野艾蒿Artemisia lavandulaefolia | 梅花岛 |
| | | 418 | 红足蒿Artemisia rubripes | |
| | | 419 | 猪毛蒿Artemisia scoparia | |
| | 紫菀属Aster | 420 | 阿尔泰紫菀Aster altaicus | |
| | | 421 | 荷兰菊（柳叶菊、纽约紫菀）Aster novi-belgii | 栽培 |
| | | 422 | 钻叶紫菀Aster subulatus（Symphyotrichum subulatum） | 入侵 |
| | 鬼针草属Bidens | 423 | 婆婆针（鬼针草）Bidens bipinnata | 入侵 |
| | | 424 | 金盏银盘Bidens biternata | |
| | | 425 | 小花鬼针草Bidens parviflora | |
| | | 426 | 三叶鬼针草Bidens pilosa | 入侵 |
| | | 427 | 狼耙草Bidens tripartita | |
| | | 428 | 大狼耙草Bevils frondosa | 入侵 |

（续）

| 科 | 属 | 编号 | 种 | 备注 |
|---|---|---|---|---|
| 菊科Compositae | 矢车菊属Centaurea | 429 | 矢车菊Centaurea cyanus | 栽培 |
| | 茼蒿属Glebionis | 430 | 茼蒿Glebionis coronaria | 栽培 |
| | 菊属Chrysanthemum | 431 | 野菊Chrysanthemum indicum | 栽培 |
| | | 432 | 菊花Chrysanthemum morifolium | 栽培 |
| | 蓟属Cirsium | 433 | 大刺儿菜Cirsium setosum | |
| | | 434 | 刺儿菜（小蓟、青青草、青青菜）Cirsium segetum | 入侵 |
| | 白酒草属Conyza | 435 | 野塘蒿Conyza bonariensis（Erigeron bonariensis） | 入侵 |
| | | 436 | 小蓬草（小飞蓬、小白酒草）Conyza canadensis（Erigeron canadensis） | 入侵 |
| | | 437 | 苏门白酒草Conyza sumatrensis（Erigeron sumatrensis） | 入侵 |
| | 秋英属Cosmos | 438 | 波斯菊Cosmos bipinnata | 栽培 |
| | | 439 | 硫华菊Cosmos sulphureus | 栽培 |
| | 金鸡菊属Coreopsis | 440 | 金鸡菊Coreopsis drummondii | 栽培 |
| | | 441 | 大花金鸡菊Coreopsis grandiflora | 栽培 |
| | | 442 | 两色金鸡菊Coreopsis tinctoria | 栽培 |
| | 鳢肠属Eclipta | 443 | 鳢肠Eclipta prostrata | |
| | 梳黄菊属Euryops | 444 | 黄金菊Euryops pectinatus | 栽培 |
| | 黄顶菊属Flaveria | 445 | 黄顶菊Flaveria bidentis | 入侵 |
| | 天人菊属Gaillardia | 446 | 天人菊Gaillardia pulchella | 栽培 |
| | 堆心菊属Helenium | 447 | 堆心菊Helenium autumnale | 栽培 |
| | 向日葵属Helianthus | 448 | 向日葵Helianthus annuus | 栽培 |
| | | 449 | 菊芋（洋姜、鬼子姜）Helianthus tuberosus | 逸生 |
| | 赛菊芋属Heliopsis | 450 | 赛菊芋Heliopsis helianthoides | 栽培 |
| | 泥胡菜属Hemisteptia | 451 | 泥胡菜Hemisteptia lyrata | |
| | 旋覆花属Inula | 452 | 旋覆花Inula japonica | |
| | | 453 | 蓼子朴Inula salsoloides | |

| 科 | 属 | 编号 | 种 | 备注（续） |
|---|---|---|---|---|
| 菊科Compositae | 苦荬菜属Ixeris | 454 | 中华苦荬菜Ixeris chinensis | |
| | | 455 | 抱茎苦荬菜Ixeris sonchifolia（Crepidiastrum sonchifolium） | |
| | 马兰属Kalimeris | 456 | 金叶马兰Kalimeris integrifolia | |
| | | 457 | 马兰Kalimeris indica | |
| | 莴苣属Lactuca | 458 | 乳苣（蒙山莴苣）Lactuca tatarica | 栽培 |
| | | 459 | 莴苣（莴苣）Lactuca sativa | 栽培 |
| | | 460 | 油麦菜Lactuca sativa var. longifolia | 栽培 |
| | 滨菊属Leucanthemum | 461 | 西洋滨菊（大滨菊）Leucanthemum maximum | 栽培 |
| | 金光菊属Rudbeckia | 462 | 黑心金光菊Rudbeckia hirta | 栽培 |
| | 蛇目菊属Sanvitalia | 463 | 蛇目菊Sanvitalia procumbens | |
| | 风毛菊属Saussurea | 464 | 风毛菊Saussurea japonica | |
| | 鸦葱属Scorzonera | 465 | 细叶鸦葱Scorzonera albicaulis | |
| | | 466 | 鸦葱Scorzonera glabra | |
| | | 467 | 蒙古鸦葱Scorzonera mongolica | |
| | 苦苣菜属Sonchus | 468 | 苣荬菜Sonchus brachyotus | |
| | | 469 | 苦苣菜Sonchus oleraceus | |
| | 万寿菊属Tagetes | 470 | 孔雀草Tagetes patula | 栽培 |
| | 蒲公英属Taraxacum | 471 | 蒲公英Taraxacum mongolicum | |
| | | 472 | 药用蒲公英Taraxacum officinale | 逸生 |
| | | 473 | 碱地蒲公英（华蒲公英）Taraxacum sinicum | |
| | 碱菀属Tripolium | 474 | 碱菀Tripolium vulgare | |
| | 苍耳属Xanthium | 475 | 北美苍耳Xanthium chinense | 入侵 |
| | | 476 | 苍耳Xanthium sibiricum | |
| | 百日菊属Zinnia | 477 | 百日菊（百日草、步步高）Zinnia elegans | 栽培 |
| 泽泻科Alismataceae | 泽泻属Alisma | 478 | 泽泻Alisma orientale | |
| | 慈姑属Sagittaria | 479 | 慈姑Sagittaria trifolia var. sinensis | 栽培 |

| 科 | 属 | 编号 | 种 | 备注 |
|---|---|---|---|---|
| 水鳖科Hydrocharitaceae | 黑藻属Hydrilla | 480 | 黑藻Hydrilla verticillata | |
| | 水鳖属Hydrocharis | 481 | 水鳖Hydrocharis dubia | |
| | 苦草属Vallisneria | 482 | 苦草Vallisneria natans | |
| 眼子菜科Potamogetonaceae | 眼子菜属Potamogeton | 483 | 菹草Potamogeton crispus | |
| | | 484 | 眼子菜Potamogeton distinctus | |
| | | 485 | 龙须眼子菜Potamogeton pectinatus（Stuckenia pectinata） | |
| | | 486 | 穿叶眼子菜Potamogeton perfoliatus | |
| | | 487 | 线叶眼子菜Potamogeton pusillus（Stuckenia pectinata） | |
| | | 488 | 马来眼子菜Potamogeton wrightii | |
| 角果藻科Zannichelliaceae | 角果藻属Zannichellia | 489 | 角果藻Zannichellia palustris | |
| 茨藻科Najadaceae | 茨藻属Najas | 490 | 大茨藻Najas marina | |
| | | 491 | 小茨藻Najas minor | |
| 雨久花科Pontederiaceae | 梭鱼草属Pontederia | 492 | 梭鱼草Pontederia cordata | 栽培 |
| 百合科Liliaceae | 葱属Allium | 493 | 洋葱Allium cepa | 栽培 |
| | | 494 | 葱Allium fistulosum | 栽培 |
| | | 495 | 蒜Allium sativum | 栽培 |
| | | 496 | 韭菜Allium tuberosum | 栽培 |
| | 天门冬属Asparagus | 497 | 兴安天门冬Asparagus dauricus | 栽培 |
| | | 498 | 石刁柏Asparagus officinalis | 栽培 |
| | 萱草属Hemerocallis | 499 | 黄花菜Hemerocallis citrina | 栽培 |
| | | 500 | 萱草Hemerocallis fulva | 栽培 |
| | | 501 | 金娃娃萱草Hemerocallis fulva 'Golden Doll' | 栽培 |
| | 山麦冬属Liriope | 502 | 土麦冬Liriope spicata | 栽培 |
| | 沿阶草属Ophiopogon | 503 | 麦冬Ophiopogon japonicus | 栽培 |
| | 丝兰属Yucca | 504 | 凤尾丝兰Yucca smalliana | 栽培 |

| 科 | 属 | 编号 | 种 | 备注 |
|---|---|---|---|---|
| 薯蓣科Dioscoreaceae | 薯蓣属Dioscorea | 505 | 薯蓣（白山药）Dioscorea oppositifolia | |
| 鸢尾科Iridaceae | 射干属Belamcanda | 506 | 射干Belamcanda chinensis | 栽培 |
| | 鸢尾属Iris | 507 | 鸢尾（蓝蝴蝶）Iris tectorum | 栽培 |
| | | 508 | 马蔺Iris lactea var. chinensis | |
| | | 509 | 黄菖蒲Iris pseudacorus | 栽培 |
| 灯芯草科Juncaceae | 灯芯草属Juncus | 510 | 小灯芯草Juncus bufonius | |
| | | 511 | 细叶灯芯草Juncus gracillimus | |
| 鸭跖草科Commelinaceae | 鸭跖草属Commelina | 512 | 鸭跖草Commelina communis | |
| | 獐毛属Aeluropus | 513 | 獐毛Aeluropus sinensis | |
| | 看麦娘属Alopecurus | 514 | 看麦娘Alopecurus aequalis | |
| | 赖草属Leymus | 515 | 羊草Leymus chinensis | |
| | 三芒草属Aristida | 516 | 三芒草Aristida adscensionis | |
| | 荩草属Arthraxon | 517 | 荩草Arthraxon hispidus | |
| | 芦竹属Arundo | 518 | 芦竹Arundo donax | 栽培 |
| | 孔颖草属Bothriochloa | 519 | 白羊草Bothriochloa ischaemum | |
| 禾本科Poaceae | 雀麦属Bromus | 520 | 雀麦Bromus japonicus | |
| | 拂子茅属Calamagrostis | 521 | 假苇拂子茅Calamagrostis pseudophragmites | |
| | 虎尾草属Chloris | 522 | 虎尾草Chloris virgata | |
| | 隐子草属Cleistogenes | 523 | 丛生隐子草Cleistogenes caespitosa | |
| | 隐花草属Crypsis | 524 | 隐花草Crypsis aculeata | |
| | 狗牙根属Cynodon | 525 | 狗牙根（爬根草、蔓子草）Cynodon dactylon | |
| | 马唐属Digitaria | 526 | 马唐Digitaria sanguinalis | |
| | | 527 | 毛马唐Digitaria chrysoblephara | |

（续）

| 科 | 属 | 编号 | 种 | 备注 |
|---|---|---|---|---|
| | 双稃草属 Diplachne | 528 | 双稃草 Diplachne fusca（Leptochloa fusca） | |
| | 龙爪茅属 Dactyloctenium | 529 | 龙爪茅属 Dactyloctenium aegyptium | |
| | 稗属 Echinochloa | 530 | 长芒稗 Echinochloa caudata | |
| | | 531 | 稗 Echinochloa crusgalli | |
| | | 532 | 光头稗子 Echinochloa colonum | |
| | 䅟属 Eleusine | 533 | 蟋蟀草 Eleusine indica | |
| | 披碱草属 Elymus | 534 | 披碱草 Elymus dahuricus | |
| | 画眉草属 Eragrostis | 535 | 大画眉草 Eragristis cilianensis | |
| | | 536 | 画眉草 Eragrostis pilosa | |
| | | 537 | 小画眉草 Eragrostis poaeoides | |
| 禾本科 Poaceae | 羊茅属 Festuca | 538 | 高羊茅 Festuca elata | 栽培 |
| | | 539 | 草甸羊茅 Festuca pratensis | 栽培 |
| | 牛鞭草属 Hemarthria | 540 | 牛鞭草 Hemarthria altissima | |
| | 茅香属 Hierochloe | 541 | 毛稃茅香 Hierochloe odorata var. pubescens | |
| | 白茅属 Imperata | 542 | 白茅 Imperata cylindrica | |
| | 箬竹属 Indocalamus | 543 | 阔叶箬竹 Indocalamus latifolius | 栽培 |
| | 黑麦草属 Lolium | 544 | 多花黑麦草 Lolium multiflorum | |
| | 臭草属 Melica | 545 | 臭草 Melica scabrosa | |
| | | 546 | 细叶臭草 Melica radula | |
| | 芒属 Miscanthus | 547 | 荻 Miscanthus sacchariflorus | |
| | 雀稗属 Paspalum | 548 | 双穗雀稗 Paspalum paspaloides | 国产逸生 |
| | 狼尾草属 Pennisetum | 549 | 狼尾草 Pennisetum alopecuroides | |

| 科 | 属 | 编号 | 种 | 备注 |
|---|---|---|---|---|
| 禾本科Poaceae | 芦苇属Phragmites | 550 | 芦苇Phragmites australis | |
| | 刚竹属Phyllostachys | 551 | 早园竹Phyllostachys propinqua | 栽培 |
| | 早熟禾属Poa | 552 | 草地早熟禾Poa pratensis | |
| | | 553 | 硬质早熟禾Poa sphondylodes | |
| | | 554 | 早熟禾Poa annua | |
| | 碱茅属Puccinellia | 555 | 朝鲜碱茅Puccinellia tenuiflora（Puccinellia chinampoensis） | |
| | 鹅观草属Roegneria | 556 | 鹅观草（弯穗大麦草）Roegneria kamoji（Elymus kamoji） | |
| | | 557 | 纤毛鹅观草Roegneria ciliaris（Elymus ciliaris） | |
| | 狗尾草属Setaria | 558 | 金色狗尾草Setaria glauca | |
| | | 559 | 狗尾草Setaria viridis | |
| | | 560 | 巨大狗尾草Setaria viridis subsp. pycnocoma | |
| | | 561 | 紫穗狗尾草Setaria viridis var. purpuracens | |
| | | 562 | 谷子Setaria italica | 栽培 |
| | 高粱属Sorghum | 563 | 高粱Sorghum bicolor | 栽培 |
| | 针茅属Stipa | 564 | 长芒草Stipa bungeana | |
| | 虱子草属Tragus | 565 | 虱子草Tragus berteronianus | |
| | 小麦属Triticum | 566 | 小麦Triticum aestivum | 栽培 |
| | 玉米属Zea | 567 | 玉米（棒子）Zea Mays | 栽培 |
| | 结缕草属Zoysia | 568 | 结缕草Zoysia japonica | |
| | 菰白属Zizania | 569 | 菰（茭白）Zizania latifolia | |
| 浮萍科Lemnaceae | 浮萍属Lemna | 570 | 浮萍Lemna minor | |
| | 紫萍属Spirodela | 571 | 紫萍Spirodela polyrhiza | |

| 科 | 属 | 编号 | 种 | 备注 |
|---|---|---|---|---|
| 香蒲科Typhaceae | 香蒲属Typha | 572 | 狭叶香蒲Typha angustifolia | |
| | | 573 | 达香蒲Typha davidiana | |
| | | 574 | 小香蒲Typha minima | |
| | 薹草属Carex | 575 | 白颖薹草Carex rigescens | |
| | | 576 | 异穗薹草Carex heterostachya | |
| | 莎草属Cyperus | 577 | 香附子Cyperus rotundus | |
| | | 578 | 碎米莎草Cyperus iria | |
| | | 579 | 黄颖莎草Cyperus microiria | |
| | | 580 | 阿穆尔莎草Cyperus amuricus | |
| | | 581 | 头状穗莎草（球穗莎草）Cyperus glomeratus | |
| | | 582 | 扁穗莎草Cyperus compressus | |
| | | 583 | 旋鳞莎草Cyperus michelianus | |
| | | 584 | 褐穗莎草Cyperus fuscus | |
| 莎草科Cyperaceae | 飘拂草属Fimbristylis | 585 | 复序飘拂草Fimbristylis bisumbellata | |
| | | 586 | 光果飘拂草Fimbristylis stauntonii | |
| | 水莎草属Juncellus | 587 | 水莎草Juncellus serotinus | |
| | 水蜈蚣属Kyllinga | 588 | 水蜈蚣Kyllinga brevifolia | |
| | 扁莎草属Pycreus | 589 | 球穗扁莎草Pycreus globosus | |
| | 藨草属Scirpus | 590 | 藨草Scirpus triqueter（Schoenoplectus triqueter） | |
| | | 591 | 扁杆藨草Scirpus planiculmis（Bolboschoenus planiculmis） | |
| | | 592 | 荆三棱（三棱草）Scirpus yagara（Bolboschoenus yagara） | |
| | | 593 | 水葱Scirpus validus（Schoenoplectus tabernaemontani） | |
| 兰科Orchidaceae | 绶草属Spiranthes | 594 | 绶草Spiranthes spiralis | |

注：括号内的学名表示最新的名称变化。

附表 II 衡水湖自然保护区昆虫名录（757 种）

| 科 | 编号 | 种 | 是否本次调查记录 | 是否保护区新记录 | 是否河北新记录 | 备注 |
|---|---|---|---|---|---|---|
| | | 蜉蝣目 EPHEMEROPTERA | | | | |
| 四节蜉科 Baetidae | 1 | 浅绿二翅蜉Cloeon viridulum Navás | 是 | 是 | 是 | |
| | | 蜻蜓目 ODONATA | | | | |
| 蜓科 Aeshnidae | 2 | 碧伟蜓东亚亚种Anax parthenope julius Brauer | 是 | 是 | | |
| | 3 | 黑纹伟蜓Anax nigrofasciatus Oguma | 是 | 是 | | |
| | 4 | 长痣绿蜓Aeschnophlebia longistigma Selys | 是 | | | |
| | 5 | 混合蜓Aeshna mista Latreille | | | | |
| 春蜓科 Gomphidae | 6 | 大团扇春蜓Sinictinogomphus clavatus（Fabricius） | 是 | 是 | | |
| | 7 | "7"纹异春蜓Anisogomphus maacki（Selys） | | | | 纹异春蜓Anisogomphus m-flavum Selys 为本种异名 |
| | 8 | 联纹小叶春蜓Gomphidia confluens Selys | | | | 又称棒腹小叶春蜓 |
| 大伪蜻科 Macromiidae | 9 | 闪蓝丽大伪蜻Epophthalmia elegans（Brauer） | 是 | 是 | | |
| | 10 | 异色多纹蜻Deielia phaon（Selys） | 是 | 是 | | |
| | 11 | 玉带蜻Pseudothemis zonata（Burmeister） | 是 | 是 | | |
| | 12 | 黄蜻Pantala flavesens（Fabricius） | 是 | | | |
| | 13 | 红蜻古北亚种Crocothemis servillia mariannae Kiauta | 是 | | | |
| 蜻科 Libellulidae | 14 | 竖眉赤蜻指名亚种Sympetrum eroticum eroticum（Selys） | 是 | 是 | | 黄翅蜻Brachythemis contaminate Fabricius应为本种误订 |
| | 15 | 条斑赤蜻Sympetrum striolatum（Charpentier） | 是 | 是 | 是 | 褐斑蜻蜓Sympterum eroticum ardens（Mclachlan） 为本亚种误订 |
| | 16 | 白尾灰蜻Orthetrum albistylum Selys | 是 | 是 | | |
| | 17 | 异色灰蜻Orthetrum melania（Selys） | 是 | 是 | | |
| | 18 | 蓝额疏脉蜻Brachydiplax flavovittata Ris | 是 | 是 | 是 | |
| | 19 | 黑丽翅蜻Rhyothemis fuliginosa Selys | 是 | 是 | | |
| 蟌科 Coenagrionidae | 20 | 长叶异痣蟌Ischnura elegans（Vander Linden） | 是 | 是 | | |
| | 21 | 东亚异痣蟌Ischnura asiatica（Brauer） | 是 | 是 | | |
| | 22 | 隼尾蟌Paracercion hieroglyphicum（Brauer） | 是 | 是 | | |
| | 23 | 尾蟌Paracercion sp. | 是 | 是 | | |

| 科 | 编号 | 种 | 是否本次调查记录 | 是否保护区新记录 | 是否河北新记录 | 备注 |
|---|---|---|---|---|---|---|
| 扇蟌科Platycnemididae | 24 | 白狭扇蟌Copera annulata Selys | 是 | | | |
| 蜚蠊目BLATTARIA | | | | | | |
| 蜚蠊科Blattidae | 25 | 美洲大蠊Periplaneta americana Linnaeus | 是 | | | |
| | 26 | 黑胸大蠊Periplaneta fuliginosa Serville | | | | |
| | 27 | 日本大蠊Periplaneta japonica Karny | | | | |
| 姬蠊科Phyllodromiidae | 28 | 德国小蠊Blattella germanica Linnaeus | 是 | | | |
| 鳖蠊科Corydidae | 29 | 中华真地鳖Eupolyphaga sinensis (Walker) | 是 | | | |
| 螳螂目MANTODEA | | | | | | |
| 螳螂科Mantiidae | 30 | 薄翅螳Mantis religiosa Linnaeus | 是 | | 是 | |
| | 31 | 棕静螳Statilia maculata (Thunberg) | 是 | | | |
| | 32 | 中华刀螳Tenodera sinensis Saussure | 是 | | | |
| | 33 | 狭翅刀螳Tenodera angustipennis Saussure | 是 | | | |
| | 34 | 广斧螳Hierodula patellifera (Serville) | 是 | | | |
| 直翅目ORTHOPTERA | | | | | | |
| 蝼蛄科Gryllotalpidae | 35 | 华北蝼蛄Gryllotalpa unispina Saussure | 是 | | | |
| | 36 | 东方蝼蛄Gryllotalpa orientalis Burmeister | 是 | | | |
| | 37 | 普通条螽Ducetia japonica (Thunberg) | 是 | | | 中文名又称日本条螽，日本膝刺螽 |
| 螽斯科Tettigoniidae | 38 | 暗褐蝈螽Gampsocleis sedakovii (Fischer von Waldheim) | 是 | 是 | | |
| | 39 | 变翅麦翁Deracantha onos (Pallas) | 是 | | | |
| | 40 | 中华草螽Conocephalus chinensis Redtenbacher | 是 | | | |
| | 41 | 长瓣树蟋Oecanthus longicauda Matsumura | 是 | 是 | | |
| | 42 | 斑翅灰针蟋Polionemobius taprobanensia (Walker) | 是 | 是 | | |
| 蟋蟀科Gryllidae | 43 | 亮褐异针蟋Pteronemobius nitidus (Bolivar) | 是 | 是 | 是 | |
| | 44 | 斑腿双针蟋Dianemobius fascipes (Walker) | 是 | 是 | | |
| | 45 | 黄脸油葫芦Teleogryllus emma (Ohmachi & Matsumura) | 是 | | | 北京油葫芦Gryllus mitratus Burmelster为本种异名 |

| 科 | 编号 | 种 | 是否本次调查记录 | 是否保护区新记录 | 是否河北新记录 | 备注 |
|---|---|---|---|---|---|---|
| 蟋蟀科Gryllidae | 46 | 南方油葫芦Teleogryllus testaceus Wellker | | | | 中华蟋蟀Gryllus chinensis Weber为本种异名 |
| | 47 | 中华斗蟀Velarifictorus micado（Saussure） | 是 | | | 斗蟀Scapsispedus micado Saussure为本种曾用名 |
| | 48 | 小棺头蟋Loxoblemmus aomoriensis Shiraki | 是 | 是 | | |
| | 49 | 大棺头蟋Loxoblemmus doenitzi Stein | 是 | | | 中文名也称大扁头蟋 |
| | 50 | 长翅姐蟋Svercacheta siamensis（Chopard） | 是 | 是 | | |
| 锥头蝗科Pyrgomorphidae | 51 | 短额负蝗Atractomorpha sinensis Bolivar | 是 | | | |
| | 52 | 长额负蝗Atractomorpha lata Motshoulsky | | | | |
| 剑角蝗科Acrididae | 53 | 中华蚱蜢Acrida chinensis Westwood | 是 | | | |
| | 54 | 条纹鸣蝗Mongolotettix vittatis Uvarov | | | | |
| | 55 | 疣蝗Trilophidia annulata（Thunberg） | 是 | | 是 | |
| | 56 | 花胫绿纹蝗Aiolopus tamulus Fabricius | 是 | | | |
| | 57 | 黄胫小车蝗oedaleus infernalis Saussure | 是 | | | |
| 斑翅蝗科Oedipodidae | 58 | 亚洲小车蝗Oedaleus asiaticus Bei-Bienko | | | | |
| | 59 | 东亚飞蝗Locusta migratoria manilensis Meyen | | | | |
| | 60 | 大垫尖翅蝗Epacromius coerulipis Ivanov | | | | |
| | 61 | 云斑车蝗Gastrimargus marmoratus Thunberg | | | | |
| | 62 | 中华稻蝗Oxya chinensis Thunberg | | | | |
| | 63 | 长翅稻蝗Oxya velox Fabricius | | | | |
| 斑腿蝗科Catantopidae | 64 | 短角斑腿蝗Catantops brachycerus Will | | | | |
| | 65 | 红褐斑腿蝗Catantops pinquis Stal | | | | |
| | 66 | 长翅素木蝗Shirakiacris shirakii Bolivar | | | | 又称长翅希蝗 |
| | 67 | 短角外斑腿蝗Xenocatantops brachyscrus Willemse | | | | 又称短角异腿蝗 |
| 网翅蝗科Arcypteridae | 68 | 隆额网翅蝗Arcyptera coreana Shiraki | | | | |
| | 69 | 素色异爪蝗Euchorthippus unicolor Ikonn | | | | |
| | 70 | 山东雏蝗Chorthippus shantungensis Chang | | | | |

（续）

| 科 | 编号 | 种 | 是否本次调查记录 | 是否保护区新记录 | 是否河北新记录 | 备注 |
|---|---|---|---|---|---|---|
| 网翅蝗科Arcypteridae | 71 | 华北雏蝗Chorthippus bruneus Xia & Jin | | | | |
| | 72 | 北方雏蝗Chorthippus hammarstroemi Miram | | | | |
| | 73 | 小翅雏蝗Chorthippus fallax Zubovsky | | | | |
| 蚱科Tetrigidae | 74 | 长背蚱Paratettix sp. | 是 | 是 | | |
| 革翅目DERMAPTERA | | | | | | |
| 蠼螋科Labiduridae | 75 | 蠼螋Labidura riparia（Pallas） | 是 | 是 | | |
| 肥螋科Anisolabididae | 76 | 卡殖肥螋Gonolabis cavaleriei（Borelli）. | 是 | 是 | | |
| 球螋科Forficulidae | 77 | 日本张球螋Anechura japonnica Bormans | | | | |
| 苔螋科Spongiphoridae | 78 | 小姬螋Labia minor（Linnaeus） | 是 | 是 | 是 | |
| 虱目PHTHIRAPTERA | | | | | | |
| 短角鸟虱科Menoponidae | 79 | 短角鸟虱Menopon gallinae Linnaeus | | | | |
| | 80 | 鸭巨毛鸟虱Trinoton querquedulae Linnaeus | | | | |
| 兽鸟虱科Trichodectidae | 81 | 狗鸟虱Trichodes canis DeGeer | | | | |
| | 82 | 猫鸟虱Felicola subrostratus Burmeister | | | | |
| 虱科Pediculidae | 83 | 体虱Pediculus humanus corporis DeGeer | | | | |
| | 84 | 头虱Pediculus humanus capitis DeGeer | | | | |
| 阴虱科Phthiridae | 85 | 阴虱Phthirus pubis Linnaeus | | | | |
| 缨翅目THYSANOPTERA | | | | | | |
| 蓟马科Phlaeothripidae | 86 | 筒管蓟马Haplothrips sp. | 是 | 是 | | |
| 半翅目HEMIPTERA | | | | | | |
| 菱蜡蝉科Cixiidae | 87 | 五胸脊菱蜡蝉Pentastiridius sp. | 是 | 是 | | |
| 飞虱科Delphacidae | 88 | 灰飞虱Laodelphax striatellus（Fallén） | 是 | | | |
| | 89 | 大斑飞虱Eudes speciosa（Boheman） | 是 | 是 | | |
| | 90 | 白背飞虱Sogatella furcifera Horváth | | | | |
| | 91 | 长绿飞虱Saccharosydne procerus Matsumura | | | | |
| | 92 | 褐飞虱Nilaparvata lugens Stål | | | | |
| | 93 | 白脊飞虱Unkanodes sapporona Matsumura | | | | |

| 科 | 编号 | 种 | 是否本次调查记录 | 是否保护区新记录 | 是否河北新记录 | 备注 |
|---|---|---|---|---|---|---|
| 象蜡蝉科Dictyopharidae | 94 | 伯瑞象蜡蝉 Raivuna patruelis（Stål） | 是 | 是 | | |
| 广翅蜡蝉科Ricamiidae | 95 | 白痣广翅蜡蝉 Ricanula sublimate（Jacobi） | 是 | 是 | | |
| 蜡蝉科Fulgoridae | 96 | 斑衣蜡蝉 Lycorma delicatula（White） | 是 | 是 | | |
| 蝉科Cicadidae | 97 | 蚱蝉 Cryptotympana atrata（Fabricius） | 是 | | | |
| | 98 | 蟪蛄 Platypleura kaempferi（Fabricius） | 是 | | | |
| | 99 | 寒蝉 Meimuna opalifera Waker | 是 | | | |
| | 100 | 蒙古寒蝉 Meimuna mongolica Distant | 是 | | | |
| | 101 | 草蝉 Mongania hebes Walker | | | | |
| | 102 | 窗耳叶蝉 Ledra auditura Walker | 是 | 是 | | |
| | 103 | 八齿耳叶蝉 Ledra sp. | 是 | 是 | | |
| | 104 | 黑点片角叶蝉 Podulmorinus vitticollis（Matsumura） | 是 | 是 | | |
| | 105 | 条沙叶蝉 Psammotettix striatus（Linnaeus） | 是 | 是 | | |
| | 106 | 怪柳叶蝉 Opsius stactogalus Fieber | 是 | 是 | | |
| 叶蝉科Cicadellidae | 107 | 锈斑隆脊叶蝉 Paralimnus angusticeps Zachvatkin | 是 | 是 | 是 | |
| | 108 | 黑尾叶蝉 Nephotettix cincticeps Uhler | | | | |
| | 109 | 稻叶蝉 Inemadara oryzae Matsumura | | | | |
| | 110 | 二点叶蝉 Macroeteles fasciifrons Stål | | | | |
| | 111 | 小绿叶蝉 Empoasca flavescens Fabricius | | | | |
| | 112 | 大青叶蝉 Tettigella viridis Linnaeus | 是 | | | |
| 木虱科Psyllidae | 113 | 中国梨木虱 Psylla chinensis Yang & Li | | | | |
| | 114 | 槐木虱 Psylla willieti Wu | | | | |
| | 115 | 桑木虱 Anomoneura mori Schwarz | | | | |
| 根瘤蚜科Phylloxeridae | 116 | 梨黄粉蚜 Aphanostigma jakusuiens Kishida | | | | |
| 绵蚜科Pemphigidae | 117 | 杨枝瘿绵蚜 Pemphigus immunis Buckton | | | | |
| | 118 | 秋四脉绵蚜 Tetraneura akinire Sasaki | | | | |

| 科 | 编号 | 种 | 是否本次调查记录 | 是否保护区新记录 | 是否河北新记录 | 备注 |
|---|---|---|---|---|---|---|
| 平翅绵蚜科Phloeomyzidae | 119 | 杨平翅绵蚜Phloeomyzus passerinii zhangwuensis Zhang | | | | |
| 大蚜科Lachnidae | 120 | 柳瘤大蚜Tuberolachnus salignus Gmelin | | | | |
| 毛蚜科Chaitophoridae | 121 | 白杨毛蚜Chaitophorus populeti Panzer | | | | |
| | 122 | 白毛蚜Chaitophorus populialbae Boyer de Fonscolombe | | | | |
| | 123 | 柳黑毛蚜Chaitophoorus salinigra Shinji | | | | |
| | 124 | 麦二叉蚜Schizaphis graminum（Rondani） | | | | |
| | 125 | 荻草谷网蚜Sitobion miscanthi（Takahashi） | | | | |
| | 126 | 红花指管蚜Uroleucon gobonis（Matsumura） | 是 | 是 | | |
| | 127 | 旋复花指管蚜Uroleucon pulicariae（Hille Ris Lambers） | 是 | 是 | | |
| | 128 | 玉米蚜Rhopalosiphum maidis Fitch | | | | |
| | 129 | 禾谷缢管蚜Rhopalosiphum padi Linnaeus | | | | |
| | 130 | 高粱蚜Melanaphis sacchari Zehntner | | | | |
| 蚜科Aphididae | 131 | 豆蚜Aphis craccivora Koch | | | | |
| | 132 | 柳蚜Aphis farinosa Gmelin | | | | |
| | 133 | 大豆蚜Aphis glycines Matsumura | | | | |
| | 134 | 萝卜蚜Lipaphis erysimi Kaltenbach | | | | |
| | 135 | 柳二尾蚜Covariella salicicola Matsumura | | | | |
| | 136 | 山楂圆瘤蚜Ovatus crataegarius Walker | | | | |
| | 137 | 靠草疣蚜Phorodon japonensis Takahashi | | | | |
| | 138 | 苹果瘤蚜Myzus malisuctus Matsumura | | | | |
| | 139 | 桃粉大尾蚜Hyalopterus amygdali Blanchard | | | | |
| | 140 | 枣树皑粉蚧Crisicoccus ziziphus Zhang & Wu | 是 | 是 | | |
| 粉蚧科Pseudococcidae | 141 | 松白粉蚧Crisicoccus pini Kuwana | | | | |
| | 142 | 黑龙江粉蚧Coccura suwakoensis Kuwana & Toyoda | | | | |
| | 143 | 榴绒粉蚧Eriococcus lagerostroemiae Kuwana | | | | |
| | 144 | 榆绒粉蚧Eriococcus costaus Danzig | | | | |

（续）

| 科 | 编号 | 种 | 是否本次调查记录 | 是否保护区新记录 | 是否河北新记录 | 备注 |
|---|---|---|---|---|---|---|
| 盾蚧科Diaspididae | 145 | 榆蛎盾蚧*Lepidosaphes ulmi* Linnaeus | | | | |
| | 146 | 东方蛎盾蚧*Lepidosaphes tubulorum* Ferris | | | | |
| | 147 | 长白盾蚧*Leucaspis japonica* Cockerell | | | | |
| | 148 | 桑盾蚧*Pseudaulacaspis pentagona* Targ | | | | |
| 蜡蚧科Coccidae | 149 | 褐软蜡蚧*Coccus hesperidum* Linnaeus | | | | |
| | 150 | 日本蜡蚧*Ceroplastes japonicus* Green | | | | |
| | 151 | 圆球腊蚧*Eulecanium kuwanai* Kanda | | | | |
| | 152 | 杏球坚蚧*Sphaerolecanium prunastri* Fonscolombe | | | | |
| 硕蚧科Margarodidae | 153 | 草履蚧*Drosicha corpulenta* Kuwana | 是 | | | |
| 仁蚧科Aclerdidae | 154 | 宫苍仁蚧*Nipponaclerda bivvakoensis* Kuwana | | | | |
| 黾蝽科Gerridae | 155 | 圆臀大黾蝽*Aquarius paludum*（Fabricius） | 是 | | | |
| 划蝽科Corixidae | 156 | 扁跗夕划蝽*Hesperocorixa mandshurica*（Jaczewski） | 是 | 是 | | |
| | 157 | 横纹划蝽*Sigara substriata* Uhler | | | | |
| | 158 | 小划蝽*Micronecta quadriseta* Lundblad | | | | |
| | 159 | 萨棘小划蝽*Micronecta sahlbergii*（Jakovlev） | 是 | 是 | | |
| 仰蝽科Notonectidae | 160 | 黑纹仰蝽*Notomecta chinensis* Fallou | | | | |
| 负子蝽科Belostomatidae | 161 | 大鳖负蝽*Lethocerus deyrollei*（Vuillefroy） | 是 | | | |
| | 162 | 负子蝽*Sphaerodema rustica* Fabricius | | | | |
| 蝎蝽科Nepidae | 163 | 中华螳蝎蝽*Ranatra chinensis* Mayrt | 是 | | | |
| | 164 | 一色螳蝎蝽*Ranatra unicdor* Scott | | | | |
| | 165 | 卵圆蝎蝽*Nepa chinensis* Hoffman | | | | |
| | 166 | 小螳蝎蝽*Ranatra unicdor* Scott | | | | |
| 跳蝽科Saldidae | 167 | 泛跳蝽*Saldula palustris*（Douglas） | 是 | 是 | | |
| 猎蝽科Reduviidae | 168 | 短斑普猎蝽*Oncocephalus simillimus* Reuter | 是 | 是 | | |
| | 169 | 双刺胸猎蝽*Pygolampis bidentata*（Goeze） | 是 | 是 | | |
| | 170 | 褐菱猎蝽*Isyndus obscurus* Dallas | | | | |

| 科 | 编号 | 种 | 是否本次调查记录 | 是否保护区新记录 | 是否河北新记录 | 备注 |
|---|---|---|---|---|---|---|
| 土蝽科Cydnidae | 171 | 黑环土蝽Microporus nigrita（Fabricius） | 是 | 是 | | |
| | 172 | 青革土蝽Macroscytus japonensis Scott | 是 | 是 | | |
| | 173 | 圆阿土蝽Adomerus rotundus（Hsiao） | 是 | 是 | | |
| 姬蝽科Nabidae | 174 | 北姬蝽Nabis reuteri Jakovlev | 是 | 是 | | |
| | 175 | 华姬蝽Nabis sinoferus Hsiao | | | | |
| | 176 | 暗色姬蝽Nabis stenoferus Hsiao | | | | |
| | 177 | 泛希姬蝽Himacerus apterus Fabricius | | | | |
| | 178 | 华海姬蝽Halonabis sinicus Hsiao | 是 | 是 | | |
| 花蝽科Anthocoridae | 179 | 东亚小花蝽Orius sauteri（Poppius） | 是 | 是 | | |
| | 180 | 微小花蝽Orius minutus Linnaeus | 是 | 是 | | |
| | 181 | 日浦仓花蝽Xylocoris hiurai Kerzhner & Elov | 是 | 是 | 是 | |
| 细角花蝽科Lyctocoridae | 182 | 东方细角花蝽Lyctocoris beneficus Hiura | | | | |
| 网蝽科Tingidae | 183 | 悬铃木方翅网蝽Corythucha ciliata（Say） | 是 | 是 | | |
| 地长蝽科Rhyparochromidae | 184 | 白斑地长蝽Panaorus albomaculatus（Scott） | 是 | 是 | | |
| | 185 | 全缝长蝽Plinthisus sp. | 是 | 是 | | |
| 尖长蝽科Oxycarenidae | 186 | 淡色尖长蝽Oxycarenus pallens（Herrich–Schaeffer） | 是 | 是 | 是 | |
| | 187 | 小长蝽Nysius ericae（Schilling） | 是 | | | |
| 长蝽科Lygaeidae | 188 | 角红长蝽Lygaeus hanseni Jakovlev | 是 | 是 | | |
| | 189 | 高粱狭长蝽Dimorphopterus spinolae Signoret | | | | |
| | 190 | 松地长蝽Rhyparochromus pini Linnaeus | | | | |
| 红蝽科Pyrrhocoridae | 191 | 地红蝽Pyrrhocoris sibiricus Kuschakewitsch | 是 | | | Pyrrhocoris tibialis Stål为本种异名 |
| 臭虫科Cimicidae | 192 | 温带臭虫Cimex lectularius Linnaeus | | | | |
| 盲蝽科Miridae | 193 | 绿后丽盲蝽Apolygus lucorum（Meyer–Dür） | 是 | | | |
| | 194 | 后丽盲蝽Apolygus sp. | 是 | 是 | | |

| 科 | 编号 | 种 | 是否本次调查记录 | 是否保护区新记录 | 是否河北新记录 | 备注 |
|---|---|---|---|---|---|---|
| 盲蝽科Miridae | 195 | 柳齿爪盲蝽 Deraeocoris salicis Josifov | 是 | 是 | | |
| | 196 | 三点苜蓿盲蝽 Adelphocoris fasciaticollis Reuter | 是 | 是 | | |
| | 197 | 条赤须盲蝽 Trigonotylus coelestialium（Kirkaldy） | 是 | | | 赤须盲蝽 Trigonotylus ruficonis Geoffroy 为此种误定 |
| | 198 | 小欧盲蝽 Europiella artemisiae（Becker） | 是 | 是 | | |
| | 199 | 异盲蝽 Polymerus sp. | 是 | 是 | | |
| 姬缘蝽科Rhopalidae | 200 | 栗缘蝽 Liorhyssus hyalinus（Fabricius） | 是 | 是 | | |
| 蛛缘蝽科Alydidae | 201 | 点蜂缘蝽 Riptortus pedestris Fabricius | 是 | | | |
| 缘蝽科Coreidae | 202 | 钝肩普缘蝽 Plinachtus bicoloripes Scott | 是 | 是 | | |
| | 203 | 中稻缘蝽 Leptocorisa chinensis Dallas | | | | |
| | 204 | 黄伊缘蝽 Aeschyntelus chinensis Dallas | | | | |
| | 205 | 麻皮蝽 Erthesina fullo（Thunberg） | 是 | | | |
| | 206 | 茶翅蝽 Halyomorpha halys（Stål） | 是 | 是 | | |
| | 207 | 灰全蝽 Homalogonia grisea Josifov & Kerzhner | 是 | 是 | | |
| | 208 | 珀蝽 Plautia crossota（Dallas） | | | | |
| | 209 | 小筱蝽 Cyclopelta parva Distant | | | | |
| 蝽科Pentatomidae | 210 | 稻黑蝽 Scotinophara lurida Burmeister | | | | |
| | 211 | 菜蝽 Eurydema dominulus Scopoli | | | | |
| | 212 | 横纹菜蝽 Eurydema gebleri Kolenati | 是 | | | |
| | 213 | 斑蝽 Rubiconia intermedia Wolff | | | | |
| | 214 | 稻绿蝽 Nezara viridula formatypica Clinmaeus | | | | |
| | 215 | 北二星蝽 Eysarcoris aeneus（Scopoli） | 是 | 是 | 是 | |
| 脉翅目NEUROPTERA | | | | | | |
| 草蛉科Chrysopidae | 216 | 日本通草蛉 Chrysoperla nipponensis（Okamoto） | 是 | 是 | | |
| | 217 | 丽草蛉 Chrysopa formosa Brauer | | | | |
| | 218 | 大草蛉 Chrysopa pallens（Rambur） | 是 | | | Chrysopa septempunctata Wesmael 为本种异名 |

| 科 | 编号 | 种 | 是否本次调查记录 | 是否保护区新记录 | 是否河北新记录 | 备注 |
|---|---|---|---|---|---|---|
| 草蛉科Chrysopidae | 219 | 草蛉Chrysopa sp. | 是 | 是 | | |
| | 220 | 黑腹草蛉Chrysopa perla（Linnaeus） | 是 | 是 | 是 | |
| 褐蛉科Hemerobiidae | 221 | 褐蛉Hemerobius sp. | 是 | 是 | | |
| | 222 | 东北益蛉Sympherobius manchuricus Nakahara | 是 | 是 | | |
| 蚁蛉科Myrmeleontidae | 223 | 拟褐纹树蚁蛉Dendroleon similis Esben-Petersen | 是 | 是 | | |
| | 224 | 条斑次蚁蛉Deutoleon lineatus Fabricius | | | | |
| | 225 | 朝鲜东蚁蛉Euroleon coreanus Okamoto | 是 | | | 中华东蚁蛉Euroleon sinicus Navás为本种早名 |

鞘翅目COLEOPTERA

| 科 | 编号 | 种 | 是否本次调查记录 | 是否保护区新记录 | 是否河北新记录 | 备注 |
|---|---|---|---|---|---|---|
| 龙虱科Dytiscidae | 226 | 日本异爪龙虱Hyphydrus japonicus Sharp | 是 | 是 | | |
| | 227 | 日本真龙虱Cybister japonicus Sharp | 是 | 是 | | |
| | 228 | 宽缝斑龙虱Hydaticus grammicus（Germar） | 是 | 是 | | |
| | 229 | 阿氏圆龙虱Graphoderus adamsii（Clark） | 是 | 是 | | |
| 牙甲科Hydrophilidae | 230 | 钝刺腹牙甲Hydrochara affinis（Sharp） | 是 | 是 | | |
| | 231 | 乌苏苍白牙甲Enochrus simulans（Sharp） | 是 | 是 | | |
| | 232 | 淡绿刺鞘牙甲Berosus spinosus（Steven） | 是 | 是 | | |
| | 233 | 隆线梭腹牙甲Cercyon laminatus Sharp | 是 | 是 | 是 | |
| 步甲科Carabidae | 234 | 月斑虎甲Calomera littoralis（Fabricius） | 是 | 是 | | |
| | 235 | 星斑虎甲Cylindera kaleea（Bates） | 是 | | | 曾用学名Cicindela kaleea Bates |
| | 236 | 斜条虎甲Cylindera（Cylindera）obliquefasciata（M. Adams） | 是 | 是 | | |
| | 237 | 狭斑虎甲Cylindera（Cylindera）gracilis（Pallas） | 是 | 是 | | |
| | 238 | 中国虎甲Cicindela chinensis DeGeer | | | | |
| | 239 | 多型虎甲红翅亚种Cicindela hybrida nitida Lichtenstein | | | | |
| | 240 | 麻步甲Carabus brandti Faldermann | 是 | 是 | | |
| | 241 | 沟步甲Carabus canaliculatus Adams | | | | |
| | 242 | 后斑青步甲Chlaenius posticalis Motschulsky | | | | |

（续）

| 科 | 编号 | 种 | 是否本次调查记录 | 是否保护区新记录 | 是否河北新记录 | 备注 |
|---|---|---|---|---|---|---|
| 步甲科Carabidae | 243 | 黄缘青步甲 Chlaenius spoliatus（Rossi） | 是 | 是 | | |
| | 244 | 狭边青步甲 Chlaenius inops Chaudoir | | | | |
| | 245 | 黄斑青步甲 Chlaenius micans Fabricius | 是 | | | |
| | 246 | 大卫偏须步甲 Panagaeus davidi Fairmaire | 是 | 是 | 是 | |
| | 247 | 双齿蝼步甲 Scarites acutidens Chaudoir | 是 | 是 | | |
| | 248 | 单齿蝼步甲 Scarites terricola Bonelli | 是 | 是 | | |
| | 249 | 背黑狭胸步甲 Stenolophus connotatus Bates | 是 | 是 | | |
| | 250 | 蠋步甲 Dolichus halensis（Schaller） | 是 | 是 | | |
| | 251 | 黄鞘婪步甲 Harpalus pallidipennis Morawitz | 是 | 是 | | |
| | 252 | 强婪步甲 Harpalus crates Bates | 是 | 是 | | |
| | 253 | 毛婪步甲 Harpalus griseus（Panzer） | 是 | 是 | | |
| | 254 | 三齿婪步甲 Harpalus tridens Morawitz | 是 | 是 | | |
| | 255 | 半猛步甲 Cymindis daimio Bates | 是 | 是 | | |
| | 256 | 通缘步甲 Pterostichus gebleri Dejean | 是 | | | |
| | 257 | 金星步甲 Calosoma chinense Kirby | | 是 | | |
| | 258 | 赤胸步甲 Calathus halensis halensis Schall | 是 | 是 | | |
| | 259 | 斑步甲 Anisodactylus signatus Panzer | 是 | 是 | | |
| | 260 | 尖须步甲 Acupalpus sp. | 是 | 是 | | |
| | 261 | 佩步甲 Perigona sp.1 | 是 | 是 | | |
| | 262 | 佩步甲 Perigona sp.2 | 是 | 是 | | |
| | 263 | 梨须步甲 Synuchus intermedius Lindroth | 是 | 是 | | |
| | 264 | 大青短胸步甲 Amara macronota（Solsky） | 是 | 是 | | |
| | 265 | 婪胸暗步甲 Amara harpaloides Dejean | 是 | 是 | | |
| | 266 | 普氏长颈步甲 Odacantha puziloi puziloi Solsky | 是 | 是 | 是 | |

| 科 | 编号 | 种 | 是否本次调查记录 | 是否保护区新记录 | 是否河北新记录 | 备注 |
|---|---|---|---|---|---|---|
| 葬甲科Silphidae | 267 | 双斑葬甲Ptomascopus plagiattus（Menetries） | 是 | 是 | | |
| 阎甲科Histeridae | 268 | 觅卵阎虫Dendrophilus xavieri Marseul | | | | |
| 隐翅虫科Staphylininae | 269 | 亚洲前角隐翅虫Aleochara asiatica Kraatz | 是 | 是 | 是 | |
| | 270 | 中华布里隐翅虫Bledius chinensis Bernhauer | 是 | 是 | | |
| | 271 | 梭毒隐翅虫Paederus fuscipes Curtis | 是 | 是 | | |
| | 272 | 铜翅菲隐翅虫Philonthus aeneipennis Boheman | 是 | 是 | | |
| | 273 | 鹊背筋隐翅虫Oxytelus piceus（Linnaeus） | 是 | 是 | | |
| | 274 | 阳平缝隐翅虫Scopaeus virilis Sharp | 是 | 是 | 是 | |
| | 275 | 细颈隐翅虫Rugilus refescens Sharp | 是 | 是 | | |
| | 276 | 中华窄隐翅虫Stenistoderus sinicus Bordoni | 是 | 是 | | |
| | 277 | 大隐翅虫Creophilus maxillosus Linnaeus | 是 | | | |
| 皮蠹科Dermestidae | 278 | 白背皮蠹Dermestes dimidiatus Steven | 是 | | | |
| 芫菁科Meloidae | 279 | 暗头豆芫菁Epicauta obscurocephala Reiter | | | | |
| | 280 | 绿芫菁Lytta caraganae Pallas | | | | |
| | 281 | 眼斑芫菁Mylabris cichorii Linnaeus | | | | |
| | 282 | 苹斑芫菁Mylabris calida Pallas | | | | |
| 金龟科Scarabaeidae | 283 | 德国呼金龟Rhyssemus germanus（Linnaeus） | 是 | 是 | 是 | |
| | 284 | 黄缘呼金龟Aphodius sublimbatus（Motschulsky） | 是 | 是 | | |
| | 285 | 黎嗡蜣螂Onthophagus lenzii Harold | 是 | 是 | | |
| | 286 | 掘嗡蜣螂Onthophagus fodiens Waterhouse | 是 | 是 | | |
| | 287 | 华北大黑鳃金龟Holotrichia oblita（Faldermann） | 是 | | | |
| | 288 | 暗黑鳃金龟Holotrichia parallela Motschulsky | 是 | | | |
| | 289 | 鲜黄鳃金龟Metabolus tumidifrons Fairmaire | 是 | | | |
| | 290 | 弟兄鳃金龟Melolontha frater Arrow | 是 | | | |

| 科 | 编号 | 种 | 是否本次调查记录 | 是否保护区新记录 | 是否河北新记录 | 备注 |
|---|---|---|---|---|---|---|
| | 291 | 灰胸突鳃金龟 Hoplosternus incanus Motschulsky | | | | |
| | 292 | 小云鳃金龟 Polyphylla gracilicornis Blanchard | | | | |
| | 293 | 大云鳃金龟 Polyphyllalaticollis Lewis | | | | |
| | 294 | 阔胫绒金龟 Maladera verticalis Fairmaire | | | | |
| | 295 | 东方玛绢金龟 Maladera orientalis Motschlsky | 是 | | | |
| | 296 | 小阔胫绒金龟 Maladera ovatula Fairmaire | | | | |
| | 297 | 福婆鳃金龟 Brahmina faldermanni Kraatz | 是 | | | |
| | 298 | 围绿单爪鳃金龟 Hoplia cincticollis Waterhouse | | 是 | | |
| | 299 | 中华弧丽金龟 Popillia quadriguttata Fabricius | | | | |
| | 300 | 无斑弧丽金龟 Popillia mutans Newman | | | | |
| | 301 | 铜绿异丽金龟 Anomala corpulenta Motschulsky | | | | 曾用中文名铜绿丽金龟 |
| 金龟科 Scarabaeidae | 302 | 黄褐丽金龟 Anomala exoleta Faldermann | | | | |
| | 303 | 侧斑丽金龟 Anomala luculenta Erichson | | | | |
| | 304 | 多色丽金龟 Anomala smaragdina Ohaus | | | | |
| | 305 | 毛喙丽金龟 Adoretus hirsutus Ohaus | 是 | 是 | | |
| | 306 | 斑喙丽金龟 Adoretus tenuimaculatus Waterhouse | | | | |
| | 307 | 弓斑丽金龟 Cyriopertha arcuata Gebler | | | | |
| | 308 | 双叉犀金龟 Allomyrina dichotoma Linnaeus | | | | 本种衡水湖分布存疑 |
| | 309 | 阔胸禾犀金龟 Pentodon patruelis Frivaldszky | | | | |
| | 310 | 华扁犀金龟 Eophileurus chinensis（Faldermann） | 是 | 是 | | |
| | 311 | 长毛花金龟 Cetonia magnifica Ballion | | | | |
| | 312 | 白星花金龟 Potosia brevitarsis Lewis | 是 | | | |
| | 313 | 暗绿星花金龟 Potosia lugubris orientalis Medvedev | | | | |
| | 314 | 褐锈花金龟 Poegilophilides rusticola Burmeister | | | | |

（续）

| 科 | 编号 | 种 | 是否本次调查记录 | 是否保护区新记录 | 是否河北新记录 | 备注 |
|---|---|---|---|---|---|---|
| 金龟科Scarabaeidae | 315 | 小青花金龟 Gametis jucunda（Faldermann） | 是 | | | 曾用学名Oxycetonia jucunda Faldermann |
| | 316 | 长毛斑金龟Lasiotrichius succinctus Pallas | 是 | 是 | | |
| 沼甲科Scirtidae | 317 | 日本沼甲Scirtes japonicus Liesenwetter | 是 | 是 | | |
| 长泥甲科Heteroceridae | 318 | 长泥甲Heterocerus sp. | 是 | 是 | | |
| | 319 | 伪齿爪叩甲Platynychus nothus（Candèze） | 是 | 是 | | |
| 叩甲科Elateridae | 320 | 莱氏猛叩甲Tetrigus lewisi Candeze | 是 | 是 | | |
| | 321 | 沟叩头虫Pleonomus canaliculatus Faldermann | 是 | | | |
| | 322 | 细胸叩头虫Agriotes fuscicollis Miwa | 是 | | | |
| | 323 | 梨金缘吉丁Lampra limbata Gebler | 是 | | | |
| | 324 | 红缘绿吉丁Lampra bellula Lewis | 是 | | | |
| | 325 | 山杨柳吉丁Poeciloneta chinensis Théry | 是 | | | |
| 吉丁虫科Buprestidae | 326 | 铜棱吉丁Chrysobothris chrysosligma Linnaeus | 是 | | | |
| | 327 | 六星铜吉丁Chrysobothris affinis Fabricius | 是 | | | |
| | 328 | 苹果小吉丁Agrilus mali Matsumara | 是 | | | |
| | 329 | 杨十斑吉丁Trachypteris picta（Pallas） | 是 | | | 曾用学名Melanophila picta（Pallas） |
| 大蕈甲科Erotylidae | 330 | 厚角拟叩甲Leucohimatium arundinaceum（Forsskål） | 是 | 是 | | |
| 蛛甲科Ptinidae | 331 | 略阳窃蠹Clada kucerai Zahradnik | 是 | 是 | 是 | |
| 隐食甲科Cryptophagidae | 332 | 黄圆隐食甲Atomaria lewisi Reitter | 是 | 是 | | |
| 锯谷盗科Silvanidae | 333 | 三星谷盗Psammoecus triguttatus Reitter | 是 | 是 | 是 | |
| | 334 | 四斑露尾甲Glischrochilus japonicus（Motschulsky） | 是 | 是 | | |
| 露尾甲科Nitidulidae | 335 | 烂果露尾甲Phenolia picta（MacLeay） | 是 | 是 | | |
| | 336 | 花斑露尾甲Omosita colon（Linnaeus） | 是 | 是 | | |
| 寄甲科Bothrideridae | 337 | 花绒寄甲Dastarcus helophoroides（Fairmaire） | 是 | 是 | | |
| 瓢虫科Coccinellidae | 338 | 异色瓢虫Harmonia axyridis（Pallas） | 是 | | | |
| | 339 | 十二斑褐菌瓢虫Vibidia doudecimguttata（Poda） | 是 | 是 | | |

| 科 | 编号 | 种 | 是否本次调查记录 | 是否保护区新记录 | 是否河北新记录 | 备注 |
|---|---|---|---|---|---|---|
| 瓢虫科Coccinellidae | 340 | 黑缘红瓢虫Chilocorus rubidus Hope | 是 | | | |
| | 341 | 多异瓢虫Hippodamia variegata（Goeze） | 是 | 是 | | |
| | 342 | 十三星瓢虫Hippodamia tredecimpunctata（Linnaeus） | 是 | | | |
| | 343 | 红点唇瓢虫Chilocorus kuwanae Silvestri | 是 | | | |
| | 344 | 七星瓢虫Coccinella septempuncatata Linnaeus | 是 | | | |
| | 345 | 双七瓢虫Coccinula quatuordecimpustulata Linnaeus | | | | |
| | 346 | 横斑瓢虫Coccinella transversoguttata Faldermann | | | | |
| | 347 | 展缘异点瓢虫Anisosticta kobensis Lewis | 是 | 是 | | |
| | 348 | 龟纹瓢虫Propylaea japonica（Thunberg） | 是 | | | |
| | 349 | 连斑小毛瓢虫Scymnus quadrivulneratus Mulsant | | | | |
| | 350 | 四斑小毛瓢虫Scymnus frontalis Fabricius | | | | |
| | 351 | 马铃薯瓢虫Henosepilachna viginticotomaculata Motschulsky | 是 | | | |
| | 352 | 红环瓢虫Rodolia limbata Motschulsky | | | | |
| | 353 | 阿里朽木甲Allecula sp. | 是 | 是 | | |
| 拟步甲科Tenebrionidae | 354 | 类沙土甲Opatrum subaratum Faldermann | 是 | 是 | | |
| | 355 | 网目土甲Gonocephalum reticulatum Motschulsky | 是 | 是 | | |
| | 356 | 洋虫Ulomoides dermestoides（Chevrolat） | 是 | 是 | | |
| | 357 | 粗额蛀甲Luprops cribrifrons Marseul | 是 | 是 | 是 | |
| | 358 | 黄粉虫Tenebrio molitor Linnaeus | | | | |
| 蚁形甲科Anthicidae | 359 | 南京蚁形甲Anthicus nankineus Pic | 是 | 是 | | |
| | 360 | 刺角天牛Trirachys orientalis Hope | 是 | 是 | | |
| | 361 | 中华薄翅天牛Aegosoma sinicum White | 是 | 是 | | |
| 天牛科Cerambycidae | 362 | 锯天牛Prionus insularis Motschulsky | 是 | | | |
| | 363 | 皱胸粒肩天牛Apriona rugicollis Chevrolat | 是 | | | 原记录的粒肩天牛Apriona germari Hope 为本种误订 |
| | 364 | 光肩星天牛Anoplophora glabripennis（Motschulsky） | 是 | | | |

| 科 | 编号 | 种 | 是否本次调查记录 | 是否保护区新记录 | 是否河北新记录 | 备注 |
|---|---|---|---|---|---|---|
| 天牛科Cerambycidae | 365 | 大牙土天牛Dorysthenes paradoxus Faldermann | | | | |
| | 366 | 栗山天牛Massicus（Mallambyx）raddei Blessig | | | | |
| | 367 | 杨红颈天牛Aromia moschata orientalis Plavilstshikov | | | | |
| | 368 | 竹紫天牛Purpuricenus temminckii Guérin−Meneville | | | | |
| | 369 | 桑脊虎天牛Xylotrechus chinensis Chevrolat | | | | |
| | 370 | 青杨脊虎天牛Xylotrechus rusticus Linnaeus | | | | |
| | 371 | 竹绿虎天牛Chlorophorus annularis Fabricius | | | | |
| | 372 | 刺槐绿虎天牛Chlorophorus diadema Motschulsky | | | | |
| | 373 | 红缘亚天牛Asias halodendri Pallas | | | | |
| | 374 | 灰长角天牛Acanthocinus griseus Fabricius | | | | |
| | 375 | 青杨楔天牛Saperda populnea Linnaeus | | | | |
| 豆象科Bruchidae | 376 | 绿豆象Callosobruchus chinensis Linnaeus | | | | |
| | 377 | 豌豆象Bruchus pisorum Linnaeus | | | | |
| 负泥虫科Crioceridae | 378 | 十四点负泥虫Crioceris quattuordecimpunctata（Scopoli） | 是 | | | |
| | 379 | 蓝翅距甲Poecilomorpha cyanipennis Kraatz | | 是 | | |
| | 380 | 红胸负泥虫Lema fortunei Baly | | | | |
| | 381 | 蓝翅负泥虫Lema honorata Baly | | | | |
| | 382 | 蓝负泥虫Lema concinnipennis Baly | | | | |
| | 383 | 中华负泥虫Lilioceris sinica Heyden | | | | |
| | 384 | 隆顶负泥虫Lilioceris merdigera Linnaeus | | | | |
| | 385 | 芦苇水叶甲Donacia clavipes Fabricius | | | | |
| | 386 | 芦小叶甲Donacia vulgaris Zschach | | | | |
| | 387 | 长腿水叶甲Donacia provosti Fairmaire | 是 | 是 | | |
| 叶甲科Chrysomelidae | 388 | 中华萝藦叶甲Chrysochus chinensis Baly | 是 | 是 | | |
| | 389 | 褐背小萤叶甲Gallerucella grisescens（Joannis） | 是 | 是 | | |

| 科 | 编号 | 种 | 是否本次调查记录 | 是否保护区新记录 | 是否河北新记录 | 备注 |
|---|---|---|---|---|---|---|
| 叶甲科Chrysomelidae | 390 | 阔胫萤叶甲 Pallasiola absinthii Pallas | | | | |
| | 391 | 榆绿毛萤叶甲 Pyrrhalta aenescens Fairmaire | 是 | | | |
| | 392 | 榆黄毛萤叶甲 Pyrrhalta maculicollis Motschulsky | | | | |
| | 393 | 双斑长跗萤叶甲 Monolepta hieroglyphica Motschulsky | | | | |
| | 394 | 东方油菜叶甲 Entomoscelis orientalis Weise | | | | |
| | 395 | 榆紫叶甲 Ambrostoma qudriimpressum Motschulsky | | | | |
| | 396 | 大猿叶虫 Colaphellus bowringi Baly | | | | |
| | 397 | 柳圆叶甲 Plagiodera versicolora Laicharting | | | | |
| | 398 | 杨叶甲 Chrysomela populi Linnaeus | | | | |
| | 399 | 黄守瓜 Aulacophra femoralis Motschulsky | | | | |
| | 400 | 榆隐头叶甲 Cryptocephalus lemniscatus Suffrian | | | | |
| | 401 | 柳隐头叶甲 Cryptocephalus hieracii Weise | | | | |
| | 402 | 酸枣隐头叶甲 Cryptocephalus japanus Baly | | | | |
| 肖叶甲科Eumolpidae | 403 | 二点锯叶甲 Labidostomis bipunctata Mannerheim | | | | |
| | 404 | 中华锯叶甲 Labidostomis chinensis Lefevre | | | | |
| | 405 | 梨光叶甲 Smaragdina Semiaurantiaca Fairmaire | | | | |
| | 406 | 杨梢肖叶甲 Parnops glasunowi Jacobson | | | | |
| 象虫科Curculionidae | 407 | 臭椿沟眶象 Eucryptorrhynchus brandti（Harold） | 是 | 是 | | |
| | 408 | 粗毛妙喙象 Myosides seriehispidus Roelofs | 是 | 是 | 是 | |
| | 409 | 西伯利亚绿象 Chlorophanus sibiricus Gyllenhy | | | | |
| | 410 | 中华长毛象 Enaptorrhinus sinensis Waterhouse | | | | |
| | 411 | 蒙古土象 Xylinophorus mongolicus Faust | | | | |
| | 412 | 大灰象 Sympiezomias velatus Chevrolat | | | | |
| | 413 | 大球陶象 Piazomias validus Motschulsky | | | 是 | |
| | 414 | 玉米象 Sitophilus zeamais Motschulsky | | | | |

（续）

| 科 | 编号 | 种 | 是否本次调查记录 | 是否保护区新记录 | 是否河北新记录 | 备注 |
|---|---|---|---|---|---|---|
| 象虫科Curculionidae | 415 | 舫象Dorytomus sp. | 是 | 是 | | |
| | 416 | 卵象Calomycterus sp. | 是 | 是 | | |
| | 417 | 欧洲方喙象Cleonis pigra（Scopoli） | 是 | 是 | | |
| | 418 | 黑斜纹象Bothynoderes declivis（Olivier） | 是 | 是 | | |
| | 419 | 多型象甲Notaris sp. | 是 | 是 | | |
| 卷象科Attelabidae | 420 | 梨虎象Rhynchites foveipennis Fairm | 是 | | | |
| 小蠹科Scolytidae | 421 | 多毛小蠹Scolytus seulensis Murayama | 是 | | | |
| | 422 | 果树小蠹Scolytus japonicus Chapuis | 是 | | | |
| 双翅目 DIPTERA | | | | | | |
| 瘿蚊科Cecidomyiidae | 423 | 麦红吸浆虫Sitodiplosis mosellana（Gehin） | 是 | | | |
| 蚊科Culicidae | 424 | 中华按蚊Anopheles sinensis Wiedemann | 是 | | | |
| | 425 | 林氏按蚊Anopheles lindesayi Giles | 是 | | | 又称环股按蚊 |
| | 426 | 帕氏按蚊Anopheles pattoni Christophers | 是 | | | |
| | 427 | 刺扰伊蚊Aedes vexans Meigen | 是 | | | 又称骚扰伊蚊 |
| | 428 | 二带喙库蚊Culex bitaeniorhynchus Giles | 是 | | | |
| | 429 | 淡色库蚊Culex pipiens pallens Coquillett | 是 | | | |
| | 430 | 拟态库蚊Culex mimeticus Noe | 是 | | | 又称斑翅库蚊 |
| | 431 | 中华库蚊Culex sinensis Theobald | 是 | | | |
| | 432 | 三带喙库蚊Culex tritaeniorhynchus Giles | 是 | | | |
| | 433 | 杂鳞库蚊Culex vishnui Theobald | 是 | | | 本种衡水湖分布存疑 |
| | 434 | 迷走库蚊Culex vagans Wiedemann | 是 | | | |
| | 435 | 凶小库蚊Culex modestus Ficalbi | 是 | | | |
| | 436 | 常型曼蚊Mansonia uniformis Theobald | 是 | | | |
| | 437 | 幽蚊Chaoborus sp. | 是 | | | |

（续）

| 科 | 编号 | 种 | 是否本次调查记录 | 是否保护区新记录 | 是否河北新记录 | 备注 |
|---|---|---|---|---|---|---|
| 摇蚊科Chironomidae | 438 | 暗绿二叉摇蚊Dicrotendipes pelochloris（Kieffer） | 是 | 是 | | |
| | 439 | 红裸须摇蚊Propsilocerus akamusi（Tokunaga） | 是 | 是 | | |
| | 440 | 狭摇蚊Stenochironomus sp. | 是 | 是 | | |
| | 441 | 摇蚊Chironomus sp. | 是 | 是 | | |
| | 442 | 长足摇蚊Tanypus sp. | 是 | 是 | | |
| 大蚊科Tipulidae | 443 | 短柄大蚊Nephrotoma scalaris（Meigen） | 是 | 是 | | |
| 沼大蚊科Limoniidae | 444 | 细大蚊Dicranomyia sp. | 是 | 是 | | |
| 蠓科Ceratopogonidae | 445 | 灰库蠓Culicoides grisescens Edwards | | | | 该种衡水湖分布存疑 |
| | 446 | 厩螫蝇Stomoxys calcitrans Linnaeus | | | | |
| 蝇科Muscidae | 447 | 芒蝇Atherigona sp. | 是 | | | |
| | 448 | 秽蝇Coesnia sp. | 是 | | | |
| | 449 | 伏蝇Phormia regina Meigen | | | | |
| | 450 | 红头丽蝇Calliphora vicina Robineau-Desvoidy | | | | |
| | 451 | 亮绿蝇Lucilia illustris Meigen | | | | |
| 丽蝇科Calliphoridae | 452 | 丝光绿蝇Lucilia sericata（Meigen） | 是 | 是 | | |
| | 453 | 大头金蝇Chysomyia megacephala（Fabricius） | 是 | 是 | | |
| | 454 | 肥躯金蝇Chrysomyia（Compsomyia）pinguis（Walker） | 是 | 是 | | |
| | 455 | 不显口鼻蝇Stomorhina obsoleta（Wiedemann） | 是 | 是 | | |
| | 456 | 变丽蝇Paradichosia sp. | 是 | 是 | | |
| | 457 | 斑须蜂筒寄蝇Cylindromyia brassicaria Fabricius | | | | |
| 寄蝇科Tachinidae | 458 | 蚕饰腹寄蝇Blepharipa zebina Walker | | | | |
| | 459 | 黏虫缺须寄蝇Cuphocera varia Fabricius | | | | |
| | 460 | 日本追寄蝇Exorista japonica Townsend | 是 | | | |
| | 461 | 追寄蝇Exorista sp. | 是 | | | |
| | 462 | 长须寄蝇Peleteria sp. | 是 | 是 | | |
| | 463 | 盆地寄蝇Bessa sp. | 是 | 是 | | |

（续）

| 科 | 编号 | 种 | 是否本次调查记录 | 是否保护区新记录 | 是否河北新记录 | 备注 |
|---|---|---|---|---|---|---|
| 麻蝇科Sarcophagidae | 464 | 尾黑麻蝇Bellieria melanura Meigen | | | | |
| | 465 | 黑带食蚜蝇Epistrophe balteata（DeGeer） | 是 | 是 | | |
| | 466 | 长尾管蚜蝇Eristalis tenax（Linnaeus） | 是 | 是 | | |
| | 467 | 灰带管蚜蝇Eristalis cerealis Fabricius | 是 | 是 | | |
| | 468 | 短腹管蚜蝇Eristalis arbustorum（Linnaeus） | 是 | 是 | | |
| | 469 | 羽芒宽盾蚜蝇Phytomia zonata（Fabricius） | 是 | 是 | | |
| | 470 | 纯黑离眼蚜蝇Eristalinus sepulchralis（Linnaeus） | 是 | 是 | | |
| 蚜蝇科Syrphidae | 471 | 黑色斑眼蚜蝇Eristalinus aeneus（Scopoli） | 是 | 是 | | |
| | 472 | 印度细腹蚜蝇Sphaerophoria Indiana Bigot | 是 | 是 | | |
| | 473 | 大灰优蚜蝇Eupeodes corollae（Fabricius） | 是 | 是 | | |
| | 474 | 新月斑优蚜蝇Eupeodes luniger（Meigen） | 是 | 是 | | |
| | 475 | 黄环粗股蚜蝇Syritta pipiens（Linnaeus） | 是 | 是 | | |
| | 476 | 四条小蚜蝇Paragus quadrifasciatus Meigen | 是 | 是 | | |
| | 477 | 黄条条胸蚜蝇Helophilus trivittatus（Fabricius） | 是 | 是 | | |
| 实蝇科Tephritidae | 478 | 三点棍腹实蝇Dacus trimacula（Wang） | 是 | 是 | 是 | |
| | 479 | 鬼针长唇实蝇Dioxyna bidentis（Robineau-Desvoidy） | 是 | 是 | | |
| 广口蝇科Platystomatidae | 480 | 东北广口蝇Platystoma mandschuricum Enderlein | 是 | 是 | 是 | |
| 食虫虻科Asilidae | 481 | 中华单羽食虫虻Cophinopoda chinensis Fabricius | 是 | 是 | | |
| 水虻科Stratiomyoidae | 482 | 日本小丽水虻Microchrysa japonica Nagatomi | 是 | 是 | 是 | |
| | 483 | 隐脉水虻Oplodontha viridula（Fabricius） | 是 | 是 | | |
| | 484 | 亮斑扁角水虻Hermetia illucens（Linnaeus） | 是 | 是 | 是 | |
| 蚤目SIPHONAPTERA | | | | | | |
| 蚤科Pulicidae | 485 | 人蚤Pulex irritans Linnaeus | | | | |
| | 486 | 中华昔蚤Archaeopsylla sinensis Jordan & Rothschild | | | | |

毛翅目TRICHOPTERA

鳞翅目LEPIDOPTERA

| 科 | 编号 | 种 | 是否本次调查记录 | 是否保护区新记录 | 是否河北新记录 | 备注 |
|---|---|---|---|---|---|---|
| 等翅石蛾科Philopotamidae | 487 | Philopotamidae sp. | 是 | 是 | | |
| 细蛾科Gracillariidae | 488 | 丽细蛾Caloptilia sp. | 是 | 是 | | |
| 绢蛾科Scythrididae | 489 | 四点绢蛾Scythris sinensis（Felder & Rogenhofer） | 是 | 是 | | |
| 麦蛾科Gelechiidae | 490 | 绣线菊麦蛾Athrips spiraeae（Staudinger） | 是 | 是 | | |
| 展足蛾科Stathmopodidae | 491 | 桃展足蛾Stathmopoda auriferella（Walker） | 是 | 是 | | |
| 菜蛾科Plutellidae | 492 | 小菜蛾Plutella xylostella（Linnaeus） | 是 | 是 | | |
| 鞘蛾科Coleophoridae | 493 | 泛壮鞘蛾Coleophora versurella Zeller | 是 | 是 | | |
| | 494 | 中国绿刺蛾Parasa sinica Moore | 是 | 是 | | |
| | 495 | 褐边绿刺蛾Parasa consocia Walker | 是 | | | |
| | 496 | 扁刺蛾Thosea sinensis（Walker） | 是 | 是 | | |
| 刺蛾科Limacodidae | 497 | 黄刺蛾Cnidocampa flavescens Walker | 是 | | | |
| | 498 | 双齿绿刺蛾Latoia hiarata Staudinger | 是 | | | |
| | 499 | 枣奕刺蛾Phlossa conjuncta Walker | 是 | | | |
| | 500 | 黄胸刺蛾Narosoideus fuscicostalis Fixsen | 是 | | | |
| | 501 | 芳香木蠹蛾东方亚种Cossus cossus orientalis Gaede | 是 | 是 | | |
| 木蠹蛾科Cossidae | 502 | 榆木蠹蛾Holcocerus vicarius Walker | 是 | | | 柳干蠹蛾Holcocerus vicarious Walker为本种异名 |
| | 503 | 芦苇木蠹蛾Isoceras sibirica（Alpheraky） | 是 | 是 | | |
| | 504 | 排点木蠹蛾Phragmataecia castaneae（Hübner） | 是 | | | |
| 巢蛾科Yponomentidae | 505 | 苹果巢蛾Yponomeuta padellus Linnaeus | | | | |
| | 506 | 卫矛巢蛾Yponomeuta polystigmellus Felder | | | | |
| | 507 | 白钩小卷蛾Epiblema foenella（Linnaeus） | 是 | 是 | | |
| 卷蛾科Toricidae | 508 | 槐叶柄卷蛾Cydia trasias（Meyrick） | 是 | 是 | | |
| | 509 | 麻小食心虫Grapholita delineana（Walker） | 是 | 是 | | |

（续）

| 科 | 编号 | 种 | 是否本次调查记录 | 是否保护区新记录 | 是否河北新记录 | 备注 |
|---|---|---|---|---|---|---|
| 卷蛾科Tortricidae | 510 | 苹小食心虫Grapholitha inopinata Heinrich | | | | |
| | 511 | 梨小食心虫Grapholita molesta Busck | | | | |
| | 512 | 长褐卷蛾Pandemis emptycta Meyrick | 是 | | | |
| | 513 | 苹褐卷蛾Pandemis heparana Denis & Schiffermüller | 是 | | | |
| | 514 | 榆白长翅卷蛾Acleris ulmicola Meyric | | | | |
| | 515 | 棉双斜卷蛾Clepsis pallidana Fabricius | | | | |
| | 516 | 杨柳小卷蛾Gypsonoma minutana Hübner | | | | |
| | 517 | 豆小卷蛾Matsumuraeses phaseoli Matsumura | | | | |
| | 518 | 倒卵小卷蛾Olethreutes electana（Kennel） | 是 | 是 | | |
| 羽蛾科Pterophoridae | 519 | 甘薯异羽蛾Emmelina monodactyla（Linnaeus） | 是 | 是 | | |
| | 520 | 艾蒿滑羽蛾Hellinsia lienigiana（Zeller） | 是 | 是 | | |
| | 521 | 灰棕金羽蛾Agdistis adactyla（Hubner） | 是 | 是 | | |
| | 522 | 灰直纹蛾Orthopygia glaucinalis（Linnaeus） | 是 | 是 | | |
| | 523 | 红缘须歧角螟Trichophysetis rufoterminalis（Christoph） | 是 | 是 | | |
| | 524 | 豆荚斑螟Etiella zinckenella（Treitschke） | 是 | | | |
| | 525 | 梨云翅斑螟Nephopteryx pirivorella Matsumura | 是 | | | |
| 螟蛾科Pyralidae | 526 | 盐肤木黑条螟Arippara indicator Walker | 是 | 是 | | |
| | 527 | 二点织螟Aphomia zelleri（Joannis） | 是 | 是 | | |
| | 528 | 小蜡斑螟Pempelia ellenella Roesler | 是 | 是 | | |
| | 529 | 印度谷斑螟Plodia interpunctella（Hübner） | 是 | 是 | | |
| | 530 | 葡萄果斑螟Cadra figulilella（Gregson） | 是 | 是 | | |
| | 531 | 四斑绢野螟Diaphania quadrimaculalis（Bremer & Grey） | 是 | 是 | | |
| | 532 | 黄纹髓草螟Calamaotropha paludella（Hübner） | 是 | 是 | | |
| | 533 | 桃蛀螟Conogethes punctiferalis（Guenée） | 是 | | | *Dichocrocis punctiferalis* Guenée为本种曾用名 |
| 草螟科Crambidae | 534 | 亚洲玉米螟Ostrinia furnacalis（Guenée） | 是 | 是 | | |

| 科 | 编号 | 种 | 是否本次调查记录 | 是否保护区新记录 | 是否河北新记录 | 备注 |
|---|---|---|---|---|---|---|
| 草螟科Crambidae | 535 | 款冬玉米螟 Ostrinia scapulalis（Walker） | 是 | 是 | | |
| | 536 | 棉褐环野螟 Haritalodes derogata（Fabricius） | 是 | 是 | | |
| | 537 | 瓜绢野螟 Diaphania indica（Saunders） | 是 | 是 | | |
| | 538 | 黄翅缀叶野螟 Botyodes diniasalis（Walker） | 是 | 是 | | |
| | 539 | 白点暗野螟 Bradina atopalis（Walker） | 是 | 是 | | |
| | 540 | 豆荚野螟 Maruca testulalis（Geyer） | 是 | 是 | | |
| | 541 | 白蜡卷须野螟 Palpita nigropunctalis（Bremer） | 是 | 是 | | |
| | 542 | 褐萍水螟 Nymphula responsalis Walker | 是 | 是 | | |
| | 543 | 甜菜白带野螟 Spoladea recurvalis Fabricius | 是 | 是 | | |
| | 544 | 红纹细羽野螟 Ecpyrrhorhoe rubiginalis（Hübner） | 是 | 是 | | |
| | 545 | 赭色白禾螟 Scirpophaga gotoi Lewvanich | 是 | 是 | 是 | |
| | 546 | 稻纵卷叶野螟 Cnaphalocrocis medinalis（Guenée） | 是 | 是 | | |
| | 547 | 麦牧野螟 Nomophila noctuella（Denis & Schiffermüller） | 是 | 是 | | |
| | 548 | 二化螟 Chilo suppressalis Walker | 是 | | | |
| | 549 | 二点螟 Chilo infuscatellus Snellen | 是 | | | |
| | 550 | 大禾螟 Schoenobius gigantellus Schiffermüller & Denis | 是 | 是 | | |
| 尺蛾科Geometridae | 551 | 大造桥虫 Ascotis selenaria（Schiffermüller & Denis） | 是 | 是 | | |
| | 552 | 丝棉木金星尺蛾 Calospilos suspecta Warren | 是 | 是 | | |
| | 553 | 桑尺蛾 Phthonandria atrilineata（Butler） | 是 | 是 | | |
| | 554 | 槐尺蛾 Semiothisa cinerearia（Bremer & Grey） | 是 | 是 | | |
| | 555 | 灰蝶尺蛾 Narraga fasciolaria（Hufnagel） | 是 | 是 | | |
| | 556 | 折无缰青尺蛾 Hemistola zimmermanni（Hedmann） | 是 | 是 | | |
| | 557 | 桑褶翅尺蛾 Apochima excavata（Dyar） | 是 | 是 | | |
| | 558 | 曲紫线尺蛾 Timandra comptaria Walker | 是 | 是 | | |
| | 559 | 榆津尺蛾 Astegania honesta（Prout） | 是 | 是 | | |
| | 560 | 上海枝尺蛾 Macaria shanghaisaria Walker | 是 | 是 | 是 | |

| 科 | 编号 | 种 | 是否本次调查记录 | 是否保护区新记录 | 是否河北新记录 | 备注 |
|---|---|---|---|---|---|---|
| 透翅蛾科Aegeriidae | 561 | 白杨透翅蛾Parathrene tabaniformis Rottenberg | | | | |
| 斑蛾科Zygaenidae | 562 | 梨叶斑蛾Illiberis pruni Gyar | | | | |
| 枯叶蛾科Lasiocampidae | 563 | 杨树枯叶蛾Gastropacha populifolia Esper | 是 | | | |
| 凤蛾科Epicopeiidae | 564 | 榆凤蛾Epicopeia mencia Moore | | | | |
| 舟蛾科Notodontidae | 565 | 杨小舟蛾Micromelalopha sieversi（Staudinger） | 是 | 是 | | |
| | 566 | 槐羽舟蛾Pterostoma sinicum（Moore） | 是 | 是 | | |
| | 567 | 角翅舟蛾Gonoclostera timonirum（Bremer） | 是 | 是 | | |
| | 568 | 杨扇舟蛾Clostera anachoreta Denis & Schiffermüller | | | | |
| | 569 | 榆掌舟蛾Phalera takasagoensis Matsumura | | | | |
| | 570 | 盗毒蛾Porthesia similis Fueszly | 是 | | | |
| | 571 | 戟盗毒蛾Euproctis pulverea（Leech） | 是 | 是 | | |
| | 572 | 杨雪毒蛾Leucoma candida（Staudinger） | 是 | | | |
| | 573 | 素毒蛾Laelia coenosa（Hübner） | 是 | 是 | | |
| 毒蛾科Lymantriidae | 574 | 舞毒蛾Lymantria dispar Linnaeus | 是 | | | |
| | 575 | 模毒蛾Lymantria monacha Linnaeus | | | | |
| | 576 | 杮毒蛾Lymantria mathura Moore | | | | |
| | 577 | 折带黄毒蛾Euproctis flava Bremer | | | | |
| | 578 | 丽毒蛾Calliteara pudibunda Linnaeus | | | | |
| | 579 | 榆黄足毒蛾Ivela ochropoda Eversmann | | | | |
| | 580 | 肾毒蛾Cifuna locuples Walker | | | | |
| 天蛾科Sphingidae | 581 | 枣桃六点天蛾Marumba gaschkewitschi（Bremer & Grey） | 是 | | | |
| | 582 | 椴六点天蛾Marumba dyras Walker | | | | |
| | 583 | 栗六点天蛾Marumba sperchius Ménèntries | | | | |
| | 584 | 榆绿天蛾Callambulyx tatarinovi（Bremer & Grey） | 是 | | | |
| | 585 | 红天蛾Deilephila elpenor（Linnaeus） | 是 | | | |

| 科 | 编号 | 种 | 是否本次调查记录 | 是否保护区新记录 | 是否河北新记录 | 备注 |
|---|---|---|---|---|---|---|
| 天蛾科Sphingidae | 586 | 葡萄天蛾Ampelophaga rubiginosa Bremer & Grey | 是 | | | |
| | 587 | 小豆长喙天蛾Macroglossum stellatarum（Linnaeus） | 是 | | | |
| | 588 | 青背长喙天蛾Macroglossum bombylans Boisduval | 是 | 是 | | |
| | 589 | 雀纹天蛾There japonica（Orza） | 是 | | | |
| | 590 | 白薯天蛾Agrius convolvuli（Linnaeus） | 是 | | | 本种曾叫甘薯天蛾Herse convolvuli Linnaeus |
| | 591 | 豆天蛾Clanis bilineata tsingtauica Mell | | | | |
| | 592 | 北方蓝目天蛾Smerinthus planus alticola Clark | | | | |
| | 593 | 芋双线天蛾Theretra oldenlandiae Fabricius | | | | |
| | 594 | 八字白眉天蛾Celerio lineata livornica Esper | | | | |
| 蚕蛾科Bombycidae | 595 | 桑蚕Bombyx mori Linnaeus | | | | |
| | 596 | 野蚕蛾Theophila mandarina Moore | | | | |
| 天蚕蛾科Saturniidae | 597 | 绿尾天蚕蛾Actias ningpoana C. Felder & R. Felder | 是 | | | 本种曾用Actas selene ningpoana学名 |
| | 598 | 樗蚕Samia cynthia Walker & Felder | | | | |
| | 599 | 柞蚕Antheraea pernyi Guérin-Méneville | | | | |
| | 600 | 黄豹大蚕蛾Leopa katinka Westwood | | | | 本种衡水湖分布存疑 |
| 钩蛾科Drepanidae | 601 | 赤杨镰钩蛾Drepana curvatula Borkhauser | | | | |
| 灯蛾科Arctiidae | 602 | 美国白蛾Hyphantria cunea（Drury） | 是 | 是 | | |
| | 603 | 红星雪灯蛾Spilosoma punctarium（Stoll） | 是 | 是 | | |
| | 604 | 星白雪灯蛾Spilosoma lubricipedum Linnaeus | | | | |
| | 605 | 污灯蛾Spilarctia lutea Hüfnagel | | | | |
| | 606 | 白雪灯蛾Chionarctia nivea Ménétriès | | | | |
| | 607 | 人纹污灯蛾Spilarctia subcarnea Walker | | | | |
| | 608 | 黄臀灯蛾Spilarctia caesarea Goeze | | | | |
| | 609 | 红缘灯蛾Amsacta lactinea Cramer | | | | |
| | 610 | 豹灯蛾Arctia caja Linnaeus | | | | |

（续）

| 科 | 编号 | 种 | 是否本次调查记录 | 是否保护区新记录 | 是否河北新记录 | 备注 |
|---|---|---|---|---|---|---|
| 灯蛾科Arctiidae | 611 | 玫瑰苔蛾Stigmatophora rhodopila Walker | | | | |
| | 612 | 黄痣苔蛾Stigmatophora flava Bremer & Grey | | | | |
| | 613 | 明痣苔蛾Stigmatophora micans Bremer & Grey | | | | |
| | 614 | 肖浑黄灯蛾Rhyparioides amurensis Bremer | | | | |
| | 615 | 云彩苔蛾Nudina artaxidia Butler | | | | |
| | 616 | 黑点贫夜蛾Simplicia rectalis（Eversmann） | 是 | 是 | | |
| | 617 | 庸肖毛翅夜蛾Thyas juno（Dalman） | 是 | 是 | | |
| | 618 | 白条夜蛾Ctenoplusia albostriata（Bremer & Grey） | 是 | 是 | | |
| | 619 | 银纹夜蛾Ctenoplusia agnata（Staudinger） | 是 | 是 | | |
| | 620 | 银锭夜蛾Macdunnoughia crassisigna（Warren） | 是 | 是 | | |
| | 621 | 瘦银锭夜蛾Macdunnoughia confusa（Stephens） | 是 | 是 | | |
| | 622 | 陌夜蛾Trachea atriplicis Linnaeus | 是 | 是 | | |
| | 623 | 小地老虎Agrotis ypsilon Rottemberg | 是 | 是 | | |
| | 624 | 大地老虎Agrotis tokionis Butler | 是 | 是 | | |
| 夜蛾科Noctuidae | 625 | 黄地老虎Agrotis segetum Schiffermüller | 是 | 是 | | |
| | 626 | 鲁地老虎Agrotis clavis（Hufnagel） | 是 | 是 | | |
| | 627 | 甘蓝夜蛾Mamestra brassicae Linnaeus | 是 | | | |
| | 628 | 旋幽夜蛾Discestra trifolii（Hufnagel） | 是 | | | 又名旋岐夜蛾 |
| | 629 | 甜菜夜蛾Spodoptera exigua（Hübner） | 是 | 是 | | |
| | 630 | 乏夜蛾Niphonix segregata Butler | 是 | | | |
| | 631 | 棉铃虫Helicoverpa armigera（Hübner） | 是 | | | |
| | 632 | 桑剑纹夜蛾Acronicta major Bremer | 是 | 是 | | |
| | 633 | 小剑纹夜蛾Acronicta omorii Matsumura | 是 | 是 | | |
| | 634 | 榆剑纹夜蛾Acronicta hercules Felder & Rogenhofer | | | | |
| | 635 | 桃剑纹夜蛾Acronicta intermedia Warren | 是 | | | |

| 科 | 编号 | 种 | 是否本次调查记录 | 是否保护区新记录 | 是否河北新记录 | 备注 |
|---|---|---|---|---|---|---|
| | 636 | 梨剑纹夜蛾Acronicta rumicis（Linnaeus） | 是 | 是 | | |
| | 637 | 标瑙夜蛾Maliattha signifera（Walker） | 是 | 是 | | |
| | 638 | 赭黄长须夜蛾Herminia arenosa Butler | 是 | 是 | 是 | |
| | 639 | 朽木夜蛾Axylia putris Linnaeus | 是 | | | |
| | 640 | 二点委夜蛾Athetis lepigone（Möschler） | 是 | 是 | | |
| | 641 | 白线散纹夜蛾Callopistria albolineola Graeser | 是 | | | |
| | 642 | 宽胫夜蛾Protoschinia scutosa（Denis & Schiffermüller） | 是 | 是 | | |
| | 643 | 摊巨冬夜蛾Meganephria tancrei（Graeser） | 是 | 是 | 是 | |
| | 644 | 娆夜蛾Phyllophila obliterata（Rambur） | 是 | 是 | | |
| 夜蛾科Noctuidae | 645 | 粘虫Mythimna separata（Walker） | 是 | | | 曾用学名Leucania separata Walker |
| | 646 | 劳氏粘虫Leucania loreyi（Duponchel） | 是 | 是 | | |
| | 647 | 枯叶夜蛾Eudocima tyrannus（Guenée） | 是 | | | |
| | 648 | 臭椿皮夜蛾Eligma narcissus（Cramer） | 是 | | | |
| | 649 | 鸟嘴壶夜蛾Oraesia excavata（Butler） | 是 | 是 | 是 | |
| | 650 | 中圆灰夜蛾Acosmetia chinensis（Wallengren） | 是 | 是 | | |
| | 651 | 漆尾夜蛾Eutelia geyeri（Felder & Rogenhofer） | 是 | 是 | 是 | |
| | 652 | 北方美金翅夜蛾Syngrapha ain（Hochenwarth） | 是 | 是 | | |
| | 653 | 钩鹰夜蛾Hypocala rostrata（Fabricius） | 是 | 是 | 是 | |
| | 654 | 淡剑灰夜蛾Spodoptera depravata（Butler） | 是 | | | |
| | 655 | 豆髯须夜蛾Hypena tristalis Lederer | | | | |
| | 656 | 大三角地老虎Amathes kollari Lederer | | | | |
| | 657 | 白边切夜蛾Euxoa oberthuri Leech | | | | |
| | 658 | 白脊灰夜蛾Polia persicariae Linnaeus | | | | |
| | 659 | 玫斑金铜钻Earias roseifera Butler | | | | |

（续）

（续）

| 科 | 编号 | 种 | 是否本次调查记录 | 是否保护区新记录 | 是否河北新记录 | 备注 |
|---|---|---|---|---|---|---|
| | 660 | 一点钻夜蛾 Earias pudicana Staudinger | | | | |
| | 661 | 桃红猎夜蛾 Eublemma amasina Eversmann | | | | |
| | 662 | 谐夜蛾 Emmelia trabealis Scopoli | | | | |
| | 663 | 裳夜蛾 Catocala nupta nupta Linnaeus | | | | |
| | 664 | 显裳夜蛾 Catocala deuteronympha Staudinger | | | | |
| | 665 | 黄条冬夜蛾 Cucullia boirnata Fischer | | | | |
| | 666 | 贯冬夜蛾 Cucullia perforata Bremer | | | | |
| | 667 | 玫瑰巾夜蛾 Dysgonia arctotaenia（Guenée） | 是 | 是 | | |
| | 668 | 小折巾夜蛾 Dysgonia obscura Bremer & Grey | | | | |
| | 669 | 纱眉夜蛾 Pangrapta textilis Leech | | | | |
| | 670 | 苹眉夜蛾 Pangrapta obscurata Butle | | | | |
| 夜蛾科 Noctuidae | 671 | 白惹眉夜蛾 Pangrapta albistigma Hampson | | | | |
| | 672 | 点眉夜蛾 Pangrapta vasava（Butler） | 是 | 是 | 是 | |
| | 673 | 焰夜蛾 Pyrrhia umbra Hufnagel | | | | |
| | 674 | 三斑蕊夜蛾 Cymatophoropsis trimaculata Bremer | | | | |
| | 675 | 角线研夜蛾 Aletia congera Denis & Schiffermüller | | | | |
| | 676 | 缓粘夜蛾 Leucania velutina Eversmann | | | | |
| | 677 | 克裘夜蛾 Sidemia spilogramma Rambur | | | | |
| | 678 | 苇实夜蛾 Heliothis maritima Graslin | | | | |
| | 679 | 围星夜蛾 Perigea cyclicoedes Draudt | | | | |
| | 680 | 红尺夜蛾 Dierna timandra Alpheraky | | | | |
| | 681 | 芦苇钻心虫 Archanara phragmiticola Staudinger | | | | |
| | 682 | 条锹额夜蛾 Archanara aerate | 是 | 是 | | |
| | 683 | 日雅夜蛾 Iambia japonica Sugi | 是 | 是 | 是 | |

附　录 231

| 科 | 编号 | 种 | 是否本次调查记录 | 是否保护区新记录 | 是否河北新记录 | 备注 |
|---|---|---|---|---|---|---|
| 凤蝶科Papilionidae | 684 | 金凤蝶 Papilio machaon Linnaeus | 是 | | | |
| | 685 | 柑橘凤蝶 Papilio xuthus Linnaeus | 是 | | | |
| | 686 | 绿带翠凤蝶 Papilio maackii Ménétriès | | | | |
| | 687 | 碧凤蝶 Papilio bianor Cramer | | | | |
| | 688 | 丝带凤蝶 Sericinus montelus Gray | | | | |
| 粉蝶科Pieridae | 689 | 菜粉蝶 Pieris rapae （Linnaeus） | 是 | 是 | | |
| | 690 | 东亚豆粉蝶 Colias poliographus Motschulsky | 是 | 是 | | |
| | 691 | 云粉蝶 Pontia edusa （Fabricius） | 是 | 是 | | |
| | 692 | 山楂粉蝶 Aporia crataegi Linnaeus | | | | 本种衡水湖分布存疑 |
| 蛱蝶科Lycaenidae | 693 | 黄钩蛱蝶 Polygonia c-aureum （Linnaeus） | 是 | 是 | | |
| | 694 | 白钩蛱蝶 Polygonia c-album （Linnaeus） | 是 | 是 | | |
| | 695 | 桦蛱蝶 Polygonia vau-album Schiffermuller | | | | 本种衡水湖分布存疑 |
| | 696 | 斐豹蛱蝶 Argynnis hyperbius （Linnaeus） | 是 | 是 | | |
| | 697 | 柳紫闪蛱蝶 Apatura ilia （Denis & Schiffermüller） | 是 | 是 | | |
| | 698 | 大红蛱蝶 Vanessa indica Herbst | 是 | 是 | | |
| | 699 | 小红蛱蝶 Vanessa cardui Linnaeus | 是 | 是 | | |
| 灰蝶科Lycaenidae | 700 | 红灰蝶 Lycaena phlacas （Linnaeus） | 是 | 是 | | |
| | 701 | 多眼灰蝶 Polymmatus eros （Ochsenheimer） | 是 | 是 | | |
| | 702 | 蓝灰蝶 Everes argiades （Pallas） | 是 | 是 | | |
| | 703 | 点玄灰蝶 Tongeia filicaudis （Pryer） | 是 | 是 | 是 | |
| 弄蝶科Hesperiidae | 704 | 隐纹谷弄蝶 Pelopidas mathias （Fabricius） | 是 | 是 | | |
| | 705 | 直纹稻弄蝶 Parnara guttata （Bremer & Grey） | 是 | 是 | | |
| 膜翅目HYMENOPTERA | | | | | | |
| 树蜂科Siricidae | 706 | 烟角树蜂 Tremex fuscicornis Fabricius | | | | |
| 叶蜂科Tenthredinidae | 707 | 黄翅菜叶蜂 Athalis rosae japanensis Rhower | 是 | 是 | | |
| | 708 | 李单室叶蜂 Monocellicampa pruni Wei | 是 | 是 | | |

| 科 | 编号 | 种 | 是否本次调查记录 | 是否保护区新记录 | 是否河北新记录 | 备注 |
|---|---|---|---|---|---|---|
| 三节叶蜂科Argidae | 709 | 脊颜三节叶蜂Sterictiphora sp. | 是 | 是 | | |
| 金小蜂科Pteromalidae | 710 | 小鬣凹面四斑金小蜂Cheiropachus cavicapitis Yang | 是 | 是 | 是 | |
| 小蜂科Chalcididae | 711 | 麦迪凹头小蜂Antrocephalus mitys（Walker） | 是 | 是 | 是 | |
| 赤眼蜂科Trichogrammatidae | 712 | 松毛虫赤眼蜂Trichogramma dendrolimi Mateumura | | | | |
| | 713 | 拟澳洲赤眼蜂Trichogramma confusum Viggianni | | | | |
| | 714 | 舟蛾赤眼蜂Trichogramma closterae Pang & Chen | | | | |
| 姬蜂科Ichneumonidae | 715 | 地老虎细颚姬蜂Enicospilus tournieri（Vollenhoven） | 是 | 是 | | |
| | 716 | 花胫蚜蝇姬蜂Diplazon laetatorius（Fabricius） | 是 | 是 | | |
| | 717 | 黑基长尾姬蜂Ephialtes capulifera Kriechbaumer | | | | |
| | 718 | 舞毒蛾黑瘤姬蜂Coccygomimus disparis Viereck | | | | |
| | 719 | 古北黑瘤姬蜂Coccygomimus instigafor Fabricius | | | | |
| | 720 | 黄眶离缘姬蜂Trathala flavo-orbitalis Cameron | | | | |
| 茧蜂科Braconidae | 721 | 平额凹腹茧蜂Phanerotoma planifrons（Nees） | 是 | 是 | 是 | |
| | 722 | 玛氏举腹蚁Crematogaster matsumurai Forel | 是 | 是 | | |
| 蚁科Formicidae | 723 | 针毛收获蚁Messor aciculatus（F. Smith） | 是 | 是 | | |
| | 724 | 掘穴蚁Formicia cunicularia Latreille | 是 | 是 | | |
| | 725 | 铺道蚁Tetramorium caespitum（Linnaeus） | 是 | 是 | | |
| | 726 | 满斜结蚁Plagiolepis manczshurica Ruzsky | 是 | 是 | | |
| | 727 | 中国马蜂Polistes chinensis（Fabricius） | 是 | | | |
| 胡蜂科Vespidae | 728 | 约马蜂Polistes jokahamae Radoszkowski | 是 | 是 | | |
| | 729 | 陆马蜂Polistes mrothneyi grahami van der Vecht | | | | |
| | 730 | 柞蚕马蜂Polistes gallicus gallicus Linnaeus | | | | |
| | 731 | 黑尾胡蜂Vespa ducalis Smith | | | | |
| | 732 | 黄边胡蜂Vespa crabro Linnaeus | 是 | | | |
| | 733 | 变侧异腹胡蜂Parapolybia varia（Fabricius） | 是 | 是 | | |

| 科 | 编号 | 种 | 是否本次调查记录 | 是否保护区新记录 | 是否河北新记录 | 备注 |
|---|---|---|---|---|---|---|
| 胡蜂科Vespidae | 734 | 镶黄蜾蠃Oreumenes decoratus（Smith） | 是 | 是 | | |
| | 735 | 日本佳盾蜾蠃Euodynerus nipanicus（Schulthess） | 是 | 是 | | |
| 土蜂科Scoliidae | 736 | 显贵土蜂Scolia（Discolia）nobilis de Saussure | 是 | 是 | 是 | |
| | 737 | 眼斑土蜂Scolia（Discolia）oculata（Matsumura） | 是 | 是 | 是 | |
| 蛛蜂科Pompilidae | 738 | 双纹蛛蜂Batozonellus lacerticida（Pallas） | 是 | 是 | | |
| 泥蜂科Sphecidae | 739 | 赛氏沙泥蜂Ammophila sickmanni Kohl | 是 | 是 | | |
| | 740 | 黄柄壁泥蜂Sceliphron madraspatanum Fabricius | 是 | 是 | | |
| 方头泥蜂科Crabronidae | 741 | 节腹泥蜂Cerceris sp. | 是 | 是 | | |
| | 742 | 山斑大头泥蜂Philanthus triangulum（Fabricius） | 是 | 是 | | |
| | 743 | 西方蜜蜂Apis mellifera Linnaeus | 是 | | | 又称意大利蜜蜂 |
| | 744 | 东方蜜蜂Apis cerana Fabricius | | | | 本种衡水湖分布存疑 |
| | 745 | 黄胸木蜂Xylocopa appendiculata Smith | 是 | | | |
| 蜜蜂科Apidae | 746 | 中华木蜂Xylocopa sinensis Smith | | | | |
| | 747 | 黄芦蜂Ceratina flavipes Smith | 是 | | | |
| | 748 | 红条蜂Anthophora ferreola Cockerell | | | | |
| | 749 | 黑颚条蜂Anthophora melanognatha Cockerell | 是 | 是 | | |
| | 750 | 艳斑蜂Nomada sp. | 是 | 是 | | |
| 分舌蜂科Colletidae | 751 | 山叶舌蜂Hylaeus monticola Bridwell | 是 | 是 | 是 | |
| 切叶蜂科Megachilidae | 752 | 尖腹蜂Coelioxys sp. | 是 | 是 | | |
| | 753 | 双斑切叶蜂Megachile leachella Curtis | 是 | 是 | | |
| 隧蜂科Halictida | 754 | 淡脉隧蜂Lasioglossum sp.1 | 是 | 是 | | |
| | 755 | 淡脉隧蜂Lasioglossum sp.2 | 是 | 是 | | |
| | 756 | 淡脉隧蜂Lasioglossum sp.3 | 是 | 是 | | |
| | 757 | 红腹蜂Sphecodes sp. | 是 | 是 | | |

附表 Ⅲ 衡水湖自然保护区浮游植物名录［419 种（属）］

| 门 | 纲 | 目 | 科 | 属 | 编号 | 种 |
|---|---|---|---|---|---|---|
| 硅藻门 Bacillariophyta | 羽纹纲 Pennatae | 单壳缝目 Monoraphidales | 曲壳藻科 Achnanthaceae | 卵形藻属 Cocconeis | 1 | 扁圆卵形藻 Cocconeis placentula |
| | | | | 曲壳藻属 Achnanthes | 2 | 短小曲壳藻 Achnanthes exigua |
| | | | | | 3 | 曲壳藻 Achnanthes sp. |
| | | | | | 4 | 优美曲壳藻 Achnanthes delicatula |
| | | 管壳缝目 Aulonoraphidinales | 菱形藻科 Nitzschiaceae | 菱形藻属 Nitzschia | 5 | 谷皮菱形藻 Nitzschia palea |
| | | | | | 6 | 新月菱形藻 Nitzschia closterium |
| | | | | | 7 | 钝头菱形藻 Nitzschia obtusa |
| | | | | | 8 | 细菱形藻 Nitzschia aciculasis |
| | | | | | 9 | 弯菱形藻 Nitzschia sigma |
| | | | | | 10 | 全丰菱形藻 Nitzschia holsalica |
| | | | | | 11 | 双头菱形藻 Nitzschia amphibia |
| | | | | | 12 | 线形菱形藻 Nitzschia linearis |
| | | | | 棒杆藻属 Rhopalodia | 13 | 弯棒杆藻 Rhopalodia gibba |
| | | | | 网眼藻属 Epithemia | 14 | 斑纹网眼藻 Epithemia zebra |
| | | | 双菱藻科 Surirellaceae | 波缘藻属 Cymatopleura | 15 | 草鞋形波缘藻 Cymatopleura solea |
| | | | | | 16 | 椭圆波缘藻 Cymatopleura elliptica |
| | | | | | 17 | 椭圆波缘藻缢缩变种 Cymatopleura elliptica var. constricta |
| | | | | 双菱藻属 Surirella | 18 | 粗壮双菱藻 Surirella robusta |
| | | | | | 19 | 卵形双菱藻 Surirella ovata |
| | | | | | 20 | 线形双菱藻 Surirella linearis |
| | | 短壳缝目 Raphidionale | 短缝藻科 Eunotiaceae | 短缝藻属 Eunotia | 21 | 篦形短缝藻 Eunotia pectinalis |
| | | | | | 22 | 强壮短缝藻 Eunotia valida |
| | | | | | 23 | 短缝藻 Eunotia sp. |

| 门 | 纲 | 目 | 科 | 属 | 编号 | 种 |
|---|---|---|---|---|---|---|
| 硅藻门 Bacillariophyta | 羽纹纲 Pennatae | 双壳缝目 Biraphidinales | 桥弯藻科 Cymbellaceae | 桥弯藻属 Cymbella | 24 | 埃伦桥弯藻 Cymbella ehrenbergii |
| | | | | | 25 | 偏肿桥弯藻 Cymbella ventricosa |
| | | | | | 26 | 极小桥弯藻 Cymbella perpusilla |
| | | | | | 27 | 近缘桥弯藻 Cymbella affinis |
| | | | | | 28 | 膨胀桥弯藻 Cymbella tumida |
| | | | | | 29 | 纤细桥弯藻 Cymbella gracillis |
| | | | | | 30 | 细小桥弯藻 Cymbella pusilla |
| | | | | | 31 | 新月桥弯藻 Cymbella cymbiformis |
| | | | | | 32 | 优美桥弯藻 Cymbella delicatula |
| | | | | 双眉藻属 Amphora | 33 | 卵圆双眉藻 Amphora ovalis |
| | | | 异极藻科 Gomphonemaceae | 异极藻属 Gomphonema | 34 | 尖异极藻 Gomphonema acuminatum |
| | | | | | 35 | 窄异极藻 Gomphonema angustatum |
| | | | | | 36 | 尖异极藻布雷变种 Gomphonema acuminatum var. brebissonii |
| | | | | | 37 | 异极藻 Gomphonema sp. |
| | | | | | 38 | 具球异极藻 Gomphonema sp. |
| | | | | | 39 | 纤细异极藻 Gomphonema gracile |
| | | | | | 40 | 微细异极藻 Gomphonema parvulum |
| | | | | | 41 | 缢缩异极藻头状变种 Gomphonema constrictum var. capitatum |
| | | | 舟形藻科 Naviculaceae | 布纹藻属 Gyrosigma | 42 | 尖布纹藻 Gyrosigma acuminatum |
| | | | | | 43 | 细布纹藻 Gyrosigma kutzingii |
| | | | | 辐节藻属 Stauroneis | 44 | 尖辐节藻 Stauroneis acuta |
| | | | | | 45 | 双头辐节藻 Stauroneis anceps |
| | | | | | 46 | 紫心辐节藻 Stauroneis phoenicenteron |
| | | | | 肋缝藻属 Frustulia | 47 | 菱形肋缝藻 Frustulia rhomboides |
| | | | | 双壁藻属 Diploneis | 48 | 卵圆双壁藻 Diploneis ovalis |

| 门 | 纲 | 目 | 科 | 属 | 编号 | 种 |
|---|---|---|---|---|---|---|
| 硅藻门 Bacillariophyta | 羽纹纲 Pennatae | 双壳缝目 Biraphidinales | 舟形藻科 Naviculaceae | 双壁藻属 Diploneis | 49 | 双壁藻 Diploneis sp. |
| | | | | | 50 | 美丽双壁藻 Diploneis puella |
| | | | | 羽纹藻属 Pinnularia | 51 | 大羽纹藻 Pinnularia major |
| | | | | | 52 | 羽纹藻 Pinnularia sp. |
| | | | | | 53 | 高雅羽纹藻 Pinnularia gentilis |
| | | | | | 54 | 歧纹羽纹藻 Pinnularia divergentissima |
| | | | | | 55 | 微绿羽纹藻 Pinnularia viridis |
| | | | | | 56 | 著名羽纹藻 Pinnularia nobilis |
| | | | | 舟形藻属 Navicula | 57 | 短小舟形藻 Navicula exigua |
| | | | | | 58 | 英吉利舟形藻 Navicula anglica |
| | | | | | 59 | 放射舟形藻 Navicula radiosa |
| | | | | | 60 | 尖头舟形藻 Navicula cuspidata |
| | | | | | 61 | 简单舟形藻 Navicula simplex |
| | | | | | 62 | 嗜盐舟形藻 Navicula halophila |
| | | | | | 63 | 双结舟形藻 Navicula binodis |
| | | | | | 64 | 双球舟形藻 Navicula amphibola |
| | | | | | 65 | 双头舟形波缘变种 Navicula dicephala var. neglecta |
| | | | | | 66 | 双头舟形藻 Navicula dicephala |
| | | | | | 67 | 瞳孔舟形藻 Navicula pupula |
| | | | | | 68 | 微绿舟形藻 Navicula viridula |
| | | | | | 69 | 微型舟形藻 Navicula minima |
| | | | | | 70 | 隐头舟形藻 Navicula cryptocephala |
| | | | | | 71 | 胃形舟形藻 Navicula gastrum |
| | | 无壳缝目 Araphidiales | 脆杆藻科 Fragilariaceae | 脆杆藻属 Fragilaria | 72 | 钝脆杆藻 Fragilaria capucina |
| | | | | | 73 | 羽纹脆杆藻 Fragilaria pinnata |

| 门 | 纲 | 目 | 科 | 属 | 编号 | 种 |
|---|---|---|---|---|---|---|
| 硅藻门 Bacillariophyta | 羽纹纲 Pennatae | 无壳缝目 Araphidiales | 脆杆藻科 Fragilariaceae | 脆杆藻属 Fragilaria | 74 | 中型脆杆藻 Fragilaria intermedia |
| | | | | | 75 | 变异脆杆藻 Fragilaria verescens |
| | | | | | 76 | 连接脆杆藻 Fragilaria construens |
| | | | | 等片藻属 Diatoma | 77 | 等片藻 Diatoma sp. |
| | | | | | 78 | 普通等片藻 Diatoma valgare |
| | | | | 平板藻属 Tabellaria | 79 | 窗格平板藻 Tabellaria fenestrata |
| | | | | | 80 | 绒毛平板藻 Tabellaria flocculosa |
| | | | | | 81 | 平板藻 Tabellaria sp. |
| | | | | 扇形藻属 Meridion | 82 | 环状扇形藻 Meridion circulare |
| | | | | 星杆藻属 Asterionella | 83 | 放射星杆藻 Asterionella sp. |
| | | | | | 84 | 美丽星杆藻 Asterionella formosa |
| | | | | 针杆藻属 Synedra | 85 | 放射针杆藻 Synedra sp. |
| | | | | | 86 | 尖针杆藻 Synedra acus |
| | | | | | 87 | 两头针杆藻 Synedra amphicephala |
| | | | | | 88 | 肘状针杆藻 Synedra ulna |
| | | | | | 89 | 肘状针杆藻缢缩变种 Synedra ulna var. constracta |
| | | | | | 90 | 近缘针杆藻 Synedra affinis |
| | 中心纲 Centricae | 根管藻目 Rhizosoleniales | 管形藻科 Soleniaceae | 根管藻属 Rhizosolenia | 91 | 长刺根管藻 Rhizosolenia longiseta |
| | | 盒形藻目 Biddulphiales | 盒形藻科 Biddulphiceae | 四棘藻属 Attheya | 92 | 扎卡四棘藻 Attheya zachariasi |
| | | 圆筛藻目 Coscinodiscales | 圆筛藻科 Coscinodiscaceae | 冠盘藻属 Stephanodiscus | 93 | 星型冠盘藻 Stephanodiscus neoastraea |
| | | | | 小环藻属 Cyclotella | 94 | 广缘小环藻 Cyclotella bodanica |
| | | | | | 95 | 具星小环藻 Cyclotella stelligera |

（续）

| 门 | 纲 | 目 | 科 | 属 | 编号 | 种 |
|---|---|---|---|---|---|---|
| 硅藻门 Bacillariophyta | 中心纲 Centricae | 圆筛藻目 Coscinodiscales | 圆筛藻科 Coscinodiscaceae | 小环藻属 Cyclotella | 96 | 科曼小环藻 Cyclotella comensis |
| | | | | | 97 | 库津小环藻 Cyclotella kuetzingiana |
| | | | | | 98 | 梅尼小环藻 Cyclotella meneghiniana |
| | | | | | 99 | 小环藻 Cyclotella sp. |
| | | | | | 100 | 扭曲小环藻 Cyclotella comta |
| | | | | 直链藻属 Melosira | 101 | 变异颗粒直链藻 Melosira sp. |
| | | | | | 102 | 变异直链藻 Melosira varians |
| | | | | | 103 | 颗粒直链藻 Melosira granulata |
| | | | | | 104 | 颗粒直链藻极狭变种 Melosira granulata var. angustissima |
| | | | | | 105 | 颗粒直链藻极狭变种螺旋变型 Melosira granulata var. angustissima f. spiralis |
| | | | | | 106 | 岛直链藻 Melosira islandica |
| 黄藻门 Xanthophyta | 黄藻纲 Xanthophyceae | 柄球藻目 Mischococcales | 黄管藻科 Ophiocytiaceae | 黄管藻属 Ophiocytium | 107 | 头状黄管藻 Ophiocytium capitatum |
| | | | | | 108 | 小型黄管藻 Ophiocytium parvulum |
| | | | | | 109 | 小黄管藻 Ophiocytium lagerheimi |
| | | | | | 110 | 单刺黄管藻 Ophiocytium lagerheim |
| | | | | | 111 | 蛇胞藻 Ophiocytium sp. |
| | | | | 顶刺藻属 Centritractus | 112 | 顶刺藻 Centritractus sp. |
| | | | 拟小椿藻科 Characiopsidaceae | 绿匣藻属 Chlorothecium | 113 | 绿匣藻 Chlorothecium pirottae |
| | | 黄丝藻目 Tribonematales | 黄丝藻科 Tribonemataceae | 黄丝藻属 Tribonema | 114 | 近缘黄丝藻 Tribonema affine |
| | | | | | 115 | 小型黄丝藻 Tribonema minus |
| | | | | | 116 | 近缘黄丝藻 Tribonema affine |
| | | | | | 117 | 绿色黄丝藻 Tribonema viride |
| | | 异囊藻目 Heterocapsales | 葡萄藻科 Botryococcaceae | 葡萄藻属 Botryococcus | 118 | 丛粒藻 Botryococcus braunii |

| 门 | 纲 | 目 | 科 | 属 | 编号 | 种 |
|---|---|---|---|---|---|---|
| 黄藻门 Xanthophyta | 针胞藻纲 Raphidophyceae | — | 针胞藻科 Raphidaceae | 膝口藻属 Gonyostomum | 119 | 扁形膝口藻 Gonyostomum depressum |
| 甲藻门 Dinophyta | 甲藻纲 Dinophyceae | 多甲藻目 Peridiniales | 多甲藻科 Peridiniaceae | 多甲藻属 Peridinium | 120 | 埃尔多甲藻 Peridinium elpatiewskyi |
| | | | | | 121 | 多甲藻 Peridinium sp. |
| | | | | | 122 | 二角多甲藻 Peridinium bipes |
| | | | | | 123 | 微小多甲藻 Peridinium pusillum |
| | | | 角甲藻科 Ceratiaceae | 角甲藻属 Ceratium | 124 | 角甲藻 Ceratium hirundinella |
| | | | 裸甲藻科 Gymnodiniaceae | 薄甲藻属 Glenodinium | 125 | 薄甲藻 Glenodinium pulvisculus |
| | | | | | 126 | 光薄甲藻 Glenodinium gymnodinium |
| | | | | 裸甲藻属 Gymnodinium | 127 | 裸甲藻 Gymnodinium aeruginosum |
| | 黄群藻纲 Synurophyceae | 黄群藻目 Synurales | 黄群藻科 Synuraceae | 黄群藻属 Synura | 128 | 黄群藻 Synura uvella |
| | | | | | 129 | 黄群藻 Synura sp. |
| | | | 鱼鳞藻科 Mallomonadaceae | 鱼鳞藻属 Mallomonas | 130 | 具尾鱼鳞藻 Mallomonas caudate |
| | 金藻纲 Chrysophyceae | 金藻目 Chrysomonadales | 单鞭金藻科 Chromulinaceae | 单鞭金藻属 Chromulina | 131 | 单鞭金藻 Chromulina sp. |
| | | 色金藻目 Chromulinales | 棕鞭藻科 Ochromonadaceae | 棕鞭藻属 Ochromonas | 132 | 谷生棕鞭藻 Ochromonas vallesiaca |
| | | | 锥囊藻科 Dinobryonaceae | 锥囊藻属 Dinobryon | 133 | 长锥锥囊藻 Dinobryon bavaricum |
| | | | | | 134 | 分歧锥囊藻 Dinobryon divergens |
| | | | | | 135 | 圆筒锥囊藻 Dinobryon cylinaricum |
| 蓝藻门 Cyanophyta | 蓝藻纲 Cyanophyceae | 念珠藻目 Nostocales | 念珠藻科 Nostocaceae | 念珠藻属 Nostoc | 136 | 点形念珠藻 Nostoc punctiforme |
| | | | | | 137 | 林氏念珠藻 Nostoc linckia |
| | | | | | 138 | 普通念珠藻 Nostoc commune |
| | | | | | 139 | 沼泽念珠藻 Nostoc paludosum |

| 门 | 纲 | 目 | 科 | 属 | 编号 | 种 |
|---|---|---|---|---|---|---|
| 蓝藻门 Cyanophyta | 蓝藻纲 Cyanophyceae | 念珠藻目 Nostocales | 念珠藻科 Nostocaceae | 束丝藻属 Aphanizomenon | 140 | 水华束丝藻 Aphanizomenon flos-aquae |
| | | | | | 141 | 依沙束丝藻 Aphanizomenon sp. |
| | | | | 拟鱼腥藻属 Anabaenopsis | 142 | 环圈拟鱼腥藻 Anabaenopsis circularis |
| | | | | | 143 | 阿氏拟鱼腥藻 Anabaenopsis sp. |
| | | | | | 144 | 拉氏拟鱼腥藻 Anabaenopsis raciborskii |
| | | | | 小尖头藻属 Raphidiopsis | 145 | 弯形小尖头藻 Raphidiopsis curvata |
| | | | | | 146 | 中华小尖头藻 Raphidiopsis sinensis |
| | | | | 鱼腥藻属 Anabaena | 147 | 多变鱼腥藻 Anabaena variabilis |
| | | | | | 148 | 固氮鱼腥藻 Anabaena azotica |
| | | | | | 149 | 卷曲鱼腥藻 Anabaena circinalis |
| | | | | | 150 | 类颤鱼腥藻 Anabaena oscillarioides |
| | | | | | 151 | 水华鱼腥藻 Anabaena flos-aquae |
| | | | | 柱孢藻属 Cylindrospermum | 152 | 拉氏柱孢藻 Cylindrospermum sp. |
| | | | | 顶胞藻属 Gloeotrichia | 153 | 顶胞藻 Gloeotrichia sp. |
| | | 色球藻目 Chroococcales | 聚球藻科 Synechococcaceae | 棒条藻属 Rhabdoderma | 154 | 棒条藻 Rhabdoderma sp. |
| | | | | 岳氏藻属 Johannesbaptistia | 155 | 透明岳氏藻 Johannesbaptistia pellucida |
| | | | | 集胞藻属 Synechocystis | 156 | 佩瓦集胞藻 Synechocystis pevalikii |
| | | | | | 157 | 水生集胞藻 Synechocystis aquatilis |
| | | | 平裂藻科 Merismopediaceae | 平裂藻属 Merismopedia | 158 | 微小平裂藻 Merismopedia tenuissima |
| | | | | | 159 | 银灰平裂藻 Merismopedia glauca |
| | | | | | 160 | 优美平裂藻 Merismopedia elegans |
| | | | | | 161 | 细小平裂藻 Merismopedia minima |
| | | | | 腔球藻属 Coelosphaerium | 162 | 不定腔球藻 Coelosphaerium dubium |
| | | | | | 163 | 腔球藻 Coelosphaerium sp. |

（续）

| 门 | 纲 | 目 | 科 | 属 | 编号 | 种 |
|---|---|---|---|---|---|---|
| 蓝藻门 Cyanophyta | 蓝藻纲 Cyanophyceae | 色球藻目 Chroococcales | 平裂藻科 Merismopediaceae | 隐球藻属 Aphanocapsa | 164 | 巴纳隐球藻 Aphanocapsa banaresensis |
| | | | | | 165 | 二型隐球藻 Aphanocapsa biformis |
| | | | | | 166 | 美丽隐球藻 Aphanocapsa pulchra |
| | | | | | 167 | 细小隐球藻 Aphanocapsa elachista |
| | | | | 束球藻属 Gomphosphaeria | 168 | 湖生束球藻 Gomphosphaeria lacustris |
| | | | 色球藻科 Chroococcaceae | 色球藻属 Chroococcus | 169 | 色球藻 Chroococcus sp. |
| | | | | | 170 | 微小色球藻 Chroococcus minutus |
| | | | | | 171 | 小型蓝球藻 Chroococcus minor |
| | | | | | 172 | 夹膜蓝球藻 Chroococcus tenax |
| | | | | 蓝纤维藻属 Dactylococcopsis | 173 | 针状蓝纤维藻 Dactylococcopsis aciculari |
| | | | | | 174 | 针晶蓝纤维藻 Dactylococcopsis rhaphiioides |
| | | | | | 175 | 不整齐蓝纤维藻 Dactylococcopsis irregularis |
| | | | | | 176 | 也列金蓝纤维藻 Dactylococcopsis elenkinii |
| | | | 微囊藻科 Microcystaceae | 微囊藻属 Microcystis | 177 | 苍白微囊藻 Microcystis pallida |
| | | | | | 178 | 水华微囊藻 Microcystis flos-aquae |
| | | | | | 179 | 不定微囊藻 Microcystis incerta |
| | | | | | 180 | 粉状微囊藻 Microcystis pulverea |
| | | | | | 181 | 格氏微囊藻 Microcystis grevillei |
| | | | | | 182 | 惠氏微囊藻 Microcystis wesenbergii |
| | | | | | 183 | 铜绿微囊藻 Microcystis aeruginosa |
| | | | | | 184 | 微小微囊藻 Microcystis minutissima |
| | | | | | 185 | 鱼害微囊藻 Microcystis ichthyoblabe |
| | | 颤藻目 Osillatoriales | 博氏藻科 Borziaceae | 博氏藻属 Borzia | 186 | 内柄博氏藻 Borzia endophytica |
| | | | | | 187 | 岩居博氏藻 Borzia saxicola |

| 门 | 纲 | 目 | 科 | 属 | 编号 | 种 |
|---|---|---|---|---|---|---|
| 蓝藻门 Cyanophyta | 蓝藻纲 Cyanophyceae | | 伪鱼腥藻科 Pseudanabaenaceae | 伪鱼腥藻属 Pseudanabaena | 188 | 伪鱼腥藻 Pseudanabaena sp. |
| | | | | 贾丝藻属 Jaaginema | 189 | 伪双点贾丝藻 Jaaginema pseudogeminatum |
| | | | 席藻科 Phormidiaceae | 席藻属 Phormidium | 190 | 蜂巢席藻 Phormidium favosum |
| | | | | | 191 | 小席藻 Phormidium tenue |
| | | | | 鞘丝藻属 Lyngbya | 192 | 螺旋鞘丝藻 Lyngbya contorta |
| | | | | | 193 | 湖泊鞘丝藻 Lyngbya limnetica |
| | | | | | 194 | 马氏鞘丝藻 Lyngbya martensiana |
| | | | | | 195 | 细鞘丝藻 Lyngbya sp. |
| | | 颤藻目 Osillatoriales | | 螺旋藻属 Spirulina | 196 | 大螺旋藻 Spirulina major |
| | | | | | 197 | 极大螺旋藻 Spirulina maxima |
| | | | | | 198 | 细小螺旋藻 Spirulina tenuissimum |
| | | | | | 199 | 钝顶螺旋藻 Spirulina platensis |
| | | | | | 200 | 为首螺旋藻 Spirulina princeps |
| | | | 颤藻科 Oscillatoriaceae | 颤藻属 Oscillatoria | 201 | 阿氏颤藻 Oscillatoria agardhii |
| | | | | | 202 | 小颤藻 Oscillatoria tenuis |
| | | | | | 203 | 两栖颤藻 Oscillatoria amphibia |
| | | | | | 204 | 孟氏颤藻 Oscillatoria meneghiniana |
| | | | | | 205 | 泥污颤藻 Oscillatoria limosa |
| | | | | | 206 | 奥克尼颤藻 Oscillatoria sp. |
| | | | | | 207 | 灿烂颤藻 Oscillatoria splendida |
| | | | | | 208 | 尖细颤藻 Oscillatoria acuminata |
| | | | | | 209 | 巨颤藻 Oscillatoria princeps |
| | | | | | 210 | 颗粒颤藻 Oscillatoria granulata |

| 门 | 纲 | 目 | 科 | 属 | 编号 | 种 |
|---|---|---|---|---|---|---|
| 蓝藻门 Cyanophyta | 蓝藻纲 Cyanophyceae | 颤藻目 Osillatoriales | 颤藻科 Oscillatoriaceae | 颤藻属 Oscillatoria | 211 | 美丽颤藻 Oscillatoria formosa |
| | | | | | 212 | 珠点颤藻 Oscillatorias sp. |
| | | | | 扁裸藻属 Phacus | 213 | 波形扁裸藻 Phacus undulatus |
| | | | | | 214 | 长尾扁裸藻 Phacus longicauda |
| | | | | | 215 | 多芒扁裸藻 Phacus polytrophos |
| | | | | | 216 | 钩状扁裸藻 Phacus hamatus |
| | | | | | 217 | 具瘤扁裸藻 Phacus suecicus |
| | | | | | 218 | 梨形扁裸藻 Phacus pyrum |
| | | | | | 219 | 粒形扁裸藻 Phacus granum |
| | | | | | 220 | 敏捷扁裸藻 Phacus agilis |
| | | | | | 221 | 扭曲扁裸藻 Phacus tortus |
| | | | | | 222 | 三棱扁裸藻 Phacus triqueter |
| | | | | | 223 | 桃形扁裸藻 Phacus stokesii |
| | | | | | 224 | 旋形扁裸藻 Phacus helicoides |
| | | | | | 225 | 圆柱扁裸藻 Phacus cylindrus |
| | | | | | 226 | 颤动扁裸藻 Phacus oscillans |
| 裸藻门 Euglenophyta | 裸藻纲 Euglenophyceae | 裸藻目 Euglenales | 裸藻科 Euglenaceae | 变胞藻属 Astasia | 227 | 尾变胞藻 Astasia klebsii |
| | | | | 鳞孔藻属 Lepocinclis | 228 | 编织鳞孔藻 Lepocinclis texta |
| | | | | | 229 | 纺锤鳞孔藻 Lepocinclis fusiformis |
| | | | | | 230 | 卵形鳞孔藻 Lepocinclis ovum |
| | | | | | 231 | 梭形鳞孔藻 Lepocinclis marssonii |
| | | | | | 232 | 椭圆鳞孔藻 Lepocinclis steinii |
| | | | | 裸藻属 Euglena | 233 | 长尾裸藻 Euglena sp. |
| | | | | | 234 | 三星裸藻 Euglena tristella |
| | | | | | 235 | 多形裸藻 Euglena polymorpha |

（续）

| 门 | 纲 | 目 | 科 | 属 | 编号 | 种 |
|---|---|---|---|---|---|---|
| 裸藻门 Euglenophyta | 裸藻纲 Euglenophyceae | 裸藻目 Euglenales | 裸藻科 Euglenaceae | 裸藻属 Euglena | 236 | 尖尾裸藻 Euglena oxyuris |
| | | | | | 237 | 近轴裸藻 Euglena proxima |
| | | | | | 238 | 静裸藻 Euglena deses |
| | | | | | 239 | 绿色裸藻 Euglena viridis |
| | | | | | 240 | 密盘裸藻 Euglena wangii |
| | | | | | 241 | 纤细裸藻 Euglena gracilis |
| | | | | | 242 | 三梭裸藻 Euglena tripteris |
| | | | | | 243 | 梭形裸藻 Euglena acus |
| | | | | | 244 | 尾裸藻 Euglena caudata |
| | | | | | 245 | 血红裸藻 Euglena sanguinea |
| | | | | | 246 | 易变裸藻 Euglena mutabilis |
| | | | | | 247 | 鱼形裸藻 Euglena pisciformis |
| | | | | | 248 | 中型裸藻 Euglena intermedia |
| | | | | 囊裸藻属 Trachelomonas | 249 | 糙纹囊裸藻 Trachelomonas scabra |
| | | | | | 250 | 湖生囊裸藻 Trachelomonas lacustris |
| | | | | | 251 | 棘刺囊裸藻 Trachelomonas hispida |
| | | | | | 252 | 尾棘囊裸藻 Trachelomonas armata |
| | | | | | 253 | 细粒囊裸藻 Trachelomonas granulosa |
| | | | | | 254 | 相似囊裸藻 Trachelomonas similis |
| | | | | | 255 | 旋转囊裸藻 Trachelomonas volvocina |
| | | | | | 256 | 珍珠囊裸藻 Trachelomonas margaritifera |
| | | | | 陀螺藻属 Strombomonas | 257 | 河生陀螺藻 Strombomonas fluviatilis |
| | | | | | 258 | 剑尾陀螺藻 Strombomonas ensifera |
| | | | | 囊裸藻属 Trachelomonas | 259 | 囊裸藻 Trachelomonas sp. |

（续）

| 门 | 纲 | 目 | 科 | 属 | 编号 | 种 |
|---|---|---|---|---|---|---|
| 裸藻门 Euglenophyta | 裸藻纲 Euglenophyceae | 裸藻目 Euglenales | 裸藻科 Euglenaceae | 囊裸藻属 Trachelomonas | 260 | 不定囊裸藻 Trachelomonas incertissima |
| | | | | 扁裸藻属 Phacus | 261 | 尖尾扁裸藻 Phacus acuminatus |
| | | | | | 262 | 哑铃扁裸藻 Phacus peteloti |
| | | | 瓣胞藻科 Petalomonadaceae | 异鞭藻属 Anisonema | 263 | 葡萄异鞭藻 Anisonema acinus |
| 绿藻门 Chlorophyta | 双星藻纲 Zygnematophyceae | 鼓藻目 Desmidiales | 鼓藻科 Desmidiaceae | 凹顶鼓藻属 Euastrum | 264 | 凹顶鼓藻 Euastrum ansatum |
| | | | | 叉星鼓藻属 Staurodesmus | 265 | 平卧叉星鼓藻 Staurodesmus dejectus |
| | | | | 顶接鼓藻属 Spondylosium | 266 | 项圈顶接鼓藻 Spindylosium moniliforme |
| | | | | 多棘鼓藻属 Xanthidium | 267 | 对称多棘鼓藻 Xanthidium antilopaeum |
| | | | | | 268 | 冠毛多棘鼓藻 Xanthidium cristatum |
| | | | | 鼓藻属 Cosmarium | 269 | 扁鼓藻 Cosmarium depressum |
| | | | | | 270 | 雷氏鼓藻 Cosmarium regnellii |
| | | | | | 271 | 布莱鼓藻 Cosmarium blyttii |
| | | | | | 272 | 凹凸鼓藻 Cosmarium impressulum |
| | | | | | 273 | 短鼓藻 Cosmarium abbreviatum |
| | | | | | 274 | 钝鼓藻 Cosmarium obtusatum |
| | | | | | 275 | 方鼓藻 Cosmarium quadrum |
| | | | | | 276 | 光滑鼓藻 Cosmarium laeve |
| | | | | | 277 | 球鼓藻 Cosmarium globosum |
| | | | | | 278 | 肾形鼓藻 Cosmarium reniforme |
| | | | | | 279 | 双钝顶鼓藻 Cosmarium biretum |
| | | | | | 280 | 双眼鼓藻 Cosmarium bioculatum |
| | | | | | 281 | 项圈鼓藻 Cosmarium moniliforme |
| | | | | | 282 | 圆鼓藻 Cosmarium circulare |

| 门 | 纲 | 目 | 科 | 属 | 编号 | 种 |
|---|---|---|---|---|---|---|
| 绿藻门 Chlorophyta | 双星藻纲 Zygnematophyceae | 鼓藻目 Desmidiales | 鼓藻科 Desmidiaceae | 角星鼓藻属 Staurastrum | 283 | 曼弗角星鼓藻 Staurastrum manfeldtii |
| | | | | | 284 | 四角角星鼓藻 Staurastrum tetracerum |
| | | | | | 285 | 单角角星鼓藻 Staurastrum unicorne |
| | | | | | 286 | 角星鼓藻 Staurastrum sp. |
| | | | | | 287 | 具齿角星鼓藻 Staurastrum indentatum |
| | | | | | 288 | 珍珠角星鼓藻 Staurastrum margaritaceum |
| | | | | | 289 | 膨胀角星鼓藻 Staurastrum dilatatum |
| | | | | | 290 | 平卧角星鼓藻 Staurastrum dejectum |
| | | | | | 291 | 纤细角星鼓藻 Staurastrum gracile |
| | | | | 四棘鼓藻属 Arthrodesmus | 292 | 四棘鼓藻 Arthrodesmus convergens |
| | | | | | 293 | 英克斯四棘鼓藻 Arthrodesmus incus |
| | | | | 新月藻属 Closterium | 294 | 厚顶新月藻 Closterium dianae |
| | | | | | 295 | 小新月藻 Closterium venus |
| | | | | | 296 | 锐新月藻 Closterium acerosum |
| | | | | | 297 | 库泽新月藻 Closterium kuetzingii |
| | | | | | 298 | 莱布新月藻 Closterium leibleinii |
| | | | | | 299 | 纤细新月藻 Closterium gracile |
| | | | | | 300 | 微小新月藻 Closterium parvulum |
| | | | | | 301 | 线痕新月藻 Closterium lineatum |
| | | | | | 302 | 项圈新月藻 Closterium moniliforum |
| | | | | | 303 | 小形新月藻 Closterium sp. |
| | | | | | 304 | 月牙新月藻 Closterium cynthia |
| | | | | | 305 | 中型新月藻 Closterium intermedium |

| 门 | 纲 | 目 | 科 | 属 | 编号 | 种 |
|---|---|---|---|---|---|---|
| | 双星藻纲 Zygnematophyceae | 双星藻目 Zygnematales | 双星藻科 Zygnemataceae | 转板藻属 Mougeotia | 306 | 转板藻 Mougeotia sp. |
| | | | | 水绵属 Spirogyra | 307 | 水绵 Spirogyra sp. |
| | | | | 并联藻属 Quadrigula | 308 | 柯氏并联藻 Quadrigula chodatii |
| | | | 卵囊藻科 Oocystaceae | 卵囊藻属 Oocystis | 309 | 波吉卵囊藻 Oocystis borgei |
| | | | | | 310 | 单生卵囊藻 Oocystis solitaria |
| | | | | | 311 | 湖生卵囊藻 Oocystis lacustris |
| | | | | | 312 | 椭圆卵囊藻 Oocystis elliptica |
| | | | | | 313 | 小形卵囊藻 Oocystis parva |
| | | | 绿球藻科 Chlorococcaceae | 肾形藻属 Nephrocytium | 314 | 肾形藻 Nephrocytium agardhianum |
| | | | | 球囊藻属 Sphaerocystis | 315 | 球囊藻 Sphaerocystis schroeteri |
| | | | | 粗刺藻属 Acanthosphaera | 316 | 粗刺藻 Acanthosphaera zachariasi |
| 绿藻门 Chlorophyta | 绿藻纲 Chlorophceae | 绿球藻目 Chlorococcales | | 微芒藻属 Micractinium | 317 | 微芒藻 Micractinium pusillum |
| | | | 盘星藻科 Pediastraceae | 盘星藻属 Pediastrum | 318 | 单角盘星藻 Pediastrum simplex |
| | | | | | 319 | 单角盘星藻具孔变种 Pediastrum simplex var. duodenarium |
| | | | | | 320 | 短棘盘星藻 Pediastrum boryanum |
| | | | | | 321 | 二角盘星藻 Pediastrum duplex |
| | | | | | 322 | 二角盘星藻具孔变种 Pediastrum duplex var. duodenarium |
| | | | | | 323 | 二角盘星藻纤细变种 Pediastrum duplex var. gracillimum |
| | | | | | 324 | 双射盘星藻 Pediastrum biradiatum |
| | | | | | 325 | 四角盘星藻 Pediastrum tetras |
| | | | 栅藻科 Scenedesmaceae | 集星藻属 Actinastrum | 326 | 河生集星藻 Actinastrum fluviatile |
| | | | | | 327 | 集星藻 Actinastrum hantzschii |
| | | | | 空星藻属 Coelastrum | 328 | 小空星藻 Coelastrum microporum |
| | | | | | 329 | 球状空星藻 Coelastrum sphaericum |

| 门 | 纲 | 目 | 科 | 属 | 编号 | 种 |
|---|---|---|---|---|---|---|
| 绿藻门 Chlorophyta | 绿藻纲 Chlorophceae | 绿球藻目 Chlorococcales | 栅藻科 Scenedesmaceae | 拟韦斯藻属 Westellopsis | 330 | 线形拟韦斯藻 Westellopsis linearis |
| | | | | 栅藻属 Scenedesmus | 331 | 奥波莱栅藻 Scenedesmus opoliensis |
| | | | | | 332 | 被甲栅藻 Scenedesmus armatus |
| | | | | | 333 | 齿牙栅藻 Scenedesmus denticulatus |
| | | | | | 334 | 多棘栅藻 Scenedesmus spinosus |
| | | | | | 335 | 二形栅藻 Scenedesmus dimorphus |
| | | | | | 336 | 丰富栅藻 Scenedesmus abundans |
| | | | | | 337 | 尖尾栅藻 Scenedesmus sp. |
| | | | | | 338 | 尖细栅藻 Scenedesmus acuminatus |
| | | | | | 339 | 裂孔栅藻 Scenedesmus perforatus |
| | | | | | 340 | 龙骨栅藻 Scenedesmus carinatus |
| | | | | | 341 | 双对栅藻 Scenedesmus bijuga |
| | | | | | 342 | 双尾栅藻 Scenedesmus sp. |
| | | | | | 343 | 四尾栅藻 Scenedesmus quadricauda |
| | | | | | 344 | 椭圆栅藻 Scenedesmus ovalternus |
| | | | | | 345 | 弯曲栅藻 Scenedesmus arcuatus |
| | | | | | 346 | 斜生栅藻 Scenedesmus obliquus |
| | | | | | 347 | 爪哇栅藻 Scenedesmus javaensis |
| | | | | 十字藻属 Crucigenia | 348 | 华美十字藻 Crucigenia lauterbornii |
| | | | | | 349 | 不对称十字藻 Crucigenia irregularis |
| | | | | | 350 | 十字藻 Crucigenia apiculata |
| | | | | | 351 | 四角十字藻 Crucigenia quadrata |
| | | | | | 352 | 四足十字藻 Crucigenia tetrapedia |

| 门 | 纲 | 目 | 科 | 属 | 编号 | 种 |
|---|---|---|---|---|---|---|
| 绿藻门 Chlorophyta | 绿藻纲 Chlorophceae | 绿球藻目 Chlorococcales | 栅藻科 Scenedesmaceae | 十字藻属 Crucigenia | 353 | 铜钱十字藻 Crucigenia fenestrata |
| | | | | 四星藻属 Tetrastrum | 354 | 单刺四星藻 Tetrastrum hastiferum |
| | | | | | 355 | 短刺四星藻 Tetrastrum staurogeniaeforme |
| | | | | | 356 | 平滑四星藻 Tetrastrum glabrum |
| | | | | 韦氏藻属 Westella | 357 | 韦氏藻 Westella botryoides |
| | | | 网球藻科 Dictyosphaeraceae | 网球藻属 Dictyosphaerium | 358 | 美丽网球藻 Dictyosphaerium pulchellum |
| | | | | | 359 | 简单网球藻 Dictyosphaerium simplex |
| | | | | 顶棘藻属 Chodatella | 360 | 长刺顶棘藻 Chodatella longiseta |
| | | | | | 361 | 纤毛顶棘藻 Chodatella ciliata |
| | | | | | 362 | 十字顶棘藻 Chodatella wratislaviensis |
| | | | | | 363 | 四刺顶棘藻 Chodatella quadriseta |
| | | | 小球藻科 Chlorellaceae | 棘球藻属 Echinosphaerella | 364 | 棘球藻 Echinosphaerella limnetica |
| | | | | 纤维藻属 Ankistrodesmus | 365 | 卷曲纤维藻 Ankistrodesmus convolutus |
| | | | | | 366 | 镰形纤维藻 Ankistrodesmus falcatus |
| | | | | | 367 | 镰形纤维藻变种 Ankistrodesmus falcatus var. falcatus |
| | | | | | 368 | 狭形纤维藻 Ankistrodesmus angustus |
| | | | | | 369 | 针形纤维藻 Ankistrodesmus acicularis |
| | | | | 四角藻属 Tetraëdron | 370 | 规则四角藻 Tetraëdron regulare |
| | | | | | 371 | 具尾四角藻 Tetraëdron caudatum |
| | | | | | 372 | 膨胀四角藻 Tetraëdron tumidulum |
| | | | | | 373 | 三角四角藻 Tetraëdron trigonum |
| | | | | | 374 | 三角四角藻小形变种 Tetraëdron trigonum var. gracile |
| | | | | | 375 | 三叶四角藻 Tetraëdron trilobulatum |
| | | | | | 376 | 微小四角藻 Tetraëdron minimum |

| 门 | 纲 | 目 | 科 | 属 | 编号 | 种 |
|---|---|---|---|---|---|---|
| 绿藻门 Chlorophyta | 绿藻纲 Chlorophceae | 绿球藻目 Chlorococcales | 小球藻科 Chlorellaceae | 蹄形藻属 Kirchneriella | 377 | 肥壮蹄形藻 Kirchneriella obesa |
| | | | | | 378 | 扭曲蹄形藻 Kirchneriella contorta |
| | | | | | 379 | 蹄形藻 Kirchneriella lunaris |
| | | | | 小球藻属 Chlorella | 380 | 小球藻 Chlorella vulgaris |
| | | | | | 381 | 椭圆小球藻 Chlorella ellipsoidea |
| | | | | 月牙藻属 Selenastrum | 382 | 端尖月牙藻 Selenastrum westii |
| | | | | | 383 | 纤细月牙藻 Selenastrum gracile |
| | | | | | 384 | 小形月牙藻 Selenastrum minutum |
| | | | | | 385 | 月牙藻 Selenastrum bibraianum |
| | | | 小桩藻科 Characiaceae | 小桩藻属 Characium | 386 | 近直小桩藻 Characium substrictum |
| | | | | | 387 | 湖生小桩藻 Characium limneticum |
| | | | | 柯氏藻属 Chodatella | 388 | 柯氏藻 Chodatella sp. |
| | | | | 针联藻属 Ankistrodesmus | 389 | 螺旋纤维藻 Ankistrodesmus spiralis |
| | | | | | 390 | 镰形纤维藻奇异变种 Ankistrodesmus falcatus var. mirabilis |
| | | | | 弓形藻属 Schroederia | 391 | 弓形藻 Schroederia setigera |
| | | | | | 392 | 螺旋弓形藻 Schroederia spiralis |
| | | | | | 393 | 拟菱形弓形藻 Schroederia nitzschioides |
| | | | | | 394 | 硬弓形藻 Schroederia robusta |
| | | | 水网藻科 Hydrodictyaceae | 水网藻属 Hydrodictyon | 395 | 水网藻 Hydrodictyon reticulatum |
| | | 丝藻目 Ulotrichales | 丝藻科 Ulotrichaceae | 丝藻属 Ulothrix | 396 | 微细丝藻 Ulothrix subtilis |
| | | 四孢藻目 Tetrasporales | 胶球藻科 Coccomyxaceae | 纺锤藻属 Elakatothrix | 397 | 纺锤藻 Elakatothrix gelatinosa |

（续）

| 门 | 纲 | 目 | 科 | 属 | 编号 | 种 |
|---|---|---|---|---|---|---|
| 绿藻门 Chlorophyta | 绿藻纲 Chlorophceae | 团藻目 Volvocales | 团藻科 Volvocaceae | 空球藻属 Eudorina | 398 | 空球藻 Eudorina elegans |
| | | | | 实球藻属 Pandorina | 399 | 实球藻 Pandorina morum |
| | | | | 团藻属 Volvox | 400 | 美丽团藻 Volvox aureus |
| | | | 椎梭藻科 Spondylomoraceae | 桑椹藻属 Pyrobotrys | 401 | 纤细桑椹藻 Pyrobotrys gracilis |
| | | | 衣藻科 Chlamydomonadaceae | 绿梭藻属 Chlorogonium | 402 | 长绿梭藻 Chlorogonium elongatum |
| | | | | 衣藻属 Chlamydomonas | 403 | 布朗衣藻 Chlamydomonas braunii |
| | | | | | 404 | 简单衣藻 Chlamydomonas simplex |
| | | | | | 405 | 球衣藻 Chlamydomonas globosa |
| | | | | | 406 | 斯诺衣藻 Chlamydomonas snowiae |
| | | | | | 407 | 衣藻 Chlamydomonas sp. |
| | | | | | 408 | 卵形衣藻 Chlamydomonas ovalis |
| | | | | | 409 | 莱哈衣藻 Chlamydomonas reinhardi |
| | | | | 卡德藻属 Carteria | 410 | 克莱卡德藻 Carteria klebsii |
| | | | | 盘藻属 Gonium | 411 | 盘藻 Gonium pectorale |
| | | | | | 412 | 聚盘藻 Gonium sociale |
| 隐藻门 Cryptophyta | 隐藻纲 Cryptophyceae | 隐鞭藻目 Cryptomonadales | 隐鞭藻科 Cryptomonadaceae | 蓝隐藻属 Chroomonas | 413 | 尖尾蓝隐藻 Chroomonas acuta |
| | | | | | 414 | 具尾蓝隐藻 Chroomonas caudate |
| | | | | 隐藻属 Cryptomonas | 415 | 卵形隐藻 Cryptomonas ovata |
| | | | | | 416 | 啮蚀隐藻 Cryptomonas erosa |
| | | | | | 417 | 普通隐藻 Cryptomonas sp. |
| | | | | | 418 | 吻形隐藻 Cryptomonas sp. |
| | | | | | 419 | 马索隐藻 Cryptomonas marssonii |

附表Ⅳ 衡水湖自然保护区浮游动物名录 [75 种（属）]

| 门 | 纲 | 目 | 科（亚科） | 属 | 编号 | 种 |
|---|---|---|---|---|---|---|
| 原生动物门 Protozoa | 多膜纲 Polyhymenophora | 寡毛目 Oligotrichida | 侠盗科 Strobilidiidae | 侠盗虫属 Strobilidium | 1 | 陀螺侠盗虫 Strobilidium velox |
| | | | 急游科 Strombidiidae | 急游虫属 Strombidium | 2 | 急游虫 Strombidium sp. |
| | | | 铃壳虫科 Codonellidae | 拟铃壳虫属 Tintinnopsis | 3 | 王氏拟铃壳虫 Tintinnopsis wangi |
| | | | | | 4 | 中华拟铃壳虫 Tintinnopsis sinensis |
| | 动基片纲 Kinetofragminophora | 刺钩目 Haptorida | 栉毛科 Didiniidae | 睥睨虫属 Askenasia | 5 | 睥睨虫 Askenasia sp. |
| | | | | 栉毛虫属 Didinium | 6 | 栉毛虫 Didinium sp. |
| | 寡膜纲 Oligohymenophora | 盾纤毛目 Scuticociliatida | 膜袋科 Cyclidiidae | 膜袋虫属 Cyclidium | 7 | 膜袋虫 Cyclidium sp. |
| | | | 齿剌虫属 Hastatella | 8 | 放射齿剌虫 Hastatella radians |
| | | 缘毛目 Peritrichida | 累枝科 Epistylidae | 累枝虫属 Epistylis | 9 | 累枝虫 Epistylis sp. |
| | | | 钟形科 Vorticellidae | 钟虫属 Vorticella | 10 | 钟虫 Vorticella sp. |
| | 根足纲 Rhizopodea | 表壳目 Arcellinida | 表壳科 Arcellidae | 表壳虫属 Arcella | 11 | 表壳虫 Arcella sp. |
| | | | 砂壳科 Difflugiidae | 砂壳虫属 Difflugia | 12 | 冠砂壳虫 Difflugia corona |
| 轮虫动物门 Nemathelminthes | 轮虫纲 Rotifera | 单巢目 Monogononta | 臂尾轮虫科 Brachionidae | 臂尾轮虫属 Brachionus | 13 | 萼花臂尾轮虫 Brachionus calyciflorus |
| | | | | | 14 | 方形臂尾轮虫 Brachionus quadridentatus |
| | | | | | 15 | 壶状臂尾轮虫 Brachionus urceus |
| | | | | | 16 | 剪形臂尾轮虫 Brachionus forficula |
| | | | | | 17 | 角突臂尾轮虫 Brachionus angularis |
| | | | | | 18 | 矩形臂尾轮虫 Brachionus leydigi |
| | | | | | 19 | 镰状臂尾轮虫 Brachionus falcatus |
| | | | | | 20 | 裂足臂尾轮虫 Brachionus diversicornis |
| | | | | | 21 | 圆型臂尾轮虫 Brachionus sp. |
| | | | | 龟甲轮虫属 Keratella | 22 | 矩形龟甲轮虫 Keratella quadrata |
| | | | | | 23 | 曲腿龟甲轮虫 Keratella valga |
| | | | | | 24 | 缘板龟甲轮虫 Keratella ticinensis |
| | | | | 裂足轮属 Schizocerca | 25 | 裂足轮虫 Schizocerca diversicornis |
| | | | | 平甲轮虫属 Platyias | 26 | 四角平甲轮虫 Platyias quadricornis |

| 门 | 纲 | 目 | 科（亚科） | 属 | 编号 | 种 |
|---|---|---|---|---|---|---|
| 轮虫动物门 Nemathelminthes | 轮虫纲 Rotifera | 单巢目 Monogononta | 晶囊轮虫科 Asplanchnidae | 晶囊轮属 Asplanchna | 27 | 卜氏晶囊轮虫 Asplanchna brightwelli |
| | | | | | 28 | 晶囊轮虫 Asplanchna sp. |
| | | | | | 29 | 前节晶囊轮虫 Asplanchna priodonta |
| | | | 镜轮科 Testudinellidae | 三肢轮属 Filinia | 30 | 长三肢轮虫 Filinia longiseta |
| | | | 同尾轮虫属 Diurella | 瓷甲同尾轮虫 Diurella porcellus | 31 | 瓷甲同尾轮虫 Diurella porcellus |
| | | | 鼠轮科 Trichocercidae | 异尾轮属 Trichocerca | 32 | 暗小异尾轮虫 Trichocerca pusilla |
| | | | 疣毛轮科 Synchaetidae | 多肢轮属 Polyarthra | 33 | 长肢多肢轮虫 Polyarthra dolichoptera |
| | | | | | 34 | 小多肢轮虫 Polyarthra minor |
| | | | | | 35 | 针簇多肢轮虫 Polyarthra trigla |
| | | 蛭态目 Bdelloidea | 旋轮科 Philodinidae | 旋轮属 Philodina | 36 | 红眼旋轮虫 Philodina erythrophthalma |
| 节肢动物门 Arthropoda | 甲壳纲 Crustacea | 枝角亚目 Cladocera | 粗毛溞科 Macrothricidae | 泥溞属 Ilyocryptus | 37 | 底泥栖溞 Ilyocryptus sordidus |
| | | | 裸腹溞科 Moinidae | 裸腹溞属 Moina | 38 | 裸腹溞 Moina sp. |
| | | | | | 39 | 微型裸腹溞 Moina micrura |
| | | | | | 40 | 兴凯裸腹溞 Moina chankensis |
| | | | 盘肠溞科 Chydoridae | 尖额溞属 Alona | 41 | 奇异尖额溞 Alona eximia |
| | | | | 盘肠溞属 Chydorus | 42 | 盘肠溞 Chydorus sp. |
| | | | 溞科 Daphniidae | 低额溞属 Simocephalus | 43 | 老年低额溞 Simocephalus vetulus |
| | | | | 溞属 Daphnia | 44 | 隆线溞 Daphnia（Ctenodaphnia）carinata |
| | | | | | 45 | 蚤状溞 Daphnia pulex |
| | | | 仙达溞科 Sididae | 秀体溞属 Diaphanosoma | 46 | 长肢秀体溞 Diaphanosoma leuchtenbergianum |
| | | | | | 47 | 短尾秀体溞 Diaphanosoma brachyurum |
| | | | | | 48 | 秀体溞 Diaphanosoma sp. |
| | | | 象鼻溞科 Bosminidae | 象鼻溞属 Bosmina | 49 | 长额象鼻溞 Bosmina longirostris |
| | | | | | 50 | 简弧象鼻溞 Bosmina coregoni |
| | | | | | 51 | 象鼻溞 Bosmina sp. |

（续）

| 门 | 纲 | 目 | 科（亚科） | 属 | 编号 | 种 |
|---|---|---|---|---|---|---|
| 节肢动物门Arthropoda | 甲壳纲Crustacea | | | | 52 | 无节幼体Nauplius |
| | | 剑水蚤目Cyclopoida | 长腹剑水蚤科Oithonidae | 窄腹剑水蚤属Limnoithona | 53 | 中华窄腹剑水蚤Limnoithona sinensis |
| | | | 剑水蚤科Cyclopidae | 刺剑水蚤属Acanthocyclops | 54 | 刺剑水蚤属Acanthocyclops sp. |
| | | | | 后剑水蚤属Metacyclops | 55 | 后剑水蚤Metacyclops sp. |
| | | | | | 56 | 小型后剑水蚤Metacyclops minutus |
| | | | | 剑水蚤属Cyclops | 57 | 剑水蚤属Cyclops sp. |
| | | | | | 58 | 近邻剑水蚤Cyclops vicinus vicinus |
| | | | | | 59 | 英勇剑水蚤Cyclops strenuus |
| | | | | 近剑水蚤属Tropocyclops | 60 | 绿色近剑水蚤Tropocyclops prasinus prasinus |
| | | | | 温剑水蚤属Thermocyclops | 61 | 等刺温剑水蚤Thermocyclops kawamurai |
| | | | | | 62 | 短尾温剑水蚤Thermocyclops brevifurcatus |
| | | | | | 63 | 蒙古温剑水蚤Thermocyclops mongolicus |
| | | | | | 64 | 台湾温剑水蚤Thermocyclops taihokuensis |
| | | | | | 65 | 温剑水蚤Thermocyclops sp. |
| | | | | 小剑水蚤属Microcyclops | 66 | 跨立小剑水蚤Microcyclops varicans |
| | | | | | 67 | 小剑水蚤Microcyclops sp. |
| | | | | 真剑水蚤属Eucyclops | 68 | 长尾真剑水蚤Eucyclops macrurus |
| | | | | | 69 | 真剑水蚤Eucyclops sp. |
| | | | | 中剑水蚤属Mesocyclops | 70 | 北碚中剑水蚤Mesocyclops pehpeiensis |
| | | | | | 71 | 广布中剑水蚤Mesocyclops leuckarti |
| | | 猛水蚤目Harpactricoida | 猛水蚤科Harpacticidae | — | 72 | 猛水蚤目Harpactricoida sp. |
| | | 哲水蚤目Calanoida | 胸刺水蚤科Centropagidae | 华哲水蚤Sinocalamus | 73 | 华哲水蚤Sinocalamus sp. |
| | | | | | 74 | 汤匙华哲水蚤Sinocalamus dorrii |
| | | | | | 75 | 中华哲水蚤Sinocalamus sinensis |

注：表中"—"表示无法鉴定出具体属或种。空格表示无具体的科（属、种）。

## 附表 V 衡水湖自然保护区大型底栖动物名录 [95 种（科、属）]

| 门 | 纲 | 目 | 科（亚科） | 属 | 编号 | 种 |
|---|---|---|---|---|---|---|
| 环节动物门 Annelida | 寡毛纲 Oligochaeta | 颤蚓目 Tubificida | 颤蚓科 Tubificidae | 水丝蚓属 Limnodrilus | 1 | 霍甫水丝蚓 Limnodrilus hoffmeisteri |
| | | | | | 2 | 水丝蚓 Limnodrilus sp. |
| | | | | 尾鳃蚓属 Branchiura | 3 | 苏氏尾鳃蚓 Branchiura sowerbyi |
| | 蛭纲 Hirudinea | 吻蛭目 Rhynchobdellida | 扁蛭科 Glossiphonidae | — | 4 | — |
| 节肢动物门 Arthropoda | 昆虫纲 Insecta | 半翅目 Hemiptera | 负子蝽科 Belostomatidae | — | 5 | — |
| | | | 划蝽科 Corixidae | — | 6 | — |
| | | | 宽肩蝽科 Veliidae | — | 7 | — |
| | | | 潜水蝽科 Naucoridae | — | 8 | — |
| | | | 仰蝽科 Notonectidae | — | 9 | — |
| | | 蜉蝣目 Ephemeroptera | 四节蜉科 Baetidae | — | 10 | — |
| | | 鳞翅目 Lepidoptera | 螟蛾科 Pyralidae | — | 11 | — |
| | | 鞘翅目 Coleoptera | 水龟甲科 Hydrophilidae | — | 12 | — |
| | | 蜻蜓目 Odonata | 春蜓科 Gomphidae | — | 13 | — |
| | | | 蟌科 Coenagrionidae | — | 14 | — |
| | | | 大蜓科 Cordulegastridae | — | 15 | — |
| | | | 蜻科 Libellulidae | — | 16 | — |
| | | | 蜓科 Aeshnidae | — | 17 | — |
| | | | 伪蜻科 Corduliidae | — | 18 | — |
| | | 双翅目 Diptera | 大蚊科 Tipulidae | — | 19 | — |
| | | | 蛾蠓科 Psychodidae | — | 20 | — |
| | | | 毛蠓科 Psychade | — | 21 | — |
| | | | 虻科 Tabanidae | — | 22 | — |
| | | | 蠓科 Ceratopogonidae | — | 23 | — |
| | | | 水虻科 Stratiomyidae | — | 24 | — |
| | | | 水蝇科 Ephydridae | — | 25 | — |

（续）

| 门 | 纲 | 目 | 科（亚科） | 属 | 编号 | 种 |
|---|---|---|---|---|---|---|
| 节肢动物门 Arthropoda | 昆虫纲 Insecta | 双翅目 Diptera | 摇蚊科 Chironomidae | 雕翅摇蚊属 Glyptotendipes | 26 | 德永雕翅摇蚊 Glyptotendipes tokunagai |
| | | | | | 27 | 雕翅摇蚊 Glyptotendipes sp. |
| | | | | 多足摇蚊属 Polypedilum | 28 | 白角多足摇蚊 Polypedilum albicorne |
| | | | | | 29 | 多足摇蚊 Polypedilum sp. |
| | | | | 恩非摇蚊属 Einfeldia | 30 | 分歧恩非摇蚊 Einfeldia dissidens |
| | | | | 二叉摇蚊属 Dicrotendipus | 31 | 二叉摇蚊 Dicrotendipus sp. |
| | | | | 环足摇蚊属 Cricotopus | 32 | 环足摇蚊 Cricotopus sp. |
| | | | | 裸须摇蚊属 Propsilocerus | 33 | 红裸须摇蚊 Propsilocerus akamusi |
| | | | | 拟摇蚊属 Parachironomus | 34 | 拟摇蚊 Parachironomus sp. |
| | | | | 松施密摇蚊属 Krenosmittia | 35 | 松施密摇蚊 Krenosmittia sp. |
| | | | | | 36 | 弯松施密摇蚊 Krenosmittia camptophieps |
| | | | | 小摇蚊属 Microchironomus | 37 | 软铗小摇蚊 Microchironomus tener |
| | | | | 摇蚊属 Chironomus | 38 | 苍白摇蚊 Chironomus sp. |
| | | | | | 39 | 猛摇蚊 Chironomus acerbiphilus |
| | | | | 隐摇蚊属 Cryptochironomus | 40 | 喙隐摇蚊 Cryptochironomus rostratus |
| | | | | 长足摇蚊属 Tanypus | 41 | 绒铗长足摇蚊 Tanypus villipennis |
| | | | 幽蚊科 Chaoboridae | — | 42 | — |
| | | | 长足虻科 Dolichopodidae | — | 43 | — |
| | 软甲纲 Malacostraca | 端足目 Amphipoda | 钩虾科 Gammaridae | — | 44 | — |
| | | 十足目 Decapoda | 螯虾科 Cambarus | 原螯虾属 Procambarus | 45 | 克氏原螯虾 Procambarus clarkii |
| | | | 匙指虾科 Atyidae | 米虾属 Caridina | 46 | 拟角米虾 Caridina paracornuta |
| | | | | | 47 | 细角米虾 Caridina nilotica gracilipes |
| | | | | 新米虾属 Neocaridina | 48 | 异足新米虾 Neocaridina Heteropoda |
| | | | 长臂虾科 Palaemonidae | 沼虾属 Macrobrachium | 49 | 日本沼虾 Macrobrachium nipponense |

附 录 257

| 门 | 纲 | 目 | 科（亚科） | 属 | 编号 | 种 |
|---|---|---|---|---|---|---|
| 软体动物门 Mollusca | 腹足纲 Gastropoda | 柄眼目 Stylommatophora | 琥珀螺科 Succinea | 琥珀螺属 Succinea | 50 | 狭长琥珀螺 Succinea pfeifferi |
| | | 基眼目 Basommatophora | 扁蜷螺科 Planorbidae | 旋螺属 Gyraulus | 51 | 白旋螺 Gyraulus albus |
| | | | | | 52 | 扁旋螺 Gyraulus compressus |
| | | | | | 53 | 凸旋螺 Gyraulus convexiusculus |
| | | | | | 54 | 小旋螺 Gyraulus parvus |
| | | | | 圆扁螺属 Hippeutis | 55 | 大脐圆扁螺 Hippeutis umbilicalis |
| | | | | | 56 | 尖口圆扁螺 Hippeutis cantori |
| | | | 膀胱螺 Physidae | 膀胱螺属 Physa | 57 | 尖膀胱螺 Physa acuta |
| | | | 椎实螺科 Lymnaeidae | 萝卜螺属 Radix | 58 | 斗蓬萝卜螺 Radix chlamys Benson |
| | | | | | 59 | 耳萝卜螺 Radix auricularia |
| | | | | | 60 | 霍氏萝卜螺 Radix hookeri |
| | | | | | 61 | 尖萝卜螺 Radix acuminata |
| | | | | | 62 | 克氏萝卜螺 Radix clessini |
| | | | | | 63 | 卵萝卜螺 Radix ovata |
| | | | | | 64 | 梯旋萝卜螺 Radix latispira |
| | | | | | 65 | 椭圆萝卜螺 Radix swinhoei |
| | | | | | 66 | 狭萝卜螺 Radix lagotis |
| | | | | | 67 | 烟台萝卜螺 Radix chefouensis |
| | | | | | 68 | 长萝卜螺 Radix pereger |
| | | | | | 69 | 折叠萝卜螺 Radix plicatula |
| | | | | 土蜗属 Galba | 70 | 截口土蜗 Galba trancatula |
| | | | | | 71 | 小土蜗 Galba pervia |

（续）

| 门 | 纲 | 目 | 科（亚科） | 属 | 编号 | 种 |
|---|---|---|---|---|---|---|
| 软体动物门 Mollusca | 腹足纲 Gastropoda | 中腹足目 Mesogastropoda | 黑螺科 Melaniidae | 短沟蜷属 Semisulcospira | 72 | 方格短沟蜷 Semisulcospira cancellata |
| | | | 田螺科 Viviparidae | 环棱螺属 Bellamya | 73 | 德拉维环棱螺 Bellamya delavayana |
| | | | | | 74 | 方形环棱螺 Bellamya quadrata |
| | | | | | 75 | 绘环棱螺 Bellamya limnophila |
| | | | | | 76 | 坚环棱螺 Bellamya lapillorum |
| | | | | | 77 | 角形环棱螺 Bellamya angularis |
| | | | | | 78 | 梨形环棱螺 Bellamya purificata |
| | | | | | 79 | 曼洪环棱螺 Bellamya manhongensis |
| | | | | | 80 | 双旋环棱螺 Bellamya dispiraliralis |
| | | | | | 81 | 铜锈环棱螺 Bellamya aeruginosa |
| | | | | | 82 | 硬环棱螺 Bellamya lapidea |
| | | | | 田螺属 Cipangopaludina | 83 | 中国圆田螺 Cipangopaludina chinensis |
| | | | | | 84 | 中华圆田螺 Cipangopaludina cathayensis |
| | | | 觿螺科 Hydrobiidae | 豆螺属 Bithynia | 85 | 赤豆螺 Bithynia fuchsiana |
| | | | | | 86 | 檞豆螺 Bithynia misella |
| | | | | 涵螺属 Alocinma | 87 | 长角涵螺 Alocinma longicornis |
| | | | | 拟钉螺属 Tricula | 88 | 泥汀拟钉螺 Tricula humida |
| | | | | 狭口螺属 Stenothyra | 89 | 光滑狭口螺 Stenothyra glabra |
| | | | | 沼螺属 Parafossarulus | 90 | 大沼螺 Parafossarulus eximius |
| | | | | | 91 | 曲旋沼螺 Parafossarulus anomalospiralis |
| | | | | | 92 | 纹沼螺 Parafossarulus striatulus |
| | 瓣鳃纲 Lamellibranchia | 帘蛤目 Veneroida | 蚬科 Corbiculidae | 蚬属 Corbicula | 93 | 河蚬 Corbicula fluminea |
| | | | 球蚬科 Sphaeriidae | 球蚬属 Sphaerium | 94 | 湖球蚬 Sphaerium lacustre |
| | | 蚌目 Unionoida | 蚌科 Unionidae | 无齿蚌属 Anodonta | 95 | 椭圆背角无齿蚌 Anodonta woodiana |

注：表中"—"表示无法鉴定出具体属或种。

**附表Ⅵ　衡水湖自然保护区鸟类名录（332 种）**

| 目 | 科 | 编号 | 种 | IUCN红色名录等级① | 中澳候鸟协定 | 中日候鸟协定 | 保护等级② | 居留情况③ 留 | 夏 | 冬 | 旅 | 区系类型④ 古 | 东 | 广 | 生态分布⑤ 1 | 2 | 3 | 相对数量 |
|---|---|---|---|---|---|---|---|---|---|---|---|---|---|---|---|---|---|---|
| 鸡形目 Galliformes | 雉科 Phasianidae | 1 | 石鸡 Alectoris chukar | LC | 否 | 否 | 省 | ✓ | | | | ✓ | | | ✓ | | | + |
| | | 2 | 鹌鹑 Coturnix japonica | NT | 否 | 是 | | | | | ✓ | | | ✓ | ✓ | | | ++ |
| | | 3 | 环颈雉 Phasianus colchicus | LC | 否 | 否 | | ✓ | | | | ✓ | | | ✓ | | ✓ | ++++ |
| 雁形目 Anseriformes | 鸭科 Anatidae | 4 | 鸿雁 Anser cygnoid | VU | 否 | 是 | Ⅱ | | | ✓ | | ✓ | | | ✓ | ✓ | | +++ |
| | | 5 | 豆雁 Anser fabalis | LC | 否 | 是 | 省 | | | ✓ | | ✓ | | | ✓ | ✓ | | ++++ |
| | | 6 | 灰雁 Anser anser | LC | 否 | 否 | 省 | | | ✓ | | ✓ | | | ✓ | ✓ | | ++++ |
| | | 7 | 白额雁 Anser albifrons | LC | 否 | 是 | Ⅱ | | | ✓ | | ✓ | | | ✓ | ✓ | | ++ |
| | | 8 | 小白额雁 Anser erythropus | VU | 否 | 是 | Ⅱ | | | ✓ | | ✓ | | | ✓ | ✓ | | ++ |
| | | 9 | 斑头雁 Anser indicus | LC | 否 | 否 | | | | | ✓ | ✓ | | | ✓ | ✓ | | + |
| | | 10 | 红胸黑雁 Branta ruficollis | VU | 否 | 否 | Ⅱ | | | | ✓ | ✓ | | | ✓ | ✓ | | + |
| | | 11 | 疣鼻天鹅 Cygnus olor | LC | 否 | 否 | Ⅱ | | | | ✓ | ✓ | | | ✓ | ✓ | | + |
| | | 12 | 小天鹅 Cygnus columbianus | LC | 否 | 是 | Ⅱ | | | ✓ | | ✓ | | | | ✓ | | ++ |
| | | 13 | 大天鹅 Cygnus cygnus | LC | 否 | 是 | Ⅱ | | | | ✓ | ✓ | | | ✓ | ✓ | | ++ |
| | | 14 | 翘鼻麻鸭 Tadorna tadorna | LC | 否 | 是 | 省 | | | | ✓ | ✓ | | | ✓ | ✓ | | ++ |
| | | 15 | 赤麻鸭 Tadorna ferruginea | LC | 否 | 是 | | | | | ✓ | ✓ | | | ✓ | ✓ | | +++ |
| | | 16 | 鸳鸯 Aix galericulata | LC | 否 | 否 | Ⅱ | | | | ✓ | ✓ | | | | ✓ | | ++ |
| | | 17 | 赤膀鸭 Mareca strepera | LC | 否 | 是 | | | | ✓ | | ✓ | | | ✓ | ✓ | | +++ |
| | | 18 | 罗纹鸭 Mareca falcata | NT | 否 | 是 | 省 | | | ✓ | ✓ | ✓ | | | ✓ | ✓ | | +++ |
| | | 19 | 赤颈鸭 Mareca penelope | LC | 否 | 是 | 省 | | | | ✓ | ✓ | | | | ✓ | | ++ |

（续）

| 分类 | | | | IUCN红色名录等级① | 中澳候鸟协定 | 中日候鸟协定 | 保护等级② | 居留情况③ | | | | 区系类型④ | | | 生态分布⑤ | | | 相对数量 |
|---|---|---|---|---|---|---|---|---|---|---|---|---|---|---|---|---|---|---|
| 目 | 科 | 编号 | 种 | | | | | 留 | 夏 | 冬 | 旅 | 古 | 东 | 广 | 1 | 2 | 3 | |
| 雁形目 Anseriformes | 鸭科 Anatidae | 20 | 绿头鸭 Anas platyrhynchos | LC | 否 | 是 | | ✓ | | | | ✓ | | | | ✓ | | ++++ |
| | | 21 | 斑嘴鸭 Anas zonorhyncha | LC | 否 | 否 | | ✓ | | | | | | ✓ | ✓ | ✓ | | ++++ |
| | | 22 | 针尾鸭 Anas acuta | LC | 否 | 是 | 省 | | | | ✓ | | | ✓ | ✓ | ✓ | | ++ |
| | | 23 | 绿翅鸭 Anas crecca | LC | 否 | 是 | 省 | | | ✓ | | ✓ | | | | ✓ | | ++++ |
| | | 24 | 琵嘴鸭 Spatula clypeata | LC | 是 | 是 | 省 | | | ✓ | | ✓ | | | | ✓ | | ++ |
| | | 25 | 白眉鸭 Spatula querquedula | LC | 是 | 是 | 省 | | | | ✓ | | | ✓ | | ✓ | | ++ |
| | | 26 | 花脸鸭 Sibirionetta formosa | LC | 否 | 是 | II | | | | ✓ | ✓ | | | ✓ | ✓ | | ++++ |
| | | 27 | 红头潜鸭 Aythya ferina | VU | 否 | 是 | | | | | ✓ | ✓ | | | | ✓ | | +++ |
| | | 28 | 青头潜鸭 Aythya baeri | CR | 否 | 是 | I | ✓ | | | | ✓ | | | | ✓ | | ++ |
| | | 29 | 白眼潜鸭 Aythya nyroca | NT | 否 | 否 | 省 | ✓ | | | | ✓ | | | | ✓ | | +++ |
| | | 30 | 凤头潜鸭 Aythya fuligula | LC | 否 | 是 | | | | | ✓ | ✓ | | | | ✓ | | ++ |
| | | 31 | 斑脸海番鸭 Melanitta fusca | VU | 否 | 是 | 省 | | | ✓ | | ✓ | | | | ✓ | | ++ |
| | | 32 | 鹊鸭 Bucephala clangula | LC | 否 | 是 | 省 | | | ✓ | | ✓ | | | | ✓ | | ++ |
| | | 33 | 斑头秋沙鸭 Mergellus albellus | LC | 否 | 否 | II | | | | ✓ | ✓ | | | | ✓ | | ++ |
| | | 34 | 普通秋沙鸭 Mergus merganser | LC | 否 | 是 | 省 | | | | ✓ | ✓ | | | | ✓ | | ++ |
| | | 35 | 红胸秋沙鸭 Mergus serrator | LC | 否 | 是 | 省 | | | | ✓ | ✓ | | | | ✓ | | ++ |
| 䴙䴘目 Podicipediformes | 䴙䴘科 Podicipedidae | 36 | 小䴙䴘 Tachybaptus ruficollis | LC | 否 | 否 | | | ✓ | | | | | ✓ | | ✓ | | ++++ |
| | | 37 | 赤颈䴙䴘 Podiceps grisegena | LC | 否 | 否 | II | | | | ✓ | ✓ | | | | ✓ | | ++ |
| | | 38 | 凤头䴙䴘 Podiceps cristatus | LC | 否 | 是 | II | | ✓ | | | ✓ | | | | ✓ | | ++++ |

（续）

| 目 | 科 | 编号 | 种 | IUCN红色名录等级① | 中澳候鸟协定 | 中日候鸟协定 | 保护等级② | 居留情况③ 留 | 夏 | 冬 | 旅 | 区系类型④ 古 | 东 | 广 | 生态分布⑤ 1 | 2 | 3 | 相对数量 |
|---|---|---|---|---|---|---|---|---|---|---|---|---|---|---|---|---|---|---|
| 䴙䴘目 Podicipediformes | 䴙䴘科 Podicipedidae | 39 | 角䴙䴘 Podiceps auritus | VU | 否 | 是 | II | | | | ✓ | ✓ | | | | ✓ | | ++ |
| | | 40 | 黑颈䴙䴘 Podiceps nigricollis | LC | 否 | 是 | II | | | | ✓ | ✓ | | | | ✓ | | ++ |
| 鸽形目 Columbiformes | 鸠鸽科 Columbidae | 41 | 原鸽 Columba livia | LC | 否 | 否 | | ✓ | | | | | | ✓ | ✓ | | ✓ | ++ |
| | | 42 | 山斑鸠 Streptopelia orientalis | LC | 否 | 否 | | ✓ | | | | | | ✓ | ✓ | | ✓ | ++++ |
| | | 43 | 灰斑鸠 Streptopelia decaocto | LC | 否 | 否 | | ✓ | | | | | | ✓ | ✓ | | ✓ | +++ |
| | | 44 | 珠颈斑鸠 Streptopelia chinensis | LC | 否 | 否 | | ✓ | | | | | ✓ | | ✓ | | ✓ | ++++ |
| 夜鹰目 Caprimulgiformes | 夜鹰科 Caprimulgidae | 45 | 普通夜鹰 Caprimulgus indicus | LC | 否 | 是 | 省 | | ✓ | | | | | ✓ | | | ✓ | ++ |
| | 雨燕科 Apodidae | 46 | 白喉针尾雨燕 Hirundapus caudacutus | LC | 是 | 是 | 省 | | | | ✓ | ✓ | | | | | ✓ | ++ |
| | | 47 | 普通雨燕 Apus apus | LC | 否 | 否 | | | ✓ | | | | | ✓ | | | ✓ | ++ |
| | | 48 | 白腰雨燕 Apus pacificus | LC | 是 | 是 | 省 | | ✓ | | | | | ✓ | | | ✓ | ++ |
| 鹃形目 Cuculiformes | 杜鹃科 Cuculidae | 49 | 北棕腹鹰鹃 Hierococcyx hyperythrus | LC | 否 | 是 | 省 | | ✓ | | | | ✓ | | | | ✓ | +++ |
| | | 50 | 小杜鹃 Cuculus poliocephalus | LC | 否 | 是 | 省 | | ✓ | | | | | ✓ | | | ✓ | ++ |
| | | 51 | 四声杜鹃 Cuculus micropterus | LC | 否 | 否 | 省 | | ✓ | | | | | ✓ | | | ✓ | ++ |
| | | 52 | 中杜鹃 Cuculus saturatus | LC | 是 | 是 | 省 | | ✓ | | | | | ✓ | | | ✓ | ++ |
| | | 53 | 大杜鹃 Cuculus canorus | LC | 否 | 是 | 省 | | ✓ | | | | | ✓ | | | ✓ | +++ |
| 鸨形目 Otidiformes | 鸨科 Otididae | 54 | 大鸨 Otis tarda | VU | 否 | 否 | I | | | ✓ | | ✓ | | | ✓ | | | ++ |
| 鹤形目 Gruiformes | 秧鸡科 Rallidae | 55 | 花田鸡 Coturnicops exquisitus | VU | 否 | 是 | II | | | | ✓ | ✓ | | | | ✓ | ✓ | ++ |
| | | 56 | 普通秧鸡 Rallus indicus | LC | 否 | 是 | | | ✓ | | | ✓ | | | | ✓ | ✓ | ++++ |

| 目 | 科 | 编号 | 种 | IUCN红色名录等级① | 中澳候鸟协定 | 中日候鸟协定 | 保护等级② | 居留情况③ 留 | 居留情况③ 夏 | 居留情况③ 冬 | 居留情况③ 旅 | 区系类型④ 古 | 区系类型④ 东 | 区系类型④ 广 | 生态分布⑤ 1 | 生态分布⑤ 2 | 生态分布⑤ 3 | 相对数量 |
|---|---|---|---|---|---|---|---|---|---|---|---|---|---|---|---|---|---|---|
| 鹤形目 Gruiformes | 秧鸡科 Rallidae | 57 | 小田鸡 Zapornia pusilla | LC | 否 | 是 | 省 | | ✓ | | | | | ✓ | | ✓ | | ++ |
| | | 58 | 红胸田鸡 Zapornia fusca | LC | 否 | 是 | | | ✓ | | | | | ✓ | | ✓ | | +++ |
| | | 59 | 斑胁田鸡 Zapornia paykullii | NT | 否 | 否 | II | | ✓ | | | ✓ | | | | ✓ | | ++ |
| | | 60 | 白胸苦恶鸟 Amaurornis phoenicurus | LC | 否 | 否 | 省 | | | | ✓ | | ✓ | | | ✓ | | ++ |
| | | 61 | 董鸡 Gallicrex cinerea | LC | 否 | 是 | 省 | | ✓ | | | | ✓ | | | ✓ | | +++ |
| | | 62 | 黑水鸡 Gallinula chloropus | LC | 否 | 是 | | ✓ | | | | | | ✓ | | ✓ | | ++++ |
| | | 63 | 白骨顶 Fulica atra | LC | 否 | 否 | | ✓ | | | | | | ✓ | | ✓ | | ++++ |
| | 鹤科 Gruidae | 64 | 白鹤 Grus leucogeranus | CR | 否 | 否 | I | | | | ✓ | ✓ | | | ✓ | ✓ | | + |
| | | 65 | 白枕鹤 Grus vipio | VU | 否 | 是 | I | | | | ✓ | ✓ | | | ✓ | ✓ | | + |
| | | 66 | 蓑羽鹤 Grus virgo | LC | 否 | 否 | II | | | | ✓ | ✓ | | | ✓ | ✓ | | ++ |
| | | 67 | 丹顶鹤 Grus japonensis | EN | 否 | 否 | I | | | | ✓ | ✓ | | | ✓ | ✓ | | + |
| | | 68 | 灰鹤 Grus grus | LC | 否 | 是 | II | | | ✓ | | ✓ | | | ✓ | ✓ | | ++++ |
| | 反嘴鹬科 Recurvirostridae | 69 | 黑翅长脚鹬 Himantopus himantopus | LC | 否 | 是 | 省 | | ✓ | | | | | ✓ | | ✓ | | +++ |
| | | 70 | 反嘴鹬 Recurvirostra avosetta | LC | 否 | 是 | 省 | | ✓ | | | ✓ | | | | ✓ | | +++ |
| 鸻形目 Charadriiformes | 鸻科 Charadriidae | 71 | 凤头麦鸡 Vanellus vanellus | NT | 否 | 是 | | | | | ✓ | ✓ | | | ✓ | ✓ | | ++++ |
| | | 72 | 灰头麦鸡 Vanellus cinereus | LC | 否 | 否 | | | | | ✓ | ✓ | | | ✓ | ✓ | | ++++ |
| | | 73 | 金鸻 Pluvialis fulva | LC | 是 | 是 | | | | | ✓ | | | ✓ | | ✓ | | + |
| | | 74 | 剑鸻 Charadrius hiaticula | LC | 否 | 否 | | | ✓ | | | ✓ | | | | ✓ | | +++ |
| | | 75 | 长嘴剑鸻 Charadrius placidus | LC | 否 | 否 | | | ✓ | | | ✓ | | | | ✓ | | + |

| 目 | 科 | 分类编号 | 分类种 | IUCN红色名录等级① | 中澳候鸟协定 | 中日候鸟协定 | 保护等级② | 居留情况③ 留 | 居留情况③ 夏 | 居留情况③ 冬 | 居留情况③ 旅 | 区系类型④ 古 | 区系类型④ 东 | 区系类型④ 广 | 生态分布⑤ 1 | 生态分布⑤ 2 | 生态分布⑤ 3 | 相对数量 |
|---|---|---|---|---|---|---|---|---|---|---|---|---|---|---|---|---|---|---|
| 鸻形目 Charadriiformes | 鸻科 Charadriidae | 76 | 金眶鸻 Charadrius dubius | LC | 是 | 否 | | | ✓ | | | | | | | ✓ | | ++++ |
| | | 77 | 环颈鸻 Charadrius alexandrinus | LC | 否 | 否 | | | ✓ | | | | | ✓ | | ✓ | | ++++ |
| | | 78 | 蒙古沙鸻 Charadrius mongolus | LC | 是 | 是 | 省 | | | | ✓ | ✓ | | | | | | + |
| | | 79 | 红胸鸻 Charadrius asiaticus | LC | 是 | 否 | 省 | | | | ✓ | ✓ | | | | ✓ | | ++ |
| | | 80 | 东方鸻 Charadrius veredus | LC | 否 | 否 | | | | | ✓ | ✓ | | | | ✓ | | + |
| | 彩鹬科 Rostratulidae | 81 | 彩鹬 Rostratula benghalensis | LC | 是 | 是 | 省 | | ✓ | | | | | ✓ | | ✓ | | ++ |
| | 水雉科 Jacanidae | 82 | 水雉 Hydrophasianus chirurgus | LC | 是 | 否 | II | | ✓ | | | | ✓ | | | ✓ | | ++ |
| | 鹬科 Scolopacidae | 83 | 丘鹬 Scolopax rusticola | LC | 否 | 是 | 省 | | ✓ | | | ✓ | | | ✓ | | | +++ |
| | | 84 | 孤沙锥 Gallinago solitaria | LC | 否 | 是 | 省 | | | | ✓ | ✓ | | | | ✓ | | +++ |
| | | 85 | 针尾沙锥 Gallinago stenura | LC | 是 | 否 | 省 | | | | ✓ | ✓ | | | ✓ | | | +++ |
| | | 86 | 大沙锥 Gallinago megala | LC | 是 | 是 | 省 | | | | ✓ | ✓ | | | ✓ | | | + |
| | | 87 | 扇尾沙锥 Gallinago gallinago | LC | 否 | 否 | 省 | | | | ✓ | ✓ | | | | ✓ | | +++ |
| | | 88 | 半蹼鹬 Limnodromus semipalmatus | NT | 是 | 否 | II | | | | ✓ | ✓ | | | | ✓ | | +++ |
| | | 89 | 黑尾塍鹬 Limosa limosa | NT | 是 | 是 | | | | | ✓ | ✓ | | | | ✓ | | +++ |
| | | 90 | 斑尾塍鹬 Limosa lapponica | NT | 是 | 是 | | | | | ✓ | | | ✓ | | | | + |
| | | 91 | 中杓鹬 Numenius phaeopus | LC | 是 | 是 | | | | | ✓ | ✓ | | | ✓ | ✓ | | +++ |
| | | 92 | 白腰杓鹬 Numenius arquata | NT | 是 | 是 | II | | | | ✓ | ✓ | | | ✓ | ✓ | | +++ |

| 目 | 科 | 编号 | 种 | IUCN红色名录等级① | 中澳候鸟协定 | 中日候鸟协定 | 保护等级② | 留 | 夏 | 冬 | 旅 | 古 | 东 | 广 | 1 | 2 | 3 | 相对数量 |
|---|---|---|---|---|---|---|---|---|---|---|---|---|---|---|---|---|---|---|
| 鸻形目 Charadriiformes | 鹬科 Scolopacidae | 93 | 大杓鹬 Numenius madagascariensis | EN | 是 | 是 | II | | | | ✓ | ✓ | | | ✓ | ✓ | | +++ |
| | | 94 | 鹤鹬 Tringa erythropus | LC | 否 | 是 | | | | | ✓ | ✓ | | | ✓ | | | + |
| | | 95 | 红脚鹬 Tringa totanus | LC | 是 | 是 | | | | | ✓ | ✓ | | | | ✓ | | +++ |
| | | 96 | 泽鹬 Tringa stagnatilis | LC | 是 | 是 | | | | | ✓ | ✓ | | | | ✓ | | +++ |
| | | 97 | 青脚鹬 Tringa nebularia | LC | 是 | 是 | | | | | ✓ | ✓ | | | | ✓ | | +++ |
| | | 98 | 白腰草鹬 Tringa ochropus | LC | 否 | 是 | | | ✓ | | | ✓ | | | | ✓ | | +++ |
| | | 99 | 林鹬 Tringa glareola | LC | 是 | 是 | | | | | ✓ | ✓ | | | | ✓ | | +++ |
| | | 100 | 漂鹬 Tringa incana | LC | 否 | 否 | | | | | ✓ | ✓ | | | | ✓ | | +++ |
| | | 101 | 矶鹬 Actitis hypoleucos | LC | 是 | 是 | | | ✓ | | | ✓ | | | ✓ | ✓ | | +++ |
| | | 102 | 翻石鹬 Arenaria interpres | LC | 是 | 是 | II | | | | ✓ | ✓ | | | | ✓ | | + |
| | | 103 | 红腹滨鹬 Calidris canutus | NT | 是 | 是 | 省 | | | | ✓ | ✓ | | | | ✓ | | +++ |
| | | 104 | 三趾滨鹬 Calidris alba | LC | 是 | 是 | | | | | ✓ | ✓ | | | | ✓ | | +++ |
| | | 105 | 青脚滨鹬 Calidris temminckii | LC | 否 | 是 | | | | | ✓ | ✓ | | | | ✓ | | +++ |
| | | 106 | 长趾滨鹬 Calidris subminuta | LC | 是 | 是 | | | | | ✓ | ✓ | | | | ✓ | | +++ |
| | | 107 | 尖尾滨鹬 Calidris acuminata | LC | 是 | 是 | | | | | ✓ | ✓ | | | | ✓ | | +++ |
| | | 108 | 阔嘴鹬 Calidris falcinellus | LC | 是 | 是 | II | | | | ✓ | ✓ | | | | ✓ | | +++ |
| | | 109 | 流苏鹬 Calidris pugnax | LC | 是 | 是 | | | | | ✓ | ✓ | | | | ✓ | | ++ |
| | | 110 | 弯嘴滨鹬 Calidris ferruginea | NT | 是 | 是 | 省 | | | | ✓ | ✓ | | | | ✓ | | +++ |
| | | 111 | 黑腹滨鹬 Calidris alpina | LC | 是 | 是 | 省 | | | | ✓ | ✓ | | | | ✓ | | +++ |

（续）

| 目 | 科 | 编号 | 种 | IUCN红色名录等级① | 中澳候鸟协定 | 中日候鸟协定 | 保护等级② | 留 | 夏 | 冬 | 旅 | 古 | 东 | 广 | 1 | 2 | 3 | 相对数量 |
|---|---|---|---|---|---|---|---|---|---|---|---|---|---|---|---|---|---|---|
| 鸻形目 Charadriiformes | 三趾鹑科 Turnicidae | 112 | 黄脚三趾鹑 Turnix tanki | LC | 否 | 否 | | | √ | | | | | √ | | √ | | +++ |
| | 燕鸻科 Glareolidae | 113 | 普通燕鸻 Glareola maldivarum | LC | 是 | 是 | | | √ | | | | | √ | | √ | | +++ |
| | 鸥科 Laridae | 114 | 红嘴鸥 Chroicocephalus ridibundus | LC | 否 | 是 | | | √ | | | √ | | | | √ | | ++++ |
| | | 115 | 遗鸥 Ichthyaetus relictus | VU | 否 | 否 | 省 | | | | √ | √ | | | | √ | | + |
| | | 116 | 渔鸥 Ichthyaetus ichthyaetus | LC | 否 | 否 | | | | | √ | √ | | | | √ | | + |
| | | 117 | 黑尾鸥 Larus crassirostris | LC | 否 | 是 | | | | | √ | √ | | | | √ | | +++ |
| | | 118 | 普通海鸥 Larus canus | LC | 否 | 是 | | | | | √ | √ | | | | √ | | +++ |
| | | 119 | 西伯利亚银鸥 Larus smithsonianus | LC | 否 | 是 | | | | | √ | √ | | | | √ | | + |
| | | 120 | 鸥嘴噪鸥 Gelochelidon nilotica | LC | 否 | 否 | | | | | √ | | | √ | | √ | | +++ |
| | | 121 | 红嘴巨燕鸥 Hydroprogne caspia | LC | 是 | 否 | | | | | √ | | | √ | | √ | | + |
| | | 122 | 白额燕鸥 Sternula albifrons | LC | 是 | 是 | 省 | | √ | | | | | √ | | √ | | ++++ |
| | | 123 | 普通燕鸥 Sterna hirundo | LC | 是 | 是 | | | | | √ | √ | | | | √ | | ++++ |
| | | 124 | 灰翅浮鸥 Chlidonias hybrida | LC | 否 | 否 | | | √ | | | | | √ | | √ | | ++++ |
| | | 125 | 白翅浮鸥 Chlidonias leucopterus | LC | 是 | 否 | | | √ | | | √ | | | | √ | | ++++ |
| 沙鸡目 Pterocliformes | 沙鸡科 Pteroclidae | 126 | 毛腿沙鸡 Syrrhaptes paradoxus | LC | 否 | 否 | 省 | | | | √ | √ | | | √ | | | + |
| 鹳形目 Ciconiiformes | 鹳科 Ciconiidae | 127 | 黑鹳 Ciconia nigra | LC | 否 | 是 | | | | | √ | √ | | | √ | √ | | + |
| | | 128 | 东方白鹳 Ciconia boyciana | EN | 否 | 是 | I | | | √ | | √ | | | √ | √ | | ++ |

| 目 | 科 | 编号 | 种 | IUCN红色名录等级① | 中澳候鸟协定 | 中日候鸟协定 | 保护等级② | 居留情况③ | | | | 区系类型④ | | | 生态分布⑤ | | | 相对数量 |
|---|---|---|---|---|---|---|---|---|---|---|---|---|---|---|---|---|---|---|
| | | | | | | | | 留 | 夏 | 冬 | 旅 | 古 | 东 | 广 | 1 | 2 | 3 | |
| 鲣鸟目 Suliformes | 鸬鹚科 Phalacrocoracidae | 129 | 普通鸬鹚 Phalacrocorax carbo | LC | 否 | 否 | 省 | | ✓ | | | | | ✓ | ✓ | ✓ | | ++ |
| 鹈形目 Pelecaniformes | 鹮科 Threskiornithidae | 130 | 彩鹮 Plegadis falcinellus | LC | 是 | 否 | I | | | | | | | ✓ | ✓ | ✓ | | + |
| | | 131 | 白琵鹭 Platalea leucorodia | LC | 否 | 是 | II | | | | ✓ | ✓ | | | ✓ | ✓ | | ++ |
| | 鹭科 Ardeidae | 132 | 大麻鳽 Botaurus stellaris | LC | 否 | 是 | 省 | | ✓ | | | | | ✓ | ✓ | ✓ | | +++ |
| | | 133 | 黄斑苇鳽 Ixobrychus sinensis | LC | 是 | 是 | | | ✓ | | | | | ✓ | ✓ | ✓ | | ++ |
| | | 134 | 紫背苇鳽 Ixobrychus eurhythmus | LC | 否 | 是 | 省 | | ✓ | | | ✓ | | | ✓ | ✓ | | ++ |
| | | 135 | 栗苇鳽 Ixobrychus cinnamomeus | LC | 否 | 否 | 省 | | ✓ | | | | | ✓ | ✓ | ✓ | | ++ |
| | | 136 | 夜鹭 Nycticorax nycticorax | LC | 否 | 是 | 省 | | ✓ | | | | | ✓ | ✓ | ✓ | | ++++ |
| | | 137 | 绿鹭 Butorides striata | LC | 否 | 是 | 省 | | ✓ | | | | | ✓ | ✓ | ✓ | | +++ |
| | | 138 | 池鹭 Ardeola bacchus | LC | 否 | 否 | 省 | | ✓ | | | | | ✓ | ✓ | ✓ | | ++++ |
| | | 139 | 牛背鹭 Bubulcus ibis | LC | 是 | 是 | 省 | | ✓ | | | | | ✓ | ✓ | ✓ | | ++ |
| | | 140 | 苍鹭 Ardea cinerea | LC | 否 | 否 | 省 | ✓ | | | | | | ✓ | ✓ | ✓ | | ++++ |
| | | 141 | 草鹭 Ardea purpurea | LC | 否 | 是 | 省 | | ✓ | | | | | ✓ | ✓ | ✓ | ✓ | +++ |
| | | 142 | 大白鹭 Ardea alba | LC | 是 | 是 | 省 | ✓ | | | | | | ✓ | ✓ | ✓ | ✓ | +++ |
| | | 143 | 中白鹭 Ardea intermedia | LC | 否 | 是 | 省 | | | | ✓ | | ✓ | ✓ | ✓ | ✓ | | ++ |
| | | 144 | 白鹭 Egretta garzetta | LC | 否 | 否 | 省 | | ✓ | | | | | ✓ | ✓ | ✓ | | ++++ |
| | | 145 | 黄嘴白鹭 Egretta eulophotes | VU | 否 | 否 | I | | | | ✓ | | | ✓ | ✓ | ✓ | | + |

| 目 | 科 | 编号 | 种 | IUCN红色名录等级① | 中澳候鸟协定 | 中日候鸟协定 | 保护等级② | 居留情况③ 留 | 夏 | 冬 | 旅 | 区系类型④ 古 | 东 | 广 | 生态分布⑤ 1 | 2 | 3 | 相对数量 |
|---|---|---|---|---|---|---|---|---|---|---|---|---|---|---|---|---|---|---|
| 鹈形目 Pelecaniformes | 鹈鹕科 Pelecanidae | 146 | 斑嘴鹈鹕 *Pelecanus philippensis* | NT | 否 | 否 | I | | | | ✓ | | ✓ | | | ✓ | | + |
| | | 147 | 卷羽鹈鹕 *Pelecanus crispus* | NT | 否 | 否 | I | | | | ✓ | ✓ | | | | ✓ | | + |
| | 鹗科 Pandionidae | 148 | 鹗 *Pandion haliaetus* | LC | 否 | 否 | II | | | | ✓ | ✓ | | | | ✓ | | + |
| 鹰形目 Accipitriformes | 鹰科 Accipitridae | 149 | 黑翅鸢 *Elanus caeruleus* | LC | 否 | 否 | II | ✓ | | | | | | ✓ | ✓ | | | + |
| | | 150 | 凤头蜂鹰 *Pernis ptilorhynchus* | LC | 否 | 否 | II | | | | ✓ | | | ✓ | ✓ | | ✓ | + |
| | | 151 | 秃鹫 *Aegypius monachus* | NT | 否 | 否 | I | | | | | | | | ✓ | | ✓ | + |
| | | 152 | 乌雕 *Clanga clanga* | VU | 否 | 否 | I | | | | ✓ | | | | ✓ | | ✓ | ++ |
| | | 153 | 白肩雕 *Aquila heliaca* | VU | 否 | 否 | I | | | | ✓ | | | | ✓ | | ✓ | + |
| | | 154 | 金雕 *Aquila chrysaetos* | LC | 否 | 否 | I | | | | ✓ | | | ✓ | ✓ | | ✓ | + |
| | | 155 | 松雀鹰 *Accipiter virgatus* | LC | 否 | 否 | II | | | | ✓ | | | ✓ | ✓ | | ✓ | ++ |
| | | 156 | 雀鹰 *Accipiter nisus* | LC | 否 | 否 | II | | | | ✓ | | | | ✓ | | ✓ | + |
| | 鹰科 Accipitridae | 157 | 苍鹰 *Accipiter gentilis* | LC | 否 | 否 | II | | | | ✓ | | | | ✓ | | ✓ | ++ |
| | | 158 | 白腹鹞 *Circus spilonotus* | LC | 否 | 是 | II | | | ✓ | | ✓ | | ✓ | ✓ | | | + |
| | | 159 | 白尾鹞 *Circus cyaneus* | LC | 否 | 是 | II | | | ✓ | | ✓ | | ✓ | | | ✓ | ++ |
| | | 160 | 草原鹞 *Circus macrourus* | NT | 否 | 否 | II | | | | ✓ | ✓ | | | ✓ | | ✓ | + |
| | | 161 | 鹊鹞 *Circus melanoleucos* | LC | 否 | 否 | II | ✓ | | | ✓ | ✓ | | | ✓ | | ✓ | ++ |
| | | 162 | 黑鸢 *Milvus migrans* | LC | 否 | 否 | II | | | | ✓ | | | ✓ | ✓ | | ✓ | + |
| | | 163 | 白尾海雕 *Haliaeetus albicilla* | LC | 否 | 否 | I | | | ✓ | | ✓ | | | | ✓ | ✓ | + |

| 目 | 科 | 编号 | 种 | IUCN红色名录等级① | 中澳候鸟协定 | 中日候鸟协定 | 保护等级② | 居留情况③ 留 | 夏 | 冬 | 旅 | 区系类型④ 古 | 东 | 广 | 生态分布⑤ 1 | 2 | 3 | 相对数量 |
|---|---|---|---|---|---|---|---|---|---|---|---|---|---|---|---|---|---|---|
| 鹰形目 Accipitriformes | 鹰科 Accipitridae | 164 | 灰脸鵟鹰 Butastur indicus | LC | 否 | 是 | II | | | | √ | √ | | | √ | | √ | + |
| | | 165 | 毛脚鵟 Buteo lagopus | LC | 否 | 是 | II | | | | √ | √ | | | √ | | √ | + |
| | | 166 | 大鵟 Buteo hemilasius | LC | 否 | 否 | II | | | √ | | √ | | | √ | | √ | ++ |
| | | 167 | 普通鵟 Buteo japonicus | LC | 否 | 否 | II | | | | √ | √ | | | √ | | √ | ++ |
| 鸮形目 Strigiformes | 鸱鸮科 Strigidae | 168 | 领角鸮 Otus lettia | LC | 否 | 否 | II | √ | | | | | | √ | √ | | √ | + |
| | | 169 | 红角鸮 Otus sunia | LC | 否 | 否 | II | | √ | | | | | √ | √ | | √ | + |
| | | 170 | 雕鸮 Bubo bubo | LC | 否 | 否 | II | | | √ | | √ | | | √ | | √ | + |
| | | 171 | 灰林鸮 Strix aluco | LC | 否 | 否 | II | √ | | | | | √ | | √ | | √ | ++ |
| | | 172 | 领鸺鹠 Glaucidium brodiei | LC | 否 | 否 | II | | | | √ | | √ | | √ | | √ | + |
| | | 173 | 纵纹腹小鸮 Athene noctua | LC | 否 | 否 | II | √ | | | | √ | | | √ | | √ | ++ |
| | | 174 | 长耳鸮 Asio otus | LC | 否 | 是 | II | | | √ | | √ | | | √ | | √ | + |
| | | 175 | 短耳鸮 Asio flammeus | LC | 否 | 是 | II | | | √ | | √ | | | √ | | √ | + |
| 犀鸟目 Bucerotiformes | 戴胜科 Upupidae | 176 | 戴胜 Upupa epops | LC | 否 | 否 | | √ | | | | | | √ | √ | | √ | ++++ |
| 佛法僧目 Coraciiformes | 佛法僧科 Coraciidae | 177 | 三宝鸟 Eurystomus orientalis | LC | 否 | 是 | 省 | | √ | | | | | √ | √ | | √ | ++ |
| | 翠鸟科 Alcedinidae | 178 | 蓝翡翠 Halcyon pileata | LC | 否 | 否 | 省 | | √ | | | | √ | | √ | √ | √ | ++ |
| | | 179 | 普通翠鸟 Alcedo atthis | LC | 否 | 否 | | √ | | | | | | √ | √ | √ | √ | ++ |
| | | 180 | 冠鱼狗 Megaceryle lugubris | LC | 否 | 否 | | | √ | | | | | √ | √ | √ | √ | ++ |

（续）

| 目 | 科 | 编号 | 种 | IUCN红色名录等级① | 中澳候鸟协定 | 中日候鸟协定 | 保护等级② | 居留情况③ 留 | 夏 | 冬 | 旅 | 区系类型④ 古 | 东 | 广 | 生态分布⑤ 1 | 2 | 3 | 相对数量 |
|---|---|---|---|---|---|---|---|---|---|---|---|---|---|---|---|---|---|---|
| 啄木鸟目 Piciformes | 啄木鸟科 Picidae | 181 | 蚁䴕 Jynx torquilla | LC | 否 | 否 | | | | | ✓ | ✓ | | | | | ✓ | ++ |
| | | 182 | 棕腹啄木鸟 Dendrocopos hyperythrus | LC | 否 | 否 | 省 | | | | ✓ | | | ✓ | | | ✓ | ++ |
| | | 183 | 星头啄木鸟 Dendrocopos canicapillus | LC | 否 | 否 | 省 | ✓ | | | | | ✓ | | | | ✓ | ++ |
| | | 184 | 大斑啄木鸟 Dendrocopos major | LC | 否 | 否 | 省 | ✓ | | | | ✓ | | | | | ✓ | +++ |
| | | 185 | 灰头绿啄木鸟 Picus canus | LC | 否 | 否 | 省 | ✓ | | | | | | ✓ | | | ✓ | ++++ |
| 隼形目 Falconiformes | 隼科 Falconidae | 186 | 黄爪隼 Falco naumanni | LC | 否 | 否 | II | | ✓ | | | ✓ | | | ✓ | | ✓ | + |
| | | 187 | 红隼 Falco tinnunculus | LC | 否 | 否 | II | ✓ | | | | | | ✓ | ✓ | | ✓ | + |
| | | 188 | 西红脚隼 Falco vespertinus | NT | 否 | 否 | II | | ✓ | | | ✓ | | | ✓ | | ✓ | + |
| | | 189 | 红脚隼 Falco amurensis | LC | 否 | 否 | II | | | | ✓ | | | ✓ | ✓ | | ✓ | + |
| | | 190 | 灰背隼 Falco columbarius | LC | 否 | 是 | II | | | | ✓ | ✓ | | | ✓ | | ✓ | ++ |
| | | 191 | 燕隼 Falco subbuteo | LC | 否 | 是 | II | | ✓ | | | ✓ | | | ✓ | | ✓ | ++ |
| | | 192 | 猎隼 Falco cherrug | EN | 否 | 否 | I | | | | ✓ | ✓ | | | ✓ | | ✓ | + |
| | | 193 | 游隼 Falco peregrinus | LC | 否 | 否 | II | | | | ✓ | | | ✓ | ✓ | | ✓ | + |
| 雀形目 Passeriformes | 黄鹂科 Oriolidae | 194 | 黑枕黄鹂 Oriolus chinensis | LC | 否 | 是 | 省 | | ✓ | | | | ✓ | | | | ✓ | +++ |
| | 山椒鸟科 Campephagidae | 195 | 灰山椒鸟 Pericrocotus divaricatus | LC | 否 | 否 | 省 | | | | ✓ | ✓ | | | | | ✓ | ++ |
| | 卷尾科 Dicruridae | 196 | 黑卷尾 Dicrurus macrocercus | LC | 否 | 否 | 省 | | ✓ | | | | ✓ | | | | ✓ | ++++ |
| | | 197 | 灰卷尾 Dicrurus leucophaeus | LC | 否 | 否 | | | ✓ | | | | ✓ | | | | ✓ | ++++ |

| 目 | 科 | 编号 | 种 | IUCN红色名录等级① | 中澳候鸟协定 | 中日候鸟协定 | 保护等级② | 留 | 夏 | 冬 | 旅 | 古 | 东 | 广 | 1 | 2 | 3 | 相对数量 |
|---|---|---|---|---|---|---|---|---|---|---|---|---|---|---|---|---|---|---|
| 雀形目 Passeriformes | 卷尾科 Dicruridae | 198 | 发冠卷尾 Dicrurus hottentottus | LC | 否 | 否 | 省 | | ✓ | | | | ✓ | | | | ✓ | +++ |
| | 王鹟科 Monarchidae | 199 | 寿带 Terpsiphone incei | LC | 否 | 否 | 省 | | ✓ | | | | ✓ | | | | ✓ | ++ |
| | 伯劳科 Laniidae | 200 | 虎纹伯劳 Lanius tigrinus | LC | 否 | 是 | 省 | | ✓ | | | ✓ | | | ✓ | | ✓ | ++ |
| | | 201 | 牛头伯劳 Lanius bucephalus | LC | 否 | 否 | 省 | | ✓ | | | ✓ | | | ✓ | ✓ | ✓ | ++ |
| | | 202 | 红尾伯劳 Lanius cristatus | LC | 否 | 是 | 省 | | ✓ | | | ✓ | | | | ✓ | ✓ | ++ |
| | | 203 | 棕背伯劳 Lanius schach | LC | 否 | 否 | 省 | | ✓ | | | | ✓ | | ✓ | | ✓ | + |
| | | 204 | 楔尾伯劳 Lanius sphenocercus | LC | 否 | 否 | 省 | | | ✓ | | ✓ | | | | ✓ | ✓ | ++ |
| | 鸦科 Corvidae | 205 | 松鸦 Garrulus glandarius | LC | 否 | 否 | | | | ✓ | | ✓ | | | ✓ | | ✓ | ++ |
| | | 206 | 灰喜鹊 Cyanopica cyanus | LC | 否 | 否 | 省 | | | | ✓ | ✓ | | | ✓ | | ✓ | ++++ |
| | | 207 | 红嘴蓝鹊 Urocissa erythroryncha | LC | 否 | 否 | 省 | | | ✓ | | | ✓ | | ✓ | | ✓ | ++ |
| | | 208 | 喜鹊 Pica pica | LC | 否 | 否 | 省 | ✓ | | | | ✓ | | | ✓ | | ✓ | ++++ |
| | | 209 | 寒鸦 Corvus monedula | LC | 否 | 否 | | | | ✓ | | ✓ | | | ✓ | | ✓ | ++ |
| | | 210 | 达乌里寒鸦 Corvus dauuricus | LC | 否 | 是 | 省 | ✓ | | | | ✓ | | | ✓ | | ✓ | ++ |
| | | 211 | 秃鼻乌鸦 Corvus frugilegus | LC | 否 | 是 | 省 | ✓ | | | | ✓ | | | ✓ | | ✓ | ++ |
| | | 212 | 小嘴乌鸦 Corvus corone | LC | 否 | 否 | 省 | ✓ | | | | ✓ | | | ✓ | | ✓ | ++ |
| | | 213 | 白颈鸦 Corvus pectoralis | VU | 否 | 否 | 省 | ✓ | | | | | ✓ | | ✓ | | ✓ | ++ |
| | | 214 | 大嘴乌鸦 Corvus macrorhynchos | LC | 否 | 否 | 省 | ✓ | | | | ✓ | | | ✓ | | ✓ | ++ |

（续）

| 目 | 科 | 编号 | 种 | IUCN红色名录等级① | 中澳候鸟协定 | 中日候鸟协定 | 保护等级② | 居留情况③ 留 | 居留情况③ 夏 | 居留情况③ 冬 | 居留情况③ 旅 | 区系类型④ 古 | 区系类型④ 东 | 区系类型④ 广 | 生态分布⑤ 1 | 生态分布⑤ 2 | 生态分布⑤ 3 | 相对数量 |
|---|---|---|---|---|---|---|---|---|---|---|---|---|---|---|---|---|---|---|
| 雀形目 Passeriformes | 山雀科 Paridae | 215 | 煤山雀 *Periparus ater* | LC | 否 | 否 | | | | | √ | √ | | | | | √ | + |
| | 山雀科 Paridae | 216 | 黄腹山雀 *Pardaliparus venustulus* | LC | 否 | 否 | 省 | | | | √ | | √ | | | | √ | ++ |
| | 山雀科 Paridae | 217 | 沼泽山雀 *Poecile palustris* | LC | 否 | 否 | | √ | | | | √ | | | | | √ | ++ |
| | 山雀科 Paridae | 218 | 大山雀 *Parus cinereus* | LC | 否 | 否 | | √ | | | | | √ | | √ | | √ | +++ |
| | 攀雀科 Remizidae | 219 | 中华攀雀 *Remiz consobrinus* | LC | 否 | 否 | 省 | √ | | | | √ | | | | | √ | + |
| | 百灵科 Alaudidae | 220 | 蒙古百灵 *Melanocorypha mongolica* | LC | 否 | 否 | II | √ | | | | √ | | | √ | | √ | +++ |
| | 百灵科 Alaudidae | 221 | 短趾百灵 *Alaudala cheleensis* | LC | 否 | 否 | 省 | | | √ | | √ | | | √ | | √ | ++ |
| | 百灵科 Alaudidae | 222 | 凤头百灵 *Galerida cristata* | LC | 否 | 否 | | √ | | | | | | √ | √ | | √ | +++ |
| | 百灵科 Alaudidae | 223 | 云雀 *Alauda arvensis* | LC | 否 | 否 | II | | | √ | | | | √ | √ | | | +++ |
| | 百灵科 Alaudidae | 224 | 角百灵 *Eremophila alpestris* | LC | 否 | 是 | 省 | | | √ | | √ | | | √ | | √ | + |
| | 文须雀科 Panuridae | 225 | 文须雀 *Panurus biarmicus* | LC | 否 | 否 | | | | √ | | √ | | | √ | | | ++ |
| | 扇尾莺科 Cisticolidae | 226 | 棕扇尾莺 *Cisticola juncidis* | LC | 否 | 否 | | | √ | | | | | √ | | | √ | +++ |
| | 苇莺科 Acrocephalidae | 227 | 东方大苇莺 *Acrocephalus orientalis* | LC | 否 | 否 | | | √ | | | √ | | | | √ | | ++++ |
| | 苇莺科 Acrocephalidae | 228 | 黑眉苇莺 *Acrocephalus bistrigiceps* | LC | 否 | 是 | | | √ | | | √ | | | | | √ | +++ |
| | 苇莺科 Acrocephalidae | 229 | 稻田苇莺 *Acrocephalus agricola* | LC | 否 | 否 | | | √ | | | √ | | | √ | | √ | ++++ |
| | 苇莺科 Acrocephalidae | 230 | 厚嘴苇莺 *Acrocephalus aedon* | LC | 否 | 否 | | | | | √ | √ | | | | √ | | + |

| 目 | 科 | 编号 | 种 | IUCN红色名录等级① | 中澳候鸟协定 | 中日候鸟协定 | 保护等级② | 留 | 夏 | 冬 | 旅 | 古 | 东 | 广 | 1 | 2 | 3 | 相对数量 |
|---|---|---|---|---|---|---|---|---|---|---|---|---|---|---|---|---|---|---|
| 雀形目 Passeriformes | 蝗莺科 Locustellidae | 231 | 斑胸短翅蝗莺 Locustella thoracica | LC | 否 | 否 | | | | | √ | | | √ | | | √ | +++ |
| | | 232 | 中华短翅蝗莺 Locustella tacsanowskia | LC | 否 | 否 | | | | | √ | √ | | | | | √ | ++ |
| | | 233 | 矛斑蝗莺 Locustella lanceolata | LC | 否 | 是 | | | | | √ | √ | | | | | √ | +++ |
| | | 234 | 小蝗莺 Locustella certhiola | LC | 否 | 否 | | | | | √ | √ | | | | | √ | +++ |
| | | 235 | 崖沙燕 Riparia riparia | LC | 否 | 是 | 省 | | | | √ | √ | | | | √ | | +++ |
| | 燕科 Hirundinidae | 236 | 家燕 Hirundo rustica | LC | 是 | 是 | | | √ | | | √ | | | √ | | √ | ++++ |
| | | 237 | 岩燕 Ptyonoprogne rupestris | LC | 否 | 否 | | | √ | | | √ | | | | | √ | +++ |
| | | 238 | 毛脚燕 Delichon urbicum | LC | 否 | 否 | | | | | √ | √ | | | | | √ | +++ |
| | | 239 | 金腰燕 Cecropis daurica | LC | 否 | 是 | | | √ | | | | | √ | √ | | √ | ++++ |
| | 鹎科 Pycnonotidae | 240 | 白头鹎 Pycnonotus sinensis | LC | 否 | 否 | 省 | | √ | | | | √ | | | | √ | ++++ |
| | 柳莺科 Phylloscopidae | 241 | 褐柳莺 Phylloscopus fuscatus | LC | 否 | 否 | | | √ | | | √ | | | | | √ | ++++ |
| | | 242 | 棕眉柳莺 Phylloscopus armandii | LC | 否 | 否 | | | √ | | | √ | | | | √ | √ | +++ |
| | | 243 | 巨嘴柳莺 Phylloscopus schwarzi | LC | 否 | 否 | | | | | √ | √ | | | | | √ | +++ |
| | | 244 | 黄腰柳莺 Phylloscopus proregulus | LC | 否 | 否 | | | | | √ | √ | | | | | √ | +++ |
| | | 245 | 黄眉柳莺 Phylloscopus inornatus | LC | 否 | 是 | | | | | √ | √ | | | √ | | √ | +++ |
| | | 246 | 极北柳莺 Phylloscopus borealis | LC | 是 | 是 | | | | | √ | √ | | | | | √ | +++ |
| | | 247 | 暗绿柳莺 Phylloscopus trochiloides | LC | 否 | 否 | | | | | √ | √ | | | | | √ | +++ |
| | | 248 | 双斑绿柳莺 Phylloscopus plumbeitarsus | LC | 否 | 否 | | | | | √ | √ | | | | | √ | + |

（续）

| 目 | 科 | 编号 | 种 | IUCN红色名录等级① | 中澳候鸟协定 | 中日候鸟协定 | 保护等级② | 居留情况③ 留 | 夏 | 冬 | 旅 | 区系类型④ 古 | 东 | 广 | 生态分布⑤ 1 | 2 | 3 | 相对数量 |
|---|---|---|---|---|---|---|---|---|---|---|---|---|---|---|---|---|---|---|
| 雀形目 Passeriformes | 柳莺科 Phylloscopidae | 249 | 淡脚柳莺 *Phylloscopus tenellipes* | LC | 否 | 是 | | | | | ✓ | ✓ | | | | | ✓ | ++ |
| | | 250 | 冕柳莺 *Phylloscopus coronatus* | VU | 否 | 是 | | | | | ✓ | ✓ | | | | | ✓ | +++ |
| | 树莺科 Cettiidae | 251 | 短翅树莺 *Horornis diphone* | LC | 否 | 否 | | | | | ✓ | | | ✓ | ✓ | | ✓ | ++ |
| | 长尾山雀科 Aegithalidae | 252 | 银喉长尾山雀 *Aegithalos glaucogularis* | LC | 否 | 否 | | | | ✓ | | ✓ | | | | | ✓ | ++ |
| | 莺鹛科 Sylviidae | 253 | 山鹛 *Rhopophilus pekinensis* | LC | 否 | 否 | 省 | ✓ | | | | ✓ | | | | | ✓ | ++ |
| | | 254 | 棕头鸦雀 *Sinosuthora webbiana* | LC | 否 | 否 | | ✓ | | | | | | ✓ | ✓ | | ✓ | +++ |
| | | 255 | 震旦鸦雀 *Paradoxornis heudei* | NT | 否 | 否 | Ⅱ | | | | ✓ | | | ✓ | ✓ | | ✓ | + |
| | 绣眼鸟科 Zosteropidae | 256 | 红胁绣眼鸟 *Zosterops erythropleurus* | LC | 否 | 否 | Ⅱ | | | | ✓ | ✓ | | | | | ✓ | ++ |
| | | 257 | 暗绿绣眼鸟 *Zosterops japonicus* | LC | 否 | 否 | 省 | | | | ✓ | | ✓ | | ✓ | | ✓ | + |
| | 噪鹛科 Leiothrichidae | 258 | 山噪鹛 *Garrulax davidi* | LC | 否 | 否 | 省 | | | ✓ | | ✓ | | | ✓ | | ✓ | ++ |
| | 椋鸟科 Sturnidae | 259 | 林八哥 *Acridotheres grandis* | LC | 否 | 否 | | | ✓ | | | | ✓ | | ✓ | | ✓ | + |
| | | 260 | 八哥 *Acridotheres cristatellus* | LC | 否 | 否 | | | ✓ | | | | ✓ | | ✓ | | ✓ | + |
| | | 261 | 丝光椋鸟 *Spodiopsar sericeus* | LC | 否 | 否 | 省 | | ✓ | | | | ✓ | | ✓ | | ✓ | + |
| | | 262 | 灰椋鸟 *Spodiopsar cineraceus* | LC | 否 | 否 | | | ✓ | | | ✓ | | | ✓ | | ✓ | ++++ |
| | | 263 | 北椋鸟 *Agropsar sturninus* | LC | 否 | 否 | 省 | | ✓ | | | ✓ | | | ✓ | | ✓ | +++ |
| | | 264 | 紫翅椋鸟 *Sturnus vulgaris* | LC | 否 | 否 | | | ✓ | | | ✓ | | | ✓ | | ✓ | + |

| 目 | 科 | 分类 编号 | 种 | IUCN红色名录等级① | 中澳候鸟协定 | 中日候鸟协定 | 保护等级② | 居留情况③ 留 | 夏 | 冬 | 旅 | 区系类型④ 古 | 东 | 广 | 生态分布⑤ 1 | 2 | 3 | 相对数量 |
|---|---|---|---|---|---|---|---|---|---|---|---|---|---|---|---|---|---|---|
| 雀形目 Passeriformes | 鸫科 Turdidae | 265 | 白眉地鸫 *Geokichla sibirica* | LC | 否 | 是 | | | | | √ | √ | | | √ | | √ | ++ |
| | | 266 | 虎斑地鸫 *Zoothera aurea* | LC | 否 | 是 | | | | | √ | | | √ | | | √ | ++ |
| | | 267 | 乌鸫 *Turdus mandarinus* | LC | 否 | 否 | | | | | √ | | | √ | √ | | √ | + |
| | | 268 | 白眉鸫 *Turdus obscurus* | LC | 否 | 否 | | | | | √ | √ | | | | | √ | + |
| | | 269 | 白腹鸫 *Turdus pallidus* | LC | 否 | 是 | | | | | √ | √ | | | √ | | √ | ++ |
| | | 270 | 红尾斑鸫 *Turdus naumanni* | LC | 否 | 是 | | | | | √ | √ | | | √ | | √ | ++ |
| | | 271 | 斑鸫 *Turdus eunomus* | LC | 否 | 是 | | | | | √ | √ | | | | | √ | + |
| | | 272 | 红尾歌鸲 *Larvivora sibilans* | LC | 否 | 是 | | | | | √ | √ | | | | | √ | ++ |
| | | 273 | 蓝歌鸲 *Larvivora cyane* | LC | 否 | 否 | | | | | √ | √ | | | | | √ | ++ |
| | | 274 | 红喉歌鸲 *Calliope calliope* | LC | 否 | 是 | II | | | | √ | √ | | | √ | | √ | ++ |
| | | 275 | 蓝喉歌鸲 *Luscinia svecica* | LC | 否 | 是 | II | | | | √ | √ | | | √ | | √ | ++ |
| | | 276 | 红胁蓝尾鸲 *Tarsiger cyanurus* | LC | 否 | 是 | | | | | √ | √ | | | | | √ | ++ |
| | 鹟科 Muscicapidae | 277 | 贺兰山红尾鸲 *Phoenicurus alaschanicus* | NT | 否 | 否 | II | | | √ | | √ | | | | | √ | ++ |
| | | 278 | 北红尾鸲 *Phoenicurus auroreus* | LC | 否 | 是 | | | √ | | | √ | | | √ | | √ | ++ |
| | | 279 | 黑喉石䳭 *Saxicola maurus* | LC | 否 | 是 | | | √ | | | √ | | √ | √ | | √ | ++ |
| | | 280 | 蓝头矶鸫 *Monticola cinclorhyncha* | | 否 | 否 | | | √ | | | √ | | | | | √ | ++ |
| | | 281 | 蓝矶鸫 *Monticola solitarius* | LC | 否 | 否 | | | | | | | | √ | | | √ | ++ |
| | | 282 | 乌鹟 *Muscicapa sibirica* | LC | 否 | 是 | | | | | √ | √ | | | | | √ | +++ |

| 目 | 科 | 编号 | 种 | IUCN红色名录等级① | 中澳候鸟协定 | 中日候鸟协定 | 保护等级② | 居留情况③ | | | | 区系类型④ | | | 生态分布⑤ | | | 相对数量 |
|---|---|---|---|---|---|---|---|---|---|---|---|---|---|---|---|---|---|---|
| | | | | | | | | 留 | 夏 | 冬 | 旅 | 古 | 东 | 广 | 1 | 2 | 3 | |
| 雀形目 Passeriformes | 鹟科 Muscicapidae | 283 | 北灰鹟 Muscicapa dauurica | LC | 否 | 是 | | | | | √ | | | √ | √ | | √ | +++ |
| | | 284 | 白眉姬鹟 Ficedula zanthopygia | LC | 否 | 是 | | | √ | | | √ | | | | | √ | +++ |
| | | 285 | 红喉姬鹟 Ficedula albicilla | LC | 否 | 否 | | | | | √ | √ | | | | | √ | +++ |
| | 戴菊科 Regulidae | 286 | 戴菊 Regulus regulus | LC | 否 | 否 | | | | | √ | √ | | | | | √ | +++ |
| | 太平鸟科 Bombycillidae | 287 | 太平鸟 Bombycilla garrulus | LC | 否 | 是 | 省 | | | √ | | √ | | | | | √ | ++ |
| | | 288 | 小太平鸟 Bombycilla japonica | NT | 否 | 是 | 省 | | | | √ | √ | | | √ | | √ | ++ |
| | 岩鹨科 Prunellidae | 289 | 领岩鹨 Prunella collaris | LC | 否 | 否 | | | | √ | | √ | | | | | √ | ++ |
| | | 290 | 棕眉山岩鹨 Prunella montanella | LC | 否 | 否 | | | | √ | | | √ | | | | √ | ++ |
| | 梅花雀科 Estrildidae | 291 | 斑文鸟 Lonchura punctulata | LC | 否 | 否 | | | | | √ | | √ | | √ | | √ | + |
| | 雀科 Passeridae | 292 | 麻雀 Passer montanus | LC | 否 | 否 | | √ | | | | | | √ | √ | | √ | ++++ |
| | 鹡鸰科 Motacillidae | 293 | 山鹡鸰 Dendronanthus indicus | LC | 否 | 是 | | | √ | | | | | √ | √ | √ | √ | +++ |
| | | 294 | 黄鹡鸰 Motacilla tschutschensis | LC | 是 | 是 | | | | | √ | 古 | | | √ | √ | √ | +++ |
| | | 295 | 黄头鹡鸰 Motacilla citreola | LC | 是 | 是 | | | | | √ | | | √ | √ | √ | √ | +++ |
| | | 296 | 灰鹡鸰 Motacilla cinerea | LC | 是 | 否 | | | √ | | | | | √ | √ | √ | √ | +++ |
| | | 297 | 白鹡鸰 Motacilla alba | LC | 是 | 是 | | | √ | | | | | √ | √ | √ | √ | +++ |
| | | 298 | 田鹨 Anthus rufulus | LC | 否 | 否 | | | √ | | | | | √ | √ | √ | √ | ++ |
| | | 299 | 布氏鹨 Anthus godlewskii | LC | 否 | 否 | | | | | √ | 古 | | | √ | √ | √ | + |

| 目 | 科 | 编号 | 种 | IUCN红色名录等级① | 中澳候鸟协定 | 中日候鸟协定 | 保护等级② | 居留情况③ 留 | 夏 | 冬 | 旅 | 区系类型④ 古 | 东 | 广 | 生态分布⑤ 1 | 2 | 3 | 相对数量 |
|---|---|---|---|---|---|---|---|---|---|---|---|---|---|---|---|---|---|---|
| 雀形目 Passeriformes | 鹡鸰科 Motacillidae | 300 | 树鹨 Anthus hodgsoni | LC | 否 | 是 | | | | | ✓ | ✓ | | | ✓ | | ✓ | ++ |
| | | 301 | 北鹨 Anthus gustavi | LC | 否 | 是 | | | | | ✓ | ✓ | | | ✓ | | ✓ | ++ |
| | | 302 | 粉红胸鹨 Anthus roseatus | LC | 否 | 否 | | | | | ✓ | ✓ | | | ✓ | | ✓ | +++ |
| | | 303 | 红喉鹨 Anthus cervinus | LC | 否 | 是 | | | | | ✓ | ✓ | | | ✓ | | ✓ | ++ |
| | | 304 | 黄腹鹨 Anthus rubescens | LC | 否 | 否 | | | | | ✓ | ✓ | | | ✓ | ✓ | ✓ | + |
| | | 305 | 水鹨 Anthus spinoletta | LC | 否 | 是 | | | ✓ | | | ✓ | | | ✓ | ✓ | ✓ | ++ |
| | 燕雀科 Fringillidae | 306 | 燕雀 Fringilla montifringilla | LC | 否 | 是 | | | | | ✓ | ✓ | | | ✓ | | ✓ | ++ |
| | | 307 | 锡嘴雀 Coccothraustes coccothraustes | LC | 否 | 是 | 省 | | | | ✓ | ✓ | | | | | ✓ | ++ |
| | | 308 | 黑尾蜡嘴雀 Eophona migratoria | LC | 否 | 是 | 省 | | | | ✓ | ✓ | | | ✓ | | ✓ | ++ |
| | | 309 | 黑头蜡嘴雀 Eophona personata | LC | 否 | 否 | 省 | | | | ✓ | ✓ | | | ✓ | | ✓ | ++ |
| | | 310 | 普通朱雀 Carpodacus erythrinus | LC | 否 | 是 | | | | | ✓ | ✓ | | | | | ✓ | ++ |
| | | 311 | 长尾雀 Carpodacus sibiricus | LC | 否 | 否 | | | ✓ | | | ✓ | | | ✓ | | ✓ | + |
| | | 312 | 北朱雀 Carpodacus roseus | LC | 否 | 是 | II | | | | ✓ | ✓ | | | ✓ | | ✓ | ++ |
| | | 313 | 金翅雀 Chloris sinica | LC | 否 | 否 | | ✓ | | | | ✓ | | | ✓ | | ✓ | +++ |
| | | 314 | 白腰朱顶雀 Acanthis flammea | LC | 否 | 是 | | | | ✓ | | ✓ | | | ✓ | | ✓ | ++ |
| | | 315 | 红交嘴雀 Loxia curvirostra | LC | 否 | 是 | II | | | | ✓ | ✓ | | | | | ✓ | ++ |
| | | 316 | 黄雀 Spinus spinus | LC | 否 | 是 | 省 | | | | ✓ | ✓ | | | ✓ | | ✓ | +++ |
| | 铁爪鹀科 Calcariidae | 317 | 铁爪鹀 Calcarius lapponicus | LC | 否 | 是 | 省 | | | | ✓ | ✓ | | | | | ✓ | ++ |

| 分类 | | | | IUCN红色名录等级① | 中澳候鸟协定 | 中日候鸟协定 | 保护等级② | 居留情况③ | | | | 区系类型④ | | | 生态分布⑤ | | | 相对数量 |
|---|---|---|---|---|---|---|---|---|---|---|---|---|---|---|---|---|---|---|
| 目 | 科 | 编号 | 种 | | | | | 留 | 夏 | 冬 | 旅 | 古 | 东 | 广 | 1 | 2 | 3 | |
| 雀形目 Passeriformes | 鹀科 Emberizidae | 318 | 白头鹀Emberiza leucocephalos | LC | 否 | 是 | | | | ✓ | | ✓ | | | | | ✓ | ++ |
| | | 319 | 三道眉草鹀Emberiza cioides | LC | 否 | 否 | | ✓ | | | | ✓ | | | ✓ | | ✓ | +++ |
| | | 320 | 栗斑腹鹀Emberiza jankowskii | EN | 否 | 否 | I | | | | | ✓ | | | | | ✓ | ++ |
| | | 321 | 白眉鹀Emberiza tristrami | LC | 否 | 是 | | | | ✓ | | ✓ | | | | | ✓ | ++ |
| | | 322 | 栗耳鹀Emberiza fucata | LC | 否 | 是 | | | ✓ | | | | | ✓ | ✓ | | ✓ | ++ |
| | | 323 | 小鹀Emberiza pusilla | LC | 否 | 是 | | | | ✓ | | ✓ | | | ✓ | | ✓ | ++ |
| | | 324 | 黄眉鹀Emberiza chrysophrys | LC | 否 | 否 | | | | | ✓ | ✓ | | | | | ✓ | ++ |
| | | 325 | 田鹀Emberiza rustica | VU | 否 | 是 | | | | ✓ | | ✓ | | | | | ✓ | ++ |
| | | 326 | 黄喉鹀Emberiza elegans | LC | 否 | 是 | | | | | ✓ | ✓ | | | | | ✓ | ++ |
| | | 327 | 黄胸鹀Emberiza aureola | CR | 否 | 是 | I | | | | | ✓ | | | | | ✓ | ++ |
| | | 328 | 栗鹀Emberiza rutila | LC | 否 | 否 | | | | | ✓ | ✓ | | | | | ✓ | ++ |
| | | 329 | 灰头鹀Emberiza spodocephala | LC | 否 | 是 | | | | | ✓ | ✓ | | | | | ✓ | ++ |
| | | 330 | 苇鹀Emberiza pallasi | LC | 否 | 是 | | | | ✓ | | ✓ | | | ✓ | | ✓ | +++ |
| | | 331 | 红颈苇鹀Emberiza yessoensis | NT | 否 | 否 | | | | | ✓ | ✓ | | | | | ✓ | ++ |
| | | 332 | 芦鹀Emberiza schoeniclus | LC | 否 | 是 | | | | | ✓ | ✓ | | | ✓ | | ✓ | +++ |

（续）

注：①IUCN红色名录等级中CR指极度濒危；EN指濒危；VU指易危；NT指近危；LC指无危。
②保护等级中I指国家I级重点保护；II指国家II级重点保护；省指河北省级重点保护。
③居留情况中留指留鸟；夏指夏候鸟；冬指冬候鸟；旅指旅鸟。
④区系类型中古指古北型；东指东洋型；广指广布型。
⑤生态分布中1指荒滩农田；2指水域；3指人工林。

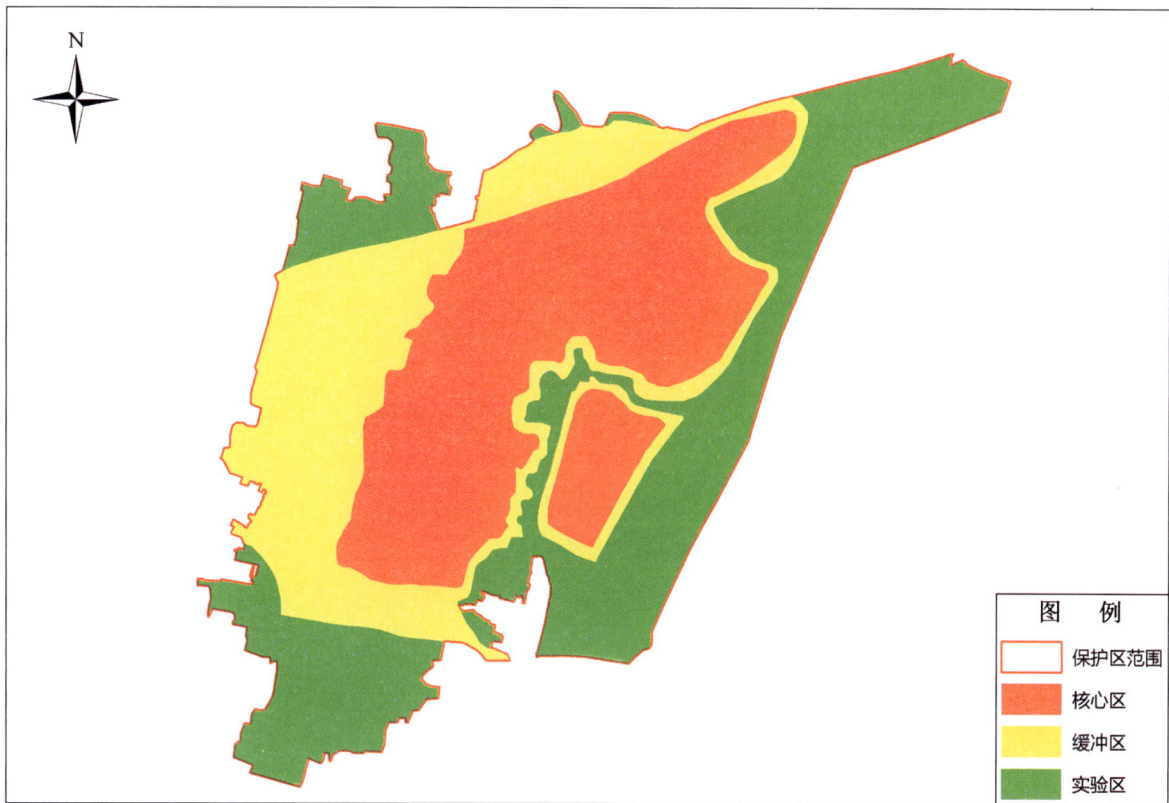

附图 I　河北衡水湖国家级自然保护区功能分区图

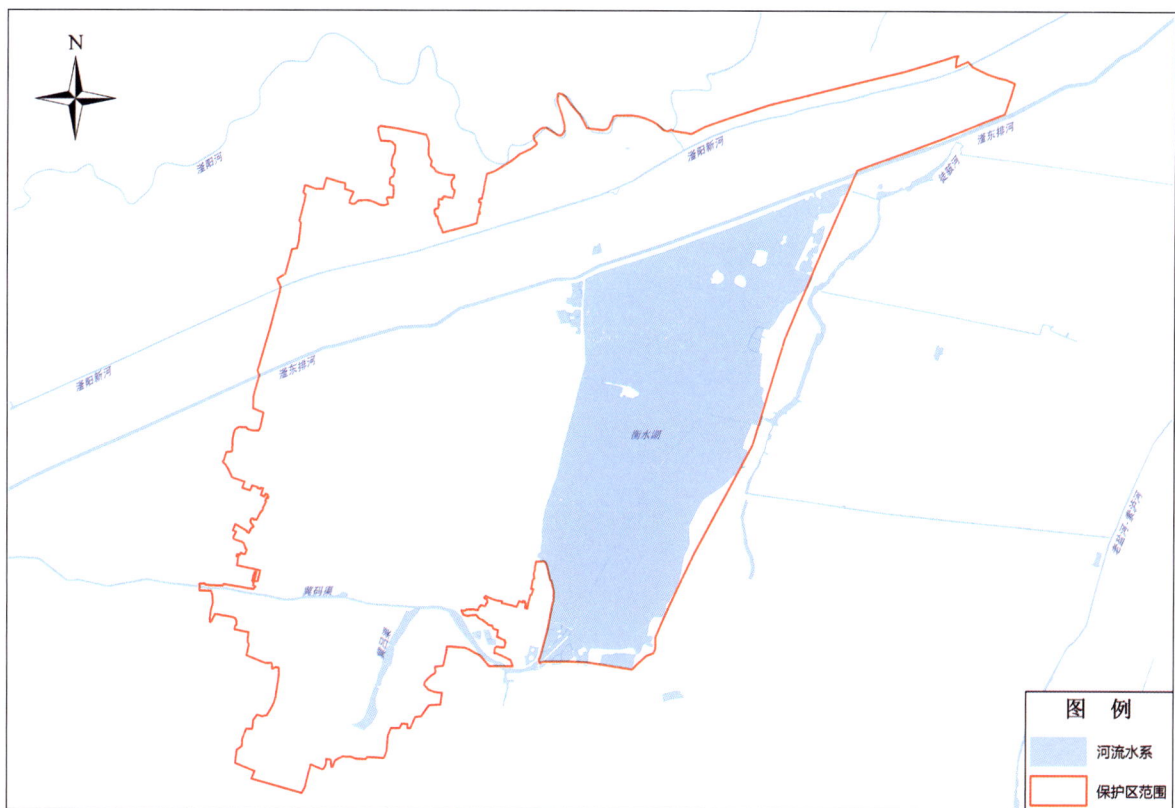

附图 II　河北衡水湖国家级自然保护区水系图

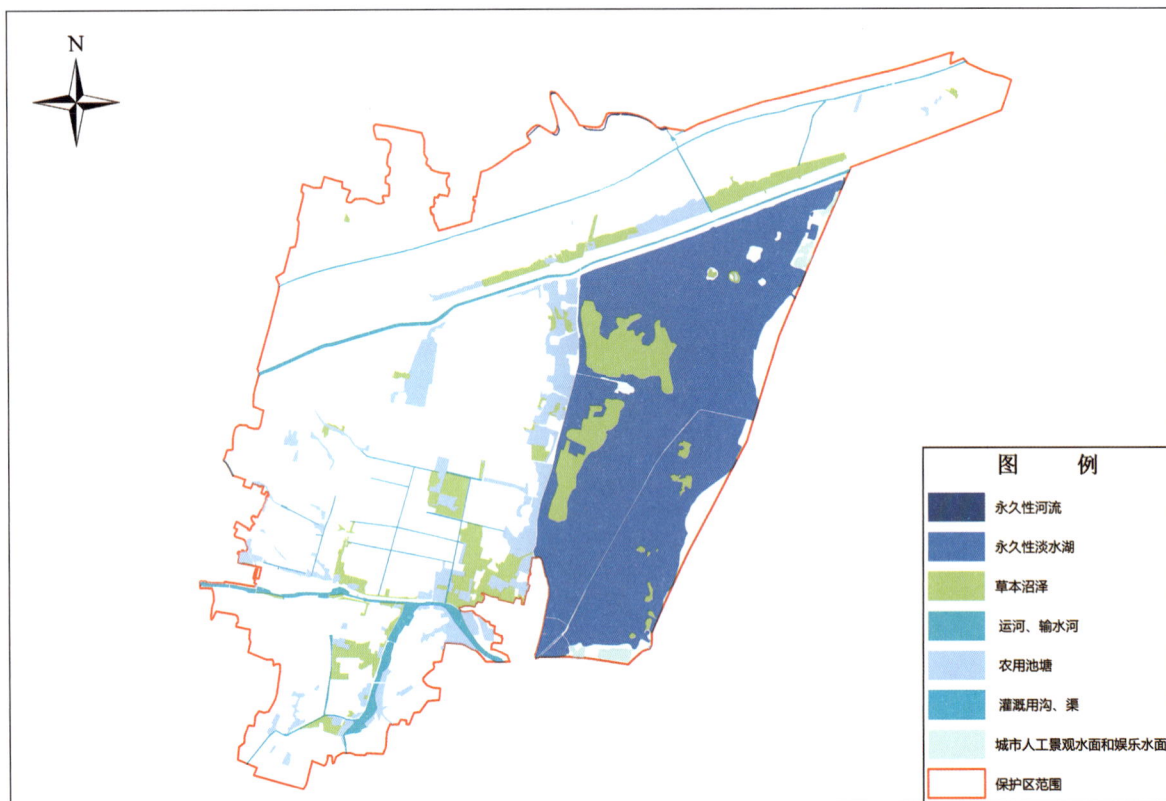

图　例

■ 永久性河流
■ 永久性淡水湖
■ 草本沼泽
■ 运河、输水河
■ 农用池塘
■ 灌溉用沟、渠
■ 城市人工景观水面和娱乐水面
□ 保护区范围

附图Ⅲ　河北衡水湖国家级自然保护区湿地类型图

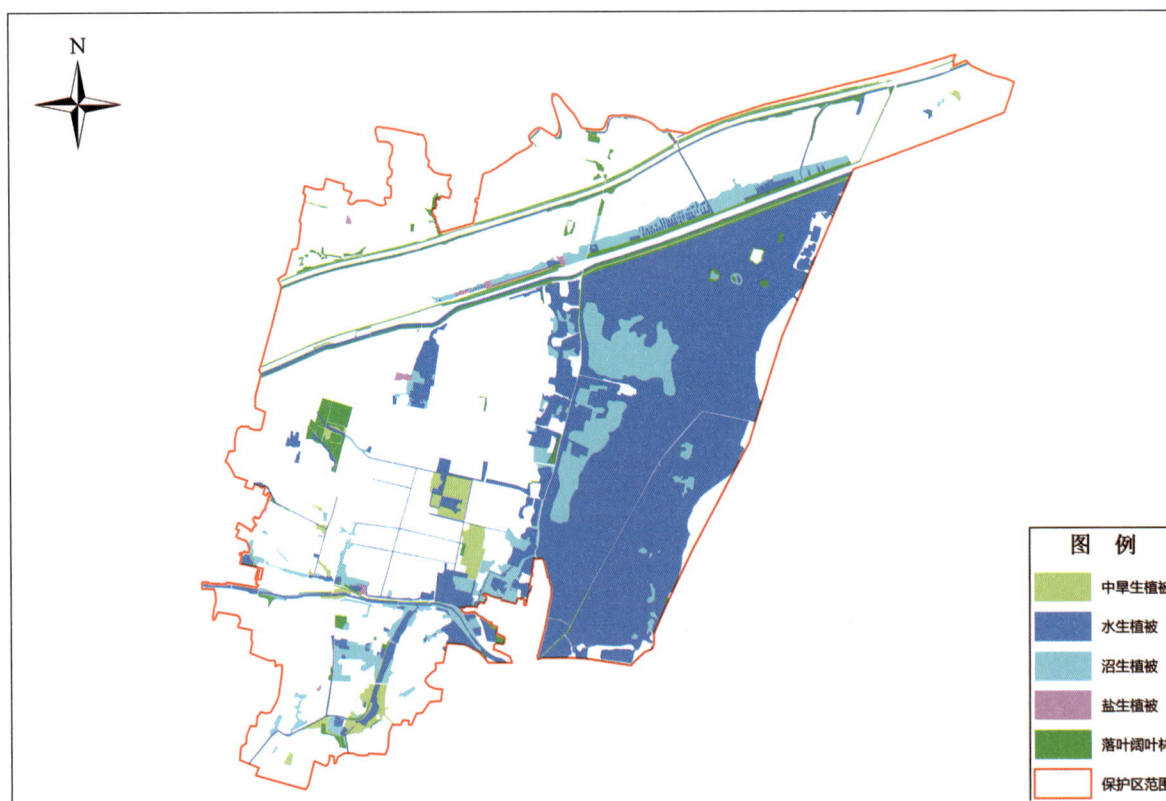

图　例

■ 中旱生植被
■ 水生植被
■ 沼生植被
■ 盐生植被
■ 落叶阔叶林
□ 保护区范围

附图Ⅳ　河北衡水湖国家级自然保护区植被类型图

附图Ⅴ　河北衡水湖国家级自然保护区珍稀保护植物分布图

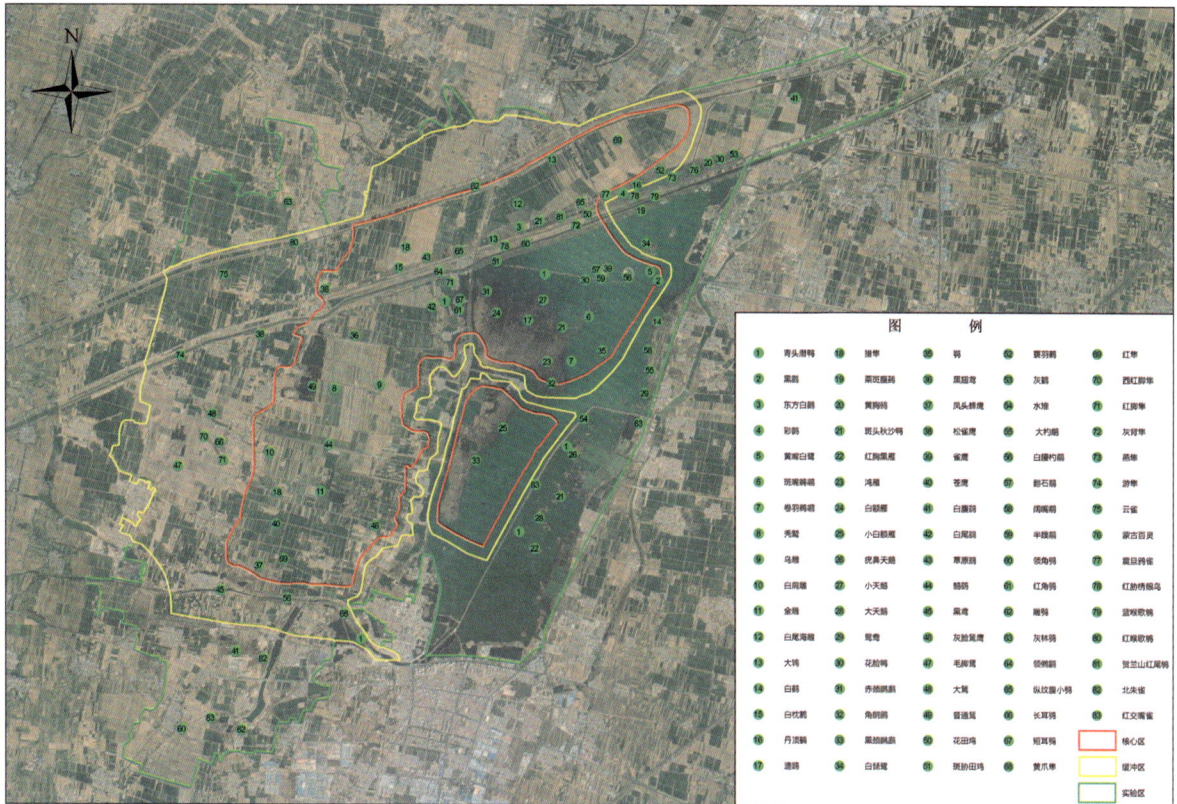

附图Ⅵ　河北衡水湖国家级自然保护区珍稀保护动物分布图